평면기하학의 탐구문제들

제 1권

머릿글

러시아의 유명한 수학자인 꼴모고로프 Kolmogorov는 "일반적인 수준의 보통 사람들은 좋은 책과 훌륭한 교사의 지도를 통해, 중등학교 수학 교과 내용뿐만 아니라, 미적분학의 기초까지 완전하게 터득할 수 있는 충분한 재능을 가지고 있다"고 하였다. 즉, 대부분의 사람들은 초등수학(고등학교에서 다루는 수학, 대학교에서 다루는 교양수학, 초보적인 전공수학)을 즐기면서 공부하고, 중등학교 및 대학교 수학교육에서 성공적인 결과를 얻을 수 있는 충분한 가능성을 가지고 있다.

많은 사람들은 수학을 잘하고 싶어 하지만, 그렇지 못한 것이 현실이다. 특히, 학교를 졸업하는 사람들 중의 많은 수가 수학을 잘하지 못할 뿐만 아니라, 수학을 싫어하고, 수학교육의 필요성 자체를 부정하는 경우도 간혹 있다. 그러나 우리는 이러한 어려움을 극복하고, 우리 문화에서 수학의 지평을 넓히고, 많은 사람들이 수학을 접하며, 수학에서 성공의 경험, 긍정적인 정서를 가질 수 있도록 부단히 노력해야 할 것이다.

좋은 책 한 권이 한 사람의 인생을 바꾼다. 좋은 수학책 한 권은, 좋은 문제 하나는 수학에 대한 사람들의 생각과 신념을 바꿀 수 있다. 역자는 이 책이 여러분 독자 개개인의 수학적 생각과 신념을 긍정적으로 바꾸어 주고, 수학적 식견을 넓힐 수 있는 좋은 책이라고 생각한다. 특히, 이 책에는 평면기하학의 좋은 문제들이 제시되어 있고, 이들 문제를 인내심을 가지고 꾸준히 풀면, 독자 개개인의 인생이 수학적 인생으로 환하게 빛날 것으로 확신한다.

이 책은 수학을 심화하여 배우고자 하는 고등학생들, 초등수학에 대한 깊은 식견과 문제해결 능력을 갖추고자 하는 수학 전공 대학생들, 예비 수학교사들, 중등학교 수학과 전공수학의 연결고리를 찾는 수학교사들에게 적합하다. 이 책의 저자인 프라소로프 Prasolov교수는 초등수학과 고등수학의 연결에 관련된 많은 저술과 논문으로 유명한 러시아의 수학자로, 지금도 왕성한 저술활동을 하고 있다.

이 책은 모두 30개의 장(chapter)으로 구성되어 있으며, 이들 중에서 처음 9개 장이 1권을 구성한다. 1권에서는 닮음인 삼각형, 원주각, 원, 넓이, 다각형, 점의 자취, 작도, 기하부등식 등의 주제를 다루며, 이 책의 나머지 장들에서는 최대 및 최소 문제, 계량적 관계, 벡터, 무게중심, 평행이동, 점대칭, 선대칭, 회전, 중심닮음변환, 극단의 원리, 비둘기집의 원리, 볼록 및 오목다각형, 불변량, 분할, 귀납법, 아핀변환, 사영변환 등의 주제를 다룬다.

이 책에 제시된 문제들에 대해서는 각 장의 끝부분에 ⟨힌트 및 증명⟩을 두어, 상세한 풀이 또는 문제해결을 위한 개괄적인 방향을 제시하였다. 수학의 학습에 있어 가장 중요한 것은 독자 개개인의 힘을 기르는 것이다. 제시된 풀이를 많이 볼수록, 제시된 풀이가 상세할수록, 독자 개개인에게는 수학적인 힘이 길러지지 않을 것이다. 독자 개개인이 수학문제의 정글에서 정답의 도움없이 살아남는다면, 진정으로 수학을 즐기면서, 수학을 잘하면서 행복해하는 순간이 올 것이다.

마지막으로, 「평면기하학의 탐구문제들」의 번역, 출판을 허락해 준 프라소로프 교수와 물심양면으로 도와주신 승산의 황승기 사장님께 감사의 말씀을 드린다.

2008년 12월

한 인기

차례

제 1 장

닮은 삼각형

바탕 지식들

1. 삼각형 ABC와 삼각형 $A_1B_1C_1$이 닮음일($\triangle ABC \sim \triangle A_1B_1C_1$로 나타냄) 필요충분조건은 (a), (b), (c) 중의 하나가 성립하는 것이다.
   (a) $AB : BC : CA = A_1B_1 : B_1C_1 : C_1A_1$;
   (b) $AB : BC = A_1B_1 : B_1C_1, \angle ABC = \angle A_1B_1C_1$;
   (c) $\angle ABC = \angle A_1B_1C_1, \angle BAC = \angle B_1A_1C_1$.

2. 각 A의 변들과 교차하는 평행한 두 직선을 그으면, 삼각형 AB_1C_1, $A_1B_2C_2$가 만들어진다. 그러면, 이들 삼각형은 닮음이고 $AB_1 : AB_2 = AC_1 : AC_2$가 성립한다(점 B_1와 B_2, C_1와 C_2는 같은 변에 속함).

3. 삼각형에서 두 변의 중점을 연결한 선분을 중간선이라 부른다. 중간선은 삼각형의 나머지 한 변에 평행하고 그 변의 절반과 같다. 한편, 사다리꼴의 두 옆변의 중점을 연결한 선분을 사다리꼴의 중간선이라 부른다. 중간선은 사다리꼴의 밑변에 평행하고 두 밑변의 합의 절반과 같다.

4. 닮음인 삼각형에서 넓이의 비는 닮음비의 제곱, 즉 대응하는 변들의 비의 제곱과 같다. 이것은 $S_{ABC} = \frac{1}{2}AB \cdot AC \sin A$로부터 유도될 수 있다.

5. 다각형 $A_1A_2 \cdots A_n, B_1B_2 \cdots B_n$에서 $A_1A_2 : A_2A_3 : \cdots : A_nA_1 = B_1B_2 :$

$B_2B_3 : \cdots : B_nB_1$이고, 꼭지점 $A_1, \cdots, A_n$에서의 각이 꼭지점 $B_1, \cdots,$ B_n에서의 각과 각각 같으면, 다각형 $A_1A_2 \cdots A_n$와 $B_1B_2 \cdots B_n$은 닮음이라고 한다. 닮음인 다각형에서 대응하는 대각선들의 비는 닮음비와 같고, 닮음인 외접다각형에 대한 내접원의 반지름의 비는 닮음비와 같다.

도입 문제들

1. 예각삼각형 ABC에 높이 AA_1, BB_1을 그었다. 이때, $A_1C \cdot BC = B_1C \cdot AC$임을 증명하여라.

2. 각 C가 직각인 직각삼각형 ABC에 높이 CH를 그었다. 이때, $AC^2 = AB \cdot AH, CH^2 = AH \cdot BH$임을 증명하여라.

3. 삼각형의 중선들은 한 점에서 교차하고, 교점은 각 중선을 2:1로 나눈다는 것을 증명하여라.

4. 삼각형 ABC의 변 BC에 $BA_1 : A_1C = 2 : 1$인 점 A_1을 잡았다. 이때, 중선 CC_1은 선분 AA_1을 어떤 비로 나누는가?

5. 점 P, Q는 변 AB, AC에, 점 R, S는 변 BC에 속하도록 정사각형 $PQRS$를 삼각형 ABC에 내접시켰다. 이때, 정사각형의 변의 길이를 a, h_a로 나타내어라.

제 1 절 평행한 직선에 의한 분할

1.1. 사다리꼴 $ABCD$에서 밑변 AD, BC의 길이를 a, b라 하자($a > b$).
(a) 중간선과 두 대각선이 교차하여 얻어진 선분의 길이를 구하여라.
(b) AB, CD를 $AM : MB = DN : NC = p : q$로 나누는 점 M, N에 대해 선분 MN의 길이를 구하여라.

1.2. 임의의 사각형에서 각 변의 중점을 꼭지점으로 하는 사각형은 평행사변

형이라는 것을 증명하여라. 이 평행사변형이 직사각형이 되는 것은 어떠한 경우인가? 마름모, 정사각형이 되는 것은 각각 어떠한 경우인가?

1.3. (a) 삼각형 ABC의 변 BC, AC를 $BA_1 : A_1C = 1 : p, AB_1 : B_1C = 1 : q$로 나누는 점 A_1, B_1을 생각하자. 선분 AA_1은 선분 BB_1을 어떤 비로 나누는가?

(b) 삼각형 ABC의 변 BC, AC에 점 A_1, B_1을 잡았다. 선분 AA_1, BB_1은 점 D에서 교차한다. 점 A_1, B_1, C, D으로부터 직선 AB까지의 거리를 a_1, b_1, c, d라 하자. 이때, 다음 등식을 증명하여라.

$$\frac{1}{a_1} + \frac{1}{b_1} = \frac{1}{c} + \frac{1}{d}$$

1.4. 삼각형 ABC의 중선 CC_1의 점 P를 지나는 직선 AA_1, BB_1을 작도하였다(점 A_1, B_1은 변 BC, CA에 속함). 이때, $A_1B_1 \parallel AB$임을 증명하여라.

1.5. 사각형 $ABCD$에서 두 대각선의 교점 P와 직선 AB, CD의 교점 Q를 지나는 직선은 변 AD를 이등분한다. 이 직선은 변 BC를 이등분한다는 것을 증명하여라.

1.6. 평행사변형 $ABCD$의 변 AD에 $AP : AD = 1 : n$인 점 P를 잡고, 직선 AC, BP의 교점을 Q라 하자. 이때, $AQ : AC = 1 : (n+1)$임을 증명하여라.

1.7. 평행사변형 $A_1B_1C_1D_1$의 꼭지점이 평행사변형 $ABCD$의 변들에 속한다(점 A_1은 변 AB에, 점 B_1은 변 BC에 등등). 두 평행사변형의 중심이 일치한다는 것을 증명하여라.

1.8. 평행사변형 $ABCD$의 대각선 BD에 점 K를 잡았다. 직선 AK는 직선 BC, CD와 점 L, M에서 각각 교차한다. 이때, $AK^2 = LK \cdot KM$임을 증명하여라.

1.9. 원에 내접하는 사각형에서 두 대각선들 중의 하나는 원의 지름이다. 나머지 대각선에 대변들을 사영시키면, 얻어지는 두 선분은 서로 같다는 것을 증명하여라.

1.10. 사다리꼴 $ABCD$의 밑변 AD에 $AK = BC$인 점 E를 잡았다. 선분 CA, CE는 대각선 BD와 각각 점 O, P에서 교차한다. $BO = PD$이면, $AD^2 = BC^2 + AD \cdot BC$임을 증명하여라.

1.11. 점 A, B는 중심이 O인 원으로부터 중심각이 60°인 호를 만들며, 이 호에 점 M을 잡았다. 선분 MA, OB의 중점을 지나는 직선이 선분 MB, OA의 중점을 지나는 직선과 직교함을 증명하여라.

1.12. (a) 점 A, B, C는 한 직선에 속하고, 점 A_1, B_1, C_1은 다른 어떤 직선에 속한다. 만약, $AB_1 \parallel BA_1$이고 $AC_1 \parallel CA_1$이면, $BC_1 \parallel CB_1$임을 증명하여라.

(b) 점 A, B, C는 한 직선에 속하고, 점 A_1, B_1, C_1은 $AB_1 \parallel BA_1$, $AC_1 \parallel CA_1$, $BC_1 \parallel CB_1$을 만족시킨다. 점 A_1, B_1, C_1이 한 직선에 속한다는 것을 증명하여라.

1.13. 삼각형 ABC에 각의 이등분선 AA_1, BB_1을 작도하였다. 선분 A_1B_1의 점 M으로부터 직선 AB까지의 거리는 M에서 직선 AC, BC까지 거리의 합과 같음을 증명하여라.

1.14. 직사각형 $ABCD$의 변 AD, BC의 중점을 M, N이라 하자. 점 D의 방향으로 선분 CD의 연장선에 점 P를 잡고, 직선 PM, AC의 교점을 Q라 하자. 이때, $\angle QNM = \angle MNP$임을 증명하여라.

1.15. 사다리꼴 $ABCD$의 밑변 AD, BC을 점 A, C의 방향으로 연장하여 두 연장선에 점 K, L을 각각 잡았다. 선분 KL은 변 AB, CD와 점 M, N에서 각각 교차하고, 대각선 AC, BD와는 점 O, P에서 각각 교차한다. 만약, $KM = NL$이면, $KO = PL$임을 증명하여라.

1.16. 볼록사각형 $ABCD$의 변 AB, BC, CD, DA에 $BP : AB = CR : CD = \alpha$이고, $AS : AD = BQ : BC = \beta$가 성립하도록 점 P, Q, R, S를 각각 잡았다. 선분 PR, QS는 교점에 의해 $\beta : (1-\beta)$, $\alpha : (1-\alpha)$로 분할된다는 것을 증명하여라.

제 2 절 닮은 삼각형에서 변들의 비

1.17. (a) 삼각형 ABC에 내각 또는 외각의 이등분선 BD를 그었다. 이때, $AD : DC = AB : BC$임을 증명하여라.
(b) 삼각형 ABC에서 내접원의 중심 O는 각의 이등분선 AA_1을 $AO : OA_1 = (b+c) : a$로 나눈다는 것을 증명하여라(단, a, b, c는 삼각형의 변들의 길이).

1.18. 삼각형에서 두 변의 길이가 a이고, 세 번째 변의 길이가 b이다. 이때, 삼각형의 외접원의 반지름을 구하여라.

1.19. 정사각형 $ABCD$의 꼭지점 A를 지나는 직선이 변 CD와 점 E에서 교차하고, 직선 BC와 점 F에서 교차한다. 다음 등식을 증명하여라.

$$\frac{1}{AE^2} + \frac{1}{AF^2} = \frac{1}{AB^2}$$

1.20. 삼각형 ABC의 높이 BB_1, CC_1에 $\angle AB_2C = \angle AC_2B = 90°$가 되도록 점 B_2, C_2를 각각 잡았다. 이때, $AB_2 = AC_2$임을 증명하여라.

1.21. $BC \parallel AD$인 사다리꼴 $ABCD$의 내접원과 옆변 AB, CD의 접점을 K, L, 밑변 AD, BC와의 접점을 M, N이라 하자.
(a) BM, AN의 교점을 Q라 하면, $KQ \parallel AD$임을 증명하여라.
(b) $AK \cdot KB = CL \cdot LD$임을 증명하여라.

1.22. 평행사변형 $ABCD$의 변 BC, CD(또는 연장선)에 수선 AM, AN을 작도하였다. 이때, $\triangle MAN \sim \triangle ABC$임을 증명하여라.

1.23. 직선 l은 평행사변형 $ABCD$의 변 AB, AD와 점 E, F에서 교차한다. 직선 l과 대각선 AC의 교점을 G라 하면, $\frac{AB}{AE} + \frac{AD}{AF} = \frac{AC}{AG}$임을 증명하여라.

1.24. 평행사변형 $ABCD$에서 긴 대각선을 AC라 하자. 점 C에서 변 AB, AD의 연장선에 수선 CE, CF를 그었다. 이때, $AB \cdot AE + AD \cdot AF = AC^2$임을 증명하여라.

1.25. 삼각형 ABC의 각들이 $3\alpha+2\beta=180°$을 만족한다. 이때, $a^2+bc=c^2$임을 증명하여라.

1.26. 끝점들이 각의 변들에 각각 놓인 선분 AB, CD를 생각하자. 직선 AB, CD를 처음의 선분과 평행하도록 움직인다. 선분 AB, CD의 교점을 M이라 하면, $\frac{AM\cdot BM}{CM\cdot DM}$은 고정된 값이라는 것을 증명하여라.

1.27. 삼각형 ABC에서 변 AC의 점 P를 지나 중선 AK, CL에 각각 평행하고, 변 BC, AB와 E, F에서 교차하는 직선들을 작도하였다. 이때, 중선 AK, CL은 선분 EF를 3등분한다는 것을 증명하여라.

1.28. 각 C의 이등분선에 점 P를 잡았다. 점 P를 지나는 직선은 각 C의 변에 길이가 a, b인 선분을 각각 만들었다. 이때, $\frac{1}{a}+\frac{1}{b}$의 값은 이 직선의 선택에 종속되지 않는다는 것을 증명하여라.

1.29. 정삼각형 ABC의 변 BC를 지름으로 하여 삼각형의 바깥쪽에 반원을 작도하고, 반원을 세 개의 호로 등분하는 점 K, L을 잡았다. 직선 AK, AL은 변 BC를 같은 부분으로 나눈다는 것을 증명하여라.

1.30. 삼각형 ABC의 내심을 O라 하자. 변 AC, BC에 $BK\cdot AB=BO^2$, $AM\cdot AB=AO^2$이 성립하도록 점 M, K를 잡았다. 점 M, O, K는 한 직선에 속한다는 것을 증명하여라.

1.31. 그림 1.1에서 $a_1=a_2$, $b_1=b_2$이라 하면, $x=y$임을 증명하여라.

1.32. 선분 MN에 닮음인 삼각형 AMN, NBM, MNC를 작도하였다(그림 1.2). 이때, 삼각형 ABC는 이들 삼각형과 닮음이며, 삼각형 ABC의 외심은 점 M, N으로부터 같은 거리만큼 떨어져있음을 증명하여라.

1.33. 선분 BE는 삼각형 ABC를 닮음비가 $\sqrt{3}:1$인 두 닮은 삼각형으로 분할한다. 이때, 삼각형 ABC의 각들을 구하여라.

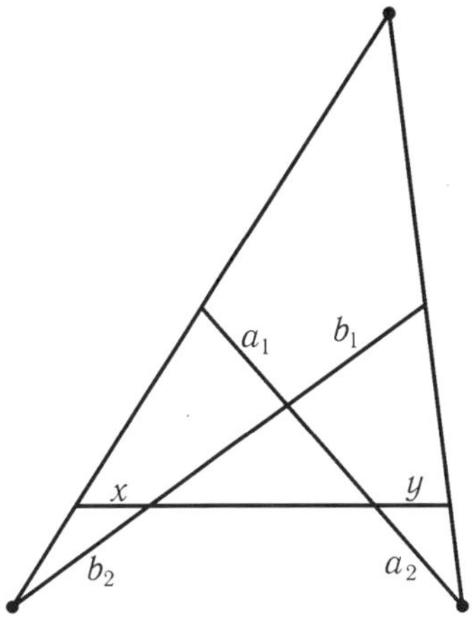

그림 1.1

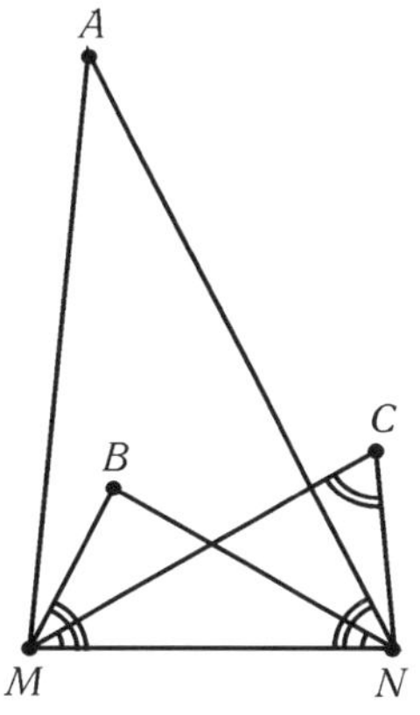

그림 1.2

제 3 절 닮은 삼각형의 넓이

1.34. 삼각형 ABC의 변 AC에 점 E를 잡았다. 점 E를 지나 변 BC에 평행한 직선 DE를, 변 AB에 평행한 직선 EF를 각각 작도하였다(D, E는 이들 변에 속함). 이때, $S_{BDEF} = 2\sqrt{S_{ADE} \cdot S_{EFC}}$임을 증명하여라.

1.35. 사다리꼴 $ABCD$의 옆변 AB, CD에 점 M, N을 잡아, 선분 MN은 밑변에 평행하며 사다리꼴의 넓이를 이등분하도록 하였다. $BC = a$이고 $AD = b$일 때, 선분 MN의 길이를 구하여라.

1.36. 삼각형 ABC의 내부점 Q를 지나 삼각형의 각 변에 평행한 세 직선을 그었다. 이들 직선은 삼각형을 여섯 조각으로 나누는데, 이들 중 세 개는 넓이가 S_1, S_2, S_3인 삼각형이다. 삼각형 ABC의 넓이는 $(\sqrt{S_1} + \sqrt{S_2} + \sqrt{S_3})^2$임을 증명하여라.

1.37. 넓이가 S인 삼각형을 생각하자. 이 삼각형의 중선들을 변으로 하는 삼각형의 넓이는 $3S/4$임을 증명하여라.

1.38. (a) 볼록사각형 $ABCD$의 중점들로 만들어진 사각형의 넓이는 사각형 $ABCD$ 넓이의 절반과 같음을 증명하여라.

(b) 볼록사각형의 대각선이 서로 같으면, 사각형의 넓이는 대변의 중점들을 연결한 선분들의 곱과 같음을 증명하여라.

1.39. 넓이가 S인 볼록사각형의 내부점 O를 사각형 변들의 중점에 대해 각각 대칭시켰다. 얻어진 점들을 꼭지점으로 하는 사각형의 넓이를 구하여라.

제 4 절 합동인 보조 삼각형들

1.40. 각 C가 직각인 삼각형 ABC의 밑변 BC를 점 D, E로 3등분하였다. 이때, $BC = 3AC$이면, 각 AEC, ADC, ABC의 합은 $90°$라는 것을 증명하여라.

1.41. 정사각형 $ABCD$의 변 AB의 중점을 K라 하고, 대각선 AC를 $AL : LC = 3 : 1$로 나누는 점 L을 잡자. 이때, 각 KLD가 직각임을 증명하여라.

1.42. 정사각형 $ABCD$의 꼭지점 A를 지나 변들과 교차하는 직선 l_1, l_2를 작도하였다. 꼭지점 B, D로부터 이들 직선에 수선 BB_1, BB_2, DD_1, DD_2를 작도하였다. 이때, 선분 B_1B_2와 D_1D_2는 서로 같으며 직교한다는 것을 증명하여라.

1.43. 직각이등변삼각형 ABC의 두 밑변 CA, CB에 $CD = CE$인 점 D, E를 각각 잡았다. 점 D, C에서 직선 AE에 그은 수선의 연장선이 빗변 AB와 점 K, L에서 교차한다. 이때, $KL = LB$임을 증명하여라.

1.44. 길이가 a, b, c, d인 내접사각형 $ABCD$의 변 AB, BC, CD, DA의 바깥쪽에 크기가 $a \times c$, $b \times d$, $c \times a$, $d \times b$인 직사각형을 작도하였다. 이들 직사각형의 중심들은 직사각형의 꼭지점을 이룬다는 것을 증명하여라.

1.45. 중심이 O인 육각형 $ABCDEF$가 반지름이 R인 원에 내접하며, $AB = CD = EF = R$이 성립한다. 삼각형 BOC, DOE, FOA의 외접원의 교

점들(점 O가 아닌)은 한 변이 R인 정삼각형의 꼭지점을 이룬다는 것을 증명하여라.

1.46. 평행사변형 $ABCD$의 변 BC와 CD의 바깥쪽에 정삼각형 BCK, DCL을 작도하였다. 이때, 삼각형 AKL은 정삼각형임을 증명하여라.

1.47. 평행사변형에서 변들의 바깥쪽에 정사각형을 각각 작도하였다. 이들 정사각형들의 중심은 정사각형을 이룬다는 것을 증명하여라.

1.48. 삼각형 ABC에서 변들의 바깥쪽에 A', B', C'을 적당히 잡아, 이들 점과 삼각형 ABC의 변을 연결하여 이등변삼각형 세 개를 만들었다. 점 A', B', C'에서의 각은 2α, 2β, 2γ이며, $\alpha+\beta+\gamma=180°$가 성립한다. 이때, 삼각형 $A'B'C'$의 각은 α, β, γ임을 증명하여라.

1.49. 삼각형 ABC의 변들을 밑변으로 하여 이등변삼각형 AB_1C, AC_1B를 바깥쪽에, 이등변삼각형 BA_1C를 안쪽에 작도하였다. 만약, 이들 이등변삼각형이 닮음이라면, $AB_1A_1C_1$가 평행사변형임을 증명하여라.

1.50. (a) 삼각형 ABC에서 변 AB와 AC의 바깥쪽에 직각삼각형 ABC_1과 AB_1C를 작도하였으며, $\angle C_1 = \angle B_1 = 90°$, $\angle ABC_1 = \angle ACB_1 = \varphi$이며, 점 M은 변 BC의 중점이다. 이때, $MB_1 = MC_1$이고 $\angle B_1MC_1 = 2\varphi$임을 증명하여라.
(b) 삼각형 ABC의 변들의 바깥쪽에 정삼각형들을 작도하였다. 이들 정삼각형의 중심은 정삼각형을 이루며, 이 정삼각형의 중심은 삼각형 ABC의 중선들의 교점과 일치한다는 것을 증명하여라.

1.51. 삼각형 ABC에서 서로 같지 않은 변 AB와 AC의 바깥쪽에 꼭지각이 φ인 이등변삼각형 AC_1B와 AB_1C를 작도하였다.
(a) 점 M은 중선 AA_1(또는 연장선)에 속하며, 점 B_1, C_1으로부터 같은 거리만큼 떨어져있다. 이때, $\angle B_1MC_1 = \varphi$임을 증명하여라.
(b) 점 O는 변 BC의 수직이등분선에 속하며, 점 B_1, C_1으로부터 같은 거리만큼 떨어져있다. 이때, $\angle B_1OC_1 = 180° - \varphi$임을 증명하여라.

1.52. 볼록사각형 $ABCD$에서 변들의 바깥쪽에 닮음인 마름모들을 작도하였고, 이들의 예각 α는 꼭지점 A, C에 인접해 있다. 이때, 맞은 편에 있는 마름모들의 중심을 연결한 선분은 서로 같으며, 이들 사이의 각은 α임을 증명하여라.

제 5 절　수선의 발로 만든 삼각형

1.53. 선분 AA_1와 BB_1을 삼각형 ABC의 높이라 하자. 이때, $\triangle A_1B_1C \sim \triangle ABC$임을 증명하고, 이들의 닮음비를 구하여라.

1.54. 예각삼각형 ABC의 꼭지점 C에서 수선 CH를 그었고, 점 H에서 변 BC와 AC에 수선 HM과 HN을 그었다. 이때, $\triangle MNC \sim \triangle ABC$임을 증명하여라.

1.55. 삼각형 ABC에 높이 BB_1과 CC_1을 작도하였다.
(a) 점 A를 지나는 외접원에 대한 접선은 직선 B_1C_1과 평행하다는 것을 증명하여라.
(b) O를 외심이라 할 때, $B_1C_1 \perp OA$임을 증명하여라.

1.56. 예각삼각형 ABC의 각 변에 A_1, B_1, C_1을 잡아 선분 AA_1, BB_1, CC_1이 점 H에서 교차하도록 하였다. 이때, $AH \cdot A_1H = BH \cdot B_1H = CH \cdot C_1H$일 필요충분조건은 점 H가 삼각형 ABC의 수선들의 교점(수심)이라는 것을 증명하여라.

1.57. (a) 예각삼각형 ABC의 높이 AA_1, BB_1, CC_1은 삼각형 $A_1B_1C_1$의 각을 각각 이등분한다는 것을 증명하여라.
(b) 예각삼각형 ABC의 변 AB, BC, CA에 점 C_1, A_1, B_1을 각각 잡았다. 이때, $\angle B_1A_1C = \angle BA_1C_1$, $\angle A_1B_1C = \angle AB_1C_1$, $\angle A_1C_1B = \angle AC_1B_1$이면, 점 A_1, B_1, C_1은 삼각형 ABC의 수선들의 발임을 증명하여라.

1.58. 예각삼각형 ABC에 높이 AA_1, BB_1, CC_1을 작도하였다. 직선 AC에 대

한 점 A_1의 대칭점은 직선 B_1C_1에 속한다는 것을 증명하여라.

1.59. 예각삼각형 ABC에 높이 AA_1, BB_1, CC_1을 작도하였다. 이때, $A_1B_1 \parallel AB$, $B_1C_1 \parallel BC$이면, $A_1C_1 \parallel AC$임을 증명하여라.

1.60. 예각삼각형 ABC의 둘레의 절반을 p라 하고, q를 삼각형 ABC의 수선들의 발로 만든 삼각형의 둘레의 절반이라 하자. 삼각형 ABC의 외접원, 내접원의 반지름을 R, r이라 할 때, $p : q = R : r$임을 증명하여라.

제 6 절 닮은 도형들

1.61. 삼각형에 반지름이 r인 원을 내접시켰다. 삼각형의 변들에 각각 평행한 원의 접선들은 삼각형에 세 개의 작은 삼각형을 만들었다. 이때, r_1, r_2, r_3를 작은 삼각형들의 내접원의 반지름이라 하면, $r_1 + r_2 + r_3 = r$임을 증명하여라.

1.62. 삼각형 ABC가 주어졌다. 어떤 직선 x, y를 생각하자. 변 AC의 임의의 점 M으로부터 직선 x, y에 평행한 직선을 각각 작도하여, 이들 직선이 변 AB, BC와 만나 선분 MX_M과 MY_M이 만들어졌다. 이때, 이들 선분의 합이 1이 되도록 하는 직선 x, y를 작도하여라.

1.63. 이등변삼각형 ABC에서 밑변 BC의 중점 H로부터 옆변 AC에 수선 HE를 긋고, HE의 중점을 O라 하자. 이때, 직선 AO와 BE가 직교함을 증명하여라.

1.64. 삼각형에서 한 수선의 발을 삼각형의 두 변, 나머지 두 높이에 사영시켜 얻어진 네 점은 한 직선에 속한다는 것을 증명하여라.

1.65. 선분 AC에 점 B를 잡았다. 선분 AB, BC, CA에 반원 S_1, S_2, S_3를 작도하였는데, 이들은 직선 AC에 대해 같은쪽에 놓여있다. D는 $BD \perp AC$인 S_3의 점이며, S_1과 S_2의 공통접선은 이들 반원과 점 F, E에서 각각 접한다.

(a) 점 D를 지나는 S_3에 대한 접선은 직선 EF와 평행하다는 것을 증명하여라.

(b) $BFDE$는 직사각형임을 증명하여라.

1.66. 직사각형 $ABCD$의 외접원의 점 M으로부터 마주보는 두 변에 수선 MQ, MP를 긋고, 다른 두 변의 연장선에 수선 MR, MT를 그었다. 이때, 직선 PR, QT는 직교하고, 이들의 교점은 직사각형 $ABCD$의 대각선에 속한다는 것을 증명하여라.

1.67. 한 원이 다른 원의 바깥쪽에 놓여있으며, 이 두 원에 대한 공통외접선과 공통내접선을 작도하였다. 각 원에 대해, 원에 속하는 두 접점을 지나는 직선을 생각하자. 이들 두 직선의 교점은 두 원의 중심을 지나는 직선에 속한다는 것을 증명하여라.

힌트 및 증명

1.1. (a) P, Q를 각각 변 AB, CD의 중점이라 하고, K, L을 직선 PQ와 대각선 AC, BD의 교점이라 하자. 그러면, $PL = a/2$, $PK = b/2$이므로, $KL = PL - PK = (a-b)/2$이다.

(b) 변 AD에 $BF \parallel CD$가 되도록 점 F를 잡자. 그러면, $MN = ME + EN = \frac{qAF}{p+q} + b = \frac{q(a-b)+(p+q)b}{p+q} = \frac{qa+pb}{p+q}$이 된다.

1.2. 사각형 $ABCD$의 변 AB, BC, CD, DA의 중점을 K, L, M, N이라 하자. 그러면, $KL = MN = AC/2$이고, 선분 KL은 선분 MN과 평행하다. 그러므로, 사각형 $KLMN$은 평행사변형이 된다. 만약, 대각선 AC와 BD가 직교하면 $KLMN$은 직사각형이 되며, $AC = BD$이면 마름모가 되며, 대각선 AC와 BD가 길이도 같고 직교하면 $KLMN$은 정사각형이 된다.

1.3. (a) 선분 AA_1과 BB_1의 교점을 O라 하자. 삼각형 B_1BC에 $A_1A_2 \parallel BB_1$을 작도하자. 그러면, $B_1C/B_1A_2 = 1+p$이므로, $AO : OA_1 = AB_1 : B_1A_2 = B_1C : qB_1A_2 = (1+p) : q$가 된다.

(b) $BA_1 : A_1C = 1 : p$이고, $AB_1 : B_1C = 1 : q$라 하자. 그러면, $AD : DA_1 = (1+p) : q$이고, $BD : DB_1 = (1+q) : p$가 된다. 그러므로, $a_1 = \frac{1+p+q}{1+p}$, $b_1 = \frac{1+p+q}{1+q}$, $c = (1+p+q)d$이다.

1.4. 점 A_2를 선분 A_1B의 중점이라 하자. 그러면, $CA_1 : A_1A_2 = CP : PC_1$, $A_1A_2 : A_1B = 1 : 2$이므로, $CA_1 : A_1B = CP : 2PC_1$이다. 마찬가지 방법으로, $CB_1 : B_1A = CP : 2PC_1 = CA_1 : A_1B$임을 알 수 있다.

1.5. 점 P는 삼각형 ABC의 중선 QM(또는 연장선)에 속한다. 문제 1.4의 풀이가 점 P가 중선의 연장선에 속하는 경우에도 성립함을 쉽게 확인할 수 있다. 그러므로, $BC \parallel AD$이다.

1.6. $\triangle AQP \sim \triangle CQB$이므로, $AQ : QC = AP : BC = 1 : n$이다. 그러므로, $AC = AQ + QC = (n+1)AQ$이다.

1.7. 선분 B_1D_1의 중점인 평행사변형 $A_1B_1C_1D_1$의 중심은 변 AB와 CD의 중점을 연결한 선분에 속한다. 마찬가지로, 이 점은 변 BC와 AD의 중점을 연결한 선분에도 속한다. 이들 선분의 교점이 평행사변형 $ABCD$의 중심이다.

1.8. $AK : KM = BK : KD = LK : AK$이 성립한다. 즉, $AK^2 = LK \cdot KM$이 성립한다.

1.9. 선분 AC를 사각형 $ABCD$의 외접원의 지름이라 하자. 선분 BD에 수선 AA_1과 CC_1을 긋자(그림 1.3). 이제, $BA_1 = DC_1$을 증명해야 한다. 외접원의 중심 O로부터 BD에 수선 OP를 내리자. 그러면, P는 BD의 중점이 된다. 직선 AA_1, OP, CC_1은 평행이고 $AO = OC$이므로, $A_1P = PC_1$이다. 점 P는 BD의 중점이므로, $BA_1 = DC_1$이다.

1.10. $BO = PD$이므로, $BO : OD = DP : PB = k$이다. 이제, $BC = 1$이라 하자. 그러면, $AD = k$이고, $ED = 1/k$이다. 그러므로, $k = AD = AE + ED = 1 + (1/k)$, 즉 $k^2 = 1 + k$이다. 이제, $k^2 = AD^2$, $1 + k = BC^2 + BC \cdot AD$임을 생각하면 된다.

1.11. 사각형 $AOBM$의 변 AO, OB, BM, MA의 중점을 C, D, E, F라 하자. R을 주어진 원의 반지름이라 하면, $AB = MO = R$이므로, 문제 1.2에 의해 $CDEF$는 마름모가 된다. 그러므로, $CE \perp DF$이다.

1.12. (a) 주어진 점들이 속하는 직선들이 평행하다면, 문제는 자명하다. 이제, 이들 직선이 점 O에서 교차한다고 하자. 그러면, $OA : OB = OB_1 : OA_1$, $OC : OA = OA_1 : OC_1$이므로, $OC : OB = OB_1 : OC_1$이다. 이것은 $BC_1 \parallel CB_1$을

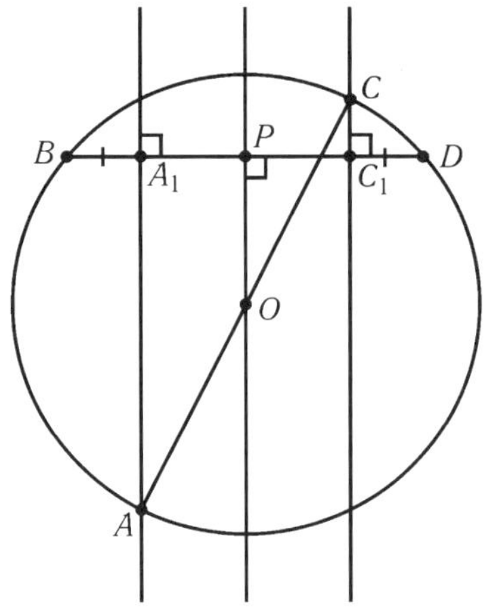

그림 1.3

의미한다.

(b) D, E를 직선 AB_1과 CA_1, CB_1과 AC_1의 교점이라 하자. 그러면, $CA_1 : A_1D = CB : BA = EC_1 : C_1A$가 된다. $\triangle CB_1D \sim \triangle EB_1A$이므로, 점 A_1, B_1, C_1은 한 직선에 속한다.

1.13. 각의 이등분선에 속하는 점은 변들로부터 같은 거리만큼 떨어져있다. a를 점 A_1으로부터 직선 AC, AB까지의 거리라 하고, b를 점 B_1으로부터 직선 AB, BC까지의 거리라 하자. 이제, $A_1M : B_1M = p : q$이고, $p + q = 1$이라 하자. 그러면, 점 M으로부터 직선 AC, BC까지의 거리는 qa, qb이다. 한편, 문제 1.1(b)에 의해, 점 M으로부터 직선 AB까지의 거리는 $qa + pb$이다.

1.14. 직사각형의 중심 O를 지나 변 BC에 평행한 직선이 선분 QN과 점 K에서 교차한다고 하자(그림 1.4). $MO \parallel PC$이므로, $QM : MP = QO : OC$이고, $KO \parallel BC$이므로, $QO : OC = QK : KN$이다. 결국, $QM : MP = QK : KN$, 즉 $KM \parallel NP$이다. 그러므로, $\angle MNP = \angle KMO = \angle QNM$이다.

1.15. 점 M을 지나 선분 CD와 평행한 직선 EF를 작도하자(점 E, F는 각각 직선 BC, AD에 속함). 그러면, $PL : PK = BL : KD$, $OK : OL = KA : CL = KA : KF = BL : EL$이다. $KD = EL$이므로, $PL : PK = OK : OL$이 성립한다. 이로부터, $PL = OK$가 된다.

1.16. 평행사변형 $ABCD_1$을 생각하자. 점 D와 D_1은 일치하지 않는다고 가정할 수

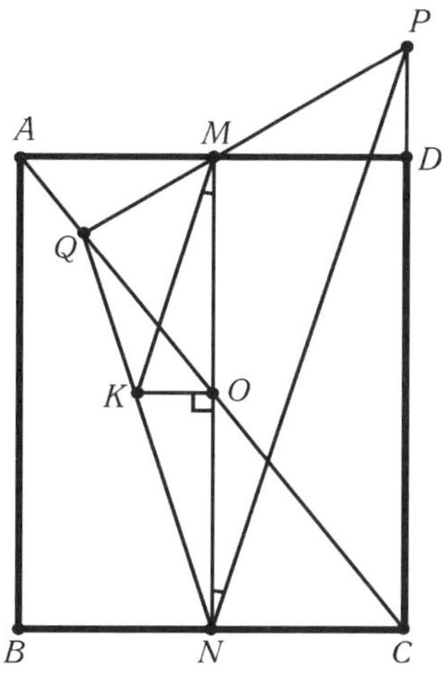

그림 1.4

있다(그렇지 않으면, 문제가 자명해짐). 변 AD_1, CD_1에 $SS_1 \parallel DD_1$, $RR_1 \parallel DD_1$이 되도록 점 S_1과 R_1을 잡자. 이제, N을 PR_1과 QS_1의 교점이라 하고, N을 지나 DD_1에 평행한 직선과 선분 PR, QS의 교점을 각각 N_1, N_2라 하자. 그러면, $\overrightarrow{N_1N} = \beta\overrightarrow{RR_1} = \alpha\beta\overrightarrow{DD_1}$, $\overrightarrow{N_2N} = \alpha\overrightarrow{SS_1} = \alpha\beta\overrightarrow{DD_1}$이 성립한다. 그러므로, $N_1 = N_2$는 선분 PR과 QS의 교점이다. 그리고, $PN_1 : PR = PN : PR_1 = \beta$, $QN_2 : QS = \alpha$이다.

참고. $\alpha = \beta$인 경우에는 좀더 쉬운 풀이가 있다. $BP : BA = BQ : BC = \alpha$이므로, $PQ \parallel AC$이고 $PQ : AC = \alpha$이다. 마찬가지로, $RS \parallel AC$, $RS : AC = 1 - \alpha$이 된다. 그러므로, 선분 PR, QS는 교점에 의해 $\alpha : (1 - \alpha)$의 비로 분할된다.

1.17. (a) 꼭지점 A, C로부터 직선 BD에 수선 AK, CL을 작도하자. $\angle CBL = \angle ABK$, $\angle CDL = \angle KDA$이므로, $\triangle BLC \sim \triangle BKA$이고 $\triangle CLD \sim \triangle AKD$이다. 그러므로, $AD : DC = AK : CL = AB : BC$가 된다.

(b) $BA_1 : A_1C = BA : AC$, $BA_1 + A_1C = BC$임을 생각하면, $BA_1 = ac/(b+c)$를 얻을 수 있다. BO는 삼각형 ABA_1의 각의 이등분선이므로, $AO : OA_1 = AB : BA_1 = (b+c) : a$이 성립한다.

1.18. O를 이등변삼각형 ABC의 외접원의 중심이라 하고, B_1을 밑변 AC의 중점, A_1을 옆변 BC의 중점이라 하자. $\triangle BOA_1 \sim \triangle BCB_1$이므로, $BO : BA_1 =$

$BC : BB_1$이고, $R = BO = a^2/\sqrt{4a^2 - b^2}$이 성립한다.

1.19. $\angle EAD = \varphi$라 하면, $AE = AD/\cos\varphi = AB/\cos\varphi$, $AF = AB/\sin\varphi$이 된다. 그러므로, $\frac{1}{AE^2} + \frac{1}{AF^2} = \frac{(\cos^2\varphi + \sin^2\varphi)}{AB^2} = \frac{1}{AB^2}$이다.

1.20. 쉽게 $AB_2^2 = AB_1 \cdot AC = AC_1 \cdot AB = AC_2^2$임을 알 수 있다.

1.21. (a) $BQ : QM = BN : AM = BK : AK$이므로, $KQ \parallel AM$이다.
(b) O를 내접원의 중심이라 하자. $\angle CBA + \angle BAD = 180°$이므로, $\angle ABO + \angle BAO = 90°$이다. 그러므로, $\triangle AKO \sim \triangle OKB$, 즉 $AK : KO = OK : KB$이 성립한다. 이로부터, R을 내접원의 반지름이라 하면, $AK \cdot KB = KO^2 = R^2$이다. 마찬가지로, $CL \cdot LD = R^2$이 성립한다.

1.22. 각 ABC가 둔각(예각)이면, 각 MAN은 둔각(예각)이 된다. 게다가, 이들 각의 변들은 서로 직교한다. 그러므로, $\angle ABC = \angle MAN$이다. 직각삼각형 ABM과 ADN은 같은 각 ABM과 ADN을 가지므로, $AM : AN = AB : AD = AB : CB$, 즉 $\triangle ABC \sim \triangle MAN$이 된다.

1.23. 대각선 AC에 $BB' \parallel l$, $DD' \parallel l$인 점 D', B'을 잡자. 그러면, $AB : AE = AB' : AG$, $AD : AF = AD' : AG$가 성립한다. 삼각형 ABB'과 CDD'의 변들이 쌍으로 평행하고, $AB = CD$이므로, 이들 삼각형은 합동이고, $AB' = CD'$이다. 그러므로, $\frac{AB}{AE} + \frac{AD}{AF} = \frac{AB'}{AG} + \frac{AD'}{AG} = \frac{CD' + AD'}{AG} = \frac{AC}{AG}$가 성립한다.

1.24. 꼭지점 B에서 AC에 수선 BG를 긋자(그림 1.5). 삼각형 ABG와 ACE의 닮음으로부터, $AC \cdot AG = AE \cdot AB$가 성립한다. 직선 AF와 CB가 평행하므로, 각 GCB, CAF는 같고, 직각삼각형 CBG와 ACF는 닮음이다. 이들 삼각형의 닮음으로부터, $AC \cdot CG = AF \cdot BC$가 된다. 얻어진 등식들을 더하면, $AC \cdot (AG + CG) = AE \cdot AB + AF \cdot BC$를 얻게 된다. $AG + CG = AC$이므로, 구하는 등식을 얻을 수 있다.

1.25. $\alpha + \beta = 90° - (\alpha/2)$이므로, $\gamma = 180° - \alpha - \beta = 90° + (\alpha/2)$가 된다. 그러므로, 변 AB에 $\angle ACD = 90° - (\alpha/2)$, 즉 $AC = AD$인 점 D를 잡을 수 있다. 그러면, $\triangle ABC \sim \triangle CBD$가 된다. 이로부터, $BC : BD = AB : CB$, 즉 $a^2 = c(c - b)$이 성립한다.

1.26. 선분 AB, CD가 이동하면서 삼각형 AMC는 닮은 다른 삼각형으로 변하게 된

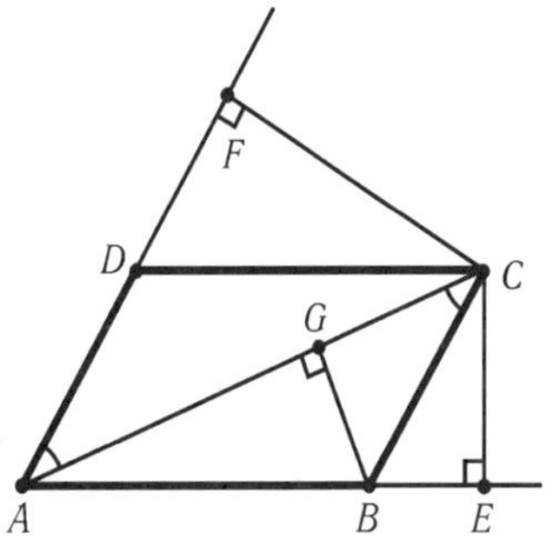

그림 1.5

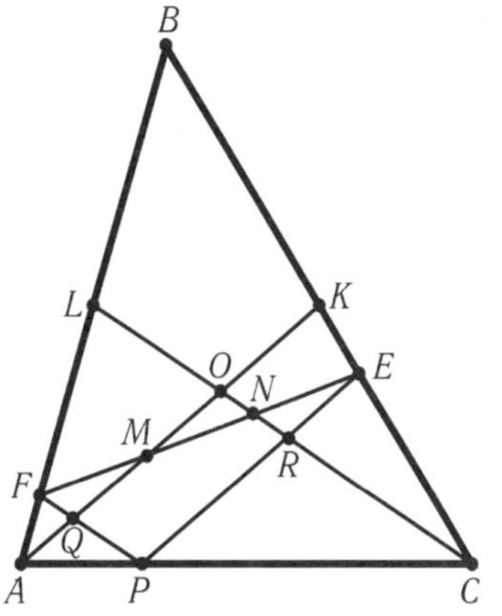

그림 1.6

다. 그러므로, AM/CM의 값은 일정하며, 마찬가지 이유로 BM/DM의 값도 일정하게 된다.

1.27. 중선들의 교점을 O라 하고, 중선 AK와 직선 FP, FE의 교점을 각각 Q, M이라 하고, 중선 CL과 직선 EP, FE의 교점을 각각 R, N이라 하자(그림 1.6). 그러면, $FM : FE = FQ : FP = LO : LC = 1 : 3$이고, $FM = FE/3$이다. 마찬가지로, $EN = FE/3$가 된다.

1.28. A, B를 주어진 직선과 각의 변들의 교점이라 하자. 선분 AC, BC에 $PK \parallel BC$, $PL \parallel AC$가 되도록 점 K, L을 잡자. $\triangle AKP \sim \triangle PLB$이므로, $AK : KP = PL : LB$이고, $p = PK = PL$이라 하면, $(a-p)(b-p) = p^2$가 된다. 이로부터, $\frac{1}{a} + \frac{1}{b} = \frac{1}{p}$이 성립한다.

1.29. 변 BC의 중점을 O, 변 BC와 AK, AL의 교점을 각각 P, Q라 하자. $BP < BQ$라고 가정할 수 있다. 삼각형 LCO는 정삼각형이고, $LC \parallel AB$이다. 그러므로, $\triangle ABQ \sim \triangle LCQ$이고, $BQ : QC = AB : LC = 2 : 1$이다. 결국, $BC = BQ + QC = 3QC$이다. 마찬가지 방법으로, $BC = 3BP$임을 알 수 있다.

1.30. $BK : BO = BO : AB$, $\angle KBO = \angle ABO$이므로, $\triangle KOB \sim \triangle OAB$이다. 그러므로, $\angle KOB = \angle OAB$이다. 마찬가지로, $\angle KOM = \angle KOB + \angle BOA + \angle AOM = \angle OAB + \angle BOA + \angle ABO = 180°$가 된다. 이로부터, K, O, M은 한 직선에 속한다.

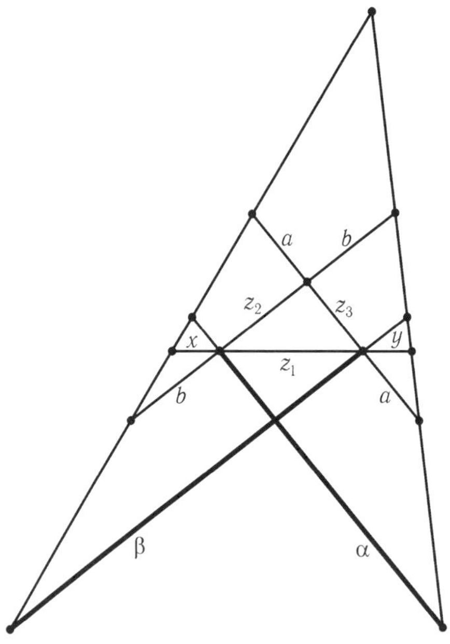

그림 1.7

1.31. 길이가 $a_1 = a_2 = a$, $b_1 = b_2 = b$인 선분이 속한 직선들에 평행하게 직선들을 보조선으로 작도하자(그림 1.7). 삼각형의 닮음으로부터 등식 $\frac{x}{b} = \frac{x+z_1}{\beta}$, $\frac{a+z_3}{a} = \frac{\beta}{b+z_2}$, $\frac{y+z_1}{\alpha} = \frac{y}{a}$, $\frac{\alpha}{a+z_3} = \frac{b+z_2}{b}$을 얻을 수 있다. 이들 등식을 서로 곱하면, $x(y+z_1) = y(x+z_1)$이 되고, $x = y$을 얻게 된다.

1.32. $\angle AMN = \angle MNC$, $\angle BMN = \angle MNA$이므로, $\angle AMB = \angle ANC$이다. 게다가, $AM : AN = NB : NM = BM : CN$이다. 그러므로, $\triangle AMB \sim \triangle ANC$, 즉 $\angle MAB = \angle NAC$이다. 다른 각들에 대해서도 유사하게 증명할 수 있다. 이제, 선분 MN의 수직이등분선에 대해 점 B, C을 대칭시켜 점 B_1과 C_1을 얻었다고 하자. $AM : NB = MN : BM = MC : NC$이므로, $MA \cdot MC_1 = AM \cdot NC = NB \cdot MC = MB_1 \cdot MC$이다. 결국, 점 A는 사다리꼴 BB_1CC_1의 외접원에 속한다.

1.33. $\angle AEB + \angle BEC = 180°$이므로, 이들 각은 닮음인 삼각형 ABE, BEC의 다른 각들이 될 수 없다. 즉, 이들은 같고, BE는 수선이다. 이제, 두 가지 경우가 가능하다: $\angle ABE = \angle CBE$인 경우 또는 $\angle ABE = \angle BCE$인 경우. 첫 번째 경우는 제외시킬 수 있다. 왜냐 하면, 첫 번째 경우에서는 $\triangle ABE \equiv \triangle CBE$가 되

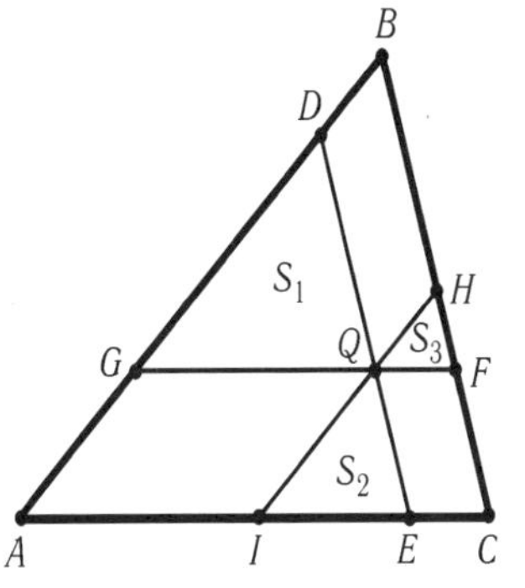

그림 1.8

기 때문이다. 두 번째 경우를 살펴보자. 이때에 $\angle ABC = \angle ABE + \angle CBE = \angle ABE + \angle BAE = 90°$가 된다. 직각삼각형 ABC에서 밑변들이 $1 : \sqrt{3}$의 비를 이루므로, 삼각형의 각은 90°, 60°, 30°가 된다.

1.34. $S_{BDEF}/2S_{ADE} = S_{BDE}/S_{ADE} = DB/AD = EF/AD = \sqrt{S_{EFC}/S_{ADE}}$이다. 그러므로, $S_{BDEF} = 2\sqrt{S_{ADE} \cdot S_{EFC}}$이다.

1.35. $MN = x$라 놓고, E를 직선 AB, CD의 교점이라 하자. 삼각형 EBC, EMN, EAD는 닮음이므로, $S_{EBC} : S_{EMN} : S_{EAD} = a^2 : x^2 : b^2$이다. $S_{EMN} - S_{EBC} = S_{MBCN} = S_{MADN} = S_{EAD} - S_{EMN}$이므로, $x^2 - a^2 = b^2 - x^2$, 즉 $x^2 = (a^2 + b^2)/2$이다.

1.36. 삼각형 ABC의 내부점 Q를 지나 BC, CA, AB에 평행한 직선 DE, FG, HI를 점 F와 H가 BC에, E와 I가 AC에, D와 G가 AB에 속하도록 작도하자(그림 1.8). $S = S_{ABC}, S_1 = S_{GDQ}, S_2 = S_{IEQ}, S_3 = S_{HFQ}$라 하면, 다음이 성립한다.

$$\sqrt{\frac{S_1}{S}} + \sqrt{\frac{S_2}{S}} + \sqrt{\frac{S_3}{S}} = \frac{GQ}{AC} + \frac{IE}{AC} + \frac{FQ}{AC} = \frac{AI + IE + EC}{AC} = 1.$$

이로부터, $S = (\sqrt{S_1} + \sqrt{S_2} + \sqrt{S_3})^2$이 된다.

1.37. 삼각형 ABC의 세 중선의 교점을 M이라 하고, BC의 중점에 대한 점 M의 대칭점을 A_1이라 하자. 삼각형 CAM_1의 변들의 길이는 삼각형 ABC의 중선들과 $2 : 3$으로 비례한다. 그러므로, 구하는 넓이는 $9S_{CMA_1}/4$가 되고, $S_{CMA_1} = S/3$이다(문제 4.1의 풀이).

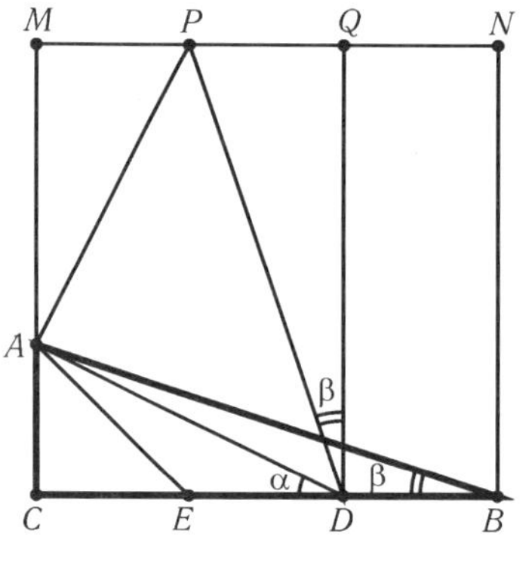

그림 1.9

1.38. E, F, G, H를 선분 AB, BC, CD, DA의 중점이라 하자.
(a) $S_{AEH}+S_{CFG} = \frac{S_{ABD}}{4}+\frac{S_{CBD}}{4} = \frac{S_{ABCD}}{4}$이다. 마찬가지로, $S_{BEF}+S_{DGH} = \frac{S_{ABCD}}{4}$이다. 그러므로, $S_{EFGH} = S_{ABCD} - \frac{S_{ABCD}}{4} - \frac{S_{ABCD}}{4} = \frac{S_{ABCD}}{2}$이다.
(b) $AC = BD$이므로, $EFGH$는 마름모가 된다(문제 1.2). 문제 (a)에 의해, $S_{ABCD} = 2S_{EFGH} = EG \cdot FH$이다.

1.39. E, F, G, H를 사각형 $ABCD$의 변들의 중점이라 하고, 이들 점에 대한 점 O의 대칭점을 각각 E_1, F_1, G_1, H_1이라 하자. 선분 EF는 삼각형 E_1OF_1의 중간선이므로, $S_{E_1OF_1} = 4S_{EOF}$이다. 마찬가지로, $S_{F_1OG_1} = 4S_{FOG}$, $S_{G_1OH_1} = 4S_{GOH}$, $S_{H_1OE_1} = 4S_{HOE}$가 성립한다. 그러므로, $S_{E_1F_1G_1H_1} = 4S_{EFGH}$이다. 문제 1.38(a)에 의해, $S_{ABCD} = 2S_{EFGH}$이다. 그러므로, $S_{E_1F_1G_1H_1} = 2S_{ABCD} = 2S$이다.

1.40. **첫 번째 증명**. 정사각형 $BCMN$을 생각하여, 변 MN을 점 P, Q로 3등분하자(그림 1.9). 그러면, $\triangle ABC \equiv \triangle PDQ$, $\triangle ACD \equiv \triangle PMA$가 된다. 그러므로, 삼각형 PAD는 직각이등변삼각형이고, $\angle ABC+\angle ADC = \angle PDQ+\angle ADC = 45°$이다.

두 번째 증명. $DE = 1, EA = \sqrt{2}, EB = 2, AD = \sqrt{5}$, $BA = \sqrt{10}$이므로, $DE : AE = EA : EB = AD : BA$이고, $\triangle DEA \sim \triangle AEB$가 된다. 결국, $\angle ABC = \angle EAD$이다. 게다가, $\angle AEC = \angle CAE = 45°$이다. 그러므로, $\angle ABC+\angle ADC+\angle AEC = (\angle EAD + \angle CAE) + \angle ADC = \angle CAD + \angle ADC = 90°$이다.

1.41. 점 L로부터 선분 AB에 수선 LM을, 선분 AD에 수선 LN을 작도하자. 이때,

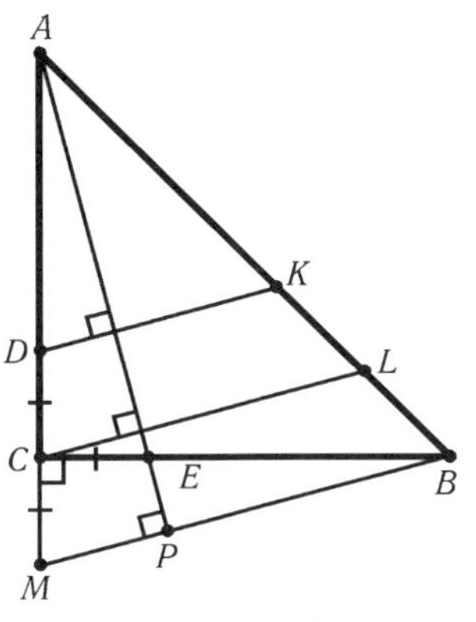

그림 1.10

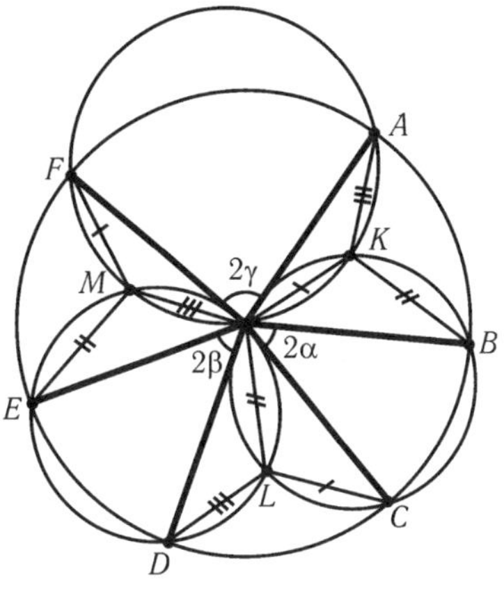

그림 1.11

$KM = MB = ND$, $KL = LB = DL$이므로, 직각삼각형 KML과 DNL은 합동이다. 그러므로, $\angle DLK = \angle NLM = 90°$이다.

1.42. $D_1A = B_1B, AD_2 = BB_2$이고 $\angle D_1AD_2 = \angle B_1BB_2$이므로, $\triangle D_1AD_2 \equiv \triangle B_1BB_2$이다. 이들 삼각형의 변 AD_1, BB_1(마찬가지로, AD_2, BB_2)은 직교하고, 이로부터 $B_1B_2 \perp D_1D_2$가 성립한다.

1.43. 선분 AC를 점 C의 방향으로 연장하여 $CM = CE$가 되도록 점 M을 잡자(그림 1.10). 이때, 삼각형 ACE를 점 C를 중심으로 $90°$만큼 회전시키면 삼각형 BCM으로 이동한다. 그러므로, 직선 MB는 직선 AE와 직교하고, 이로부터 직선 MB는 직선 CL과 평행함을 알 수 있다. $MC = CE = DC$이고, 직선 DK, CL, MB가 평행하므로, $KL = LB$이다.

1.44. 변 AB, BC에 직사각형 ABC_1D_1, A_2BCD_2를 작도하고, 변 AB, BC, CD, DA에 작도한 직사각형들의 중심을 P, Q, R, S라 하자. $\angle ABC + \angle ADC = 180°$이므로, $\triangle ADC \equiv \triangle A_2BC_1$이다. 그러므로, $\triangle RDS \equiv \triangle PBQ$이고, $RS = PQ$이다. 마찬가지로, $QR = PS$가 성립한다. 결국, $PQRS$는 평행사변형이고, 삼각형 RDS, PBQ의 하나는 평행사변형의 변에 바깥으로, 하나는 안쪽으로 작도된다. 삼각형 QCR, SAP에 대해서도 같은 주장을 할 수 있다. 그러므로, $\angle PQB = \angle RSD$, $\angle RQC = \angle PSA$이고, $\angle PQR + \angle RSP = \angle BQC + \angle DSA = 180°$이다. 결국, $PQRS$는 직사각형이다.

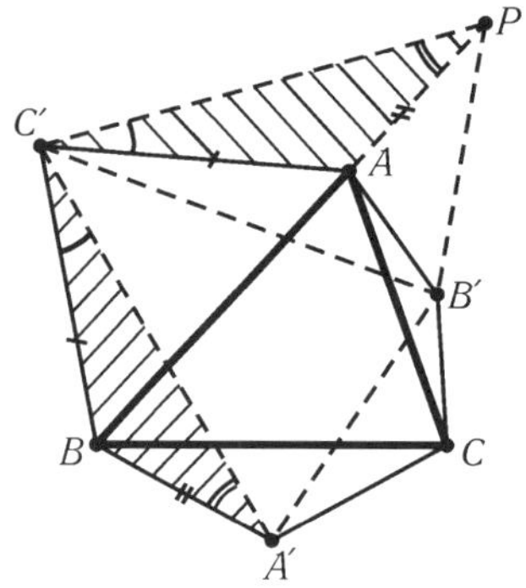

그림 1.12

1.45. K, L, M을 삼각형 FOA와 BOC, BOC와 DOE, DOE와 FOA의 외접원의 교점이라 하고, $2\alpha, 2\beta$, 2γ를 이등변삼각형 BOC, DOE, FOA의 꼭지점에서의 각들이라 하자(그림 1.11). 점 K는 이등변삼각형 BOC의 외접원의 호 OB에 속하므로, $\angle OKB = 90° + \alpha$가 된다. 마찬가지로, $\angle OKA = 90° + \gamma$이다. $\alpha + \beta + \gamma = 90°$이므로, $\angle AKB = 90° + \beta$이다. 정삼각형 AOB의 내부에서 변들과 주어진 각을 이루는 점 K는 유일하게 존재한다. 마찬가지 주장을 삼각형 COD의 내부점 L에 대해 생각하면, $\triangle OKB \equiv \triangle CLO$임을 알 수 있다. 이제, $\triangle KOL \equiv \triangle OKB$를 증명하자. 실제로, $\angle COL = \angle KBO$이므로, $\angle KOB + \angle COL = 180° - \angle OKB = 90° - \alpha$, $\angle KOL = 2\alpha + (90° - \alpha) = 90° + \alpha = \angle OKB$가 성립한다. 결국, $KL = OB = R$이다. 마찬가지로, $LM = MK = R$이다.

1.46. $\angle A = \alpha$라 하자. 쉽게 두 각 KCL과 ADL이 $240° - \alpha$(또는 $120° + \alpha$)임을 확인할 수 있다. $KC = BC = AD$, $CL = DL$이므로, $\triangle KCL \equiv \triangle ADL$이고, $KL = AL$이다. 마찬가지로, $KL = AK$가 성립한다.

1.47. 꼭지점 A에서 예각 α를 가지는 평행사변형의 변 DA, AB, BC에 작도한 정사각형들의 중심을 각각 P, Q, R이라 하자. 쉽게, $\angle PAQ = 90° + \alpha = \angle RBQ$, $\triangle PAQ \equiv \triangle RBQ$임을 확인할 수 있다. 이들 삼각형의 변 AQ, BQ는 직교하므로, $PQ \perp QR$이다.

1.48. 우선, 육각형 $AB'CA'BC'$의 꼭지점 A, B, C의 각들의 합이 360°임을 생각하자. 왜냐 하면, 문제의 조건에 의해 나머지 꼭지점에서 각들의 합이 360°가 되기 때문이다. 이제, 선분 AC'에 바깥쪽으로 삼각형 $BC'A'$과 합동인 삼각형 $AC'P$를

작도하자(그림 1.12). 이때, $AB' = CB'$, $AP = CA'$, $\angle PAB' = 360° - \angle PAC' - \angle C'AB' = 360° - \angle A'BC' - \angle C'AB' = \angle A'CB'$이므로, $\triangle AB'P \equiv \triangle CB'A'$이다. 결국, $\triangle C'B'A' \equiv \triangle C'B'P$이다. 즉 $2\angle A'B'C' = \angle PB'A' = \angle AB'C$이므로, $\angle PB'A = \angle A'B'C$이다.

1.49. $BA : BC = BC_1 : BA_1$이고, $\angle ABC = \angle C_1BA_1$이므로, $\triangle ABC \sim \triangle C_1BA_1$이다. 마찬가지로, $\triangle ABC \sim \triangle B_1A_1C$이다. 한편, $BA_1 = A_1C$이므로, $\triangle C_1BA_1 \equiv \triangle B_1A_1C$이다. 결국, $AC_1 = C_1B = B_1A_1$, $AB_1 = B_1C = C_1A_1$이다. 그리고, 사각형 $AB_1A_1C_1$이 볼록사각형이다.

1.50. (a) P, Q를 선분 AB, AC의 중점이라 하자. 그러면, $MP = AC/2 = QB_1$, $MQ = AB/2 = PC_1$, $\angle C_1PM = \angle C_1PB + \angle BPM = \angle B_1QC + \angle CQM = \angle B_1QM$이다. 그러므로, $\triangle MQB_1 \equiv \triangle C_1PM$이고, $MC_1 = MB_1$이다. 게다가, $\angle PMC_1 + \angle QMB_1 = \angle QB_1M + \angle QMB_1 = 180° - \angle MQB_1$, $\angle MQB_1 = \angle A + \angle CQB_1 = \angle A + (180° - 2\varphi)$가 성립한다. 결국, $\angle B_1MC_1 = \angle PMQ + 2\varphi - \angle A = 2\varphi$이다. $\angle C_1PB + \angle BPM > 180°$인 경우는 유사하게 증명할 수 있다.

(b) 변 AB, AC에 $AB' : AB = AC' : AC = 2 : 3$이 되도록 점 B', C'을 잡자. 선분 $B'C'$의 중점 M은 삼각형 ABC의 중선들의 교점과 일치한다. 변 AB', AC'의 바깥쪽에 $\varphi = 60°$를 가지는 직각삼각형 $AB'C_1$, AB_1C'을 작도하자. 이때, B_1, C_1은 변 AB, AC에 작도한 정삼각형들의 중심이며, 문제 (a)에 의해 $MB_1 = MC_1$이고, $\angle B_1MC_1 = 120°$이다.

참고. 문제 (a)와 (b)는 내부에 작도한 삼각형들에 대해서도 성립한다.

1.51. (a) 점 B_1으로부터 직선 AC와 AB_1에 그은 수선들의 교점을 B'이라 하고, 점 C'도 같은 방법으로 정의하자. $AB' : AC' = AC_1 : AB_1 = AB : AC$이므로, $B'C' \parallel BC$이다. 만약, N을 선분 $B'C'$의 중점이라 하면, 문제 1.50에 의해 $NC_1 = NB_1$(즉, $N = M$)이고, $\angle B_1NC_1 = 2\angle AB'B_1 = 180° - 2\angle CAB_1 = \varphi$가 된다.

(b) 변 BC 바깥쪽에 꼭지점 A_1에서의 각이 $360° - 2\varphi$인 이등변삼각형 BA_1C를 작도하자(만약, $\varphi < 90°$이면, 2φ인 각을 가지는 삼각형을 안쪽으로 작도하자). 작도된 세 이등변삼각형의 꼭지점에서 각들의 합은 $360°$이므로, 삼각형 $A_1B_1C_1$은 각 $180° - \varphi, \varphi/2, \varphi/2$를 가진다(문제 1.49). 이 삼각형은 이등변삼각형이 되며, 결국 $A_1 = O$가 된다.

1.52. O_1, O_2, O_3, O_4를 변 AB, BC, CD, DA에 작도된 마름모의 중심이라 하고, M을

대각선 AC의 중점이라 하자. 그러면, $MO_1 = MO_2$, $\angle O_1MO_2 = \alpha$가 된다(문제 1.51). 마찬가지로, $MO_3 = MO_4$, $\angle O_3MO_4 = \alpha$가 된다. 결국, 점 M을 중심으로 삼각형 O_1MO_3를 α만큼 회전시키면, 삼각형 O_2MO_4가 된다.

1.53. $A_1C = AC|\cos C|, B_1C = BC|\cos C|$이고, 삼각형 ABC와 A_1B_1C에서 각 C는 공통이므로, 이들 삼각형은 닮음이고, 닮음비는 $|\cos C|$이다.

1.54. 점 M, N은 지름이 CH인 원에 속하므로 $\angle CMN = \angle CHN$이고, $AC \perp HN$이므로, $\angle CHN = \angle A$이다. 마찬가지로, $\angle CNM = \angle B$가 성립한다.

1.55. (a) l을 점 A에서 외접원에 대한 접선이라 하자. 이때, $\angle(l, AB) = \angle(AC, CB) = \angle(C_1B_1, AC_1)$이므로, $l \parallel B_1C_1$이다.
(b) $OA \perp l$이고, $l \parallel B_1C_1$이므로, $OA \perp B_1C_1$이다.

1.56. 선분 AA_1, BB_1, CC_1을 높이라 하면, 직각삼각형 AA_1C와 BB_1C는 꼭지점 C에서 같은 각을 가지므로, 이들은 닮음이 된다. 결국, $\triangle A_1BH \sim \triangle B_1AH$이고, $AH \cdot A_1H = BH \cdot B_1H$이다. 마찬가지로, $BH \cdot B_1H = CH \cdot C_1H$가 된다. 만약, $AH \cdot A_1H = BH \cdot B_1H = CH \cdot C_1H$이면, $\triangle A_1BH \sim \triangle B_1AH$이고, $\angle BA_1H = \angle AB_1H = \varphi$이다. 그러므로, $\angle CA_1H = \angle CB_1H = 180° - \varphi$이다. 마찬가지 방법으로, $\angle AC_1H = \angle CA_1H = 180° - \varphi$, $\angle AC_1H = \angle AB_1H = \varphi$이므로, $\varphi = 90°$이고, AA_1, BB_1, CC_1은 높이가 된다.

1.57. (a) $\angle C_1A_1B = \angle CA_1B_1 = \angle A$이다(문제 1.54). $AA_1 \perp BC$이므로, $\angle C_1A_1A = \angle B_1A_1A$이다. 유사한 방법으로, 반직선 B_1B, C_1C가 각 $A_1B_1C_1$, $A_1C_1B_1$의 이등분선임이 증명된다.
(b) 직선 AB, BC, CA는 삼각형 $A_1B_1C_1$의 외각의 이등분선이므로 직선 A_1A는 각 $B_1A_1C_1$의 이등분선이며, $AA_1 \perp BC$가 된다. 직선 BB_1, CC_1에 대해서도 유사하게 증명된다.

1.58. 문제 1.57(a)에 의해 직선 B_1A_1을 직선 AC에 대해 대칭시키면 직선 B_1C_1이 된다.

1.59. $\angle B_1A_1C = \angle BAC$이다(문제 1.54). $A_1B_1 \parallel AB$이므로, $\angle B_1A_1C = \angle ABC$이다. 그러므로, $\angle BAC = \angle ABC$가 성립한다. 유사한 방법으로, $B_1C_1 \parallel BC$로부터 등식 $\angle ABC = \angle BCA$가 유도된다. 그러므로, 삼각형 ABC는 정삼각형이고, $A_1C_1 \parallel AC$이다.

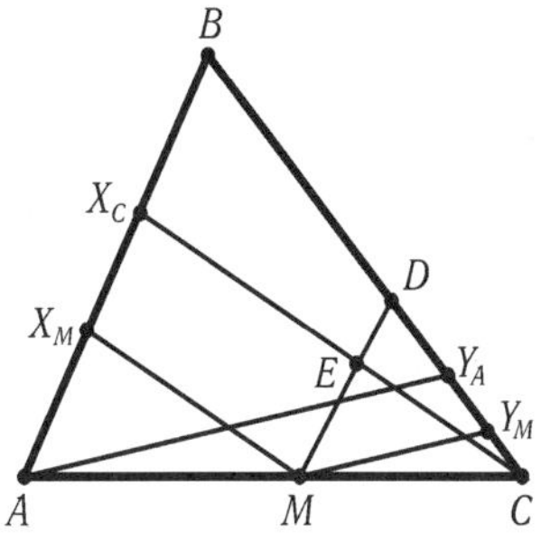

그림 1.13

1.60. O를 삼각형 ABC의 외심이라 하자. $OA \perp B_1C_1$이므로(문제 1.56(b)), $S_{AOC_1} + S_{AOB_1} = R \cdot B_1C_1/2$가 된다. 유사한 주장을 꼭지점 B, C에 대해 생각하면, $S_{ABC} = qR$임을 알 수 있다. 한편, $S_{ABC} = pr$이다.

1.61. BC와 평행한 직선에 의해 만들어진 삼각형의 둘레는 변 AB, AC, 내접원의 접점들에서 점 A까지의 거리의 합과 같으므로, 작은 삼각형들의 둘레의 합은 삼각형 ABC의 둘레와 같다: $P_1 + P_2 + P_3 = P$. 삼각형들의 닮음으로부터 $r_i/r = P_i/P$이 유도된다. 이들 등식을 더하면, 문제가 증명된다.

1.62. $M = A$라 하자. 그러면, $X_A = A$이므로, $AY_A = 1$이다. 마찬가지로, $CX_C = 1$가 된다. 이제, $y = AY_A$, $x = CX_C$임을 증명하자. BC에 $AB \parallel MD$가 되도록 점 D를 잡자(그림 1.13). E를 CX_C와 MD의 교점이라 하자. 그러면, $X_MM + Y_MM = X_CE + Y_MM$이 성립한다. $\triangle ABC \sim \triangle MDC$이므로, $CE = Y_MM$이다. 이로부터 $X_MM + Y_MM = X_CE + CE = X_CC = 1$가 성립한다.

1.63. D를 선분 BH의 중점이라 하자. $\triangle BHA \sim \triangle HEA$이므로, $AD : AO = AB : AH$, $\angle DAH = \angle OAE$가 성립한다. 결국, $\angle DAO = \angle BAH$이고, $\triangle DAO \sim \triangle BAH$, $\angle DOA = \angle BAH = 90°$가 된다.

1.64. AA_1, BB_1, CC_1을 삼각형 ABC의 높이라 하자. 점 B_1으로부터 변 AB, BC에 수선 B_1K, B_1N을 긋고, AA_1, CC_1에 수선 B_1L, B_1M을 긋자. $KB_1 : CC_1 = AB_1 : AC = LB_1 : A_1C$이므로, $\triangle KLB_1 \sim \triangle C_1A_1C$, $KL \parallel C_1A_1$이 된다. 마찬가지로, $MN \parallel C_1A_1$이 성립한다. 게다가, $KN \parallel C_1A_1$이다(문제 1.55). 결국, 점 K, L, M, N은 한 직선에 속한다.

1.65. (a) O를 AC의 중점, O_1을 AB의 중점, O_2를 BC의 중점이라 하자. 이제, $AB \leq$

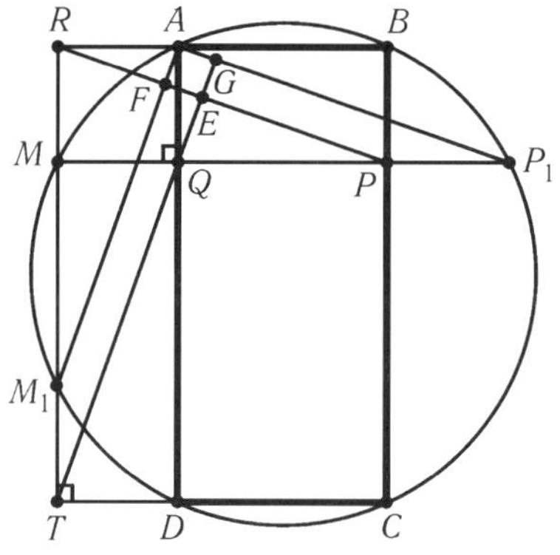

그림 1.14

BC라고 가정하자. 점 O_1을 지나 EF에 평행한 직선 O_1K를 작도하자(K는 선분 EO_2의 점). 이제, 직각삼각형 DBO와 O_1KO_2가 합동임을 증명하자. 실제로, $O_1O_2 = DO = AC/2$이고, $BO = KO_2 = (BC - AB)/2$이다. 삼각형 DBO와 O_1KO_2의 합동으로부터 $\angle BOD = \angle O_1O_2E$, 즉 직선 DO는 EO_2와 평행하고, 점 D를 지나는 접선은 직선 EF와 평행하다.

(b) 지름 AC와 원의 점 F, D, E에서의 접선들 사이의 각이 서로 같으므로, $\angle FAB = \angle DAC = \angle EBC$, $\angle FBA = \angle DCA = \angle ECB$, 즉 F는 선분 AD에 속하고, E는 선분 DC에 속한다. 게다가, $\angle AFB = \angle BEC = \angle ADC = 90°$이므로, $FDEB$는 직사각형이다.

1.66. MQ, MP를 변 AD, BC에 그은 수선이라 하고, MR, MT를 변 AB, CD의 연장선에 그은 수선이라 하자(그림 1.14). 직선 RT, QP와 원의 다른 교점들을 M_1, P_1이라 하자. $TM_1 = RM = AQ$, $TM_1 \parallel AQ$이므로, $AM_1 \parallel TQ$가 된다. 마찬가지로, $AP_1 \parallel RP$이다. $\angle M_1AP_1 = 90°$이므로, $RP \perp TQ$이다.

직선 TQ와 RP, 직선 M_1A과 RP, 직선 P_1A과 TQ의 교점을 각각 E, F, G라 하자. 점 E가 직선 AC에 속함을 증명하기 위해, 직사각형 $AFEG$와 AM_1CP_1이 닮음임을 보이면 된다. $\angle ARF = \angle AM_1R = \angle M_1TG = \angle M_1CT$이므로, 이들 각의 크기를 한 문자 α로 나타낼 수 있다. $AF = RA\sin\alpha = M_1A\sin^2\alpha$, $AG = M_1T\sin\alpha = M_1C\sin^2\alpha$이므로, 직사각형 $AFEG$와 AM_1CP_1은 닮음이다.

1.67. 원들의 중심을 각각 O_1, O_2라 하자. 공통외접선이 첫 번째 원과 점 K에서 접하고, 두 번째 원과는 점 L에서 접한다고 하자. 한편, 공통내접선은 첫 번째 원

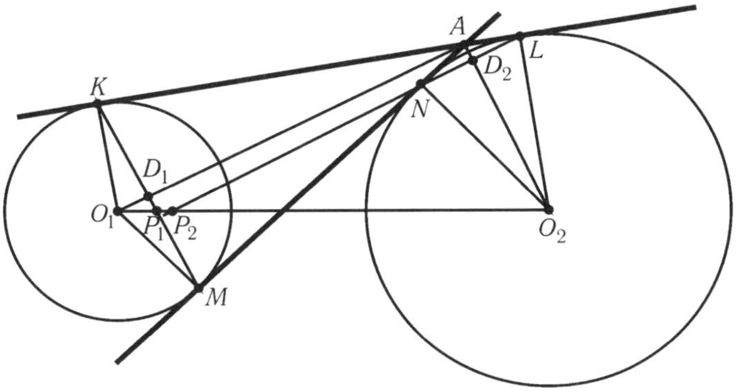

그림 1.15

과 점 M에서, 두 번째 원과는 점 N에서 접한다고 하자(그림 1.15). 직선 KM, LN이 직선 O_1O_2와 점 P_1, P_2에서 각각 교차한다고 하자. 이제, $P_1 = P_2$임을 증명해야 한다. 직선 KL과 MN, 직선 KM과 O_1A, 직선 LN과 O_2A의 교점을 각각 A, D_1, D_2라 하자. $\angle O_1AM + \angle NAO_2 = 90°$이므로, 직각삼각형 O_1MA와 ANO_2는 닮음이고, $AO_2 \parallel KM$, $AO_1 \parallel LN$이다. 이들 직선의 평행으로부터, $AD_1 : D_1O_1 = O_2P_1 : P_1O_1$, $D_2O_2 : AD_2 = O_2P_2 : P_2O_1$이 유도된다. 사각형 AKO_1M과 O_2NAL의 닮음으로부터, $AD_1 : D_1O_1 = D_2O_2 : AD_2$가 된다. 결국, $O_2P_1 : P_1O_1 = O_2P_2 : P_2O_1$이고, $P_1 = P_2$이다.

제 2 장

원주각

바탕 지식들

1. 각 ABC에서 꼭지점은 원주에 속하고 두 변은 이 원주와 교차한다. 이 각을 원주에서의 원주각이라 부른다. O를 원주의 중심이라 하자. 그러면, 점 B, O가 직선 AC의 같은쪽에 놓여있으면, $\angle ABC = \frac{1}{2}\angle AOC$이고, 점 B, O가 직선 AC의 다른쪽에 놓여있으면, $\angle ABC = 180° - \frac{1}{2}\angle AOC$가 된다. 이로부터 같은 현에 대한 원주각의 크기는 같거나 또는 합하여 $180°$가 된다는 것을 알 수 있다.

2. 점 A를 지나는 원의 접선과 현 AB사이의 각의 크기는 호 AB의 각(중심각)의 절반과 같다.

3. 평행인 현들에 의해 만들어지는 호들의 중심각의 크기는 서로 같다.

4. 어떤 현에 대한 원주각들의 크기는 서로 같을 수도 있고, 합하여 $180°$가 될 수도 있다. 원에서 점들의 다양한 위치에 대해 생각하지 않기 위해, 직선들 사이의 유향각의 개념을 도입하자. 직선 AB와 CD사이의 유향각($\angle(AB, CD)$로 나타냄)의 크기는 직선 AB를 시계반대방향으로 직선 CD와 평행하도록 회전시켰을 때의 회전각의 크기를 의미한다. 이때, $n \cdot 180°$만큼 차이가 나는 각들은 같은 각으로 간주한다. 직선 CD와

AB사이의 유향각은 직선 AB와 CD사이의 유향각과 같지 않다(이들은 합하여 $180°$가 되거나 $0°$가 된다). 유향각에 대해, 다음 성질이 성립한다:

(a) $\angle(AB, BC) = -\angle(BC, AB)$;

(b) $\angle(AB, CD) + \angle(CD, EF) = \angle(AB, EF)$;

(c) 한 직선에 속하지 않는 점 A, B, C, D가 한 원에 속할 필요충분조건은 $\angle(AB, BC) = \angle(AD, DC)$이다(이를 증명하려면, 두 가지 경우인 점 B, D가 직선 AC의 같은쪽에 놓인 경우와 점 B, D가 직선 AC의 다른쪽에 놓인 경우를 생각해야 한다).

도입 문제들

1. (a) 원의 외부에 있는 점 A로부터 원과 교차하는 반직선 AB, AC를 작도하였다. 각 BAC의 크기는 각의 변들과 원이 만나 생기는 호들의 중심각의 차의 절반과 같다는 것을 증명하여라.
   (b) 각 BAC의 꼭지점이 원의 내부에 놓여있다. 점 A에 대해 각 BAC와 대칭인 각에 의해 생긴 호의 중심각과 각 BAC에 의해 생긴 호의 중심각의 합의 절반은 각 BAC와 같다는 것을 증명하여라.

2. 예각 BAC의 내부점 P로부터 직선 AB, AC에 수선 PC_1, PB_1을 작도하였다. 이때, $\angle C_1AP = \angle C_1B_1P$를 증명하여라.

3. 정n각형의 변들과 대각선들에 의해 만들어지는 모든 각은 $180°/n$의 배수임을 증명하여라.

4. 삼각형 ABC의 내접원의 중심은 외접원의 중심과 변 AB에 대해 대칭이다. 이때, 삼각형 ABC의 각들을 구하여라.

5. 삼각형 ABC의 꼭지점 C의 외각의 이등분선은 외접원과 점 D에서 교차한다. 이때, $AD = BD$임을 증명하여라.

제 1 절 같은 호에 대한 중심각

2.1. 예각삼각형 ABC의 꼭지점 A를 외접원의 중심 O와 연결하였다. 꼭지점 A에서 높이 AH를 작도하였다. 이때, $\angle BAH = \angle OAC$임을 증명하여라.

2.2. 두 원이 점 M, K에서 교차한다. M, K를 지나 첫 번째 원과 A, C에서, 두 번째 원과 B, D에서 교차하는 직선 AB, CD를 각각 작도하였다. 이때, $AC \parallel BD$를 증명하여라.

2.3. 꼭지점이 A인 각의 내부점 M으로부터 각의 변들로 수선 MP, MQ를 그었다. 점 A로부터 선분 PQ로 수선 AK를 작도하였다. 이때, $\angle PAK = \angle MAQ$임을 증명하여라.

2.4. (a) 삼각형 ABC의 각 B의 이등분선의 연장선이 외접원과 점 M에서 교차한다. 내접원의 중심을 O, 변 AC에 접하는 방접원의 중심을 O_b라 하자. 점 A, C, O, O_b는 중심이 M인 한 원에 속한다는 것을 증명하여라.
(b) 삼각형 ABC의 내부점 O에 대해, 직선 AO, BO, CO는 삼각형 BCO, ACO, ABO의 외접원의 중심을 지난다. 점 O가 삼각형 ABC의 내접원의 중심임을 증명하여라.

2.5. 각 C가 직각인 삼각형 ABC의 꼭지점 A, B는 P를 꼭지점으로 가지는 직각의 변들을 따라 미끄러진다. 이때, 점 C는 선분을 따라 이동한다는 것을 증명하여라.

2.6. 정사각형 $ABCD$의 대각선 AC는 직각삼각형 ACK의 빗변과 포개지며, 점 B, K는 직선 AC의 같은쪽에 놓여있다. 이때, $BK = |AK - CK|/\sqrt{2}$, $DK = (AK + CK)/\sqrt{2}$임을 증명하여라.

2.7. 삼각형 ABC에 중선 AA_1, BB_1을 작도하자. 만약, $\angle CAA_1 = \angle CBB_1$이면, $AC = BC$임을 증명하여라.

2.8. 삼각형 ABC의 모든 각은 $120°$보다 작다. 삼각형 내부의 어떤 점과 삼

각형의 각 변이 이루는 각[1]의 크기가 $120°$가 되는 점이 존재한다는 것을 증명하여라.

참고. 문제 2.8에서와 같은 점을 토리첼리(Torricelli)의 점이라 부른다.

2.9. 원이 n개의 지름에 의해 합동인 호들로 분할되었다. 원의 임의의 내부점 M으로부터 이들 지름에 그은 수선의 발은 정다각형의 꼭지점들을 이룬다는 것을 증명하여라.

2.10. 원주에 점 A, B, M, N이 주어졌다. 점 M으로부터 직선 NB, NA와 각각 직교하는 현 MA_1, MB_1을 작도하였다. 이때, $AA_1 \parallel BB_1$을 증명하여라.

2.11. 육각형 $ABCDEF$는 내접도형이고, $AB \parallel DE$, $BC \parallel EF$이다. 이때, $CD \parallel AF$임을 증명하여라.

2.12. 다각형 $A_1A_2 \cdots A_{2n}$이 원에 내접한다. 다각형의 대변들의 모든 쌍은 한 쌍만을 제외하고는 서로 평행하다. 만약, n이 홀수이면 나머지 한 쌍도 서로 평행하고, 만약 n이 짝수이면 나머지 한 쌍은 그 길이가 서로 같다는 것을 증명하여라.

2.13. 삼각형 ABC가 주어졌다. 변들(또는 연장선)이 A, B, C를 지나는 정삼각형들의 족(family)을 생각하자. 그러한 족이 두 개 존재한다는 것을 증명하여라. 이들 족의 삼각형들의 중심은 두 동심원에 놓여있다는 것을 증명하여라.

제 2 절 두 현 사이의 각

이 절의 문제들을 해결할 때에, 다음을 감안하자. 점 A, B, C, D는 제시된 순서대로 원주에 놓여있다고 하자. 현 AC와 BD사이의 각은 $(\overset{\frown}{AB} + \overset{\frown}{CD})/2$와 같고[2], 현 AB, CD사이의 각은 $(|\overset{\frown}{AD} - \overset{\frown}{CB}|)/2$와 같다(이를

---

[1] 점 A와 선분 BC가 이루는 각이란 각 BAC를 의미함.

[2] $\overset{\frown}{AB}$는 호 AB에 대한 중심각을 의미함.

증명하려면, 한 현의 끝점을 지나 다른 현에 평행한 현을 작도하면 된다).

2.14. 원주에 A, B, C, D의 순서로 점들이 주어졌다. M은 호 AB의 중점이다. 호 MC, MD와 호 AB의 교점을 각각 E, F라 하자. 이때, $KECD$는 내접사각형임을 증명하여라.

2.15. 반지름이 정삼각형의 높이와 같은 원이 정삼각형의 한 변을 따라 굴러간다. 이때, 삼각형의 변들에 의해 잘려져 생긴 호의 중심각의 크기는 항상 60°임을 증명하여라.

2.16. 옆변이 AB인 등변사다리꼴 $ABCD$의 대각선들이 점 P에서 교차한다. 사다리꼴의 외접원의 중심 O는 삼각형 APB의 외접원에 속한다는 것을 증명하여라.

2.17. 원에 점 A, B, C, D가 순서대로 주어졌고, A_1, B_1, C_1, D_1은 각각 호 AB, BC, CD, DA의 중점이다. 이때, $A_1C_1 \perp B_1D_1$임을 증명하여라.

2.18. 삼각형 ABC의 내부에 $\angle BPC = \angle A + 60^\circ, \angle APC = \angle B + 60^\circ, \angle APB = \angle C + 60^\circ$인 점 P를 잡았다. 직선 AP, BP, CP는 삼각형 ABC의 외접원과 각각 A', B', C'에서 교차한다. 삼각형 $A'B'C'$는 정삼각형임을 증명하여라.

2.19. 원에 점 A, C_1, B, A_1, C, B_1을 순서대로 잡았다.
(a) 직선 AA_1, BB_1, CC_1이 삼각형 ABC의 각의 이등분선이면, 이들은 삼각형 $A_1B_1C_1$의 높이가 됨을 증명하여라.
(b) 직선 AA_1, BB_1, CC_1이 삼각형 ABC의 높이이면, 이들은 삼각형 $A_1B_1C_1$의 각의 이등분선임을 증명하여라.

2.20. 원에 삼각형 T_1, T_2를 내접시켰는데, 삼각형 T_1의 꼭지점들에 의해 원에 만들어진 호들의 중점이 삼각형 T_2의 꼭지점이었다. 삼각형 T_1, T_2의 교집합인 육각형에서 마주보는 꼭지점들을 연결한 대각선들은 각각 삼각형 T_1의 변들과 평행하고, 이들 대각선은 한 점에서 교차한다는 것을 증

명하여라.

제 3 절 접선과 현 사이의 각

2.21. 두 원이 점 P, Q에서 교차한다. 첫 번째 원의 점 A를 지나 두 번째 원과 점 B, C에서 교차하는 직선 AP, AQ를 작도하였다. 첫 번째 원의 점 A에서의 접선은 직선 BC와 평행하다는 것을 증명하여라.

2.22. 원 S_1과 S_2가 점 A, P에서 교차한다. A를 지나 원 S_1에 접선을 작도하였고, 점 P를 지나 직선 AB에 평행한 직선 CD를 작도하였다(점 B, C는 원 S_2에 속하고, 점 D는 S_1에 속한다). 이때, 사각형 $ABCD$가 평행사변형임을 증명하여라.

2.23. 원 S_1과 S_2는 점 A, B에서 교차한다. 점 A를 지나 원 S_1에 접선 AQ를 그었고(점 Q는 원 S_2에 속함), 점 B를 지나 원 S_2에 접선 BS를 그었다(점 S는 원 S_1에 속함). 직선 BQ, AS는 원 S_1, S_2와 점 R, P에서 각각 교차한다. 이때, $PQRS$가 평행사변형임을 증명하여라.

2.24. 삼각형 ABC의 외접원에서 점 A에서의 접선은 직선 BC와 점 E에서 교차하고, 선분 AD는 삼각형 ABC의 각의 이등분선이다. 이때, $AE = ED$임을 증명하여라.

2.25. 원 S_1과 S_2가 점 A에서 교차한다. 점 A를 지나 S_1과 점 B에서 교차하고 S_2와 점 C에서 교차하는 직선을 작도하였다. 점 D에서 교차하는 원들에 대한 접선을 점 C, B로부터 그었다. 각 BDC는 A를 지나는 직선의 선택에 종속되지 않음을 증명하여라.

2.26. 두 원이 점 A, B에서 교차한다. 점 A로부터 이들 원에 접선 AM, AN을 작도하였다(M, N은 원의 점들임). 이때, 다음을 증명하여라.
(a) $\angle ABN + \angle MAN = 180°$;
(b) $BM/BN = (AM/AN)^2$.

2.27. 두 원이 점 M에서 안쪽으로 접한다. 작은 원과 점 T에서 접하는 큰 원의 현을 AB라 하자. 이때, MT가 각 AMB의 이등분선임을 증명하여라.

2.28. 원 S의 내부에 속하는 점 M을 지나는 현 AB를 그었고, 점 M으로부터 점 A, B를 지나는 접선들에 수선 MP, MQ를 그었다. 이때, $1/PM + 1/QM$의 값은 점 M을 지나는 현의 선택에 종속되지 않음을 증명하여라.

2.29. 원 S_1은 각 ABC의 변들과 점 A, C에서 접한다. 원 S_2는 직선 AC와 점 C에서 접하며 점 B를 지난다. 원 S_2는 원 S_1과 점 M에서 교차한다. 이때, 직선 AM이 선분 BC를 이등분한다는 것을 증명하여라.

2.30. 원 S는 원 S_1, S_2와 점 A_1, A_2에서 접하고, 점 B는 원 S의 점이며, 직선 A_1B, A_2B와 원 S_1, S_2의 교점을 K_1, K_2라 하자. 직선 K_1K_2가 원 S_1과 접하면, 이 직선은 원 S_2와 접한다는 것을 증명하여라.

제 4 절 호· 현의 길이와 각의 관계

2.31. 변들이 서로 평행한 등변사다리꼴 $ABCD$와 $A_1B_1C_1D_1$이 원에 내접한다. 이때, $AC = A_1C_1$임을 증명하여라.

2.32. 원주 위를 이동하는 점 M으로부터 지름 AB, CD에 수선 MP, MQ를 작도하였다. 선분 PQ의 길이는 점 M의 위치에 종속되지 않음을 증명하여라.

2.33. 삼각형 ABC에서 각 B는 $60°$이고, 각의 이등분선 AD, CE는 점 O에서 교차한다. 이때, $OD = OE$임을 증명하여라.

2.34. 삼각형 ABC의 꼭지점 B, C에서의 각은 $40°$이고, 선분 BD는 각 B의 이등분선이다. 이때, $BD + DA = BC$임을 증명하여라.

2.35. 중심이 O인 원 S의 현 AB에 점 C를 잡았다. 삼각형 AOC의 외접원은 원 S와 점 D에서 교차한다. 이때, $BC = CD$임을 증명하여라.

2.36. 정사각형 $ABCD$의 내부에 점 M을 $\angle MAC = \angle MCD = \alpha$가 되도록 잡았다. 이때, 각 ABM의 크기를 구하여라.

2.37. 정삼각형 ABC의 꼭지점 A, B는 원주 S에 속하고, 꼭지점 C는 원주의 내부에 속한다. 점 D는 원주 S에 속하며, $BD = AB$이다. 직선 CD는 S와 점 E에서 교차한다. 이때, 선분 EC의 길이는 원주 S의 반지름과 같다는 것을 증명하여라.

2.38. 움직이지 않는 큰 원의 내부를 따라 반지름이 큰 원의 $\frac{1}{2}$인 작은 원이 미끄러짐 없이 굴러간다. 이때, 작은 원의 점 K의 자취를 구하여라.

제 5 절 원주의 네 점

2.39. 직각삼각형 ABC의 밑변 BC의 임의의 점 M으로부터 빗변 AB에 수선 MN을 그었다. 이때, $\angle MAN = \angle MCN$임을 증명하여라.

2.40. 밑변이 AD, BC인 사다리꼴 $ABCD$의 대각선들은 점 O에서 교차하고, 각 BOC의 이등분선에 대한 점 B, C의 대칭점을 B', C'라 하자. 이때, $\angle C'AC = \angle B'DB$임을 증명하여라.

2.41. 내접사각형 $ABCD$의 변 AB, CD의 연장선은 점 P에서 교차하고, BC, AD의 연장선은 점 Q에서 교차한다. 각 AQB, BPC의 이등분선과 사각형의 변들의 교점은 마름모의 꼭지점들이 된다는 것을 증명하여라.

2.42. 삼각형 ABC의 내접원은 변 AB, AC와 점 M, N에서 접한다. 직선 MN과 각 B의 이등분선(또는 연장선)의 교점을 P라 하자. 다음을 증명하여라.

(a) $\angle BPC = 90°$;

(b) $S_{ABP} : S_{ABC} = 1 : 2$.

2.43. 사각형 $ABCD$의 내부에 $ABMD$가 평행사변형이 되도록 점 M을 잡았다. 만약, $\angle CBM = \angle CDM$이면, $\angle ACD = \angle BCM$임을 증명하여라.

2.44. 직선 AP, BP, CP는 삼각형 ABC의 외접원과 A_1, B_1, C_1에서 교차한다. 직선 BC, CA, AB에 점 A_2, B_2, C_2를 $\angle(PA_2, BC) = \angle(PB_2, CA) = \angle(PC_2, AB)$가 성립하도록 각각 잡았다. 이때, $\triangle A_2B_2C_2 \sim \triangle A_1B_1C_1$임을 증명하여라.

2.45. 정삼각형 APQ의 바깥쪽에 직사각형 $ABCD$를 외접시켰고, 점 P, Q는 변 BC, CD에 각각 속하며, P'과 Q'은 각각 AP, AQ의 중점이다. 이때, 삼각형 $BQ'C$, $CP'D$는 정삼각형임을 증명하여라.

2.46. 내접사각형 $ABCD$에 대해 $CD = AD + BC$가 성립하면, 각 A와 B의 이등분선의 교점은 변 CD에 속함을 증명하여라.

2.47. 정육각형 $ABCDEF$의 대각선 AC, CE을 점 M, N으로 분할하여 $AM : AC = CN : CE = \lambda$가 성립하도록 하였다. 점 B, M, N이 한 직선에 속할 때, λ를 구하여라.

2.48. 삼각형 ABC와 $A_1B_1C_1$은 각각 평행한 변들을 가지며, 변 AB와 A_1B_1은 한 직선에 속한다. 삼각형 A_1BC와 AB_1C의 외접원의 교점들을 연결한 직선은 점 C_1을 지난다는 것을 증명하여라.

2.49. 삼각형 ABC에 높이 AA_1, BB_1, CC_1을 작도하였다. 직선 KL은 CC_1에 평행하고, 점 K, L은 각각 직선 BC, B_1C_1에 속한다. 삼각형 A_1KL의 외접원의 중심은 직선 AC에 속함을 증명하여라.

2.50. 삼각형 ABC의 각의 이등분선의 교점 O를 지나 CO에 직교하는 직선 MN을 작도하였다. M, N은 각각 변 AC, BC에 속한다. 직선 AO, BO는 삼각형 ABC의 외접원과 점 A', B'에서 교차한다. 직선 $A'N$, $B'M$의 교점은 외접원에 속한다는 것을 증명하여라.

제 6 절 닮은 삼각형과 원주각

2.51. 원주에 A, B, C, D를 잡았다. 직선 AB, CD는 점 M에서 교차한다. 이때, $AC \cdot AD/AM = BC \cdot BD/BM$임을 증명하여라.

2.52. 원주에 A, B, C를 잡아, 점 A에서의 접선 l을 생각하자. 점 B는 점 C보다 l로부터 더 멀리 떨어져 있다. 점 B를 지나 l과 평행한 직선은 직선 AC와 점 D에서 교차한다. 이때, $AB^2 = AC \cdot AD$임을 증명하여라.

2.53. 직선 l은 지름이 AB인 원과 점 C에서 접한다. 직선 l에 대한 점 A, B의 사영을 M, N이라 하고, AB에 대한 점 C의 사영을 D라 하자. 이때, $CD^2 = AM \cdot BN$임을 증명하여라.

2.54. 삼각형 ABC에 높이 AH를 긋고, 꼭지점 B, C로부터 점 A를 지나는 직선에 수선 BB_1, CC_1을 작도하였다. 이때, $\triangle ABC \sim \triangle HB_1C_1$임을 증명하여라.

2.55. 정삼각형 ABC의 외접원의 호 BC에 임의의 점 P를 잡았다. 선분 AP, BC는 점 Q에서 교차한다. 이때, $1/PQ = 1/PB + 1/PC$임을 증명하여라.

2.56. 정사각형 $ABCD$의 변 BC, CD에 $\angle EAF = 45°$가 되도록 점 E, F를 잡았다. 선분 AE, AF는 대각선 BD와 점 P, Q에서 교차한다. 이때, $S_{AEF}/S_{APQ} = 2$임을 증명하여라.

2.57. 이등변삼각형 ABC의 꼭지점 C를 지나는 직선은 밑변 AB와 점 M에서 교차하고, 외접원과는 점 N에서 교차한다. 이때, $CM \cdot CN = AC^2$, $CM/CN = AM \cdot BM/(AN \cdot BN)$임을 증명하여라.

2.58. 각 A가 예각인 평행사변형 $ABCD$가 있다. 반직선 AB, CB에 $CH = BC$, $AK = AB$가 되도록 점 H, K를 각각 잡았다. 다음을 증명하여라.
(a) $DH = DK$;
(b) $\triangle DKH \sim \triangle ABK$.

2.59. (a) 꼭지점이 C인 각의 변들이 원과 점 A, B에서 접한다. 원주의 점 P로부터 직선 BC, CA, AB에 수선 PA_1, PB_1, PC_1을 작도하였다. 이때, $PC_1^2 = PA_1 \cdot PB_1$, $PA_1 : PB_1 = PA^2 : PB^2$임을 증명하여라.
(b) 삼각형 ABC에서 내접원의 임의의 점 O로부터 삼각형의 변들에 수선 OA', OB', OC'을 작도하였고, 접점을 꼭지점으로 하는 삼각형의 변들에 수선 OA'', OB'', OC''을 작도하였다. 이때, $OA' \cdot OB' \cdot OC' = OA'' \cdot OB'' \cdot OC''$임을 증명하여라.

2.60. 오각형 $ABCDE$가 원에 내접한다. 점 E에서 직선 AB, BC, CD까지의 거리는 각각 a, b, c이다. 이때, 점 E에서 직선 AD까지의 거리를 구하여라.

2.61. 삼각형 ABC에 높이 AA_1, BB_1, CC_1을 작도하였고, B_2, C_2는 BB_1, CC_1의 중점이다. 이때, $\triangle A_1B_2C_2 \sim \triangle ABC$임을 증명하여라.

2.62. 삼각형 ABC의 세 높이를 각각 $2:1$로 나누는 점 A_1, B_1, C_1을 잡았다. 이때, $\triangle A_1B_1C_1 \sim \triangle ABC$임을 증명하여라.

2.63. 지름이 AB인 원 S_1은 중심이 A인 원 S_2와 점 C, D에서 교차한다. 점 B를 지나며 S_2와는 S_1의 내부점 M에서 교차하고 S_1과는 N에서 교차하는 직선을 작도하였다. 이때, $MN^2 = CN \cdot ND$를 증명하여라.

2.64. 원의 임의의 현 AB의 중점 C를 지나는 두 현 KL, MN을 작도하였다(점 K, M은 직선 AB의 같은쪽에 놓여있음). 선분 KN, ML은 AB와 점 Q, P에서 교차한다. 이때, $PC = QC$임을 증명하여라.

2.65. (a) 점 C를 지나는 원은 삼각형 ABC의 변 BC, AC와 각각 A_1, B_1에서 교차하며, 삼각형 ABC의 외접원과는 점 M에서 교차한다. 이때, $\triangle AB_1M \sim \triangle BA_1M$임을 증명하여라.
(b) 반직선 AC, BC에 삼각형 ABC의 둘레의 절반과 같은 선분 AA_1, BB_1을 각각 작도하였다. M은 $CM \parallel A_1B_1$인 삼각형 ABC의 외접원의 점이다. O를 내접원의 중심이라 할 때, $\angle CMO = 90^\circ$임을 증명하여라.

제 7 절 각의 이등분선과 호

2.66. 삼각형 ABC에서 변 AC, BC는 같지 않다. 각 C의 이등분선이 꼭지점 C에서 그은 중선과 높이 사이의 각을 이등분할 필요충분조건은 $\angle C = 90°$임을 증명하여라.

2.67. 삼각형의 꼭지점 C에서 그은 중선, 각의 이등분선, 높이가 그 각을 4등분하였다. 이때, 삼각형의 각들을 구하여라.

2.68. 삼각형 ABC에서 각의 이등분선 AE는 중선 AM과 높이 AH사이에 놓여있다는 것을 증명하여라.

2.69. 삼각형 ABC가 주어졌고, 변 AB에 P를 잡았다. 이때, P를 지나 AC, BC와 각각 평행한 직선 PM, PN을 작도하였고(점 M, N은 각각 변 BC, AC에 속함), Q는 삼각형 APN, BPM의 외접원의 교점이다. 이때, 모든 직선 PQ는 정점을 지난다는 것을 증명하여라.

2.70. 예각삼각형 ABC에서 각의 이등분선 AD의 연장선은 외접원과 점 E에서 교차한다. 점 D로부터 변 AB, AC에 수선 DP, DQ를 작도하였다. 이때, $S_{ABC} = S_{APEQ}$임을 증명하여라.

제 8 절 대각선이 직교하는 내접사각형

이 절에서 $ABCD$는 대각선들이 서로 직교하는 내접사각형이며, O는 사각형 $ABCD$의 외접원의 중심, P는 대각선의 교점이라 하자.

2.71. 꺾인선 AOC는 $ABCD$를 넓이가 같은 두 도형으로 나눈다는 것을 증명하여라.

2.72. 외접원의 반지름을 R이라 하자.
(a) $AP^2 + BP^2 + CP^2 + DP^2$을 구하여라.
(b) 사각형 $ABCD$의 변들의 제곱의 합을 구하여라.

2.73. 선분 OP의 길이와 원의 반지름 R이 주어졌을 때, 대각선들의 제곱의 합을 구하여라.

2.74. 꼭지점 A, B로부터 CD에 수선을 그어, 직선 BD, AC와 각각 K, L에서 교차하도록 하였다. 이때, $AKLB$는 마름모임을 증명하여라.

2.75. 사각형 $ABCD$의 넓이는 $(AB \cdot CD + BC \cdot AD)/2$임을 증명하여라.

2.76. 점 O에서 변 AB까지의 거리는 CD 길이의 절반과 같음을 증명하여라.

2.77. 점 P를 지나 BC에 직교하는 직선은 변 AD를 이등분한다는 것을 증명하여라.

2.78. 점 P를 사각형 $ABCD$의 변들에 각각 사영시켜 얻어진 점들과 $ABCD$의 변들의 중점은 한 원에 속한다는 것을 증명하여라.

2.79. (a) 꼭지점 A, B, C, D를 지나 외접원에 접선을 그었다. 이들에 의해 만들어진 사각형은 내접도형임을 증명하여라.
(b) 사각형 $KLMN$은 내접도형이며 동시에 외접도형이다. A와 B는 내접원과 변 KL, LM의 접점이다. r을 내접원의 반지름이라 할 때, $AK \cdot BM = r^2$임을 증명하여라.

제 9 절 세 외접원의 교차

2.80. 삼각형 ABC의 변들의 바깥쪽에 삼각형 ABC', $AB'C$, $A'BC$를 작도하였고, 꼭지점 A', B', C'에서 각들의 합은 $180°$의 배수이다. 이때, 작도된 삼각형들의 외접원들은 한 점에서 교차한다는 것을 증명하여라.

2.81. (a) 삼각형 ABC의 변 BC, CA, AB(또는 이들의 연장선)에 점 A_1, B_1, C_1을 각각 잡았다(ABC의 꼭지점들과는 다른). 삼각형 AB_1C_1, A_1BC_1, A_1B_1C의 외접원들은 한 점에서 교차한다는 것을 증명하여라.
(b) 점 A_1, B_1, C_1을 직선 BC, CA, AB을 따라 이동시켜 모든 삼각형

$A_1B_1C_1$이 한 삼각형에 닮음이 되도록 하였다. 이러한 이동에서 삼각형 AB_1C_1, A_1BC_1, A_1B_1C의 외접원들의 교점은 움직이지 않는다는 것을 증명하여라(삼각형들은 닮음일 뿐만아니라, 같은 방향성을 가짐).

2.82. 삼각형 ABC의 내부에 점 X를 잡았다. 직선 AX, BX, CX는 삼각형의 변들과 점 A_1, B_1, C_1에서 교차한다. 삼각형 AB_1C_1, A_1BC_1, A_1B_1C의 외접원들이 점 X에서 교차하면, X는 삼각형 ABC의 높이들의 교점임을 증명하여라.

2.83. 삼각형 ABC의 변 BC, CA, AB에 점 A_1, B_1, C_1을 각각 잡았다. 삼각형 $A_1B_1C_1$과 ABC가 닮음이고 역의 방향성을 가진다면, 삼각형 AB_1C_1, A_1BC_1, A_1B_1C의 외접원들은 삼각형 ABC의 외접원의 중심을 지난다는 것을 증명하여라.

2.84. 점 A', B', C'은 삼각형 ABC의 변 BC, CA, AB에 대해 어떤 점 P와 대칭이다.
(a) 삼각형 $AB'C'$, $A'BC'$, $A'B'C$, ABC의 외접원들은 공통점을 가진다는 것을 증명하여라.
(b) 삼각형 $A'BC$, $AB'C$, ABC', $A'B'C'$의 외접원들은 공통점 Q를 가진다는 것을 증명하여라.
(c) I, J, K, O를 각각 삼각형 $A'BC, AB'C, ABC'$, $A'B'C'$의 외접원의 중심이라 하자. 이때, $QI : OI = QJ : OJ = QK : OK$임을 증명하여라.

제 10 절 미켈의 점

2.85. 네 직선이 네 삼각형을 만든다.
(a) 이들 삼각형의 외접원은 공통점을 가진다는 것을 증명하여라(이 점을 미켈(Miquel)의 점이라 부름).
(b) 이들 삼각형의 외접원의 중심들은 미켈의 점을 지나는 한 원에 속한다는 것을 증명하여라.

2.86. 어떤 직선이 삼각형의 변 AB, BC, CA(또는 연장선)와 점 C_1, B_1, A_1에서 교차하고, O, O_a, O_b, O_c는 삼각형 ABC, AB_1C_1, A_1BC_1, A_1B_1C의 중심이고, H, H_a, H_b, H_c는 이들 삼각형의 수심이다. 이때, 다음을 증명하여라.

(a) $\triangle O_aO_bO_c \sim \triangle ABC$;

(b) 선분 OH, O_aH_a, O_bH_b, O_cH_c의 수직이등분선은 한 점에서 교차한다.

2.87. 사각형 $ABCD$는 내접도형이다. $ABCD$의 변들을 포함하는 직선들에 대한 미켈의 점은 변들의 연장선의 교점들을 연결한 선분에 속함을 증명하여라.

2.88. 점 A, B, C, D는 중심이 O인 원에 속한다. 직선 AB, CD는 점 E에서 교차하고, 삼각형 AEC, BED의 외접원은 점 E, P에서 교차한다. 이때, 다음을 증명하여라.

(a) 점 A, D, P, O는 한 원에 속한다;

(b) $\angle EPO = 90°$.

2.89. 네 직선이 주어졌다. 미켈의 점을 이들 직선에 대해 사영시켜 얻어진 점들은 한 직선에 속한다는 것을 증명하여라.

참고. 문제 19.46, 28.35, 28.36도 보시오.

제 11 절　여러 가지 문제들

2.90. 삼각형 ABC에 높이 AH를 긋고, 외접원의 중심을 O라 하자. 이때, $\angle OAH = |\angle B - \angle C|$임을 증명하여라.

2.91. H는 삼각형 ABC의 높이들의 교점이고, AA'은 외접원의 지름이다. 이때, 선분 $A'H$는 변 BC를 이등분함을 증명하여라.

2.92. 삼각형 ABC의 꼭지점 A, B를 지나는 평행인 두 직선을 그었고, 이들 직선을 상응하는 각들의 이등분선에 대칭시켜 직선 m, n을 얻었다. 직

선 m, n의 교점은 삼각형 ABC의 외접원에 속함을 증명하여라.

2.93. (a) 점 A를 지나 원 S와 점 B, C에서 접하는 직선들을 작도하였다. 삼각형 ABC의 내접원의 중심, 변 BC에 접하는 방접원의 중심은 원 S에 속함을 증명하여라.
(b) 임의의 삼각형 ABC의 꼭지점 B, C와 내접원의 중심 O를 지나는 원은 직선 AB, AC로부터 합동인 현을 잘라낸다(생성한다)는 것을 증명하여라.

2.94. 삼각형 ABC에서 AC, BC의 바깥쪽으로 정사각형 ACA_1A_2, BCB_1B_2를 작도하였다. 직선 A_1B, A_2B_2, AB_1이 한 점에서 교차한다는 것을 증명하여라.

2.95. 원 S_1, S_2는 점 A, B에서 교차하고, 이들 점에서 S_1에 대한 접선은 S_2의 반지름이다. S_1의 호 AB에 점 C를 잡아 점 A, B와 직선으로 연결하였다. 이들 직선과 S_2와의 두 번째 교점들은 어떤 지름의 끝점들임을 증명하여라.

2.96. 원의 중심 O로부터 직선 l에 수선 OA를 그었다. 직선 l에, $AB = AC$가 되도록 점 B, C를 잡았다. 점 B, C를 지나는 두 할선에 대해, 하나는 원과 점 P, Q에서 교차하고, 나머지는 점 M, N에서 교차하도록 하였다. 직선 PM, QN은 직선 l과 점 R, S에서 교차한다. 이때, $AR = AS$임을 증명하여라.

힌트 및 증명

2.1. 지름 AD를 작도하자. 이때, $\angle BHA = \angle ACD = 90°$이므로, $\angle CDA = \angle CBA$이고, $\angle BAH = \angle DAC$이다.

2.2. 유향각의 성질을 생각하면, $\angle(AC, CK) = \angle(AM, MK) = \angle(BM, MK) = \angle(BD, DK) = \angle(BD, CK)$가 얻어진다. 그러므로, $AC \parallel BD$이다.

2.3. P, Q는 지름이 AM인 원에 속한다. 같은 호에 대한 중심각들의 크기는 같으므

로, $\angle QMA = \angle QPA$이다. 삼각형 PAK와 MAQ는 직각삼각형이고, $\angle PAK = \angle MAQ$이다.

2.4. (a) $\angle AOM = \angle BAO + \angle ABO = (\angle A + \angle B)/2$이고, $\angle OAM = \angle OAC + \angle CAM = \angle A/2 + \angle CBM = (\angle A + \angle B)/2$이므로, $MA = MO$이다. 마찬가지로, $MC = MO$가 유도된다. 삼각형 OAO_b는 직각삼각형이고, $\angle AOM = \angle MAO = \varphi$이므로, $\angle MAO_b = \angle MO_bA = 90° - \varphi$이고, $MA = MO_b$이다. 마찬가지로, $MC = MO_b$이다.

(b) 점 P를 삼각형 ACO의 외접원의 중심이라 하자. 그러면, $\angle COP = (180° - \angle CPO)/2 = 90° - \angle OAC$가 성립한다. 그러므로, $\angle BOC = 90° + \angle OAC$이다. 마찬가지로, $\angle BOC = 90° + \angle OAB$이고, $\angle OAB = \angle OAC$가 된다. 같은 방법으로, 점 O가 각 B와 C의 이등분선에 속함을 증명할 수 있다.

2.5. P, C는 지름 AB인 원에 속하므로, $\angle APC = \angle ABC$이고, 각 APC의 크기는 일정하다.

참고. 크기가 $180° - \angle C$인 각 MPN의 변들을 따라 꼭지점들이 미끄러지는 임의의 삼각형 ABC에 대해 유사한 명제가 성립한다.

2.6. B, D, K는 지름이 AC인 원주에 속한다. 가령, $\angle KCA = \varphi \leq 45°$라고 하자. 그러면, $BK = AC\sin(45° - \varphi) = AC(\cos\varphi - \sin\varphi)/\sqrt{2}$이고, $DK = AC\sin(45° + \varphi) = AC(\cos\varphi + \sin\varphi)/\sqrt{2}$이다. 그리고, $AC\cos\varphi = CK$, $AC\sin\varphi = AK$이다.

2.7. $\angle B_1AA_1 = \angle A_1BB_1$이므로, 점 A, B, A_1, B_1은 한 원에 속한다. 평행한 직선 AB와 A_1B_1은 원에 같은 호 AB_1과 BA_1을 만든다. 그러므로, $AC = BC$이다.

2.8. 삼각형 ABC의 변 BC에 바깥쪽으로 정삼각형 A_1BC를 작도하자. P는 직선 AA_1과 삼각형 A_1BC의 외접원의 교점이라 하자. 그러면, 점 P는 삼각형 ABC의 내부에 속하며, $\angle APC = 180° - \angle A_1PC = 180° - \angle A_1BC = 120°$이다. 마찬가지로, $\angle APB = 120°$가 된다.

2.9. 점 M으로부터 지름들에 그은 수선의 발들은 지름이 OM인 원주 S에 속한다(O는 처음 원주의 중심). 주어진 지름들과 원 S의 교점들(점 O가 아닌)은 원을 n개의 호로 나눈다. 점 O를 포함하지 않는 모든 호들의 원주각은 $180°/n$이므로, 이들 호의 중심각의 크기는 $360°/n$이다. 그러므로, 점 O가 속한 호의 중

심각의 크기는 $360° - (n-1) \cdot 360°/n = 360°/n$이다. 결국, 수선들의 발은 원주 S를 n개의 같은 호로 나눈다.

2.10. $\angle(AA_1, BB_1) = \angle(AA_1, AB_1) + \angle(AB_1, BB_1) = \angle(MA_1, MB_1) + \angle(AN, BN)$이다. $MA_1 \perp BN$, $MB_1 \perp AN$이 성립하므로, $\angle(MA_1, MB_1) = \angle(BN, AN) = -\angle(AN, BN)$이다. 그러므로, $\angle(AA_1, BB_1) = 0°$, 즉 $AA_1 \parallel BB_1$이다.

2.11. $AB \parallel DE$이므로, $\angle ACE = \angle BFD$이고, $BC \parallel EF$이므로, $\angle CAE = \angle FDB$이다. 삼각형 ACE, BDF는 두 각이 같으므로, 이들의 세 번째 각도 같다. 이들 각의 합동으로부터 호 AC와 DF의 합동, 즉 현 CD와 AF의 평행성이 유도된다.

2.12. n에 대한 수학적 귀납법으로 증명하자. 사각형에 대해서는 명제가 자명하고, 육각형에 대해서는 앞 문제에서 증명하였다. 이제, $2(n-1)$각형에 대해 명제가 증명되었다고 가정하고, $2n$각형에 대해 증명하자. $A_1 \cdots A_{2n}$은 $A_1A_2 \parallel A_{n+1}A_{n+2}, \cdots, A_{n-1}A_n \parallel A_{2n-1}A_{2n}$인 $2n$각 형이라 하자. 이제 $2(n-1)$각형 $A_1A_2 \cdots A_{n-1}A_{n+1} \cdots A_{2n-1}$을 생각하자. 홀수인 n에 대해 귀납법의 가정에 의해, $A_{n-1}A_{n+1} = A_{2n-1}A_1$이고, 짝수인 n에 대해, $A_{n-1}A_{n+1} \parallel A_{2n-1}A_1$이 성립한다.
삼각형 $A_{n-1}A_nA_{n+1}$, $A_{2n-1}A_{2n}A_1$을 생각하자. 이때 n을 짝수라 하자. 그러면, $\overrightarrow{A_{n-1}A_n}$와 $\overrightarrow{A_{2n-1}A_{2n}}$, $\overrightarrow{A_{n-1}A_{n+1}}$과 $\overrightarrow{A_{2n-1}A_1}$은 평행하고 반대방향이므로, $\angle A_nA_{n-1}A_{n+1} = \angle A_1A_{2n-1}A_{2n}$이고, 같은 호에 의해 생기는 현이므로 $A_nA_{n+1} = A_{2n}A_1$이다. 이제, n을 홀수라 하자. 그러면, $A_{n-1}A_{n+1} = A_{2n-1}A_1$, 즉 $A_1A_{n-1} \parallel A_{n+1}A_{2n-1}$이 성립한다. 육각형 $A_{n-1}A_nA_{n+1}A_{2n-1}A_{2n}A_1$에서 $A_1A_{n-1} \parallel A_{n+1}A_{2n-1}, A_{n-1}A_n \parallel A_{2n-1}A_{2n}$이므로, 앞 문제에 의해 $A_nA_{n+1} \parallel A_{2n}A_1$이 성립한다.

2.13. 직선 FG, GE, EF가 점 A, B, C를 지나고, 삼각형 EFG는 정삼각형이라 하면, $\angle(GE, EF) = \angle(EF, FG) = \angle(FG, GE) = \pm 60°$이 성립한다. 그러면, $\angle(BE, EC) = \angle(CF, FA) = \angle(AG, GB) = \pm 60°$가 된다. 이들 부호 중의 하나를 선택하면, E, F, G가 속하는 세 원 S_E, S_F, S_G를 얻게 된다. 원 S_E의 임의의 점 E는 삼각형 EFG를 유일하게 결정한다.
O를 삼각형 EFG의 중심, P, R, Q를 직선 OE, OF, OG와 상응하는 원 S_E, S_F, S_G의 교점이라 하자. 이제, P, Q, R이 삼각형 ABC의 변들에 작도한 정삼각형들의 중심이라는 것(하나의 족은 바깥쪽에, 다른 족은 안쪽에)과 점 O가 삼각

형 PQR의 외접원에 속한다는 것을 증명하자. $\angle(CB, BP) = \angle(CE, EP) = \angle(EF, EO) = \mp 30°$이고, $\angle(BP, CP) = \angle(BE, EC) = \angle(GE, EF) = \pm 60°$가 된다. 그러므로, $\angle(CB, CP) = \angle(CB, BP) + \angle(BP, CP) = \pm 30°$이다. 결국, 점 P는 한 변이 AB인 정삼각형의 중심이다. 점 Q, R에 대해서도 유사하게 증명할 수 있다. 삼각형 PQR은 정삼각형이며, 이것의 중심은 삼각형 ABC의 중선들의 교점과 일치한다(문제 1.50(b)). 그리고, $\angle(PR, RQ) = \mp 60° = \angle(OE, OG) = \angle(OP, OQ)$, 즉 점 O는 삼각형 PQR의 외접원에 속한다는 것을 알 수 있다.

2.14. $\overset{\frown}{MB} = \overset{\frown}{AM}$이므로, $2(\angle KEC + \angle KDC) = (\overset{\frown}{MB} + \overset{\frown}{AC}) + (\overset{\frown}{MB} + \overset{\frown}{BC}) = 360°$이다.

2.15. 원에서 삼각형 ABC의 변들에 의해 만들어지는 호의 중심각의 크기를 α라 하자. 원에서 삼각형의 변들의 연장선에 의해 만들어지는 호를 생각하여, 이것의 중심각의 크기를 α'이라 하자. 그러면, $(\alpha + \alpha')/2 = \angle BAC = 60°$이다. 그리고, 이들 호는 원의 중심을 지나 BC에 평행인 직선에 대해 대칭이므로, $\alpha = \alpha'$이다. 그러므로, $\alpha = \alpha' = 60°$가 된다.

2.16. $\angle APB = (\overset{\frown}{AB} + \overset{\frown}{CD})/2 = \angle AOB$이므로, 점 O는 삼각형 APB의 외접원에 속한다.

2.17. O를 직선 A_1C_1, B_1D_1의 교점이라 하고, α, β, γ, δ를 각각 호 AB, BC, CD, DA의 중심각의 크기라 하자. 그러면, $\angle A_1OB_1 = (\overset{\frown}{A_1B} + \overset{\frown}{BB_1} + \overset{\frown}{C_1D} + \overset{\frown}{DD_1})/2 = (\alpha + \beta + \gamma + \delta)/4 = 90°$가 성립한다.

2.18. 등식 $\overset{\frown}{C'A} + \overset{\frown}{CA'} = 2(180° - \angle APC) = 240° - 2\angle B$, $\overset{\frown}{AB'} + \overset{\frown}{BA'} = 240° - 2\angle C$을 더하고 나서, 이들의 합으로부터 $\overset{\frown}{BA'} + \overset{\frown}{CA'} = 2\angle A$을 빼면, $\overset{\frown}{C'B'} = \overset{\frown}{C'A} + \overset{\frown}{AB'} = 480° - 2(\angle A + \angle B + \angle C) = 120°$를 얻을 수 있다. 마찬가지로, $\overset{\frown}{B'A'} = \overset{\frown}{C'A'} = 120°$가 성립한다.

2.19. (a) 예를 들어, $AA_1 \perp C_1B_1$임을 증명하자. M을 이들 선분의 교점이라 하자. 그러면, $\angle AMB_1 = (\overset{\frown}{AB_1} + \overset{\frown}{A_1B} + \overset{\frown}{BC_1})/2 = \angle ABB_1 + \angle A_1AB + \angle BCC_1 = (\angle B + \angle A + \angle C)/2 = 90°$가 된다.

(b) M_1, M_2를 선분 AA_1과 BC, BB_1과 AC의 교점이라 하자. 이때 직각삼각형 AM_1C와 BM_2C는 공통각 C를 가지므로, $\angle B_1BC = \angle A_1AC$이고, $\overset{\frown}{B_1C} = \overset{\frown}{A_1C}$, $\angle B_1C_1C = \angle A_1C_1C$이 된다. 즉, CC_1은 각 $A_1C_1B_1$의 이등분선이다.

2.20. 삼각형 T_1의 꼭지점을 A, B, C라 하고, 호 BC, CA, AB의 중점을 A_1, B_1, C_1이라 하자. 그러면, $T_2 = A_1B_1C_1$이 된다. 직선 AA_1, BB_1, CC_1은 삼각형 T_1의 각의 이등분선들이므로, 이들은 한 점 O에서 교차한다. 직선 AB와 C_1B_1이 점 K에서 교차한다고 하자. $KO \parallel AC$임을 보이면 된다. 삼각형 AB_1O에서 직선 B_1C_1은 각의 이등분선이고 높이이므로, 이 삼각형은 이등변삼각형이다. 결국, 삼각형 AKO도 이등변삼각형이다. $\angle KOA = \angle KAO = \angle OAC$이므로, 직선 KO와 AC는 평행하다.

2.21. l을 점 A에서 첫 번째 원에 대한 접선이라 하면, $\angle(l, AP) = \angle(AQ, PQ) = \angle(BC, PB)$, 즉 $l \parallel BC$가 성립한다.

2.22. $\angle(AB, AD) = \angle(AP, PD) = \angle(AB, BC)$이므로, $BC \parallel AD$가 된다.

2.23. 원에서 접선과 현이 이루는 각은 현의 원주각의 크기와 같으므로, $\angle(AB, BC) = \angle(AQ, QB)$, $\angle(BA, AQ) = \angle(BS, SA)$가 성립한다. 그러므로, $\angle(BA, AC) = \angle(AB, BQ)$, 즉 $PS \| QR$이다. 한편 $\angle(AP, PQ) = \angle(AB, BQ) = \angle(BA, AS) = \angle(BR, RS)$이므로, $PQ \| SR$이 된다.

2.24. 점 E가 반직선 BC에 속한다고 하자. 그러면, $\angle ABC = \angle EAC$이고, $\angle ADE = \angle ABC + \angle BAD = \angle EAC + \angle CAD = \angle DAE$가 된다.

2.25. P를 원들의 두 번째 교점이라 하면, $\angle(AB, DB) = \angle(PA, PB)$, $\angle(DC, AC) = \angle(PC, PA)$가 성립한다. 두 등식을 서로 더하면, $\angle(DC, DB) = \angle(PC, PB) = \angle(PC, CA) + \angle(BA, PB)$가 된다. 마지막의 두 각은 일정한 호들에 대한 원주각들이다.

2.26. (a) $\angle MAB = \angle BNA$이므로, 각 ABN과 MAN의 합은 삼각형 ABN의 각들의 합과 같다.

(b) $\angle BAM = \angle BNA$, $\angle BAN = \angle BMA$이므로, $\triangle AMB \sim \triangle NAB$, 즉 $AM : NA = MB : AB$, $AM : NA = AB : NB$가 성립한다. 이들 등식을 서로 곱하면, 구하는 식을 얻을 수 있다.

2.27. A_1, B_1을 직선 MA, MB와 작은 원의 교점이라 하자. M은 원들의 중심닮음변환[3]의 중심이므로, $A_1B_1 \parallel AB$가 된다. 그러므로, $\angle A_1MT = \angle A_1TA =$

[3]도형 F를 닮음인 도형 F_1으로 보내는 변환을 닮음변환이라 한다. 각각의 점 X를 $\overrightarrow{OX'} = k\overrightarrow{OX}$인 점 X'으로 보내는 닮음변환을 중심닮음변환이라 부름.

$\angle B_1A_1T = \angle B_1MT$이다.

2.28. φ를 현 AB와 이 현의 한 끝점을 지나는 접선사이의 각이라 하자. 그러면, R을 원 S의 반지름이라 하면 $AB = 2R\sin\varphi$가 성립한다. 게다가, $PM = AM\sin\varphi$, $QM = BM\sin\varphi$이다. 그러므로, $\frac{1}{PM}+\frac{1}{QM} = ((AM+BM)/\sin\varphi)AM\cdot BM = 2R/(AM\cdot BM)$가 성립한다. 이로부터, $AM\cdot BM$의 값은 현 AB의 선택에 종속되지 않음을 알 수 있다.

2.29. 직선 AM이 원 S_2와 점 D에서 교차한다고 하자. 그러면, $\angle MDC = \angle MCA = \angle MAB$이므로, $CD \parallel AB$가 된다. 이제, $\angle CAM = \angle MCB = \angle MDB$이므로, $AC \parallel BD$가 된다. 이와 같이, $ABCD$는 평행사변형이고, 대각선 AD는 BC를 이등분한다.

2.30. 원 S_1과 점 A_1에서 접하는 직선 l_1을 작도하자. 직선 K_1K_2가 S_1과 접할 필요충분조건은 $\angle(K_1K_2, K_1A_1) = \angle(K_1A_1, l_1)$이 성립하는 것이다. 그리고 등식 $\angle(K_1A_1, l_1) = \angle(A_1B, l_1) = \angle(A_2B, A_1A_2)$가 성립한다. 마찬가지로, 직선 K_1K_2가 S_2와 접할 필요충분조건은 $\angle(K_1K_2, K_2A_2) = \angle(A_1B, A_1A_2)$이다. 이제, 등식 $\angle(K_1K_2, K_1A_1) = \angle(A_2B, A_1A_2)$이 성립하면, 각들에 대한 등식 $\angle(K_1K_2, K_2A_2) = \angle(K_1K_2, A_2B) = \angle(K_1K_2, A_1B) + \angle(A_1B, A_1A_2) + \angle(A_1A_2, A_2B) = \angle(A_1B, A_1A_2)$가 성립한다는 것을 생각하면 된다.

2.31. 현 AC, A_1C_1에 같은 원주각 ABC, $A_1B_1C_1$이 대응되므로, $AC = A_1C_1$가 된다.

2.32. 원의 중심을O라 하자. 점 P, Q는 지름이 OM인 원주에 속한다. 즉, O, P, Q, M은 반지름이 $R/2$인 원주에 속한다. 이때, $\angle POQ = \angle AOD$ 또는 $\angle POQ = \angle BOD = 180° - \angle AOD$가 성립한다. 즉, 현 PQ의 길이는 일정하다.

2.33. $\angle AOC = 90° + \angle B/2$이므로(문제 5.3), $\angle EBD + \angle EOD = 90° + 3\angle B/2 = 180°$이고, 사각형 $BEOD$은 내접도형이 된다. 현 EO와 OD에 같은 각 EBO와 OBD가 대응되므로, $EO = OD$이다.

2.34. 선분 BD에서 D쪽으로의 연장선에 Q를 $\angle ACQ = 40°$가 되도록 잡자. P는 직선 AB, QC의 교점이라 하자. 그러면, $\angle BPC = 60°$이고, D는 삼각형 BCP의 각들의 이등분선의 교점이다. 문제 2.33에 의해, $AD = DQ$가 된다. 게다가, $\angle BQC = \angle BCQ = 80°$이다. 결국, $BC = BD + DQ = BD + DA$가 된다.

2.35. 삼각형 BCD의 외각 ACD가 꼭지점 B의 각보다 두 배가 크다는 것을 확인하면 된다. $\angle ACD = \angle AOD = 2\angle ABD$이 성립한다.

2.36. 만약, 점 M이 삼각형 ABC의 내부에 속하면, $\angle MAC < 45° < \angle MCD$가 성립한다. 쉽게, 점 M이 삼각형 ABC, ACD의 변에 속할 수 없다는 것을 확인할 수 있으므로, 이 점은 삼각형 ACD의 내부에 속한다. 그러면, $\angle AMC = 180° - \angle MAC - (45° - \angle MCD) = 135°$이다. 이것은 점 M이 반지름이 AB이고 중심이 B인 원의 호에 속한다는 것을 의미한다. 그러므로, $\angle ABM = 2\angle ACM = 90° - 2\alpha$이다.

2.37. O를 원 S의 중심이라 하자. 점 B는 삼각형 ACD의 외접원의 중심이므로, $\angle CDA = \angle ABC/2 = 30°$, 즉 $\angle EOA = 2\angle EDA = 60°$이고, 삼각형 EOA는 정삼각형이다. 게다가, $\angle AEC = \angle AED = \angle AOB = 2\angle AOC$이므로, 점 E는 삼각형 AOC의 외심이다. 결국, $EC = EO$가 성립한다.

2.38. 움직이는 원의 두 위치에 대해 생각하자: 점 K가 움직이지 않는 원에 놓이게 되는 첫 번째 순간(이 순간에 원들의 접점을 K_1으로 나타냄)과 임의의 다른 순간. O를 움직이지 않는 원의 중심이라 하고, O_1, O_2를 첫 번째 순간과 두 번째 순간에서 움직이는 원의 중심의 위치라 하고, K_2를 두 번째 순간에서 점 K의 위치라 하자. A는 두 번째 순간에 원들의 접점이라 하자. 원이 미끄러짐 없이 굴러가므로, 호 K_1A의 길이는 호 K_2A의 길이와 같다. 움직이는 원의 반지름이 두 배가 작기 때문에, $\angle K_2O_2A = 2\angle K_1OA$이 성립한다. 점 O는 움직이는 원에 속하므로, $\angle K_2OA = \angle K_2O_2A/2 = \angle K_1OA$이고, 즉 점 K_2, K_1, O는 한 직선에 속한다. 이동의 자취는 움직이지 않는 원의 지름이다.

2.39. 점 N, C는 지름이 AM인 원에 속한다. 각 MAN, MCN는 같은 호에 대응되므로, 이들은 서로 같다.

2.40. 각 BOC의 이등분선에 대한 대칭에 의해 직선 AC, DB는 서로 서로에게 보내지므로, $\angle C'AB' = \angle B'DC'$을 증명해야 한다. $BO = B'O, CO = C'O$, $AO : DO = CO : BO$이므로, $AO \cdot B'O = DO \cdot C'O$, 즉 사각형 $AC'B'D$은 내접도형이고, $\angle C'AB' = \angle B'DC'$이다.

2.41. 그림 2.1에서와 같이 교점들과 각들을 나타내자. $x = 90°$임을 확인하면 된다. 사각형 $BMRN$의 각들은 $180° - \varphi, \alpha + \varphi, \beta + \varphi, x$이므로, 등식 $x = 90°$는 등식 $(2\alpha + \varphi) + (2\beta + \varphi) = 180°$와 동치이다. 이제, $2\alpha + \varphi = \angle BAD$, $2\beta + \varphi =$

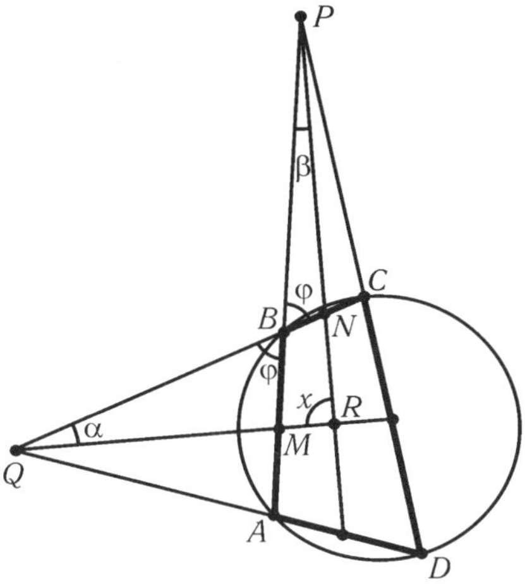

그림 2.1

$\angle BCD$임을 생각하면 된다.

2.42. (a) 점 P_1이 선분 BC와 $90°$의 각을 이루는 각 B의 이등분선(또는 연장선)에 속하면, P_1은 직선 MN에 속한다는 것을 보이면 된다. 점 P_1, N은 지름이 CO인 원주에 속하고, O는 각의 이등분선들의 교점이므로, $\angle(P_1N, NC) = \angle(P_1O, OC) = (180° - \angle A)/2 = \angle(MN, NC)$이 성립한다.
(b) $\angle BPC = 90°$이므로, $BP = BC\cos(B/2)$이다. 그러므로, $S_{ABP} : S_{ABC} = (BP\sin(B/2)) : (BC\sin B) = 1 : 2$이다.

2.43. N을 $BN \parallel MC$, $NC \parallel BM$이 성립하도록 잡자. 그러면, $NA \parallel CD$, $\angle NCB = \angle CBM = \angle CDM = \angle NAB$, 즉 점 A, B, N, C는 한 원에 속한다. 그러므로, $\angle ACD = \angle NAC = \angle NBC = \angle BCM$이 성립한다.

2.44. 점 A_2, B_2, C, P가 한 원에 속하므로, 등식 $\angle(A_2B_2, B_2P) = \angle(A_2C, CP) = \angle(BC, CP)$이 성립한다. 마찬가지 이유로, $\angle(B_2P, B_2C_2) = \angle(AP, BP)$이 성립한다. 결국 $\angle(A_2B_2, B_2C_2) = \angle(BC, CP) + \angle(AP, AB) = \angle(B_1B, B_1C_1) + \angle(A_1B_1, B_1B) = \angle(A_1B_1, B_1C_1)$이 성립한다. 같은 방법으로, 삼각형 $A_1B_1C_1$, $A_2B_2C_2$의 모든 다른 각들이 같거나 또는 합하여 $180°$가 된다는 것을 확인할 수 있다. 결국, 이들 삼각형은 닮음이다.

2.45. 점 Q'과 C가 지름이 PQ인 원에 속하므로, $\angle Q'CQ = \angle Q'PQ = 30°$이 성립

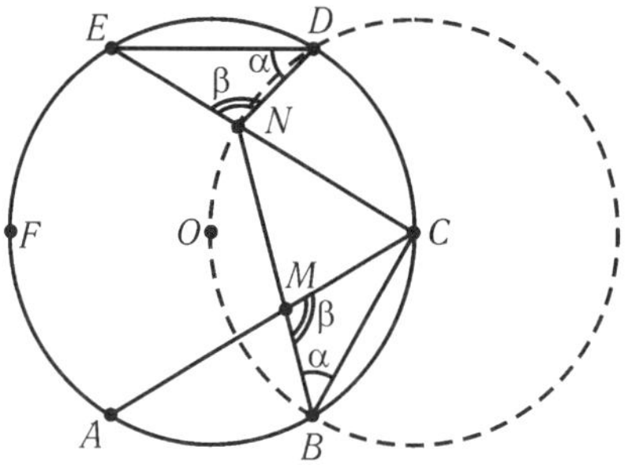

그림 2.2

한다. 결국, $\angle BCQ' = 60^\circ$이다. 같은 방법으로, $\angle CBQ' = 60^\circ$이 됨을 알 수 있고, 이것은 삼각형 $BQ'C$가 정삼각형임을 의미한다. 같은 방법으로, 삼각형 $CP'D$가 정삼각형임을 알 수 있다.

2.46. $\angle BAD = 2\alpha$, $\angle CBA = 2\beta$라 하고, 편의상 $\alpha \geq \beta$라 하자. 변 CD에 점 E를 $DE = DA$가 성립하도록 잡자. 그러면, $CE = CD - AD = CB$가 된다. 이등변삼각형 BCE의 꼭지점 C에서 각이 $180^\circ - 2\alpha$이므로, $\angle CBE = \alpha$이다. 같은 방법으로, $\angle DAE = \beta$가 된다. 각 B의 이등분선은 CD와 어떤 점 F에서 교차한다. $\angle FBA = \beta = \angle AED$이므로, 사각형 $ABFE$는 내접도형이고, $\angle FAE = \angle FBE = \alpha - \beta$이다. 결국, $\angle FAD = \beta + (\alpha - \beta) = \alpha$, 즉 AF는 각 A의 이등분선이다.

2.47. $ED = CB, EN = CM$, $\angle DEC = \angle BCA = 30^\circ$이므로(그림 2.2), $\triangle EDN \equiv \triangle CBM$이 성립한다. $\angle MBC = \angle NDE = \alpha$, $\angle BMC = \angle END = \beta$라 하자. $\angle DNC = 180^\circ - \beta$이다. 삼각형 BNC에서 $\angle BNC = 90^\circ - \alpha$를 얻을 수 있다. $\alpha + \beta = 180^\circ - 30^\circ = 150^\circ$이므로, $\angle DNB = \angle DNC + \angle CNB = (180^\circ - \beta) + (90^\circ - \alpha) = 270^\circ - (\alpha + \beta) = 120^\circ$이다. 그러므로, 점 B, O, N, D는 한 원에 속한다(O는 육각형의 중심). 이때, $CO = CB = CD$, 즉 C는 이 원의 중심이고, 결국 $\lambda = CN : CE = CB : CA = 1 : \sqrt{3}$이다.

2.48. 삼각형 A_1BC, AB_1C의 외접원들의 두 번째 교점을 D라 하면, $\angle(AC, CD) = \angle(AB_1, B_1D)$이고, $\angle(DC, CB) = \angle(DA_1, A_1B)$가 성립한다. 그러므로, 각들에 대한 등식 $\angle(A_1C_1, C_1B_1) = \angle(AC, CB) = \angle(AC, CD) + \angle(DC, CB) = \angle(AB_1, B_1D) + \angle(DA_1, A_1B) = \angle(A_1D, DB_1)$가 성립한다. 즉, 점 A_1, B_1, C_1, D가 한 원에 속한다. 결국, $\angle(A_1C_1, C_1D) = \angle(A_1B_1, B_1D) = \angle(AC, CD)$가

성립한다. $A_1C_1 \parallel AC$임을 고려하면, 구하는 것을 얻을 수 있다.

2.49. M을 직선 AC에 대한 점 A_1의 대칭점이라 하자. 문제 1.58에 의해, 점 M은 B_1C_1에 속한다. 그러므로, $\angle(LM, MA_1) = \angle(C_1B_1, B_1A) = \angle(C_1C, CB) = \angle(LK, KA_1)$, 즉 M은 삼각형 A_1KL의 외접원에 속한다. 결국, 이 원의 중심은 직선 AC(선분 A_1M의 수직이등분선)에 속한다.

2.50. PQ를 AB와 직교하는 지름이라 하고, Q, C가 직선 AB의 같은쪽에 속하며, 직선 QO와 외접원의 교점을 L이라 하고, 직선 LB', LA'과 변 AC, BC의 교점을 M', N'이라 하자. 이제, $M' = M$, $N' = N$임을 보이면 된다. $\widehat{PA} + \widehat{AB'} + \widehat{B'Q} = 180^\circ$이므로, $\widehat{B'Q} = \angle A$이고, $\angle B'LQ = \angle M'AO$이다. 결국, 사각형 $AM'OL$은 내접도형이고, $\angle M'OA = \angle M'LA = \angle B/2$이다. 그러므로, $\angle CMO = (\angle A + \angle B)/2$, 즉 $M' = M$이다. 같은 방법으로, $N' = N$임을 알 수 있다.

2.51. $\triangle ADM \sim \triangle CBM$, $\triangle ACM \sim \triangle DBM$이므로, $AD : CB = DM : BM$, $AC : DB = AM : DM$이다. 이제, 이들 등식을 곱하면 된다.

2.52. D_1을 직선 BD와 원의 교점이라 하자(점 B가 아닌). 그러면, $\widehat{AB} = \widehat{AD_1}$이므로, $\angle ACB = \angle AD_1B = \angle ABD_1$이 성립한다. 삼각형 ACB, ABD는 공통각 A를 가지며, $\angle ACB = \angle ABD$이므로, $\triangle ACB \sim \triangle ABD$이다. 결국, $AB : AC = AD : AB$가 성립한다.

2.53. O를 원의 중심이라 하자. $\angle MAC = \angle ACO = \angle CAO$이므로, $\triangle AMC \equiv \triangle ADC$이다. 같은 방법으로, $\triangle CDB \equiv \triangle CNB$임을 알 수 있다. $\triangle ACD \sim \triangle CDB$이므로, $CD^2 = AD \cdot DB = AM \cdot NB$이다.

2.54. B_1, H가 지름이 AB인 원에 속하므로, 등식 $\angle(AB, BC) = \angle(AB, BH) = \angle(AB_1, B_1H) = \angle(B_1C_1, B_1H)$이 성립한다. 같은 방법으로, $\angle(AC, BC) = \angle(B_1C_1, C_1H)$를 얻을 수 있다.

2.55. 선분 BP에 대해 P방향으로의 연장선에 점 D를 $PD = CP$이 되도록 잡자. 그러면, 삼각형 CDP는 정삼각형이고, $CD \parallel QP$이다. 그러므로, $BP : PQ = BD : DC = (BP + CP) : CP$, 즉 $\frac{1}{PQ} = \frac{1}{CP} + \frac{1}{BP}$이 성립한다.

2.56. 선분 QE는 각 A, B와 각각 45°를 이루므로, 사각형 $ABEQ$는 내접도형이 된

다. $\angle ABE = 90°$이므로, $\angle AQE = 90°$이다. 결국, 삼각형 AQE는 직각이등변 삼각형이고 $AE/AQ = \sqrt{2}$이다. 같은 방법으로, $AF/AP = \sqrt{2}$임을 알 수 있다.

2.57. $\angle ANC = \angle ABC = \angle CAB$이므로, $\triangle CAM \sim \triangle CNA$, $CA : CM = CN : CA$, 즉 $CM : CN = AC^2$, $AM : NA = CM : CA$가 성립한다. 같은 방법으로, $BM : NB = CM : CB$임을 알 수 있다. 그러므로, $AM \cdot BM/(AN \cdot BN) = CM^2/CA^2 = CM^2/(CM \cdot CN) = CM/CN$이 된다.

2.58. $AK = AB = CD, AD = BC = CH$, $\angle KAD = \angle DCH$이므로, $\triangle ADK \equiv \triangle CHD$, $DK = DH$이다. 점 A, K, H, C, D가 한 원에 속함을 보이자. 이 원에 현 CK_1을 AD에 평행하게 작도하고, 현 AH_1을 DC에 평행하게 작도하자. 그러면, $K_1A = DC$, $H_1C = AD$이 된다. 즉, $K_1 = K$, $H_1 = H$이고, 작도된 원은 점 K, H를 지나며, 각 KAH와 KDN는 같은 호에 대한 원주각으로, 서로 같다. 게다가, 이미 KDH가 이등변삼각형임을 보였다.

2.59. (a) $\angle PBA_1 = \angle PAC_1, \angle PBC_1 = \angle PAB_1$이므로, 직각삼각형 PBA_1와 PAC_1, PAB_1와 PBC_1는 닮음이고, $PA_1 : PB = PC_1 : PA, PB_1 : PA = PC_1 : PB$이다. 이들 등식을 서로 곱하면, $PA_1 \cdot PB_1 = PC_1^2$을 얻을 수 있고, 이들을 나누면, $PA_1 : PB_1 = PA^2 : PB^2$을 얻을 수 있다.
(b) (a)에 의해, $OA'' = \sqrt{OB' \cdot OC'}, OB'' = \sqrt{OA' \cdot OC'}, OC'' = \sqrt{OA' \cdot OB'}$이다. 이들 등식을 서로 곱하면, 구하는 것을 얻을 수 있다.

2.60. K, L, M, N을 점 E에서 직선 AB, BC, CD, DA에 그은 수선의 발이라 하자. 점 K, N은 지름이 AE인 원에 속하므로, $\angle(EK, KN) = \angle(EA, AN)$이 된다. 같은 방법으로, $\angle(EL, LM) = \angle(EC, CM) = \angle(EA, AN)$, $\angle(EK, KN) = \angle(EL, LM)$임을 알 수 있다. 같은 방법으로, $\angle(EN, NK) = \angle(EM, ML)$, $\angle(KE, EN) = \angle(LE, EM)$을 알 수 있다. 결국, $\triangle EKN \sim \triangle ELM$, 즉 $EK : EN = EL : EM$, $EN = EK \cdot EM/EL = ac/b$가 성립한다.

2.61. H는 높이들의 교점, M은 변 BC의 중점이라 하자. 점 A_1, B_2, C_2는 지름이 MH인 원에 속하므로, $\angle(B_2A_1, A_1C_2) = \angle(B_2M, MC_2) = \angle(AC, AB)$가 된다. 게다가, $\angle(A_1B_2, B_2C_2) = \angle(A_1H, HC_2) = \angle(BC, AB)$, $\angle(A_1C_2, C_2B_2) = \angle(BC, AC)$가 성립한다.

2.62. M을 삼각형 ABC의 중선들의 교점, H를 높이들의 교점이라 하자. 점 A_1, B_1, C_1은 점 M을 높이들에 사영시켜 얻은 점이므로, 이들은 지름이 MH인 한 원

에 속한다. 결국, $\angle(A_1B_1, B_1C_1) = \angle(AH, HC) = \angle(BC, AB)$가 성립한다. 다른 각들에 대해 유사한 등식을 쓰면, 구하는 것을 얻을 수 있다.

2.63. 직선 BM, DN이 S_2와 점 L, C_1에서 각각 교차한다고 하자. 직선 DC_1, CN이 직선 AN에 대해 대칭임을 증명하자. $BN \perp NA$이므로, $\angle CNB = \angle BND$임을 보이면 된다. 호 CB와 BD이 같다. 호 C_1M와 CL은 직선 AN에 대해 대칭이므로, 이들은 같다. 즉, $\angle MDC_1 = \angle CML$이다. 게다가, $\angle CNM = \angle MND$이다. 결국, $\triangle MCN \sim \triangle DMN$, 즉 $CN : MN = MN : DN$이 성립한다.

2.64. 점 Q에서 KL, NM에 수선 QK_1, QN_1을 긋고, 점 P에서 NM, KL에 수선 PM_1, PL_1을 긋자. 이때, $\frac{QC}{PC} = \frac{QK_1}{PL_1} = \frac{QN_1}{PM_1}$, 즉 $\frac{QC^2}{PC^2} = \frac{QK_1 \cdot QN_1}{PL_1 \cdot PM_1}$이 성립한다. $\angle KNC = \angle MLC$, $\angle NKC = \angle LMC$이므로, $QN_1 : PL_1 = QN : PL$, $QK_1 : PM_1 = QK : PM$이다. 그러므로, 다음 등식이 성립한다.

$$\frac{QC^2}{PC^2} = \frac{QK \cdot QN}{PL \cdot PM} = \frac{AQ \cdot QB}{PB \cdot AP} = \frac{(AC - QC) \cdot (AC + QC)}{(AC - PC) \cdot (AC + PC)} = \frac{AC^2 - QC^2}{AC^2 - PC^2}.$$

이로부터, $QC = PC$을 얻을 수 있다.

2.65. (a) $\angle CAM = \angle CBM$, $\angle CB_1M = \angle CA_1M$이므로, $\angle B_1AM = \angle A_1BM$, $\angle AB_1M = \angle BA_1M$이 성립한다.
(b) 지름이 CO인 원 S에서 $CM_1 \parallel A_1B_1$인 점을 M_1, 원 S와 삼각형 ABC의 외접원의 교점을 M_2라 하고, A_2, B_2를 내접원과 변 BC, AC의 접점이라 하자. 이제, $M_1 = M_2$임을 보이면 된다. 문제 (a)에 의해, $\triangle AB_2M_2 \sim \triangle BA_2M_2$이므로, $B_2M_2 : A_2M_2 = AB_2 : BA_2$이다. $CA_1 = p - b = BA_2$, $CB_1 = AB_2$이므로, 다음이 성립한다.

$$\frac{B_2M_1}{A_2M_1} = \frac{\sin B_2CM_1}{\sin A_2CM_1} = \frac{\sin CA_1B_1}{\sin CB_1A_1} = \frac{CB_1}{CA_1} = \frac{AB_2}{BA_2}.$$

원 S의 호 A_2CB_2에 $B_2X : A_2X = k$인 점 X가 유일하게 존재하므로(문제 7.14), $M_1 = M_2$가 된다.

2.66. O를 삼각형의 외접원의 중심이라 하고, M을 변 AB의 중점, H를 높이 CH의 발, D를 점 A, B에 의해 주어지는 호(호에 점 C는 속하지 않음)의 중점이라 하자. $OD \parallel CH$이므로, $\angle DCH = \angle MDC$가 된다. 각의 이등분선이 중선과 높이사이의 각을 이등분할 필요충분조건은 $\angle MCD = \angle DCH = \angle MDC = \angle ODC = \angle OCD$, 즉 $M = O$이고 AB는 원의 지름이다.

2.67. $\alpha = \angle A < \angle B$라 하자. 앞의 문제에 의해, $\angle C = 90°$이다. 중선 CM은 삼각형 ABC를 두 개의 이등변삼각형으로 분할한다. $\angle ACM = \angle A = \alpha, \angle MCB = 3\alpha$, $\alpha + 3\alpha = 90°$, 즉 $\alpha = 22.5°$가 된다. 그러므로, $\angle A = 22.5°, \angle B = 67.5°, \angle C = 90°$이다.

2.68. D를 직선 AE와 외접원의 교점이라 하자. 점 D는 호 BC의 중점이다. 그러므로, $MD \parallel AH$, 게다가 점 A, D는 직선 MH의 다른쪽에 놓여있다. 결국, 점 E는 선분 MH에 속한다.

2.69. $\angle(AQ, QP) = \angle(AN, NP) = \angle(PM, MB) = \angle(QP, QB)$가 성립한다. 그러므로, 점 Q는 선분 AB와 $2\angle(AC, CB)$의 각을 이루는 원에 속하며, 직선 QP는 이 원의 호 AB를 이등분한다.

2.70. 점 P, Q는 지름이 AD인 원에 속하며, 이 원은 변 BC와 점 F에서 교차한다($AB \neq AC$이면, F는 D와 일치하지 않음). $\angle(FC, CE) = \angle(BA, AE) = \angle(DA, AQ) = \angle(DF, FQ)$, 즉 $EC \parallel FQ$가 된다. 같은 방법으로, $BE \parallel FP$임을 알 수 있다. 증명을 완성하기 위해, 사다리꼴의 옆변에 놓인 삼각형들의 넓이가 같다는 것을 생각하면 된다.

2.71. $\angle AOB = \alpha$, $\angle COD = \beta$라 하자. 그러면, $\alpha/2 + \beta/2 = \angle ADP + \angle PAD = 90°$가 된다. $2S_{AOB} = R^2 \sin\alpha$, $2S_{COD} = R^2 \sin\beta$이므로(R은 외접원의 반지름), $S_{AOB} = S_{COD}$이다. 같은 방법으로, $S_{BOC} = S_{AOD}$임을 알 수 있다.

2.72. $\angle AOB = 2\alpha$, $\angle COD = 2\beta$라 하자. 그러면, $\alpha + \beta = \angle ADP + \angle PAD = 90°$가 된다. 그러므로, $(AP^2 + BP^2) + (CP^2 + DP^2) = AB^2 + CD^2 = 4R^2(\sin^2\alpha + \cos^2\alpha) = 4R^2$이다. 마찬가지로, $BC^2 + AD^2 = 4R^2$임을 알 수 있다.

2.73. M을 선분 AC의 중점이라 하고, N을 BD의 중점이라 하자. $OM^2 + ON^2 = OP^2$이므로, $AM^2 = AO^2 - OM^2, BN^2 = BO^2 - ON^2$이다. 그러므로 $AC^2 + BD^2 = 4(R^2 - OM^2) + 4(R^2 - ON^2) = 8R^2 - 4(OM^2 + ON^2) = 8R^2 - 4OP^2$가 된다.

2.74. 예각 BLP, BDC는 각각 직교하는 변들을 가지므로, 이들은 서로 같다. 결국 $\angle BLP = \angle BDC = \angle BAP$가 된다. 게다가, $AK \parallel BL$, $AL \perp BK$이다. 그러므로, $AKLB$는 마름모이다.

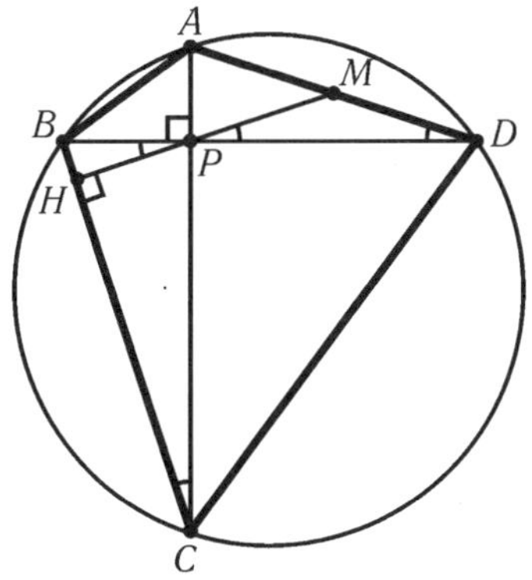

그림 2.3

2.75. 외접원에 점 D'을 $DD' \parallel AC$이 되도록 잡자. $DD' \perp BD$이므로, BD'은 지름이고, 즉 $\angle D'AB = \angle D'CB = 90°$이다. 그러므로 $S_{ABCD} = S_{ABCD'} = (AD' \cdot AB + BC \cdot CD')/2 = (AB \cdot CD + BC \cdot AD)/2$이다.

2.76. 지름 AE를 작도하자. $\angle BEA = \angle BCP$, $\angle ABE = \angle BPC = 90°$이므로, $\angle EAB = \angle CBP$이다. 현 EB와 CD에 대한 각들이 같으므로, $EB = CD$이다. $\angle EBA = 90°$이므로, 점 O에서 AB까지의 거리는 $EB/2$와 같다.

2.77. 점 P에서 BC에 그은 수선이 BC와 점 H에서 교차하고, AD와 점 M에서 교차한다고 하자(그림 2.3). $\angle BDA = \angle BCA = \angle BPH = \angle MPD$이다. 각 MDP와 MPD의 상등으로부터 MP가 직각삼각형 APD의 중선임이 유도된다. 실제로, $\angle APM = 90° - \angle MPD = 90° - \angle MDP = \angle PAM$, 즉 $AM = PM = MD$이다.

2.78. 사각형 $ABCD$의 변들의 중점은 직사각형의 꼭지점이 되므로(문제 1.2), 이들은 한 원에 속한다. K, L을 각각 변 AB, CD의 중점이라 하고, M을 직선 KP와 CD의 교점이라 하자. 문제 2.77에 의해, $PM \perp CD$이고, 이것은 M은 P를 변 CD에 사영시켜 얻은 점이며, 지름이 KL인 원에 속한다는 것을 의미한다. 나머지 사영에 대해서는 유사하게 증명된다.

2.79. (a) 점 A, B, C, D는 원을 중심각이 180°보다 작은 호들로 분할하므로, 작도된 사각형은 이 원을 포함한다는 것을 생각해야 한다. 점 A, B를 지나는 접선들 사이의 각 φ는 $180° - \angle AOB$이고, 점 C, D를 지나는 접선들 사이의 각 ψ는 $180° - \angle COD$이다. $\angle AOB + \angle COD = 180°$이므로, $\varphi + \psi = 180°$이다.

참고. 역으로, 등식 $\varphi + \psi = 180°$으로부터, $\angle AOB + \angle COD = 180°$, 즉 $AC \perp BD$이 유도된다.

(b) O를 내접원의 중심이라 하자. $\angle AKO + \angle BMO = 90°$이므로, $\angle AKO = \angle BOM$, $\triangle AKO \sim \triangle BOM$이 된다. 결국, $AK \cdot BM = BO \cdot AO = r^2$이다.

2.80. 우선, 삼각형 $A'BC$와 $AB'C$의 외접원들이 서로 접하지 않으며, P는 C가 아닌 이들의 공통점이라 하자. 그러면, $\angle(PA, PB) = \angle(PA, PC) + \angle(PC, PB) = \angle(B'A, B'C) + \angle(A'C, A'B) = \angle(C'A, C'B)$, 즉 P는 삼각형 ABC'의 외접원에 속한다. 실제로, 삼각형 $A'BC$와 $AB'C$의 외접원이 접하면, 즉 $P = C$인 경우에는 약간의 변화가 생기는데, 직선 PC대신에 공통접선을 잡아야 한다.

2.81. (a) 삼각형 $A_1B_1C_1$의 변들에 작도된 삼각형 AB_1C_1, A_1BC_1, A_1B_1C에 문제 2.80의 명제를 사용하면, 구하는 것을 얻을 수 있다.

(b) P를 기술한 원들의 교점이라 하자. 각 $\angle(AP, PC)$의 크기가 일정함을 증명하자. $\angle(AP, PC) = \angle(AP, AB) + \angle(AB, BC) + \angle(BC, PC)$이고, $\angle(AB, BC)$가 일정하므로, 합 $\angle(AP, AB) + \angle(BC, PC)$이 일정함을 보이면 된다. $\angle(AP, AB) + \angle(BC, CP) = \angle(AP, AC_1) + \angle(CA_1, CP) = \angle(B_1P, B_1C_1) + \angle(B_1A_1, B_1P) = \angle(B_1A_1, B_1C_1)$이고, 마지막 각의 크기는 조건에 의해 일정하다. 마찬가지 방법으로, 각 $\angle(AP, PB)$, $\angle(BP, PC)$의 크기가 일정함이 증명된다. 결국, 점 P는 움직이지 않는다.

2.82. 삼각형 AB_1C_1의 외접원이 점 X를 지나므로, $\angle BXC = 180° - \angle A$가 된다. 이것은 점 X가 변 BC에 대해 삼각형 ABC의 외접원과 대칭인 원에 속한다는 것을 의미한다. 삼각형의 변들에 대해 외접원과 대칭인 세 원은 하나보다 많은 공통점을 가질 수 없다.

2.83. 문제 2.81(b)에서와 같이, 증명을 위해 삼각형 ABC의 변들의 중점에 꼭지점이 놓인 삼각형 $A_1B_1C_1$을 작도하면 된다. H를 삼각형 $A_1B_1C_1$의 높이들의 교점, 즉 삼각형 ABC 외접원의 중심이라 하자. $A_1H \perp B_1C_1$, $B_1H \perp A_1C_1$이므로, $\angle(A_1H, HB_1) = \angle(B_1C_1, A_1C_1) = \angle(A_1C, CB_1)$, 즉 점 H는 삼각형 A_1B_1C의 외접원에 속한다. 같은 방법으로, 이 점이 삼각형 A_1BC_1와 AB_1C_1의 외접원에 속한다는 것이 증명된다.

2.84. (a) X를 삼각형 ABC와 $AB'C'$의 외접원의 교점이라 하면, $\angle(XB', XC) = \angle(XB', XA) + \angle(XA, XC) = \angle(C'B', C'A) + \angle(BA, BC)$가 된다. $AC' = AP = AB'$이므로, 삼각형 $C'AB'$은 이등변삼각형이고, $\angle C'AB' = 2\angle A$이다.

그러므로, $\angle(C'B', C'A) = \angle A - 90°$이다. 결국, $\angle(XB', XC) = \angle A - 90° + \angle B = 90° - \angle C = \angle(A'B', A'C)$, 즉 점 X는 삼각형 $A'B'C$의 외접원에 속한다. $A'BC'$의 외접원에 대해서도 유사한 방법으로 증명된다.

(b) X를 삼각형 $A'B'C'$과 $A'BC$의 외접원의 교점이라 하자. 점 X가 삼각형 ABC'의 외접원에 속한다는 것을 증명하자. $\angle(XB, XC') = \angle(XB, XA') + \angle(XA', XC') = \angle(CB, CA') + \angle(B'A', B'C')$이다. 이제, A_1, B_1, C_1을 선분 PA', PB', PC'의 중점이라 하자. 그러면, 등식 $\angle(CB, CA') = \angle(CP, CA_1) = \angle(B_1P, B_1A_1)$, $\angle(B'A', B'C') = \angle(B_1A_1, B_1C_1)$, $\angle(AB, AC') = \angle(AP, AC_1) = \angle(B_1P, B_1C_1)$이 성립한다. 결국, $\angle(XB, XC') = \angle(AB, AC')$이다. 같은 방법으로, 점 X가 삼각형 $AB'C$의 외접원에 속한다는 것이 증명된다.

(c) QA'은 중심이 O, I인 원들의 공통현이므로, $QA' \perp OI$이다. 마찬가지로, $QB' \perp OJ$, $QC \perp IJ$임을 알 수 있다. 그러므로, 각 OJI와 $B'QC$, OIJ와 $A'QC$의 변들은 서로 직교하며, 이로부터 등식 $\sin OJI = \sin B'QC$, $\sin OIJ = \sin A'QC$이 성립함을 알 수 있다. 결국, $OI : OJ = \sin OJI : \sin OIJ = \sin B'QC : A'QC$이다. 또한, 다음 등식을 얻을 수 있다.

$$\frac{QI}{QJ} = \frac{\sin QJI}{\sin QIJ} = \frac{\sin(QJC/2)}{\sin(QIC/2)} = \frac{\sin QB'C}{\sin QA'C}.$$

$\sin B'QC : \sin QB'C = B'C : QC$, $\sin A'QC : \sin QA'C = A'C : QC$임을 감안하면, 다음을 얻을 수 있다.

$$\frac{OI}{OJ} : \frac{QI}{QJ} = \frac{B'C}{QC} : \frac{A'C}{QC} = 1.$$

2.85. (a) 문제의 조건으로부터, 어떤 세 직선도 한 점에서 교차하지 않는다는 것이 유도된다. 직선 AB, AC, BC가 네 번째 직선과 각각 D, E, F에서 교차한다고 하자(그림 2.4). 삼각형 ABC과 CEF의 외접원의 교점을 P라 하자(점 C가 아닌). 이제, 점 P가 삼각형 BDF의 외접원에 속한다는 것을 증명하자. 이를 위해, $\angle(BP, PF) = \angle(BD, DF)$임을 보이면 된다. 각들에 대한 등식 $\angle(BP, PF) = \angle(BP, PC) + \angle(PC, PF) = \angle(BA, AC) + \angle(EC, EF) = \angle(BD, AC) + \angle(AC, DF) = \angle(BD, DF)$가 성립한다. 같은 방법으로, 점 P가 삼각형 ADE의 외접원에 속함이 증명된다.

(b) 그림 2.4의 표기를 이용하자. 문제 (a)에 의해, 삼각형 ABC, ADE, BDF의 외접원들은 점 P를 지나므로, 이들을 삼각형 ABP, ADP, BDP의 외접원으로 볼 수 있다. 결국, 이들의 중심은 점 P를 지나는 원에 속한다(문제 5.96). 같은 방법으로, 주어진 원들 중에서 임의의 세 원의 중심이 점 P를 지나는 원에 속함을 증명할 수 있다. 결국, 모든 네 중심은 점 P를 지나는 원에 속한다.

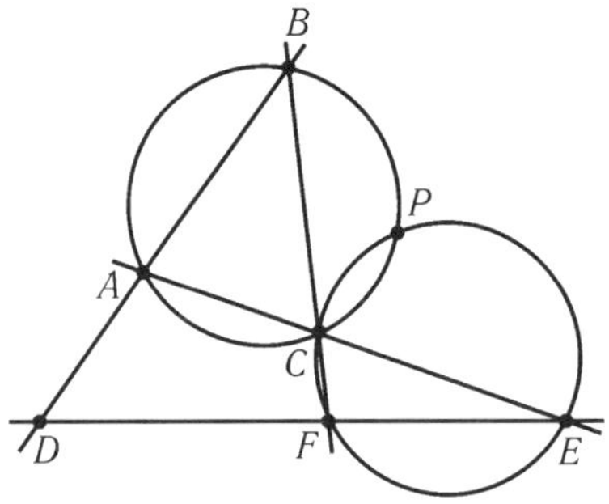

그림 2.4

2.86. (a) P를 직선 AB, BC, CA, A_1B_1에 대한 미켈의 점이라 하자. 원 S_a, S_b, S_c의 접선들과 반직선 PA, PB, PC에 대해 각들의 등식 $\angle(PB_1, B_1A) = \angle(PC_1, C_1A)$, $\angle(PC_1, C_1B) = \angle(PA_1, A_1B), \angle(PA_1, A_1C) = \angle(PB_1, B_1C)$이 성립한다. 한편 $\angle(PC_1, C_1A) = \angle(PC_1, C_1B) = \angle(PA_1, A_1C) = \varphi$이므로, 점 P를 중심으로 φ만큼 회전시키면 직선 PA, PB, PC은 원 S_a, S_b, S_c에 대한 접선으로 보내진다. 이것은 $90° - \varphi$만큼 회전시키면 이들 직선이 PO_a, PO_b, PO_c으로 보내진다는 것을 의미한다. 게다가, $PO_a/PA = PO_b/PB = PO_c/PC = 1/2\sin\varphi$이다. 결국, $90° - \varphi$만큼의 회전과 중심이 P, 계수가 $1/2\sin\varphi$인 중심닮음변환에 의해, 삼각형 ABC은 $O_aO_bO_c$으로 보내진다.

(b) 문제 (a)의 변환이 삼각형 ABC의 외접원의 중심 O를 삼각형 $O_aO_bO_c$의 외접원의 중심 O'으로 보내며, 삼각형 ABC의 수심 H를 삼각형 $O_aO_bO_c$의 수심 H'으로 보낸다. 삼각형 $OO'H'$에 보조선을 그어 평행사변형 $OO'H'M$을 만들자. $OH/OM = OH/O'H' = 2\sin\varphi$, $\angle HOM = \angle(HO, O'H') = 90° - \varphi$이므로, $MH = MO$, 즉 점 M은 선분 OH의 수직이등분선에 속한다. 이제, 내접사각형 $OO_aO_bO_c$에 대해 점 M이 유일하게 정의된다는 것을 생각하면 된다: 점 O대신에 점들 O_a, O_b, O_c 중에서 임의의 점을 잡아도 같은 점 M을 얻게 된다(문제 13.33).

2.87. 반직선 AB, DC가 점 E에서 교차하고, 반직선 BC, AD가 점 F에서 교차한다고 할 수 있다. 이제, P를 삼각형 BCE, CDF의 외접원의 교점이라 하자. 그러면, $\angle CPE = \angle ABC$, $\angle CPF = \angle ADC$가 된다. 그러므로, $\angle CPE + \angle CPF = 180°$, 즉 점 P는 선분 EF에 속한다.

2.88. (a) $\angle(AP, PD) = \angle(AP, PE) + \angle(PE, PD) = \angle(AC, CD) + \angle(AB, BD) = \angle(AO, OD)$ 이므로, 점 A, P, D, O는 한 원에 속한다.

(b) $\angle(EP, PO) = \angle(EP, PA) + \angle(PA, PO) = \angle(DC, CA) + \angle(DA, DO) = 90°$가 성립한다. 왜냐 하면, 이들 각에 대한 호들이 원의 절반을 구성한다.

2.89. 그림 2.4의 표기를 이용하자. 직선 CA, CB로의 점 P의 사영은 이 점의 직선 CE, CF로의 사영과 일치한다. 결국, 삼각형 ABC, CEF에 대한 점 P의 심슨의 직선들은 일치한다(문제 5.95(a)).

2.90. A'이 선분 BC의 수직이등분선에 대해 A와 대칭이라고 하자. 그러면, $\angle OAH = \angle AOA'/2 = \angle ABA' = |\angle B - \angle C|$이 성립한다.

2.91. AA'는 지름이므로, $A'C \perp AC$이고, $BH \parallel A'C$이다. 마찬가지 방법으로, $CH \parallel A'B$임을 알 수 있다. 결국, $BA'CH$은 평행사변형이다.

2.92. l을 처음의 두 직선에 평행한 직선이라 하고, D를 직선 m과 n의 교점이라 하자. 그러면, $\angle(AD, DB) = \angle(m, AB) + \angle(AB, n) = \angle(AC, l) + \angle(l, CB) = \angle(AC, CB)$, 즉 점 D는 삼각형 ABC의 외접원에 속한다.

2.93. (a) O를 삼각형 ABC의 내부에 놓인 원 S의 호의 중점이라 하자. 그러면, $\angle CBO = \angle BCO$이고, 현과 접선사이의 각의 성질에 의해 $\angle BCO = \angle ABO$가 된다. 그러므로, BO는 각 ABC의 이등분선이고, O는 삼각형 ABC의 내접원의 중심이다. 같은 방법으로, 삼각형 ABC의 외부에 놓인 원 S의 호의 중점이 방접원의 중심임을 증명할 수 있다.
(b) 살펴본 원 S의 중심이 각 BAC의 이등분선에 속함을 증명해야 한다. D를 이 각의 이등분선과 삼각형 ABC의 외접원의 교점이라 하자. 그러면, $DB = DO = DC$이다(문제 2.4(a)). 즉, D는 원 S의 중심이다.

2.94. 만약, 각 C가 직각이면, 문제는 자명해진다: C는 직선 A_1B, A_2B_2, AB_1의 교점이다. 만약, $\angle C \neq 90°$이면, 정사각형 ACA_1A_2, BCB_1B_2의 외접원들은 C를 제외하고 하나의 공통점 C_1을 더 가진다. $\angle(AC_1, A_2C_1) = \angle(A_2C_1, A_1C_1) = \angle(A_1C_1, C_1C) = \angle(C_1C, C_1B_1) = \angle(C_1B_1, C_1B_2) = \angle(C_1B_2, C_1B) = 45°$(또는 $-45°$; 모든 각들이 같은 부호를 가진다는 것이 중요함)이 된다. 그러므로, $\angle(AC_1, C_1B_1) = 4 \cdot 45° = 180°$, 즉 직선 AB_1은 점 C_1을 지난다. 같은 방법으로, A_2B_2, A_1B이 점 C_1을 지난다는 것을 알 수 있다.

2.95. P, O를 원 S_1, S_2의 중심, $\alpha = \angle APC, \beta = \angle BPC$, 직선 AC, BC는 S_2와 점 K, L에서 교차한다고 하자. $\angle OAP = \angle OBP = 90°$이므로, $\angle AOB =$

$180° - \alpha - \beta$이다. 이제, $\angle LOB = 180° - 2\angle LBO = 2\angle CBP = 180° - \beta$이 성립한다. 같은 방법으로, $\angle KOA = 180° - \alpha$임을 알 수 있다. 그러므로, $\angle LOK = \angle LOB + \angle KOA - \angle AOB = 180°$, 즉 KL은 지름이다.

2.96. 직선 OA에 대해 점 M, P, Q, R와 대칭인 점 M', P', Q', R'을 생각하자. 점 C는 OA에 대해 점 B와 대칭이므로, 직선 $P'Q'$은 점 C를 지난다. 쉽게 등식 $\angle(CS, NS) = \angle(Q'Q, NQ) = \angle(Q'P', NP') = \angle(CP', NP')$, $\angle(CR', P'R') = \angle(MM', P'M') = \angle(MN, P'N) = \angle(CN, P'N)$이 증명된다. 이들 등식으로부터, 점 C, N, P', S, R'가 한 원에 속함을 알 수 있다. 그리고, 점 S, R', C는 한 직선에 속하므로, $S = R'$이다.

제 3 장

원주

바탕 지식들

1. 원과 오직 하나의 공통점을 가지는 직선을 원에 대한 접선이라 부른다. 원의 외부점 A로부터 주어진 원에 두 개의 접선을 그을 수 있다. B, C를 접점, O를 원의 중심이라 하면, 다음이 성립한다.

   (a) $AB = AC$;

   (b) $\angle BAO = \angle CAO$;

   (c) $OB \perp AB$.

   (가끔, 접선을 직선 AB가 아니라 선분 AB의 의미로 사용할 것이다. 예를 들어, 성질 (a)를 다음과 같이 쓸 수 있다: ⟨한 점에서 그은 접선은 서로 같다⟩.

2. 점 A를 지나는 직선 l_1, l_2가 원과 점 B_1, C_1, B_2, C_2에서 교차한다. 그러면, $AB_1 \cdot AC_1 = AB_2 \cdot AC_2$가 성립한다. 실제로, 삼각형 AB_1C_2와 AB_2C_1은 세 각이 같으므로, $\triangle AB_1C_2 \sim \triangle AB_2C_1$이 된다(독자 스스로 원주각의 성질을 이용하여 A가 원의 외부에 있는 경우와 내부에 있는 경우에 대해 이것을 증명하기 바람). 만약, 직선 l_2가 원에 접하면, 즉 $B_2 = C_2$이면, $AB_1 \cdot AC_1 = AB_2^2$가 성립한다. 증명은 앞에서와 마찬가지 방법으로 얻을 수 있으며, 여기서는 접선과 현사이의 각의 성질을 이용한다.

3. 접하는 원들의 중심을 연결한 직선은 원들의 접점을 지난다.

4. 두 원의 교점에서 두 원에 그은 접선 사이의 각을 교차하는 두 원사이의 각이라 부른다. 이때, 원의 두 교점 중 어느 점에서 각을 구하든 일정한 값을 얻게 된다. 접하는 원들 사이의 각은 $0°$이다.

5. 6절의 문제를 해결할 때, 원들과는 직접적인 관계가 없는 다음 성질이 이용된다: ⟨삼각형의 세 높이는 한 점에서 교차한다⟩. 이것의 증명을 문제 5.47이나 7.41의 풀이에서 볼 수 있지만, 일단은 성립하는 것으로 받아들이자.

6. 기원전 5세기 중엽에 히포크라테스와 피타고라스학파는 원의 구적 문제를 해결하려 시도하였다. 원의 구적 문제는 ⟨자와 컴퍼스를 이용하여 주어진 원과 넓이가 같은 정사각형을 작도하여라⟩와 같이 기술할 수 있다. 1882년에 독일의 수학자 린더만은 수 π가 초월수임을, 즉 정수인 계수를 가지는 다항식의 근이 아니라는 것을 증명했다. 이로부터, 원의 구적 문제는 해결불가능함이 증명된다. 아마도, 문제 3.38(히포크라테스의 초생달에 관한 문제는 많은 사람들에게 원의 구적 가능성에 대한 희망을 주었을 것이다. 이 문제를 풀고, 왜 주어진 경우에 그러한 희망이 근거없는 것인가를 생각해 보자.

도입 문제들

1. 원의 외부점 A로부터 원에 오직 두 개의 접선을 그을 수 있고, 이들 접선의 길이(즉 A에서 접점까지의 거리)는 같다는 것을 증명하여라.

2. 두 원이 점 A, B에서 교차한다. 점 X는 직선 AB에 속하지만, 선분 AB에는 속하지 않는다. X에서 원들에 그은 모든 접선의 길이가 같다는 것을 증명하여라.

3. 반지름이 R, r인 두 원이 외접한다(즉, 어느 원도 다른 원의 내부에 놓여있지 않음). 이들 원에 대한 공통접선의 길이를 구하여라.

4. a, b를 직각삼각형의 밑변의 길이, c를 빗변의 길이라 하자. 이때, 다음을 증명하여라.
   (a) 삼각형의 내접원의 반지름은 $(a+b-c)/2$이다;
   (b) 밑변들의 연장선과 빗변에 접하는 원의 반지름은 $(a+b+c)/2$이다.

제 1 절 원들에 대한 접선

3.1. 직선 PA, PB는 중심이 O인 원에 접한다(A, B는 접점). 원에 세 번째 접선을 그었는데, 접선은 선분 PA, PB와 점 X, Y에서 교차하였다. 각 XOY의 크기는 세 번째 접선의 선택에 종속되지 않음을 증명하여라.

3.2. 삼각형 ABC의 내접원은 변 BC와 점 K에서, 방접원은 변 BC와 점 L에서 접한다. a, b, c를 삼각형의 변의 길이라 할 때, $CK = BL = (a+b-c)/2$임을 증명하여라.

3.3. 이등변삼각형 ABC의 밑변 AB에 점 E를 잡고, 선분 CE와 점 M, N에서 접하는 원들을 삼각형 ACE, ECB에 내접시켰다. 선분 AE, BE의 길이를 알 때, 선분 MN의 길이를 구하여라.

3.4. 사각형 $ABCD$의 각 BAD에 내접하고 변 BC, CD의 연장선에 접하는 원이 존재한다. 이때, $AB + BC = AD + DC$임을 증명하여라.

3.5. 반지름이 R, r인 원들에 대한 공통내접원은 두 원의 공통 외접선들과 점 A, B에서 교차하고, 한 원과 점 C에서 접한다. 이때, $AC \cdot CB = Rr$임을 증명하여라.

3.6. 반지름이 다른 두 원에 공통외접선 AB, CD를 그었다. 사각형 $ABCD$가 외접도형일 필요충분조건은 원들이 접하는 것임을 증명하여라.

3.7. 평행사변형 $ABCD$가 주어졌다. 삼각형 ABD의 방접원은 변 AD, AB의 연장선과 점 M, N에서 접한다. 선분 MN과 BC, CD의 각 교점은 삼각형 BCD의 내접원에 속함을 증명하여라.

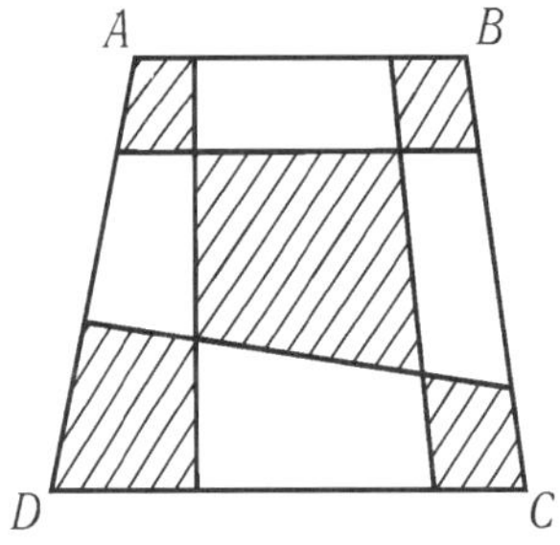

그림 3.1

3.8. 사각형 $ABCD$의 각 변에 두 점을 잡아 이들을 그림 3.1과 같이 연결하였다. 빗금 친 다섯 개의 사각형이 모두 외접도형이면, 사각형 $ABCD$는 외접도형임을 증명하여라.

제 2 절 현들의 곱

3.9. 교차하는 두 원의 공통현 AB의 점 P를 지나 첫 번째 원에 현 KM을, 두 번째 원에 현 LN을 그었다. 사각형 $KLMN$이 내접도형임을 증명하여라.

3.10. 두 원이 점 A, B에서 교차하며, MN은 이들에 대한 공통접선이다. 직선 AB가 선분 MN을 이등분함을 증명하여라.

3.11. 직선 OA는 원과 점 A에서 접하고, 현 BC는 OA와 평행하다. 직선 OB, OC와 원의 또다른 교점을 K, L이라 하자. 직선 KL이 선분 OA를 이등분함을 증명하여라.

3.12. 평행사변형 $ABCD$에서 대각선 AC는 대각선 BD보다 크고, 사각형 $BCDM$이 내접도형이 되는 대각선 AC의 점을 M이라 하자. 직선 BD는 삼각형 ABM, ADM의 외접원에 대한 공통접선임을 증명하여라.

3.13. 원 S와 원 밖의 점 A, B가 주어졌다. 점 A를 지나 원 S와 점 M, N에서 교차하는 직선 l을 생각하자. 이제, 각각의 l에 대해 삼각형 BMN의 내

접원을 생각하면, 이들 원은 공통점(B와는 다른)을 가진다는 것을 증명하여라.

3.14. 원 S와 원의 점 A, B, 현 AB의 점 C가 주어졌다. 현 AB와 점 C에서 접하고 원 S와 점 P, Q에서 교차하는 원 S'를 생각하자. 이제, 각각의 S'에 대해, 직선 AB, PQ의 교점 M을 생각하자. 점 M의 위치는 원 S'의 선택에 종속되지 않음을 증명하여라.

제 3 절 접하는 원들

3.15. 두 원이 점 A에서 접한다. 이들 원과 점 C, D에서 접하는 공통(외)접선을 작도하였다. 이때, $\angle CAD = 90°$임을 증명하여라.

3.16. 중심이 O_1, O_2인 두 원 S_1, S_2가 점 A에서 접한다. 점 A를 지나 S_1과 점 A_1에서, S_2와 점 A_2에서 교차하는 직선을 작도하였다. 이때, $O_1A_1 \parallel O_2A_2$임을 증명하여라.

3.17. 세 원 S_1, S_2, S_3가 쌍으로 서로 다른 세 점에서 접한다. 원 S_1, S_2의 접점을 다른 두 접점과 연결한 직선들은 원 S_3의 지름의 두 끝점에서 교차한다는 것을 증명하여라.

3.18. 중심이 O_1, O_2인 접하는 두 원은 중심이 O이고 반지름이 R인 원에 안쪽으로 접한다. 삼각형 OO_1O_2의 둘레를 구하여라.

3.19. 원 S_1, S_2는 원 S에 안쪽으로 점 A, B에서 접하고, 원 S_1과 S_2의 한 교점은 선분 AB에 속한다. 원 S_1, S_2의 반지름의 합은 원 S의 반지름과 같다는 것을 증명하여라.

3.20. 원 S_1, S_2의 반지름은 R, r이며($R > r$), 이들은 점 A에서 접한다. $AB = a$일 때, 원 S_1의 점 B에서 원 S_2에 그은 접선의 길이를 구하여라.

3.21. 선분 AB에 점 C를 잡았다. 점 C를 지나는 직선은 지름이 AC, BC인 원

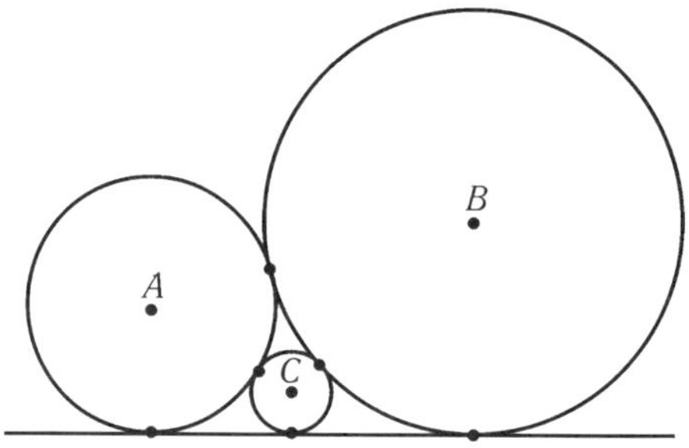

그림 3.2

과 점 K, L에서 교차하고, 지름이 AB인 원과는 점 M, N에서 교차한다. 이때, $KM = LN$임을 증명하여라.

3.22. 네 원 S_1, S_2, S_3, S_4가 주어졌고, $i = 1, 2, 3, 4$에 대해 S_i와 S_{i+1}는 바깥으로 접한다($S_5 = S_1$). 이때, 접점들은 내접사각형을 이룬다는 것을 증명하여라.

3.23. (a) 중심이 A, B, C인 세 원은 서로 접하며, 직선 l과는 그림 3.2와 같이 접한다. 중심이 A, B, C인 원의 반지름을 a, b, c라 하자. 이때, $1/\sqrt{c} = 1/\sqrt{a} + 1/\sqrt{b}$임을 증명하여라.
(b) 네 원이 쌍으로 바깥쪽으로 접한다(서로 다른 여섯 점에서). 이들의 반지름을 a, b, c, d라 하고, $\alpha = 1/a, \beta = 1/b, \gamma = 1/c$, $\delta = 1/d$라 하자. 이때, $2(\alpha^2 + \beta^2 + \gamma^2 + \delta^2) = (\alpha + \beta + \gamma + \delta)^2$임을 증명하여라.

제 4 절 반지름이 같은 세 원

3.24. 반지름이 R인 세 원이 점 H를 지나며, 이들 원은 쌍으로 점 A, B, C에서 교차한다(H가 아닌). 다음을 증명하여라.
(a) H는 삼각형 ABC의 높이들의 교점이다;
(b) 삼각형 ABC의 외접원의 반지름은 R이다.

3.25. 합동인 세 원이 그림 3.3(a,b)와 같이 서로 교차한다. 이때, $\widehat{AB_1} + \widehat{BC_1} \pm \widehat{CA_1} = 180°$임을 증명하여라(단, 3.3(b)는 마이너스 부호인 경우임).

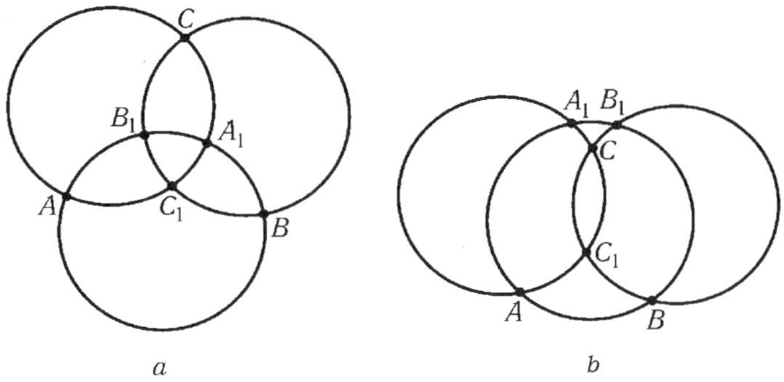

그림 3.3

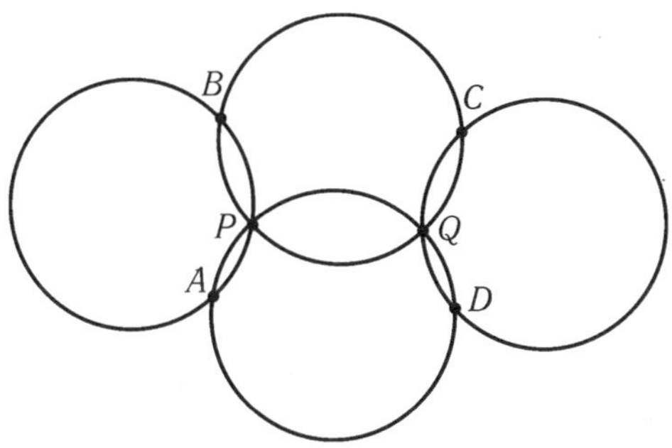

그림 3.4

3.26. 반지름이 같은 세 원이 점 P를 지나고, 이들 원은 쌍으로 각각 A, B, Q에서 교차한다. 같은 반지름의 네 번째 원은 점 Q를 지나며, 다른 두 원과 점 C, D에서 교차한다. 삼각형 ABQ, CDP는 예각삼각형이고, 사각형 $ABCD$는 볼록사각형이다(그림 3.4). 이때, $ABCD$가 평행사변형임을 증명하여라.

제 5 절　한 점에서 그은 두 접선

3.27. 점 A로부터 중심이 O인 원에 접선 AB, AC를 그었다. M은 선분 AO와 90°를 이룬다고 할 때, 선분 OB, OC는 점 M과 같은 각을 이룬다는 것을 증명하여라.

3.28. 점 A로부터 중심이 O인 원에 접선 AB, AC를 그었다. 선분 BC의 점 X를 지나 XO에 직교하는 직선 KL을 그었다(점 K, L은 각각 직선 AB, AC에 속함). 이때, $KX = XL$임을 증명하여라.

3.29. 중심이 O인 원에서 현 KL의 연장선에 점 A를 잡고, A로부터 접선 AP, AQ를 그었다. 선분 PQ의 중점을 M이라 하면, $\angle MKO = \angle MLO$임을 증명하여라.

3.30. 점 A로부터 원에 접선 AB, AC를 긋고, 원과 점 D, E에서 교차하는 할선을 긋자. 선분 BC의 중점을 M이라 할 때, $BM^2 = DM \cdot ME$이며, 각 DME는 각 DBE보다 두 배가 크며, $\angle BEM = \angle DEC$가 성립한다는 것을 증명하여라.

3.31. 사각형 $ABCD$는 원에 내접하며, 점 B, D에서의 접선은 직선 AC의 점 K에서 교차한다.
(a) $AB \cdot CD = BC \cdot AD$임을 증명하여라;
(b) KB와 평행한 직선은 직선 BA, BD, BC와 점 P, Q, R에서 교차한다. 이때, $PQ = QR$임을 증명하여라.

3.32. 공통점을 가지지 않는 원 S와 직선 l이 주어졌다. 직선 l을 따라 움직이는 점 P로부터 원 S에 접선 PA, PB를 그었다. 모든 현들 AB는 공통점을 가진다는 것을 증명하여라.

참고. 만약, 점 P가 원 S의 바깥쪽에 있고, PA, PB이 원에 대한 접선이면, 직선 AB를 원 S에 대한 점 P의 극선이라 한다.

3.33. 원 S_1, S_2는 점 A, B에서 교차하며, 원 S_1의 중심 O는 원 S_2에 속한다. 점 O를 지나는 직선은 선분 AB와 점 P에서 교차하며, 원 S_2와는 점 C에서 교차한다. 점 P는 원 S_1에 대한 점 C의 극선에 속함을 증명하여라.

제 6 절 삼각형 높이에 대한 정리

3.34. 점 C, D는 지름이 AB인 원에 속한다. 직선 AC와 BD, AD와 BC는 각

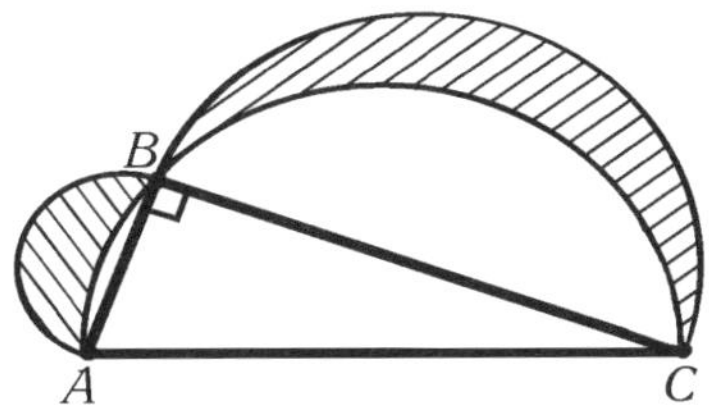

그림 3.5

각 점 P, Q에서 교차한다. 이때, $AB \perp PQ$임을 증명하여라.

3.35. 직선 PC, PD는 지름이 AB인 원과 접한다(C, D는 접점). 직선 AC, BD의 교점과 점 P를 연결한 직선은 선분 AB와 직교함을 증명하여라.

3.36. 직선 AB에 속하지 않은 점 C와 원의 지름 AB가 주어졌다. 다음의 각 경우에 대해, 오직 자만을 이용하여 점 C로부터 직선 AB에 수선을 그어라.

(a) 점 C가 원에 속하지 않는다;

(b) 점 C가 원에 속한다.

3.37. 삼각형 PBC, PCA, PAB의 외접원의 중심을 O_a, O_b, O_c라 하자. 점 O_a, O_b가 직선 PA, PB에 속하면, 점 O_c는 직선 PC에 속함을 증명하여라.

제 7 절 곡선도형의 넓이

3.38. 직각삼각형의 밑변과 빗변에 그림 3.5와 같이 반원을 작도하였다. 빗금친 초생달꼴 도형의 넓이는 주어진 삼각형의 넓이와 같다는 것을 증명하여라.

3.39. 원에 서로 직교하는 지름, 즉 네 개의 반지름을 긋고, 이들 각각을 지름으로 하는 원을 작도하였다. 이들 원에서 쌍으로 겹치는 부분의 넓이의 합은 이들 네 원의 바깥쪽에 있는 처음 원의 부분과 같다는 것을 증명하여라(그림 3.6).

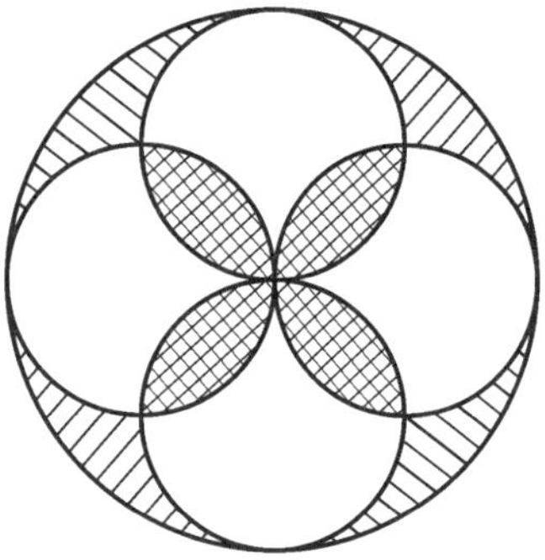

그림 3.6

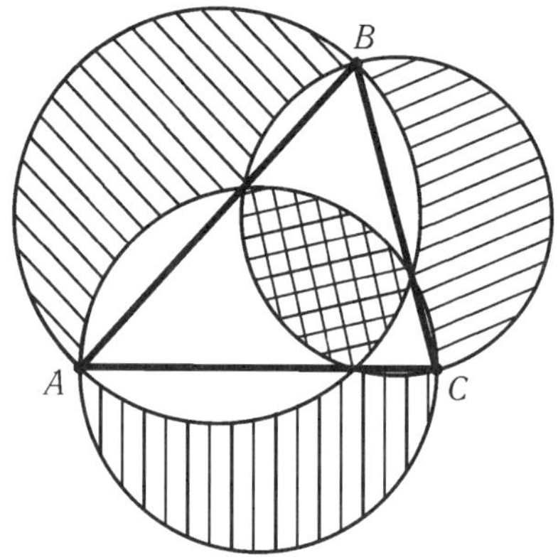

그림 3.7

3.40. 길이가 같은 세 선분 OA, OB, OC를 지름으로 하는 원들을 작도하였다(점 B는 각 AOC의 내부에 속함). 점 O를 포함하지 않는 이들 원의 호에 의해 경계지워진 곡선삼각형의 넓이는 삼각형 ABC의 넓이의 절반과 같다는 것을 증명하여라.

3.41. 예각삼각형 ABC의 변들을 지름으로 하는 원을 각각 작도하였다. 이때, 세 개의 외부 곡선삼각형과 하나의 내부 곡선삼각형이 얻어진다(그림 3.7). 외부삼각형들의 넓이의 합에서 내부삼각형의 넓이를 빼면, 삼각형 ABC 넓이의 두 배와 같게 된다는 것을 증명하여라.

제 8 절 활꼴에 내접한 원들

3.42. 현 AB는 원 S를 두 개의 호로 나눈다. 원 S_1은 현 AB와 점 M에서 접하고, 호들 중의 하나와 점 N에서 접한다. 다음을 증명하여라.

(a) 직선 MN은 두 번째 호의 중점 P를 지난다;

(b) S_1에 대한 접선 PQ의 길이는 PA와 같다.

3.43. 원 S의 점 D로부터 지름 AB에 수선 DC를 그었다. 원 S_1은 선분 CA와 점 E에서 접하며, 선분 CD, 원 S와도 접한다. 이때, DE는 삼각형 ADC의 각의 이등분선임을 증명하여라.

3.44. 주어진 원의 활꼴 AB에 내접하는 두 원은 점 M, N에서 교차한다. 직선 MN은 주어진 활꼴에 대한 보호(supplementary arc) AB의 중점 C를 지난다는 것을 증명하여라.

3.45. 원 S의 지름 AB에 점 K를 잡아, K로부터 S와 점 L에서 교차하는 수선을 복원했다. 원 S_A와 S_B는 원 S, 선분 LK, 지름 AB와 접하며, S_A는 선분 AK와 A_1에서 접하고, S_B는 선분 BK와 B_1에서 접한다. 이때, $\angle A_1LB_1 = 45°$임을 증명하여라.

3.46. 삼각형 ABC의 변 AC, BC와 점 M, N에서 접하는 원이 삼각형 ABC의 외접원과 내접한다. 선분 MN의 중점은 삼각형 ABC의 내접원의 중심과 일치한다는 것을 증명하여라.

3.47. 삼각형 ABC_1, ABC_2는 원 S에 내접하고, 현 AC_2와 BC_1은 교차한다. 원 S_1은 현 AC_2와 점 M_2에서 교차하고, 현 BC_1과 원 S는 점 N_1에서 교차한다. 삼각형 ABC_1과 ABC_2의 내접원의 중심은 선분 M_2N_1에 속함을 증명하여라.

제 9 절 다양한 문제들

3.48. 반지름이 R_1, R_2인 두 원에서 중심사이의 거리는 d이다. 이들 원이 직교할 필요충분조건은 $d^2 = R_1^2 + R_2^2$임을 증명하여라.

3.49. 세 원이 쌍으로 점 A, B, C에서 외접한다. 삼각형 ABC의 외접원은 세 원 모두에 직교한다는 것을 증명하여라.

3.50. 중심이 O_1, O_2인 두 원이 점 A, B에서 교차한다. 점 A를 지나 첫 번째 원과 M_1에서 교차하며, 두 번째 원과 M_2에서 교차하는 직선을 작도하였다. 이때, $\angle BO_1M_1 = \angle BO_2M_2$임을 증명하여라.

제 10 절 근축

3.51. 평면에 원 S와 점 P가 주어졌다. 점 P를 지나는 직선이 원과 점 A, B에서 교차한다. 이때, 곱 $PA \cdot PB$는 직선의 선택에 종속되지 않음을 증명하여라.

참고. 원의 외부점 P에 대해서는 얻어진 값에 플러스 기호를, 원의 내부점 P에 대해서는 마이너스 기호를 붙여, 이 값을 원 S에 대한 점 P의 차수라고 부른다.

3.52. 원 S의 외부점 P에 대해, S에 대한 점 P의 차수는 이 점에서 그은 접선 길이의 제곱과 같다는 것을 증명하여라.

3.53. R을 원 S의 반지름, d를 점 P에서 S의 중심까지의 거리라 할 때, 원 S에 대한 점 P의 차수는 $d^2 - R^2$임을 증명하여라.

3.54. 평면에 동심원이 아닌 두 원 S_1, S_2가 주어졌다. S_1에 대한 차수가 S_2에 대한 차수와 같은 점들의 기하학적 위치는 직선임을 증명하여라.

참고. 이러한 직선을 원 S_1과 S_2의 근축이라 부른다.

3.55. 교차하는 두 원의 근축은 이들의 교점을 지난다는 것을 증명하여라.

3.56. 평면에 세 원이 주어졌는데, 이들의 중심은 한 직선에 속하지 않는다. 이들 원의 각 쌍에 대한 근축을 작도하였다. 세 근축은 한 점에서 교차한다는 것을 증명하여라.

참고. 이러한 점을 세 원의 근심이라 부른다.

3.57. 평면에 쌍으로 교차하는 세 원이 주어졌다. 이들 중 임의의 두 원의 교점들을 지나는 직선을 작도하였다. 이들 세 직선은 한 점에서 교차하거나 또는 평행하다는 것을 증명하여라.

3.58. 동심원이 아닌 두 원 S_1, S_2가 주어졌다. 이들 두 원과 직각으로 교차하는 원들의 중심의 집합은 이들의 근축이라는 것을 증명하여라(만약 주

어진 원들이 교차하면, 이 근축으로부터 이들의 공통현이 작도된다).

3.59. (a) 교차하지 않는 두 원에 대한 네 개의 공통접선의 중점은 한 직선에 속함을 증명하여라.
(b) 두 원에 대한 공통외접선의 접점들 중에서 두 점을 지나는 직선을 작도하였다. 원들은 이 직선에서 합동인 현들을 만든다는 것을 증명하여라.

3.60. 삼각형 ABC의 변 BC, AC에 점 A_1, B_1을 잡고, 지름이 AA_1, BB_1인 원들의 공통점을 지나는 직선을 l이라 하자. 다음을 증명하여라.
(a) 직선 l은 삼각형 ABC의 높이들의 교점 H를 지난다;
(b) 직선 l이 점 C를 지날 필요충분조건은 $AB_1 : AC = BA_1 : BC$이다.

3.61. 사각형 $ABCD$의 변 AB, CD의 연장선은 점 F에서 교차하고, 변 BC, AD의 연장선은 점 E에서 교차한다. 이때, 지름이 AC, BD, EF인 원들은 공통의 근축을 가지며, 이 근축에 삼각형 ABE, CDE, ADF, BCF의 수심이 속한다는 것을 증명하여라.

3.62. 세 원이 쌍으로 점 A_1과 A_2, B_1과 B_2, C_1과 C_2에서 교차한다. 이때, $A_1B_2 \cdot B_1C_2 \cdot C_1A_2 = A_2B_1 \cdot B_2C_1 \cdot C_2A_1$임을 증명하여라.

3.63. 삼각형 ABC의 변 BC에 점 A'을 잡았다. $A'B$의 수직이등분선은 AB와 점 M에서 교차하고, $A'C$의 수직이등분선은 AC와 점 N에서 교차한다. 이때, 직선 MN에 대해 점 A'과 대칭인 점은 삼각형 ABC의 외접원에 속함을 증명하여라.

3.64. 근축의 성질을 이용하여 문제 1.67을 풀어라.

3.65. 볼록다각형의 내부에 쌍으로 교차하지 않는 원들이 주어졌는데, 이들의 반지름은 서로 다르다. 이때, 주어진 다각형을 작은 다각형들로 분할하여, 각각의 다각형이 볼록이고 주어진 원을 정확히 하나씩 포함하도록 할 수 있음을 증명하여라.

3.66. (a) 삼각형 ABC에 높이 AA_1, BB_1, CC_1을 작도하였다. 직선 AB와 A_1B_1, BC와 B_1C_1, CA와 C_1A_1이 점 C', A', B'에서 각각 교차한다. 점 A', B', C'은 구점원과 외접원의 근축에 속함을 증명하여라.

(b) 삼각형 ABC의 외각의 이등분선들은 대변의 연장선들과 A', B', C'에서 교차한다. 이때, 점 A', B', C'은 한 직선에 속하고, 이 직선은 삼각형 ABC의 내접원, 외접원의 중심을 연결한 직선과 직교한다는 것을 증명하여라.

3.67. 외접육각형 $ABCDEF$의 대각선 AD, BE, CF는 한 점에서 교차한다는 것을 증명하여라(브리안숀의 정리).

3.68. 네 원 S_1, S_2, S_3, S_4가 주어졌고, 원 S_i와 S_{i+1}은 외접한다($i = 1, 2, 3, 4$, $S_5 = S_1$). 이때, 원 S_1과 S_3의 근축은 원 S_2와 S_4에 대한 공통외접선의 교점을 지난다는 것을 증명하여라.

3.69. (a) 원 S_1과 S_2가 점 A, B에서 교차한다. 원 S_1에 속한 점 P의 S_2에 대한 차수는 p이고, 점 P에서 직선 AB까지의 거리는 h이고, 두 원의 중심 사이의 거리는 d이다. 이때, $|p| = 2dh$임을 증명하여라.

(b) 삼각형 BCD, ACD의 외접원에 대한 점 A, B의 차수는 각각 p_a, p_b이다. 이때, $|p_a|S_{BCD} = |p_b|S_{ACD}$임을 증명하여라.

힌트 및 증명

3.1. 직선 XY가 주어진 원과 점 Z에서 접한다고 하자. 삼각형 XOA, XOZ는 상응하는 변들이 같으므로, $\angle XOA = \angle XOZ$가 성립한다. 같은 방법으로, $\angle ZOY = \angle BOY$가 된다. 결국, $\angle XOY = \angle XOZ + \angle ZOY = (\angle AOZ + \angle ZOB)/2 = \angle AOB/2$임을 알 수 있다.

3.2. M, N을 내접원과 변 AB, BC의 접점이라 하자. 그러면, $BK + AN = BM + AM = AB$이므로, $CK + CN = a + b - c$가 성립한다. P, Q를 방접원과 변 AB, BC의 연장선과의 접점이라 하자. 그러면, $AP = AB + BP = AB + BL$, $AQ = AC + CQ = AC + CL$이 성립한다. 그러므로, $AP + AQ = a + b + c$이고, 결국 $BL = BP = AP - AB = (a + b - c)/2$가 된다.

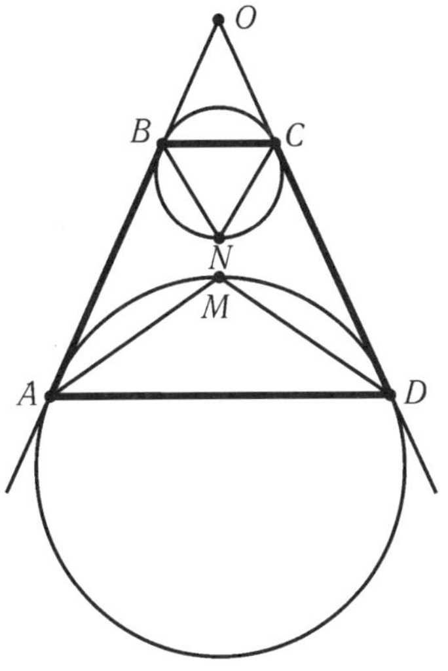

그림 3.8

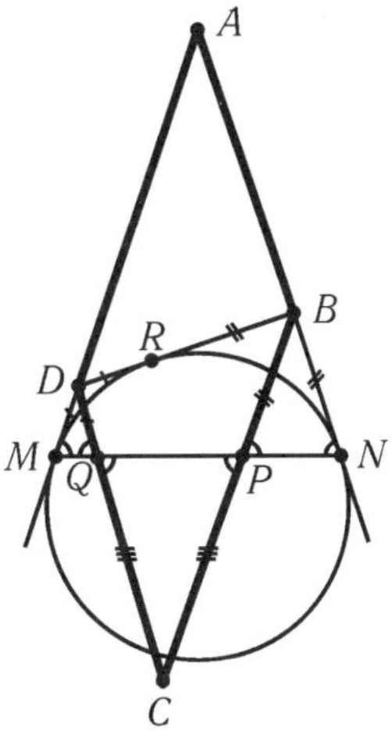

그림 3.9

3.3. 문제 3.2에 의해, $CM = (AC + CE - AE)/2$, $CN = (BC + CE - BE)/2$이다. $AC = BC$임을 감안하면, $MN = |CM - CN| = |AE - BE|/2$을 얻을 수 있다.

3.4. 직선 AB, BC, CD, DA가 원과 점 P, Q, R, S에서 접한다고 하자. 그러면, $CQ = CR = x$이므로, $BP = BC + CQ = BC + x$, $DS = DC + CR = DC + x$가 된다. 결국, $AP = AB + BP = AB + BC + x$, $AS = AD + DS = AD + DC + x$가 성립한다. $AP = AS$임을 감안하면, 구하는 것을 얻을 수 있다.

3.5. 직선 AB가 중심이 O_1, O_2인 원과 점 C, D에서 각각 접한다고 하자. $\angle O_1AO_2 = 90°$이므로, 직각삼각형 AO_1C와 O_2AD는 닮음이다. 그러므로, $O_1C : AC = AD : DO_2$이다. 게다가, $AD = CB$가 성립한다(문제 3.2). 결국, $AC \cdot CB = Rr$이 된다.

3.6. 직선 AB와 CD가 점 O에서 교차한다고 하자. 편의상, 점 A, D는 첫 번째 원에 속하고, B, C는 두 번째 원에 속하며, $OB < OA$라 하자(그림 3.8). 사각형 $ABCD$의 각 A, D의 이등분선의 교점 M은 첫 번째 원에서 삼각형 AOD의 내부에 놓인 호의 중점이고, 각 B와 C의 이등분선의 교점인 점 N은 두 번째 원에서 삼각형 BOC의 외부에 놓인 호의 중점이다(문제 2.93(a)). 사각형 $ABCD$가 외접도형일 필요충분조건은 점 M, N이 일치하는 것이다.

3.7. R을 방접원과 변 BD의 접점이라 하고, 선분 MN과 BC, CD의 교점을 각

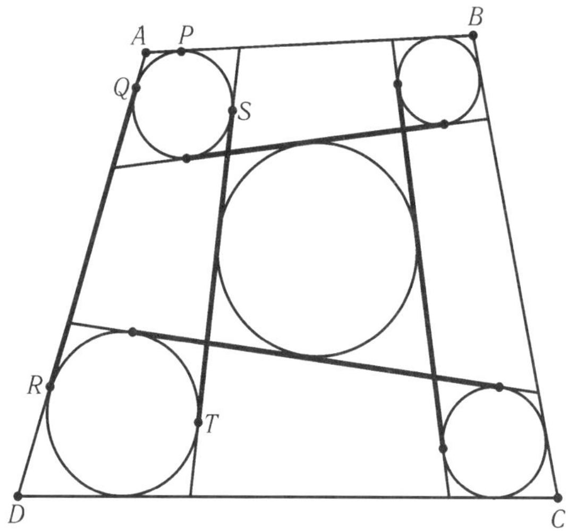

그림 3.10

각 P, Q라 하자(그림 3.9). $\angle DMQ = \angle BPN$, $\angle DQM = \angle BNP$, $\angle DMQ = \angle BNP$이므로, 삼각형 MDQ, PBN, PCQ는 이등변삼각형이다. 그러면 $CP = CQ, DQ = DM = DR$, $BP = BN = BR$이 된다. 결국, P, Q, R은 삼각형 BCD의 내접원과 변들의 접점이다(문제 5.1).

3.8. 그림 3.10과 같이 몇몇 접점을 표시하자. 중간에 있는 사각형의 한 쌍의 대변의 합은 이 사각형의 다른 변들의 쌍의 길이의 합과 같다. 이 사각형의 변들을 연장하여 나머지 사각형들의 내접원들과 접하도록 하자(ST는 얻어진 선분들 중의 하나). 이때, 대 변들의 쌍의 길이의 합들은 같은 배만큼 증가된다. 얻어진 선분들 각각은 ⟨구석의⟩ 원들의 쌍에 대한 공통접선이고, 이들 각각은 길이가 같은 다른 공통외접선으로 대치할 수 있다(즉, ST는 QR로 대치할 수 있음). 등식 $AB + CD = BC + AD$을 증명하기 위해, $AP = AQ$와 같은 꼴의 등식들을 이용하면 된다.

3.9. P를 볼록사각형 $ABCD$의 대각선의 교점이라 하자. 사각형 $ABCD$가 내접도형일 필요충분조건은 $\triangle APB \sim \triangle DPC$, 즉 $PA \cdot PC = PB \cdot PD$가 성립하는 것이다. 사각형 $ALBN$, $AMBK$이 내접사각형이므로, $PL \cdot PN = PA \cdot PB = PM \cdot PK$이다. 그러므로, 사각형 $KLMN$은 내접사각형이다.

3.10. O를 직선 AB와 선분 MN의 교점이라 하자. 그러면, $OM^2 = OA \cdot OB = ON^2$,

즉 $OM = ON$이 된다.

3.11. 반직선 OA, BC는 같은 방향이며, 직선 KL, OA의 교점을 M이라 하자. 그러면, $\angle LOM = \angle LCB = \angle OKM$, 즉 $\triangle KOM \sim \triangle OLM$이 성립한다. 결국, $OM : KM = LM : OM$이고, $OM^2 = KM \cdot LM$이 된다. 게다가, $MA^2 = MK \cdot ML$이다. 그러므로, $MA = OM$이 성립한다.

3.12. O를 대각선 AC와 BD의 교점이라 하자. 그러면, $MO \cdot OC = BO \cdot OD$가 성립한다. $OC = OA$, $BO = OD$이면, $MO \cdot OA = BO^2$, $MO \cdot OA = DO^2$가 된다. 이들 등식은 OB가 삼각형 ABM의 외접원과 접하고, OD는 삼각형 ADM의 외접원과 접한다는 것을 의미한다.

3.13. C를 직선 AB와 삼각형 BMN의 외접원의 교점이라 하고(B가 아닌), AP를 원 S에 대한 접선이라 하자. 그러면, $AB \cdot AC = AM \cdot AN = AP^2$이고, $AC = AP^2/AB$가 된다. 즉, 모든 직선 l에 대해 점 C는 동일한 점이다.

참고. A에서 S에 그은 접선의 길이가 AB인 경우는 제외해야 한다.

3.14. $MC^2 = MP \cdot MQ = MA \cdot MB$이 성립하며, $AC > BC$이면 M은 반직선 AB에 속하고, $AC < BC$이면 반직선 BA에 속한다. 점 M이 반직선 AB에 속한다고 하자. 그러면, $(MB + BC)^2 = (MB + BA) \cdot MB$가 된다. 결국, $MB = BC^2/(AB - 2BC)$이며, 이것은 점 M의 위치가 원 S'의 선택에 종속되지 않음을 의미한다.

3.15. 점 A에서 원들에 대한 접선과 직선 CD의 교점을 M이라 하자. 그러면, $MC = MA = MD$가 된다. 그러므로, 점 A는 지름이 CD인 원에 속한다.

3.16. 점 O_1, A, O_2이 한 직선에 속하므로, $\angle A_2AO_2 = \angle A_1AO_1$이 된다. 삼각형 AO_2A_2, AO_1A_1이 이등변삼각형이므로, $\angle A_2AO_2 = \angle AA_2O_2$, $\angle A_1AO_1 = \angle AA_1O_1$이다. 결국, $\angle AA_2O_2 = \angle AA_1O_1$, 즉 $O_1A_1 \parallel O_2A_2$이다.

3.17. 원 S_1, S_2, S_3의 중심을 O_1, O_2, O_3라 하고, 원 S_2와 S_3, S_3와 S_1, S_1와 S_2의 접점을 각각 A, B, C라 하고, 직선 CA, CB과 원 S_3의 교점을 A_1과 B_1이라 하자. 앞 문제에 의해, $B_1O_3 \parallel CO_1$, $A_1O_3 \parallel CO_2$가 성립한다. 점 O_1, C, O_2는 한 직선에 속하므로, 점 A_1, O_3, B_1도 한 직선에 속한다. 즉, A_1B_1은 원 S_3의 지름이다.

3.18. 중심이 O와 O_1, O와 O_2, O_1과 O_2인 원들의 접점을 A_1, A_2, B라 하자. 그러면, $O_1O_2 = O_1B + BO_2 = O_1A_1 + O_2A_2$가 성립한다. 그러므로, $OO_1 + OO_2 + O_1O_2 = (OO_1 + O_1A_1) + (OO_2 + O_2A_2) = OA_1 + OA_2 = 2R$이다.

3.19. 원 S, S_1, S_2의 중심을 O, O_1, O_2라 하고, C를 선분 AB에 속하는 원 S_1, S_2의 공통점이라 하자. 삼각형 AOB, AO_1C, CO_2B는 이등변삼각형이므로, OO_1CO_2은 평행사변형이고, $OO_1 = O_2C = O_2B$이므로, $AO = AO_1 + O_1O = AO_1 + O_2B$가 성립한다.

3.20. O_1, O_2를 원 S_1과 S_2의 중심이라 하고, X를 직선 AB와 원 S_2의 두 번째 교점이라 하자. 구하는 접선의 길이의 제곱은 $BA \cdot BX$. $AB : BX = O_1A : O_1O_2$이므로, $AB \cdot BX = AB^2 \cdot O_1O_2/R = a^2(R \pm r)/R$이 성립한다(단, 마이너스 부호는 내접인 경우임).

3.21. O, O_1, O_2를 지름이 AB, AC, BC인 원의 중심이라 하자. $KO = OL$를 확인하면 된다. $\triangle O_1KO \equiv \triangle O_2OL$을 증명하자. 실제로, $O_1K = AC/2 = O_2O$, $O_1O = BC/2 = O_2L$, $\angle KO_1O = \angle OO_2L = 180° - 2\alpha$가 성립한다(단, α는 직선 KL와 AB사이의 각임).

3.22. O_i를 원 S_i의 중심, A_i를 원 S_i와 S_{i+1}의 접점이라 하자. 사각형 $O_1O_2O_3O_4$는 볼록도형이고, 각의 크기를 $\alpha_1, \alpha_2, \alpha_3$, α_4라 하자. 쉽게, $\angle A_{i-1}A_iA_{i+1} = (\alpha_i + \alpha_{i+1})/2$임을 확인할 수 있으므로, $\angle A_1 + \angle A_3 = (\alpha_1 + \alpha_2 + \alpha_3 + \alpha_4)/2 = \angle A_2 + \angle A_4$가 성립한다.

3.23. (a) 직선 l에 대한 점 A, B, C의 사영을 A_1, B_1, C_1이라 하고, 직선 AA_1에 대한 C의 사영을 C_2라 하자. 피타고라스의 정리에 의해, $CC_2^2 = AC^2 - AC_2^2$, 즉 $A_1C_1^2 = (a+c)^2 - (a-c)^2 = 4ac$가 성립한다. 마찬가지 방법으로, $B_1C_1^2 = 4bc$, $A_1B_1^2 = 4ab$가 된다. $A_1C_1 + C_1B_1 = A_1B_1$이므로, $\sqrt{ac} + \sqrt{bc} = \sqrt{ab}$, 즉 $1/\sqrt{b} + 1/\sqrt{a} = 1/\sqrt{c}$이 성립한다.
(b) A, B, C를 바깥 원들의 중심이라 하고, D를 내부 원의 중심이라 하자(그림 3.11). 삼각형 BDC의 둘레가 $b + c + d$이므로, 다음이 성립한다(문제 12.13).

$$\cos^2\left(\frac{BDC}{2}\right) = \frac{d(b+c+d)}{(b+d)(c+d)}, \qquad \sin^2\left(\frac{BDC}{2}\right) = \frac{bc}{(b+d)(c+d)}$$

만약, $\alpha' + \beta' + \gamma' = 180°$이면, $\sin^2\alpha' + \sin^2\beta' - \sin^2\gamma' + 2\sin\beta'\sin\gamma'\cos\alpha' = 0$이 된다(코사인 정리와 동치임). 이 식에서 $\alpha' = \angle BDC/2, \beta' = \angle ADC/2$,

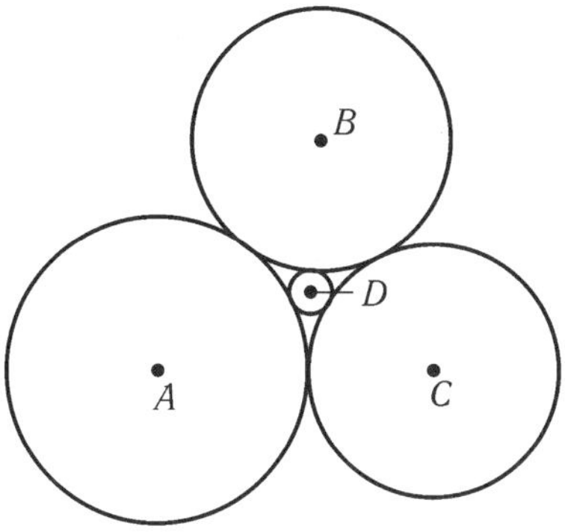

그림 3.11

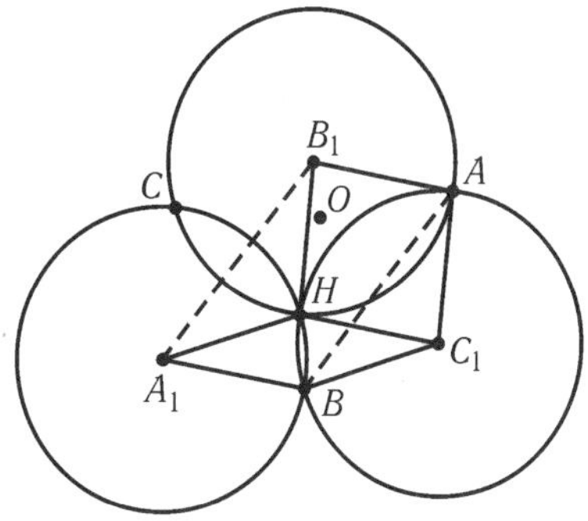

그림 3.12

$\gamma' = \angle ADB/2$을 대입하면, 다음을 얻을 수 있다.

$$\frac{bc}{(b+d)(c+d)} - \frac{ac}{(a+d)(c+d)} - \frac{ab}{(a+d)(b+d)} + 2\frac{a\sqrt{bcd(b+c+d)}}{(a+d)(b+d)(c+d)} = 0.$$

즉, 다음이 성립한다.

$$\frac{a+d}{a} - \frac{b+d}{b} - \frac{c+d}{c} + 2\sqrt{\frac{d(b+c+d)}{bc}} = 0.$$

이제, d로 나누면, $\alpha - \beta - \gamma - \delta + 2\sqrt{\beta\gamma + \gamma\delta + \delta\beta} = 0$을 얻게 된다. 그러므로, $(\alpha+\beta+\gamma+\delta)^2 = (\alpha-\beta-\gamma-\delta)^2 + 4(\alpha\beta+\alpha\gamma+\alpha\delta) = 4(\beta\gamma+\gamma\delta+\delta\beta) + 4(\alpha\beta+\alpha\gamma+\alpha\delta) = 2(\alpha+\beta+\gamma+\delta)^2 - 2(\alpha^2+\beta^2+\gamma^2+\delta^2)$, 즉, $2(\alpha^2+\beta^2+\gamma^2+\delta^2) = (\alpha+\beta+\gamma+\delta)^2$이 된다.

3.24. A_1, B_1, C_1을 주어진 원들의 중심이라 하자(그림 3.12). 그러면, A_1BC_1H는 마름모이고, $BA_1 \parallel HC_1$이 된다. 마찬가지 방법으로, $B_1A \parallel HC_1$이므로, $B_1A \parallel BA_1$이고, B_1ABA_1은 평행사변형이 된다.

(a) $A_1B_1 \perp CH$, $A_1B_1 \parallel AB$이므로, $AB \perp CH$이다. 마찬가지 방법으로, $BC \perp AH$, $CA \perp BH$가 증명된다.

(b) $B_1A \parallel BA_1$을 증명한 것과 같이, $B_1C \parallel BC_1$, $A_1C \parallel AC_1$이 증명된다. 게다가, 이들 여섯 선분의 길이는 R이다. 삼각형 BA_1C에 보조선을 그어 마름모 BA_1CO를 작도하자. 그러면, AB_1CO 또한 마름모가 된다. 그러므로, $AO = BO = CO = R$, 즉 O는 반지름의 길이가 R인 삼각형 ABC의 외접원의 중심이다.

3.25. 쉽게 $\overset{\frown}{AB_1} \pm \overset{\frown}{B_1A_1} = \overset{\frown}{AC_1} + \overset{\frown}{C_1A_1}$, $\overset{\frown}{BC_1} + \overset{\frown}{C_1B_1} = \overset{\frown}{BA_1} \pm \overset{\frown}{B_1A_1}$, $\overset{\frown}{C_1A_1} \pm \overset{\frown}{CA_1} =$

$\widehat{C_1B_1} \pm \widehat{B_1C}$임을 확인할 수 있다(마이너스 부호는 오직 (b)인 경우에만). 이들 등식을 더하면, $\widehat{AB_1} + \widehat{BC_1} \pm \widehat{CA_1} = \widehat{AC_1} + \widehat{BA_1} \pm \widehat{CB_1}$을 얻을 수 있다. 한편, 삼각형 ABC의 각들을 두 배 한 값은 $\widehat{BA_1} \pm \widehat{CA_1}, \widehat{AB_1} \pm \widehat{CB_1}$, $\widehat{BC_1} + \widehat{AC_1}$이고, 이들의 합은 $360°$이다.

3.26. $\widehat{AP} + \widehat{BP} + \widehat{PQ} = 180°$이므로(문제 3.25), $\widehat{AB} = 180° - \widehat{PQ}$이다. 같은 방법으로, $\widehat{CD} = 180° - \widehat{PQ}$, 즉 $\widehat{AB} = \widehat{CD}$임을 알 수 있다. 이것은 $AB = CD$를 의미한다. 게다가, $PQ \perp AB$, $PQ \perp CD$이므로(문제 3.24), $AB \parallel CD$가 성립한다.

3.27. M, B, C는 지름이 AO인 원에 속한다. 게다가, 이 원의 현 OB, OC는 서로 같다.

3.28. B, X는 지름이 KO인 원에 속하므로, $\angle XKO = \angle XBO$이다. 같은 이유로, $\angle XLO = \angle XCO$이다. $\angle XBO = \angle XCO$이므로, 삼각형 KOL은 이등변삼각형이고, OX는 높이이다.

3.29. $AK \cdot AL = AM \cdot AO$임을 확인하면 된다. 실제로, 점 K, L, M, O는 한 원에 속하므로, $\angle MKO = \angle MLO$가 성립한다. $\triangle AOP \sim \triangle APM$이므로, $AM \cdot AO = AP^2$이고, 또한 $AK \cdot AL = AP^2$이다.

3.30. O를 원의 중심이라 하고, 직선 AO에 대한 점 D, E의 대칭점을 D', E'이라 하자. 문제 28.7에 의해, 직선 ED', $E'D$는 점 M에서 교차한다. 그러므로, $\angle BDM = \angle EBM$, $\angle BEM = \angle DBM$이 된다. 이것은 $\triangle BDM \sim \triangle EBM$을 의미한다. 결국, $BM : DM = EM : BM$이다. 게다가, 직선 ED가 점 B와 M을 나누면, $\angle DME = \widehat{DE} = 2\angle DCE$가 성립한다. $\angle BEM = \angle DBM$으로부터, $\angle BEM = \angle DBC = \angle DEC$를 얻을 수 있다.

3.31. (a) $\triangle KAB \sim \triangle KBC$이면, $AB : BC = KB : KC$가 성립한다. 같은 이유로, $AD : DC = KD : KC$가 된다. 한편, $KB = KD$임을 감안하면, 구하는 것을 얻을 수 있다.

(b) 이 문제는 앞 문제로 귀착된다. 왜냐 하면, 다음이 성립한다.

$$\frac{PQ}{BQ} = \frac{\sin PBQ}{\sin BPQ} = \frac{\sin ABD}{\sin KBA} = \frac{\sin ABD}{\sin ADB} = \frac{AD}{AB}, \qquad \frac{QR}{BQ} = \frac{CD}{CB}.$$

3.32. 원 S의 중심 O로부터 직선 l에 수선 OM을 긋자. AB와 OM의 교점인 점 X가 부동점이라는 것을 증명하자. 점 A, B, M은 지름이 PO인 원에 속한다. 그러

므로, $\angle AMO = \angle ABO = \angle BAO$이고, 두 삼각형에서 꼭지점 O에서의 각이 공통이므로, $\triangle AMO \sim \triangle XAO$가 성립한다. 결국, $AO : MO = XO : AO$, 즉 $OX = OA^2/MO$이고 일정한 값을 가진다.

3.33. $\angle OBP = \angle OAB = \angle OCB$이므로, $\triangle OBP \sim \triangle OCB$이고, $OB^2 = OP \cdot OC$이다. 점 C로부터 원 S_1에 접선 CD를 긋자. 그러면, $OD^2 = OB^2 = OP \cdot OC$가 성립한다. 결국, $\triangle ODC \sim \triangle OPD$, $\angle OPD = \angle ODC = 90°$가 된다.

3.34. 직선 BC, AD는 삼각형 APB의 높이이므로, 이들의 교점 Q를 지나는 직선 PQ는 직선 AB와 직교한다.

3.35. 직선 AC와 BD, BC와 AD의 교점을 K, K_1이라 하자. 앞 문제에 의해 $KK_1 \perp AB$이므로, 점 C와 D에서의 접선들의 교점이 직선 KK_1에 속함을 보이면 된다. 점 C에서의 접선이 선분 KK_1의 중점을 지남을 증명하자. M을 점 C에서의 접선과 선분 KK_1의 교점이라 하자. 예각 ABC와 CKK_1의 변들은 각각 직교하므로, 이들은 서로 같다. 같은 이유로, $\angle CAB = \angle CK_1K$가 된다. $\angle KCM = \angle ABC$이므로, 삼각형 CMK는 이등변삼각형이다. 같은 이유로 삼각형 CMK_1은 이등변삼각형이고, $KM = CM = K_1M$, 즉 M이 선분 KK_1의 중점이다. 같은 방법으로, 점 D에서의 접선이 선분 KK_1의 중점을 지난다는 것이 증명된다.

3.36. (a) 직선 AC가 원과 점 A, A_1에서 교차하며, 직선 BC는 B, B_1에서 교차한다. 만약, $A = A_1$이면(또는 $B = B_1$), 직선 AC(또는 BC)가 구하는 수선이다. 만약, 그렇지 않다면, AB_1과 BA_1은 삼각형 ABC의 높이이고, 구하는 직선은 직선 AB_1, BA_1의 교점과 점 C를 지나는 직선이다.
(b) 원에 속하지 않는 점 C_1을 잡고, 이 점으로부터 AB에 수선을 긋자. 수선이 원과 D, E에서 교차한다고 하자. 직선 DC와 AB의 교점 P를 작도하고, 직선 PE와 원의 교점 F를 작도하자. AB에 대한 대칭에서 점 C는 점 F로 보내진다. 그러므로, CF가 구하는 수선이다.

3.37. $PA \perp O_bO_c$이므로, 직선 PA가 점 O_a를 지날 필요충분조건은 직선 PO_a가 삼각형 $O_aO_bO_c$의 높이들의 교점을 지나는 것이다. 같은 주장을 점 B와 C에 대해서도 할 수 있다. 문제의 조건으로부터, P는 삼각형 $O_aO_bO_c$의 높이들의 교점임이 유도되고, 이것은 $PO_c \perp O_aO_b$를 의미한다.

3.38. $2a$와 $2b$를 밑변의 길이, $2c$를 빗변의 길이라 하자. 초생달꼴의 넓이는 $\pi a^2 +$

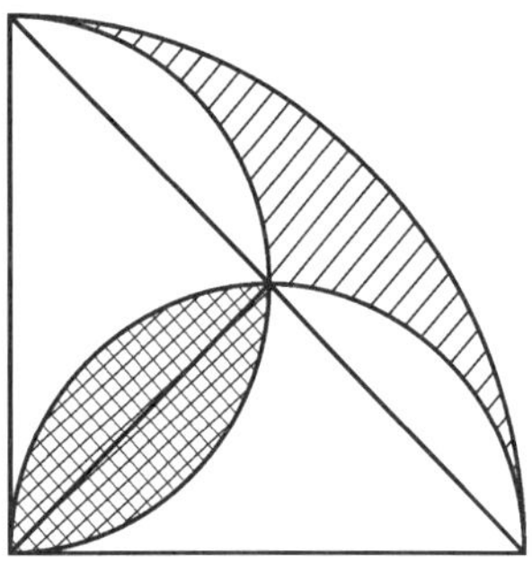

그림 3.13

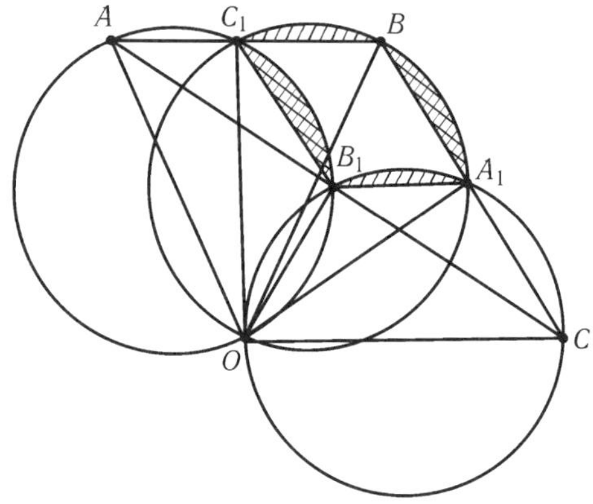

그림 3.14

$\pi b^2 + S_{ABC} - \pi c^2$이다. 그리고, $\pi(a^2 + b^2 - c^2) = 0$이 성립한다.

3.39. 지름으로 처음 원을 분할하여 얻어진 네 부분들 각각에 대해 증명해야 한다(그림 3.13). 원에서 중심각이 $90°$인 현에 의해 분할된 활꼴을 생각하자. 처음 원과 작도된 네 원에 대한 그러한 활꼴의 넓이를 각각 S, s라 하자. 이때, $S = 4s$가 성립한다. 이제, 한 번 빗금쳐진 부분의 넓이가 $S - 2s = 2s$이며, 두 번 빗금쳐진 부분의 넓이가 $2s$임을 보이면 된다.

3.40. 선분 OB와 OC, OA와 OC, OA와 OB에 작도된 원들의 교점을 A_1, B_1, C_1이라 하자(그림 3.14). $\angle OA_1B = \angle OA_1C = 90°$이므로, 점 B, A_1, C는 한 직선에 속한다. 원들이 같은 반지름을 가지므로, $BA_1 = A_1C$가 된다. 점 A_1, B_1, C_1은 삼각형 ABC의 변들의 중점이므로, $BA_1 = C_1B_1$, $BC_1 = A_1B_1$이다. 원들이 같은 반지름을 가지므로, 같은 현 BA_1과 C_1B_1은 원으로부터 같은 넓이를 가지는 부분을 만들며, 같은 현 C_1B, B_1A_1 또한 원에서 같은 넓이를 가지는 부분을 만든다. 그러므로, 곡선삼각형 $A_1B_1C_1$의 넓이는 평행사변형 $A_1B_1C_1B$의 넓이와 같다. 즉, 삼각형 ABC 넓이의 절반과 같다.

3.41. 살펴본 원들은 삼각형의 높이들의 발을 지나므로, 이들의 교점들은 삼각형의 변들에 속한다. x, y, z, u를 살펴본 곡선삼각형들의 넓이라 하고, a, b, c, d, e, f를 원에서 삼각형의 변들이 만든 활꼴들의 넓이라 하자. 한편, p, q, r은 내부 곡선삼각형의 밖에 있는 삼각형의 부분들의 넓이라 하자(그림 3.15). 그러면, $x + (a + b) = u + p + q + (c + f), y + (c + d) = u + q + r + (e + b)$,

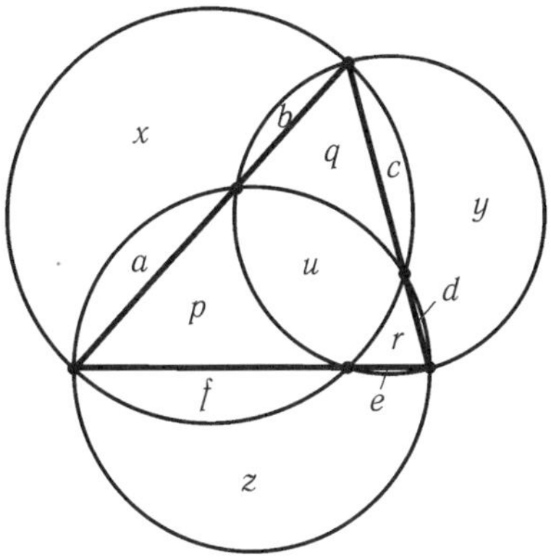

그림 3.15

$z + (e + f) = u + r + p + (a + d)$가 성립한다. 이들 등식을 더하면, $x + y + z = 2(p + q + r + u) + u$가 된다.

3.42. (a) O와 O_1을 원 S, S_1의 중심이라 하자. 삼각형 MO_1N, PON은 이등변삼각형이고, $\angle MO_1N = \angle PON$이다. 결국, 점 P, M, N은 한 직선에 속한다.
(b) $PQ^2 = PM \cdot PN = PM \cdot (PM + MN)$이 성립한다. 이제, K를 현 AB의 중점이라 하자. 그러면, $PM^2 = PK^2 + MK^2$, $PM \cdot MN = AM \cdot MB = AK^2 - MK^2$이 된다. 그러므로, $PQ^2 = PK^2 + AK^2 = PA^2$이다.

3.43. 문제 3.42(b)에 의해, $BE = BD$이다. 그러므로, $\angle DAE + \angle ADE = \angle DEB = \angle BDE = \angle BDC + \angle CDE$가 성립한다. $\angle DAB = \angle BDC$이므로, $\angle ADE = \angle CDE$이다.

3.44. O_1과 O_2를 내접원들의 중심이라 하고, CP, CQ를 이들에 대한 접선이라 하자. 그러면, $CO_1^2 = CP^2 + PO_1^2 = CP^2 + O_1M^2$이고, $CQ = CA = CP$이므로(문제 3.42(b)), $CO_2^2 = CQ^2 + QO_2^2 = CP^2 + O_2M^2$이 성립한다. 결국, $CO_1^2 - CO_2^2 = MO_1^2 - MO_2^2$이다. 이것은 직선 CM이 O_1O_2에 직교함을 의미한다(문제 7.6). 그러므로, 직선 MN은 점 C를 지난다.

참고. 만약 원들이 교차하지 않고 접하여도 명제는 성립한다. 이러한 경우에, 직선 MN을 원들의 공통점에서의 이들 원에 대한 접선으로 대치해야 한다.

3.45. $\angle LAB = \alpha$, $\angle LBA = \beta$라 하자($\alpha + \beta = 90°$). 문제 3.42(b)에 의해, $AB_1 = AL$이므로, $\angle AB_1L = 90° - \alpha/2$이다. 같은 이유로, $\angle BA_1L = 90° - \beta/2$이다.

결국, $\angle A_1LB_1 = (\alpha+\beta)/2 = 45°$이다.

3.46. A_1, B_1을 호 BC, AC의 중점, O를 내접원의 중심이라 하자. 그러면, $A_1B_1 \perp CO$이고(문제 2.19(a)), $MN \perp CO$, 즉 $MN \parallel A_1B_1$이다. 점 M', N'을 각각 반직선 CA, CB을 따라 이동하여 $M'N' \parallel A_1B_1$이 되도록 하자. M'과 N'의 위치들 중에서 오직 한 곳에서만 직선 B_1M'과 A_1N'의 교점인 점 L이 삼각형 ABC의 외접원에 놓이게 된다. 한편, 선분 MN이 점 O를 지나면, 점 L은 이 원에 놓이게 된다(문제 2.50).

3.47. 이 문제의 풀이는 앞 문제의 풀이를 일반화한다. 삼각형 ABC_1의 내접원의 중심 O_1이 선분 M_2N_1에 속함을 보이면 된다. A_1, A_2를 호 BC_1, BC_2의 중점, B_1, B_2를 호 AC_1, AC_2의 중점, PQ를 현 AB에 직교하는 원 S의 지름이라 하고, 점 Q와 C_1이 직선 AB에 대해 같은쪽에 놓여있다고 하자. 점 O_1은 현 AA_1와 BB_1의 교점이고, 원 S와 S_1의 접점 L은 직선 A_1N_1와 B_2M_2의 교점이다(그림 3.16). $\angle C_1AB = 2\alpha, \angle C_1BA = 2\beta, \angle C_1AC_2 = 2\varphi$라 하자. 그러면, $\widehat{A_1A_2} = 2\varphi = \widehat{B_1B_2}$, 즉 $A_1B_2 \parallel B_1A_2$가 성립한다. 현 A_1B_2와 BC_1사이의 각은 $(\widehat{B_2C_1} + \widehat{A_1B})/2 = \beta - \varphi + \alpha$와 같 고, 현 BC_1와 AC_2사이의 각은 $(\widehat{C_1C_2} + \widehat{AB})/2 = 2\varphi + 180° - 2\alpha - 2\beta$와 같다. 그러므로, 현 M_2N_1은 접선 BC_1, AC_2와 같은 각인 $\alpha+\beta-\varphi$를 만들기 때문에, $M_2N_1 \parallel A_1B_2$가 된다.
이제, 점 M_2', N_1'를 현 AC_2, BC_1를 따라 $M_2'N_1' \parallel A_1B_2$이 되도록 이동했다고 가정하자. 직선 A_1N_1'와 B_2M_2'은 점 L'에서 교차한다. M_2'와 N_1'의 위치들 중에서 오직 한 위치에서만 점 L'이 원 S에 속한다. 그러 므로, 호 AB에서 만약 M_2'', N_1''가 각각 현 AC_2와 L_1B_2, BC_1와 L_1A_1의 교점이면, $M_2''N_1'' \parallel A_1B_2$이고 O_1이 선분 $M_2''N_1''$에 속하게 되는 점 L_1을 찾으면 된다. 가령, Q_1은 $2\angle(PQ, PQ_1) = \angle(PC_2, PC_1)$을 만족시키는 원 S의 점이고, L_1은 직선 Q_1O_1과 원 S의 교점이라 하자. 이제, 점 L_1이 구하는 점임을 증명하자. $\widehat{B_1Q} = 2\alpha$이므로, $\widehat{B_2Q_1} = 2(\alpha - 2\varphi) = \widehat{C_2A_1}$이다. 그러므로, 사각형 $AM_2''O_1L_1$은 내접도형이며, 이로부터 $\angle M_2''O_1A = \angle M_2''L_1A = \angle B_2A_1A$, 즉 $M_2''O_1 \parallel B_2A_1$이다. 같은 이유로, $N_1''O_1 \parallel B_2A_1$가 된다.

3.48. 중심이 O_1, O_2인 원들이 점 A를 지난다고 하자. 반지름 O_1A, O_2A는 점 A에서의 이들 원에 대한 접선들과 직교하므로, 원들이 직교할 필요충분조건은 $\angle O_1AO_2 = 90°$, 즉 $O_1O_2^2 = O_1A^2 + O_2A^2$이다.

3.49. A_1, B_1, C_1은 주어진 원들의 중심이고, 점 A, B, C는 각각 선분 B_1C_1, C_1A_1,

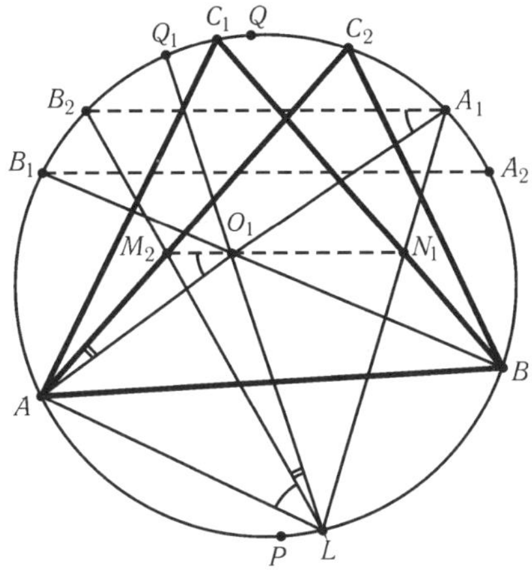

그림 3.16

A_1B_1에 속한다. $A_1B = A_1C, B_1A = B_1C$, $C_1A = C_1B$이므로, 점 A, B, C는 삼각형 $A_1B_1C_1$의 내접원과 변들의 교점이다(문제 5.1). 이처럼 주어진 원들의 반지름 A_1B, B_1C, C_1A는 삼각형 ABC의 외접원에 접한다.

3.50. 쉽게 벡터 $\overrightarrow{O_iB}$에서 $\overrightarrow{O_iM_i}$로의 회전각(시계 반대방향)이 $2\angle(AB, AM_i)$임을 확인할 수 있다. 또한, $\angle(AB, AM_1) = \angle(AB, AM_2)$이다.

3.51. 점 P를 지나며 원과 A_1, B_1에서 교차하는 다른 직선을 작도하자. 그러면, $\triangle PAA_1 \sim \triangle PB_1B$이므로, $PA : PA_1 = PB_1 : PB$가 성립한다.

3.52. 점 P를 지나는 접선 PC를 작도하자. $\triangle PAC \sim \triangle PCB$이므로, $PA : PC = PC : PB$이다.

3.53. 원의 중심과 점 P를 지나는 직선이 원과 점 A, B에서 교차한다고 하자. 그러면, $PA = d + R$, $PB = |d - R|$이 성립한다. 그러므로, $PA \cdot PB = |d^2 - R^2|$이다. 또한, $d^2 - R^2$의 값과 원 S에 대한 점 P의 차수는 같은 부호를 가진다.

3.54. R_1, R_2를 원들의 반지름이라 하자. 원들의 중심의 좌표가 $(-a, 0)$, $(a, 0)$이 되는 좌표계를 생각하자. 문제 3.53에 의해, 주어진 원들에 대한 좌표가 (x, y)인 점의 차수는 각각 $(x + a)^2 + y^2 - R_1^2$, $(x - a)^2 + y^2 - R_2^2$이다. 이들 식을 비교하면, $x = (R_1^2 - R_2^2)/4a$을 얻을 수 있다. 이 방정식은 원들의 중심을 연결한 선분에 직교하는 직선이 된다.

3.55. 각 원들에 대한 이 원들의 교점의 차수는 0이므로, 교점은 근축에 속한다. 만약, 교점이 두 개이면, 이들은 근축을 유일하게 결정한다.

3.56. 원들의 중심이 한 직선에 속하지 않으므로, 첫 번째와 두 번째 원의 근축은 두 번째와 세 번째 원의 근축과 교차한다. 모든 세 원에 대한 교점의 차수는 같으므로, 교점은 첫 번째와 세 번째 원의 근축에 속한다.

3.57. 문제 3.55에 의해, 현들을 포함하는 직선들은 근축이 된다. 문제 3.56에 의해, 원들의 중심이 한 직선에 속하지 않으면, 근축들은 한 점에서 교차한다. 반대의 경우에 이들은 이 직선에 직교한다.

3.58. O_1, O_2는 주어진 원들의 중심이고, r_1, r_2는 이들의 반지름이라 하자. 중심이 O이고 반지름이 r인 원 S가 원 S_i와 직교할 필요충분조건은 $r^2 = OO_i^2 - r_i^2$, 즉 원 S의 반지름의 제곱이 점 O의 원 S_i에 대한 차수와 같은 것이다. 그러므로, 구하는 원들의 중심의 집합은 주어진 원들에 대한 차수가 양수인 근축의 점들의 집합이다.

3.59. (a) 제시된 점들은 근축에 속한다.
(b) 원들과 외접선들의 접점들은 밑변이 AB인 사다리꼴 $ABCD$의 꼭지점이 된다. 옆변 AD, BC의 중점은 근축에 속하므로, 대각선 AC의 중점 O도 또한 근축에 속한다. 만약, 직선 AC가 원과 점 A_1, C_1에서 교차하면, $OA_1 \cdot OA = OC_1 \cdot OC$, 즉 $OA_1 = OC_1$, $AA_1 = CC_1$이 성립한다.

3.60. (a) S_A, S_B는 지름이 AA_1, BB_1인 원이고, S는 지름이 AB인 원이라 하자. 원 S와 S_A, S와 S_B의 공통현은 높이 AH_a, BH_b이므로, 이들(또는 연장선)은 점 H에서 교차한다. 문제 3.57에 의해, 원 S_A와 S_B의 공통현은 현 AH_a와 BH_b의 교점을 지난다.
(b) 원 S_A와 S_B의 공통현이 직선 A_1H_a와 B_1H_b의 교점(즉 점 C)을 지날 필요충분조건은 $CB_1 \cdot CH_b = CA_1 \cdot CH_a$인 것이다. $CH_b = (a^2 + b^2 - c^2)/2b$, $CH_a = (a^2 + b^2 - c^2)/2a$이므로, $CB_1/b = CA_1/a$이다.

3.61. 삼각형 CDE에 높이 CC_1, DD_1을 긋고, 이들의 교점을 H라 하자. 지름이 AC, BD인 원들은 각각 C_1, D_1을 지나므로, 이들 원 각각에 대한 점 H의 차수는 지름이 CD인 원에 대한 차수와 같다(이 원은 점 C_1, D_1을 지남). 같은 방법으로, 지름이 AC, BD, EF인 원들에 대한 점 H의 차수는 같음을 알 수 있다. 즉, 이들 원의 근축이 점 H를 지난다. 나머지 세 삼각형의 높이의 교점에 대해서

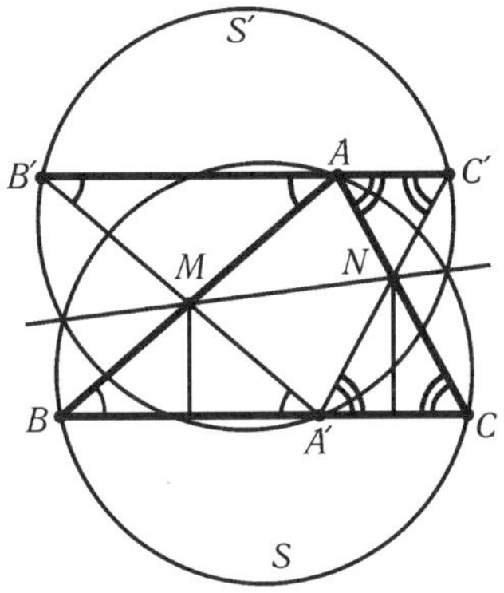

그림 3.17

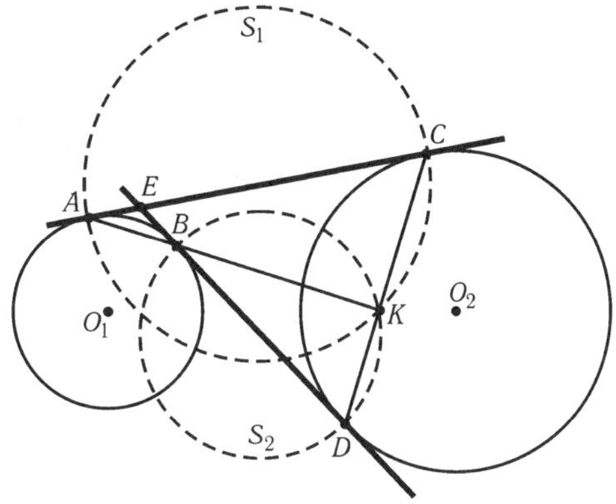

그림 3.18

도 유사하게 증명할 수 있다.

참고. 살펴본 원들의 중심은 가우스의 직선(문제 4.55)에 속하고, 이들의 공통 근축은 가우스의 직선과 직교한다.

3.62. 직선 A_1A_2, B_1B_2, C_1C_2이 점 O에서 교차한다(문제 3.57). 이때 $\triangle A_1OB_2 \sim \triangle B_1OA_2$이므로, $A_1B_2 : A_2B_1 = OA_1 : OB_1$이다. 같은 이유로, $B_1C_2 : B_2C_1 = OB_1 : OC_1$, $C_1A_2 : C_2A_1 = OC_1 : OA_1$임을 알 수 있다. 이들 등식을 서로 곱하면, 구하는 것을 얻을 수 있다.

3.63. 점 A를 지나 BC와 평행한 직선과 직선 $A'M, A'N$의 교점을 B', C'이라 하자(그림 3.17). 삼각형 $A'BM$, $A'NC$은 이등변삼각형이므로, $\triangle ABC = \triangle A'B'C'$이다. $AM \cdot BM = A'M \cdot B'M$이므로, 삼각형 ABC, $A'B'C'$에 외접한 원 S, S'에 대한 점 M의 차수는 같다. 이것은 점 N에 대해서도 성립하므로, 직선 MN은 원 S와 S'의 근축이다. 원 S, S'은 같은 반지름을 가지므로, 이들의 근축은 이들의 대칭축이다. 원 S'에 속한 점 A'을 직선 MN에 대해 대칭시키면 원 S에 속한 점으로 보내진다.

3.64. AC, BD를 접선, E, K를 직선 AC와 BD, AB와 CD의 교점, O_1, O_2을 원들의 중심이라 하자(그림 3.18). $AB \perp O_1E, O_1E \perp O_2E$, $O_2E \perp CD$이므로, $AB \perp CD$이고, 이것은 K가 지름이 AC, BD인 원 S_1, S_2의 교점임을 의미한다. 점 K는 원 S_1와 S_2의 근축에 속하며, 이제 이 근축이 직선 O_1O_2임을 확인하면 된다. 반지름 O_1A, O_1B은 S_1, S_2에 대한 접선이므로, 점 O_1은 근축에 속

한다. 같은 이유로, 점 O_2는 근축에 속한다.

3.65. 주어진 원을 $S_1, \cdots, S_n$이라 하자. 각각의 원 S_i에 대해, S_i에 대한 차수가 $S_1, \cdots, S_n$에 대한 차수보다 크지 않은 점 X의 집합 M_i를 생각하자. 그러면, M_i는 볼록집합이다. 실제로, M_{ij}를 S_i에 대한 차수가 S_j에 대한 차수보다 크지 않은 점 X의 집합이라 하자. M_{ij}는 원 S_i와 S_j의 근축을 경계선으로 하여 원 S_i와 같은쪽에 놓인 점들로 구성된 반평면이다. 집합 M_i는 볼록집합들 M_{ij}의 교집합이므로, 볼록집합이다. 게다가, 집합 M_{ij}의 각각은 원 S_i를 포함하므로, M_i는 S_i를 포함한다. 평면의 각 점에 대해 $S_1, \cdots, S_n$에 대한 차수들 중의 어떤 것은 최소가 되므로, 집합 M_i는 전체 평면을 덮는다. 처음 다각형의 내부에 속하는 집합 M_i의 부분들을 생각하면, 구하는 분할을 얻을 수 있다.

3.66. (a) 점 B_1, C_1은 지름이 BC인 원에 속하므로, 삼각형 $A_1B_1C_1$, ABC의 외접원에 대한 점 A'의 차수는 이 원에 대한 점 A'의 차수와 같다. 이것은 점 A'이 오일러의 원과 삼각형 ABC의 외접원의 근축에 속한다는 것을 의미한다. 점 B'과 C'에 대해서도 같은 방법으로 증명된다.
(b) 삼각형 ABC의 외각의 이등분선들로 만들어진 삼각형 $A_1B_1C_1$을 생각하자(삼각형 $A_1B_1C_1$은 예각삼각형임). 문제 (a)에 의해, 점 A', B', C'은 삼각형 ABC와 $A_1B_1C_1$의 외접원의 근축에 속한다. 이들 원의 근축은 이들의 중심을 연결한 직선, 즉 삼각형 $A_1B_1C_1$의 오일러의 직선과 직교한다. 이제, 삼각형 $A_1B_1C_1$의 높이들의 교점은 삼각형 ABC의 각의 이등분선의 교점임을 생각하면 된다(문제 1.57(a)).

3.67. 볼록육각형 $ABCDEF$이 원과 점 R, Q, T, S, P, U에서 접한다고 하자(점 R은 AB에 속하고, Q는 BC에 속하고 등등). 임의의 수 $a > 0$를 잡고, 직선 BC, EF에 점 Q', P'을 $QQ' = PP' = a$, $\overrightarrow{QQ'}$, $\overrightarrow{PP'}$이 $\overrightarrow{CB}$, $\overrightarrow{EF}$와 같은 방향이 되도록 작도하자. 같은 방법으로 점 R', S', T', U'을 작도하자(그림 3.19; $RR' = SS' = TT' = UU' = a$). 직선 BC, EF와 점 Q', P'에서 접하는 원 S_1을 작도하자. 같은 방법으로, 원 S_2, S_3을 작도하자. 이제, 점 B, E가 원 S_1와 S_2의 근축에 속함을 증명하자. $BQ' = QQ' - BQ = RR' - BR = BR'$(만약, $QQ' < BQ$이면, $BQ' = BQ - QQ' = BR - RR' = BR'$), $EP' = EP + PP' = ES + SS' = ES'$이 성립한다. 같은 방법으로, 직선 FC, AD는 각각 원 S_1와 S_3, S_2와 S_3의 근축임이 증명된다. 세 원의 근축이 한 점에서 교차하므로, 직선 AD, BE, CF는 한 점에서 교차한다.

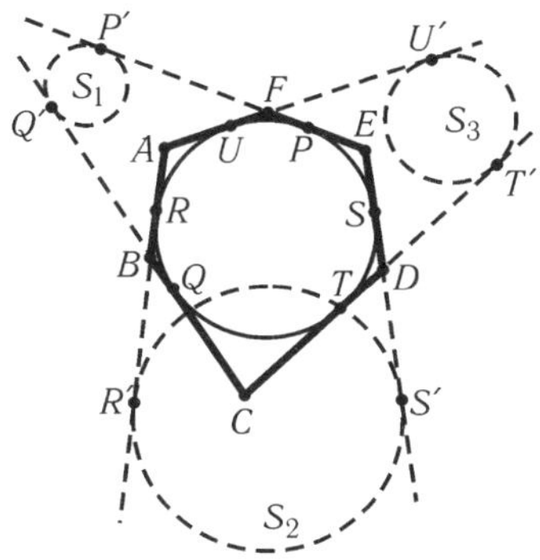

그림 3.19

3.68. A_i는 원 S_i과 S_{i+1}의 접점, X는 직선 A_1A_4와 A_2A_3의 교점이라 하자. 그러면, X는 원 S_2, S_4에 대한 공통외접선의 교점이다(문제 5.66). 그리고 사각형 $A_1A_2A_3A_4$은 내접사각형이므로(문제 3.22), $XA_1 \cdot XA_4 = XA_2 \cdot XA_3$, 즉 점 X는 원 S_1과 S_3의 근축에 속한다.

3.69. (a) 원들의 중심을 연결한 선분의 중점이 원점 O이며, 이 선분을 따라 Ox축을 잡은 좌표축을 생각하자. 점 P의 좌표는 (x, y)이고, R과 r은 원 S_1, S_2의 반지름, $a = d/2$라 하자. 그러면, $(x+a)^2+y^2 = R^2$, $p = (x-a)^2+y^2-r^2 = ((x+a)^2+y^2-R^2)-4ax-r^2+R^2 = R^2-r^2-4ax$가 성립한다. 점 A의 좌표를 (x_0, y_0)이라 하자. 그러면, $(x_0+a)^2+y_0^2-R^2 = (x_0-a)^2+y_0^2-r^2$, 즉 $x_0 = (R^2-r^2)/4a$이 성립한다. 그러므로, $2dh = 4a|x_0 - x| = |R^2 - r^2 - 4ax| = |p|$가 된다.
(b) d를 삼각형 ACD, BCD의 외접원의 중심들 사이의 거리라 하고, h_a, h_b를 점 A, B에서 직선 CD까지의 거리라 하자. 문제 (a)에 의해, $|p_a| = 2dh_a$, $|p_b| = 2dh_b$가 성립한다. $S_{BCD} = h_bCD/2$, $S_{ACD} = h_aCD/2$임을 감안하면, 구하는 것을 얻을 수 있다.

제 4 장

넓이

바탕 지식들

1. 삼각형 ABC의 넓이 S는 다음 공식들에 의해 계산된다:
   (a) $S = ah_a/2$, 이때 $a = BC$, h_a는 BC에 그은 높이;
   (b) $S = \frac{1}{2}bc\sin A$, 이때, b, c는 삼각형의 변, A는 이들 사이의 각;
   (c) $S = pr$, 이때, p는 둘레의 절반, r은 내접원의 반지름.
   실제로, O가 내접원의 중심이라면, $S = S_{ABO} + S_{AOC} + S_{OBC} = \frac{1}{2}(c + b + a)r = pr$이 성립한다.

2. 다각형을 몇 개의 다각형으로 분할하면, 이들의 넓이의 합은 처음 다각형의 넓이와 같다.

3. 같은 넓이를 가지는 도형들을 등적도형이라고 부른다.

도입 문제들

1. 볼록사각형에서 대각선의 길이를 d_1, d_2, 이들 사이의 각을 φ라 하면, 볼록사각형의 넓이는 $\frac{1}{2}d_1d_2\sin\varphi$임을 증명하여라.

2. 평행사변형 $ABCD$의 변 BC, AD의 중점을 E, F라 하자. $ABCD$의 넓

이를 S라 할 때, 직선 AE, ED, BF, FC로 만들어진 사각형의 넓이를 구하여라.

3. 반지름이 r인 원에 다각형이 외접한다. 다각형 둘레의 절반을 p라 할 때, 다각형의 넓이는 pr임을 증명하여라.

4. 평행사변형 $ABCD$의 내부에 점 X가 놓여있다. 이때, $S_{ABX} + S_{CDX} = S_{BCX} + S_{ADX}$임을 증명하여라.

5. 정사각형 $ABCD$의 변 CD, DA, AB, BC의 중점을 A_1, B_1, C_1, D_1이라 하자. 직선 AA_1, BB_1, CC_1, DD_1으로 만들어진 사각형의 넓이를 구하여라.

제 1 절 중선에 의한 넓이의 이등분

4.1. 중선들은 삼각형을 등적인 여섯 개의 삼각형으로 분할한다는 것을 증명하여라.

4.2. 삼각형 ABC가 주어졌다. 삼각형 ABP, BCP, ACP의 넓이가 같게 되도록 하는 점 P를 모두 구하여라.

4.3. 주어진 삼각형 ABC의 내부에 BOL, COM, AON의 넓이가 같게 되도록 하는 점 O를 구하여라(점 L, M, N은 각각 변 AB, BC, CA에 속하며, $OL \parallel BC, OM \parallel AC$, $ON \parallel AB$; 그림 4.1).

4.4. 삼각형 ABC의 변들의 연장선에 $\overrightarrow{AB_1} = 2\overrightarrow{AB}$, $\overrightarrow{BC_1} = 2\overrightarrow{BC}$, $\overrightarrow{CA_1} = 2\overrightarrow{AC}$인 점 A_1, B_1, C_1을 각각 잡았다. 삼각형 ABC의 넓이를 S라 할 때, 삼각형 $A_1B_1C_1$의 넓이를 구하여라.

4.5. 볼록사각형 $ABCD$의 변 DA, AB, BC, CD의 연장선에 $\overrightarrow{DA_1} = 2\overrightarrow{DA}$, $\overrightarrow{AB_1} = 2\overrightarrow{AB}$, $\overrightarrow{BC_1} = 2\overrightarrow{BC}$, $\overrightarrow{CD_1} = 2\overrightarrow{CD}$인 점 A_1, B_1, C_1, D_1을 각각 잡았다. 사각형 $ABCD$의 넓이를 S라 할 때, 사각형 $A_1B_1C_1D_1$의 넓이를 구하여라.

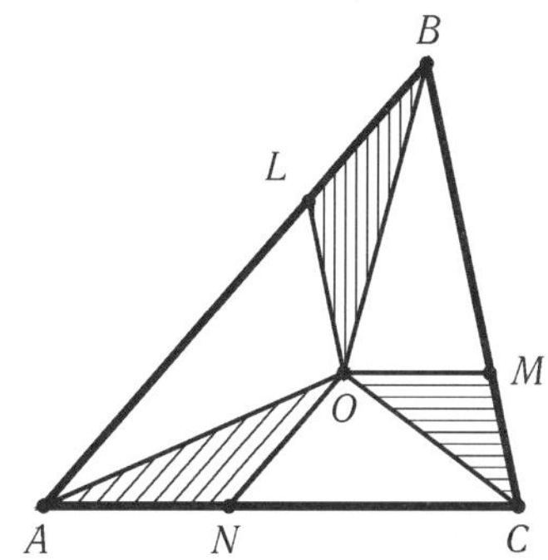

그림 4.1

4.6. 육각형 $ABCDEF$가 원에 내접한다. 대각선 AD, BE, CF는 이 원의 지름이다. 육각형 $ABCDEF$의 넓이는 삼각형 ACE의 넓이의 두 배와 같다는 것을 증명하여라.

4.7. 볼록사각형 $ABCD$의 내부에 삼각형 OAB, OBC, OCD, ODA의 넓이가 같게 되도록 하는 점 O가 존재한다. 이때, 사각형의 한 대각선은 다른 대각선을 이등분한다는 것을 증명하여라.

제 2 절 넓이의 계산

4.8. 높이가 4인 사다리꼴의 대각선들이 직교한다. 대각선들 중의 하나의 길이가 5일 때, 사다리꼴의 넓이를 구하여라.

4.9. 볼록오각형 $ABCDE$의 각 대각선은 볼록오각형으로부터 넓이가 1인 삼각형을 잘라낸다. 이때, 오각형 $ABCDE$의 넓이를 구하여라.

4.10. 직사각형 $ABCD$에 서로 다른 두 직사각형이 내접하는데, 내접하는 두 직사각형의 공통의 꼭지점 K는 변 AB에 속한다. 이들 직사각형 넓이의 합은 직사각형 $ABCD$의 넓이와 같다는 것을 증명하여라.

4.11. 삼각형 ABC의 변 BC의 중점을 E라 하자. 점 D는 변 AC에 속하며, $AC = 1$, $\angle BAC = 60°$, $\angle ABC = 100°$, $\angle ACB = 20°$, $\angle DEC = 80°$이

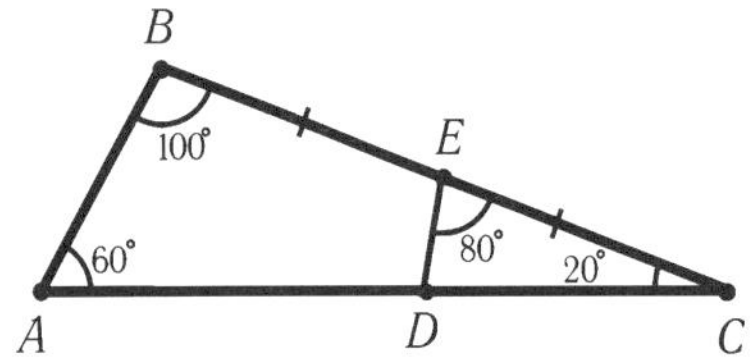

그림 4.2

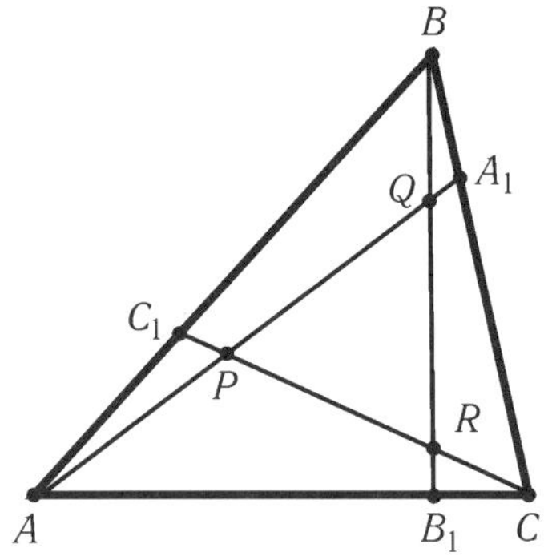

그림 4.3

다(그림 4.2). 이때, 삼각형 CDE 넓이의 두 배와 삼각형 ABC의 넓이의 합을 구하여라.

4.12. 삼각형 $T_a = \triangle A_1A_2A_3$에 삼각형 $T_b = \triangle B_1B_2B_3$를 내접시키고, 삼각형 T_b에는 삼각형 $T_c = \triangle C_1C_2C_3$를 내접시켰으며, 삼각형 T_a, T_c의 변들은 서로 평행하다. 이때, 삼각형 T_b의 넓이를 삼각형 T_a, T_c의 넓이를 이용하여 나타내어라.

4.13. 삼각형 ABC의 변들에 $BA_1 : A_1C = p, CB_1 : B_1A = q$, $AC_1 : C_1B = r$인 점 A_1, B_1, C_1을 각각 잡았다. 선분 AA_1, BB_1, CC_1의 교점들은 그림 4.3에서와 같이 위치해 있다. 이때, 삼각형 PQR과 ABC의 넓이의 비를 구하여라.

제 3 절 사각형의 부분인 삼각형들의 넓이

4.14. 사각형 $ABCD$의 대각선은 점 O에서 교차한다. $S_{AOB} = S_{COD}$일 필요충분조건은 $BC \parallel AD$임을 증명하여라.

4.15. (a) 볼록사각형 $ABCD$의 대각선은 점 P에서 교차한다. 삼각형 ABP, BCP, CDP의 넓이가 알려졌다. 삼각형 ADP의 넓이를 구하여라.

(b) 볼록사각형을 대각선들로 넓이가 정수인 네 개의 삼각형으로 분할하였다. 이들 정수의 곱은 제곱수임을 증명하여라.

4.16. 사각형 $ABCD$의 대각선들은 점 P에서 교차하며, $S^2_{ABP} + S^2_{CDP} = S^2_{BCP} + S^2_{ADP}$이 성립한다. 이때, 점 P는 대각선들 중의 하나의 중점임을 증명하여라.

4.17. 볼록사각형 $ABCD$의 내부점 P_1, P_2, P_3은 한 직선에 속하지 않으며, 삼각형 ABP_i, CDP_i의 넓이의 합이 삼각형 BCP_i, ADP_i의 넓이의 합과 같다($i = 1, 2, 3$). 이때, $ABCD$가 평행사변형임을 증명하여라.

제 4 절 사각형에서 부분들의 넓이

4.18. 볼록사각형 $ABCD$의 변 AB, BC, CD, DA의 중점을 각각 K, L, M, N이라 하고, 선분 KM, LN은 점 O에서 교차한다고 하자. 이때, $S_{AKON} + S_{CLOM} = S_{BKOL} + S_{DNOM}$을 증명하여라.

4.19. 점 K, L, M, N은 평행사변형 $ABCD$의 변 AB, BC, CD, DA에 각각 속한다. 선분 KM, LN은 평행사변형의 변들과 평행하며, 점 O에서 교차한다. 평행사변형 $KBLO$와 $MDNO$의 넓이가 같을 필요충분조건은 점 O가 대각선 AC에 속하는 것임을 증명하여라.

4.20. 사각형 $ABCD$의 변 AB, CD에 $AM : MB = CN : ND$가 성립하도록 M, N을 각각 잡았다. 선분 AN, DM은 점 K에서 교차하며, 선분 BN, CM은 점 L에서 교차한다. 이때, $S_{KMLN} = S_{ADK} + S_{BCL}$임을 증명하여라.

4.21. 사각형 $ABCD$의 변 AB에 점 A_1, B_1을 잡고, CD에 C_1, D_1을 잡았다. 그리고 $AA_1 = BB_1 = pAB, CC_1 = DD_1 = pCD$이라 하자(단, $p < 0.5$). 이때, $S_{A_1B_1C_1D_1}/S_{ABCD} = 1 - 2p$임을 증명하여라.

4.22. 볼록사각형의 각 변을 5등분하여, 대변의 상응하는 점들과 연결하였

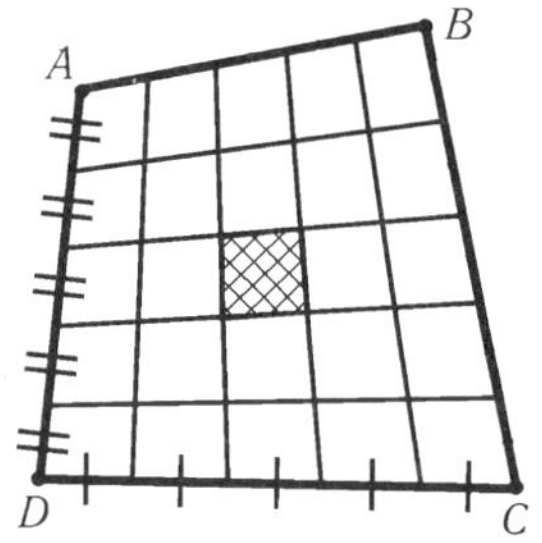

그림 4.4

다(그림 4.4). 빗금 친 사각형의 넓이는 처음 사각형의 넓이보다 25배가 작다는 것을 증명하여라.

4.23. 평행사변의 각 변에 점을 하나씩 잡았다. 이들 점을 꼭지점으로 하는 사각형의 넓이는 평행사변형 넓이의 절반과 같다. 이때, 사각형의 대각선들 중의 적어도 하나는 평행사변형의 변과 평행하다는 것을 증명하여라.

4.24. 볼록사각형 $ABCD$의 변 AB, CD의 중점을 각각 K, M이라 하고, L, N을 BC, AD에 각각 놓아, $KLMN$이 직사각형이 되도록 하였다. 이때, 사각형 $ABCD$의 넓이는 직사각형 $KLMN$의 넓이보다 두 배가 크다는 것을 증명하여라.

4.25. 정사각형과 정사각형의 내부에서 직교하는 두 직선이 주어졌다. 이들 직선이 정사각형을 네 부분으로 나누는데, 이들 부분 중에서 세 개의 넓이가 같다. 이때, 모든 네 부분의 넓이가 같다는 것을 증명하여라.

제 5 절　다양한 문제들

4.26. 평행사변형 $ABCD$와 어떤 점 M이 주어졌다. 이때, $S_{ACM} = |S_{ABM} \pm S_{ADM}|$임을 증명하여라.

4.27. 삼각형 ABC의 변 AB, BC에 바깥쪽으로 평행사변형을 작도하였다.

AB, BC와 평행한 평행사변형들의 변의 연장선의 교점을 P라 하자. 그리고, 변 AC에 평행사변형을 작도하여, 평행사변형의 두 번째 변이 선분 BP와 평행하고 같도록 하였다. 이때, 이 평행사변형의 넓이는 처음 두 평행사변형 넓이의 합과 같다는 것을 증명하여라.

4.28. 정육각형의 내부점 O를 꼭지점들과 연결하였다. 이때, 얻어진 여섯 개의 삼각형을 붉은색과 푸른색으로 번갈아 색칠하였다. 붉은 삼각형의 넓이의 합은 푸른 삼각형의 넓이의 합과 같다는 것을 증명하여라.

4.29. 볼록사각형 $ABCD$의 변 AD, BC의 연장선이 O에서 교차하며, M, N은 변 AB, CD의 중점이며, P, Q는 대각선 AC, BD의 중점이다. 이때, 다음을 증명하여라.
(a) $S_{PMQN} = |S_{ABD} - S_{ACD}|/2$;
(b) $S_{OPQ} = S_{ABCD}/4$.

4.30. 볼록사각형 $ABCD$의 변 AB, CD에 E, F를 잡았다. 선분 DE, BF, CE, AF의 중점을 각각 K, L, M, N이라 하자. 이때, 사각형 $KLMN$은 볼록도형이며, 넓이는 점 E, F의 선택에 종속되지 않음을 증명하여라.

4.31. 볼록육각형 $ABCDEF$의 대각선 $AC, BD, CE, \cdots$의 중점들은 볼록육각형을 만든다. 이때, 얻어진 볼록육각형의 넓이는 처음 육각형의 넓이보다 4배가 작다는 것을 증명하여라.

4.32. 지름 PQ와 이것에 직교하는 현 RS는 점 A에서 교차한다. 점 C는 원주에 속하고, 점 B는 원의 내부에 속하며, $BC \parallel PQ$, $BC = RA$가 성립한다. 점 A, B로부터 직선 CQ에 수선 AK, BL을 작도하였다. 이때, $S_{ACK} = S_{BCL}$임을 증명하여라.

4.33. 삼각형 ABC의 내부점 O를 지나 변들에 평행한 선분을 작도하였다(그림 4.5). 선분 AA_1, BB_1, CC_1은 삼각형 ABC를 네 개의 삼각형과 세 개의 사각형으로 분할한다. 이때, 꼭지점 A, B, C에 놓인 삼각형들의 넓이의 합은 네 번째 삼각형의 넓이와 같다는 것을 증명하여라.

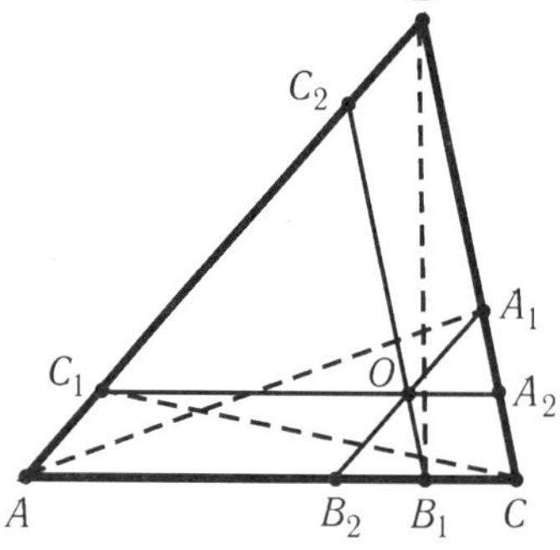

그림 4.5

4.34. 삼각형 ABC의 각 A의 이등분선에 $AA_1 = p - a = (b + c - a)/2$인 점 A_1을 잡고, 점 A_1을 지나 이등분선에 직교하는 직선 l_a를 작도하였다. 직선 l_b, l_c를 같은 방법으로 작도하면, 삼각형 ABC는 네 개의 삼각형을 포함하는 조각들로 분할된다. 이때, 이들 중 한 삼각형의 넓이는 나머지 세 삼각형의 넓이의 합과 같다는 것을 증명하여라.

참고. 문제 3.38–3.41, 13.52–13.56, 16.5, 24.5를 보시오.

제 6 절 등적인 부분들로 나누는 직선과 곡선

4.35. 사각형 $ABCD$의 변 CD와 평행한 선분 MN은 사각형의 넓이를 이등분한다(점 M, N은 각각 변 BC, AD에 속함). 점 A, B로부터 변 CD에 평행하며 직선 BC, AD와 교차할 때까지 그은 선분의 길이를 a, b라 하자. $c = CD$일 때, $MN^2 = (ab + c^2)/2$임을 증명하여라.

4.36. 세 직선 각각은 어떤 도형의 넓이를 이등분한다. 이때, 세 직선에 의해 만들어진 삼각형의 내부에 포함된 도형의 부분은 전체 도형 넓이의 1/4을 넘지 못한다는 것을 증명하여라.

4.37. 직선 l은 볼록다각형의 넓이를 이등분한다. 주어진 다각형을 l과 직교하는 직선에 사영시키자. 그러면, 직선 l은 이 사영을 $1 + \sqrt{2}$을 넘지 않는 비로 나눈다는 것을 증명하여라.

4.38. 서로 직교하는 두 직선으로 임의의 볼록다각형을 넓이가 같은 네 도형으로 분할할 수 있음을 증명하여라.

4.39. (a) 삼각형의 넓이와 둘레를 이등분하는 임의의 직선은 내접원의 중심을 지난다는 것을 증명하여라.

(b) 임의의 외접다각형에 대해, 명제 (a)를 증명하여라.

4.40. 원 S_2는 원 S_1을 넓이가 같은 부분들로 나눈다. 원 S_1의 점 A, B는 원 S_2의 호에 의해 연결되었다. 이때, A, B를 연결하는 S_2의 호의 길이는 S_1의 지름보다 크다는 것을 증명하여라.

4.41. 곡선 Γ는 정사각형을 넓이가 같은 두 조각으로 분할한다. 이때, 직선 AB가 정사각형의 중심 O를 지나도록 하는 점 A, B를 곡선에 잡을 수 있음을 증명하여라.

참고. 문제 6.54, 6.55, 16.8, 18.31을 보시오.

제 7 절 사각형의 넓이 공식

4.42. 사각형 $ABCD$의 대각선이 점 P에서 교차한다. 점 A, B, P에서 직선 CD까지 거리는 a, b, p이다. 이때, 사각형 $ABCD$의 넓이는 $ab\cdot CD/2p$임을 증명하여라.

4.43. 사각형 $ABCD$가 반지름이 R인 원에 내접하고, φ는 대각선들 사이의 각이다. 이때, 사각형 $ABCD$의 넓이 S는 $2R^2 \sin A \sin B \sin\varphi$임을 증명하여라.

4.44. 대각선이 서로 직교하지 않는 사각형의 넓이는 $\tan\varphi \cdot |a^2 + c^2 - b^2 - d^2|/4$임을 증명하여라(단, a, b, c, d는 사각형에서 순서대로 놓인 변들의 길이, φ는 대각선 사이의 각).

4.45. (a) 볼록사각형 $ABCD$에서 p를 둘레의 절반, a, b, c, d를 변의 길이라 하

면, 사각형의 넓이는 다음과 같음을 증명하여라.

$$S^2 = (p-a)(p-b)(p-c)(p-d) - abcd\cos^2((B+D)/2).$$

(b) 사각형 $ABCD$가 내접도형이면, $S^2 = (p-a)(p-b)(p-c)(p-d)$임을 증명하여라.

(c) 사각형 $ABCD$가 외접도형이면, $S^2 = abcd\sin^2((B+D)/2)$임을 증명하여라.

참고. 문제 11.34를 보시오.

제 8 절　보조요소인 넓이

4.46. 정삼각형의 임의의 내부점으로부터 변들까지의 거리의 합은 일정함을 증명하여라(삼각형의 높이와 같음).

4.47. 삼각형 ABC의 각의 이등분선 AD의 길이는 $\frac{2bc}{b+c}\cos\frac{\alpha}{2}$임을 증명하여라.

4.48. 삼각형 ABC의 내부점 O에 대해, 직선 AO, BO, CO는 변들과 점 A_1, B_1, C_1에서 교차한다. 이때, 다음을 증명하여라.
(a) $\frac{OA_1}{AA_1} + \frac{OB_1}{BB_1} + \frac{OC_1}{CC_1} = 1$;
(b) $\frac{AC_1}{C_1B} \cdot \frac{BA_1}{A_1C} \cdot \frac{CB_1}{B_1A} = 1$.

4.49. $(2n-1)$각형 $A_1 \cdots A_{2n-1}$과 O가 주어졌다. 직선 A_kO와 $A_{n+k-1}A_{n+k}$는 점 B_k에서 교차한다. $k = 1, \cdots, n$에 대해, 비 $A_{n+k-1}B_k/A_{n+k}B_k$의 곱은 1이 됨을 증명하여라.

4.50. 볼록다각형 $A_1A_2 \cdots A_n$이 주어졌다. 변 A_1A_2에 점 B_1, D_2를 잡고, 변 A_2A_3에 점 B_2, D_3를 잡자. 이러한 방법으로 평행사변형 $A_1B_1C_1D_1, \cdots$, $A_nB_nC_nD_n$을 작도하면, 직선 $A_1C_1, \cdots, A_nC_n$이 한 점 O에서 교차한다. 이때, $A_1B_1 \cdot A_2B_2 \cdot \cdots \cdot A_nB_n = A_1D_1 \cdot A_2D_2 \cdot \cdots \cdot A_nD_n$이 성립함을 증명하여라.

4.51. 삼각형의 변들의 길이가 등차수열을 이룬다. 이때, 내접원의 반지름은 삼각형의 높이들 중의 하나의 1/3과 같음을 증명하여라.

4.52. 삼각형 ABC의 변 BC의 점 X로부터 직선 AB, AC까지의 거리는 d_b, d_c이다. 이때, $d_b/d_c = BX \cdot AC/(CX \cdot AB)$임을 증명하여라.

4.53. 반지름이 r인 원에 외접하는 다각형을 삼각형들로 분할하였다. 이들 삼각형의 내접원의 반지름의 합은 r보다 크다는 것을 증명하여라.

4.54. 평행사변형 $ABCD$의 내부점 M을 지나 변 BC, AB에 평행한 직선 PR, QS를 작도하였다(점 P, Q, R, S는 각각 변 AB, BC, CD, DA에 속함). 이때, 직선 BS, PD, MC는 한 점에서 교차한다는 것을 증명하여라.

4.55. 만약, 사각형의 어떤 변도 평행하지 않으면, 대변의 교점을 연결한 선분의 중점은 대각선의 중점을 연결한 직선에 속함을 증명하여라(가우스의 직선).

4.56. 예각삼각형 ABC에 높이 BB_1, CC_1을 작도하고, 변 AB, AC에 점 K, L을 $AK = BC_1$, $AL = CB_1$이 성립하도록 잡았다. 삼각형 ABC의 외접원의 중심을 O라 할 때, 직선 AO는 선분 KL를 이등분함을 증명하여라.

4.57. 삼각형 ABC의 중선 AA_1, CC_1은 M에서 교차한다. 사각형 A_1BC_1M이 외접도형이면, $AB = BC$임을 증명하여라.

4.58. 삼각형 ABC에 내부점 O를 잡았다. 점 O로부터 변 BC, CA, AB까지의 거리를 d_a, d_b, d_c, O로부터 꼭지점 A, B, C까지의 거리를 R_a, R_b, R_c라 하자. 이때, 다음을 증명하여라.

(a) $aR_a \geq cd_c + bd_b$;

(b) $d_aR_a + d_bR_b + d_cR_c \geq 2(d_ad_b + d_bd_c + d_cd_a)$;

(c) $R_a + R_b + R_c \geq 2(d_a + d_b + d_c)$;

(d) $R_aR_bR_c \geq (R/2r)(d_a + d_b)(d_b + d_c)(d_c + d_a)$.

참고. 문제 5.5, 10.6을 보시오.

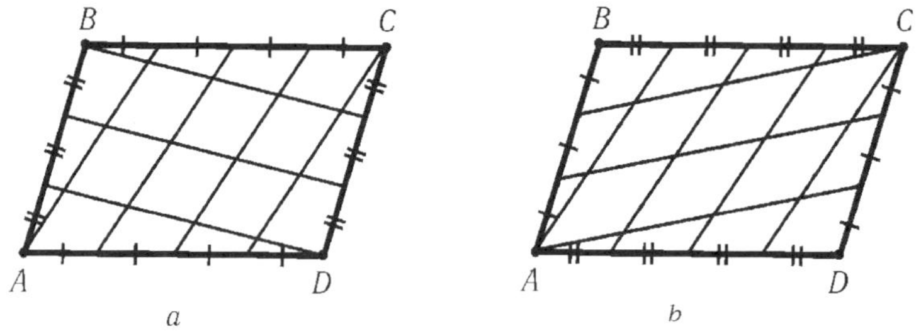

그림 4.6

제 9 절 넓이들의 재구성

4.59. 정팔각형의 넓이는 가장 긴 대각선과 가장 짧은 대각선의 곱과 같음을 증명하여라.

4.60. 예각삼각형에서 각 변의 중점으로부터 다른 두 변에 수선을 그었다. 이들에 의해 만들어진 육각형의 넓이는 처음 삼각형 넓이의 절반과 같음을 증명하여라.

4.61. 넓이가 1인 평행사변형 $ABCD$의 변 AB, CD를 n등분하고, AD, BC를 m등분하였다.
(a) 그림 4.6a와 같이 분할점들을 연결하였다;
(b) 그림 4.6b와 같이 분할점들을 연결하였다.
이때, 만들어진 작은 평행사변형들의 넓이를 구하여라.

4.62. (a) 정12각형의 네 꼭지점이 정사각형의 변들의 중점에 놓여있다(그림 4.7). 빗금 친 부분의 넓이는 12각형의 넓이보다 12배가 작다는 것을 증명하여라.
(b) 반지름이 1인 원에 내접하는 12각형의 넓이는 3임을 증명하여라.

힌트 및 증명

4.1. 한 변에 놓인 삼각형들은 같은 밑변과 높이를 가지므로, 이들의 넓이는 같다. 삼

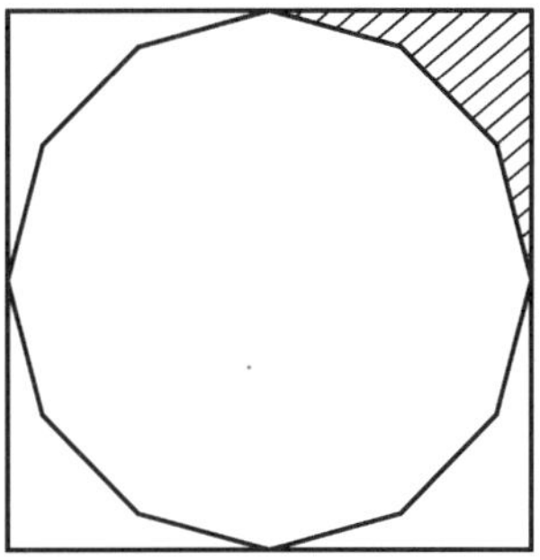

그림 4.7

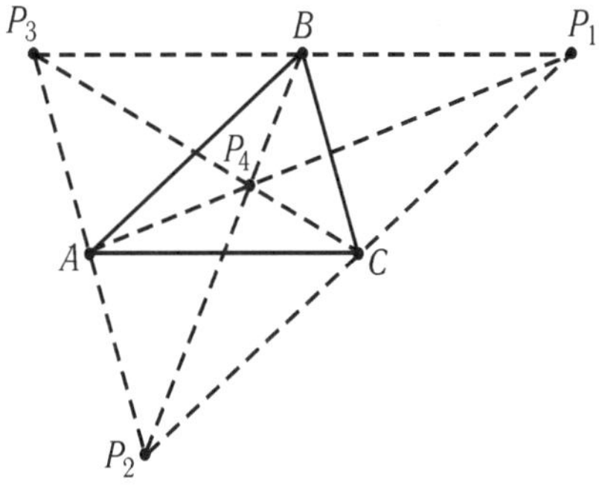

그림 4.8

각형 ABC의 중선들의 교점을 M이라 하자. 직선 BM은 삼각형 ABC, AMC를 넓이가 같은 두 삼각형으로 분할하므로, $S_{ABM} = S_{BCM}$이 된다. 같은 이유로, $S_{BCM} = S_{CAM}$이 된다.

4.2. 삼각형 ABP, BCP의 넓이가 같으므로, 점 A, C로부터 직선 BP까지의 거리는 같다. 그러므로, 직선 BP는 선분 AC의 중점을 지나거나 또는 이 선분에 평행하다. 구하는 점들이 그림 4.8에 제시되어 있다.

4.3. 직선 LO와 변 AC의 교점을 L_1이라 하자. $S_{LOB} = S_{MOC}$, $\triangle MOC \equiv \triangle L_1OC$이므로, $S_{LOB} = S_{L_1OC}$가 된다. 삼각형 LOB와 L_1OC의 높이는 같으므로, $LO = L_1O$, 즉 점 O는 꼭지점 A에서 그은 중선에 속한다. 같은 방법으로, 점 O가 꼭지점 B, C에서 그은 중선에 속함을 증명할 수 있다. 결국, O는 삼각형의 중선들의 교점이다. 이로부터, 삼각형의 중선들의 교점이 요구된 성질을 가진다는 것을 알 수 있다.

4.4. $S_{A_1BB_1} = S_{A_1AB} = S_{ABC}$이므로, $S_{AA_1B_1} = 2S$가 된다. 마찬가지로, $S_{BB_1C_1} = S_{CC_1A_1} = 2S$이다. 그러므로, $S_{ABC} = 7S$이다.

4.5. $AB = BB_1$이므로, $S_{BB_1C} = S_{BAC}$이다. $BC = CC_1$이므로, $S_{B_1C_1C} = S_{BB_1C} = S_{BAC}$, $S_{BB_1C_1} = 2S_{BAC}$이다. 같은 이유로, $S_{DD_1A_1} = 2S_{ACD}$이므로, $S_{BB_1C_1} + S_{DD_1A_1} = 2S_{ABC} + 2S_{ACD} = 2S_{ABCD}$이다. 같은 이유로, $S_{AA_1B_1} + S_{CC_1D_1} = 2S_{ABCD}$이므로, $S_{A_1B_1C_1D_1} = S_{ABCD} + S_{AA_1B_1} + S_{BB_1C_1} + S_{CC_1D_1} + S_{DD_1A_1} = 5S_{ABCD}$이다.

4.6. O는 외접원의 중심이다. AD, BE, CF가 지름이므로, $S_{ABO} = S_{DEO} = S_{AEO}$, $S_{BCO} = S_{EFO} = S_{CEO}$, $S_{CDO} = S_{AFO} = S_{ACO}$이다. 또한, $S_{ABCDEF} = 2(S_{ABO} + S_{BCO} + S_{CDO})$, $S_{ACE} = S_{AEO} + S_{CEO} + S_{ACO}$이다. 결국, $S_{ABCDEF} = 2S_{ACE}$이다.

4.7. 대각선 AC과 BD의 중점을 E, F라 하자. $S_{AOB} = S_{AOD}$이므로, O는 직선 AF에 속한다. 마찬가지로, 점 O는 직선 CF에 속한다. 대각선들의 교점이 어느 대각선의 중점도 아니라고 가정하자. 그러면, 직선 AF와 CF는 유일한 공통점 F를 가지며, $O = F$가 된다. 같은 방법으로, $O = E$가 증명된다. 이로부터, 모순이 유도된다.

4.8. 밑변이 AD인 사다리꼴 $ABCD$의 대각선 AC가 5라고 하자. 삼각형 ACB에 보조선을 그려 평행사변형 $ACBE$를 작도하자. 사다리꼴 $ABCD$의 넓이는 직각삼각형 DBE의 넓이와 같다. BH를 삼각형 DBE의 높이라 하자. 그러면, $EH^2 = BE^2 - BH^2 = 5^2 - 4^2 = 3^2$, $ED = BE^2/EH = 25/3$가 된다. 그러므로, $S_{DBE} = ED \cdot BH/2 = 50/3$이다.

4.9. $S_{ABE} = S_{ABC}$이므로, $EC \parallel AB$이다. 나머지 대각선들도 상응하는 변들에 평행하다. P를 BD와 EC의 교점이라 하자. 만약, $S_{BPC} = x$이면, $S_{ABCDE} = S_{ABE} + S_{EPB} + S_{EDC} + S_{BPC} = 3 + x$가 된다($ABPE$이 평행사변형이므로, $S_{EPB} = S_{ABE} = 1$). $S_{BPC} : S_{DPC} = BP : DP = S_{EPB} : S_{EPD}$이므로, $x : (1-x) = 1 : x$, 즉 $x = (\sqrt{5} - 1)/2$, $S_{ABCDE} = (\sqrt{5} + 5)/2$이다.

4.10. 모든 세 직사각형의 중심이 일치하므로(문제 1.7), 작은 두 직사각형은 공통의 대각선 KL을 가진다. M, N을 변 BC에 놓인 이들 직사각형의 꼭지점이라 하자. 점 M, N은 지름이 KL인 원에 속한다. O를 이 원의 중심이라 하자. O_1은 점 O를 BC에 사영시켜 얻은 점이다. 그러면, $BO_1 = CO_1$, $MO_1 = NO_1$, 즉

$BM = NC$이다. $S_{KLM}+S_{KLN} = S_{KBCL}$을 증명하기 위해, $(S_{KBM}+S_{LCM})+(S_{KBN}+S_{LCN}) = S_{KBCL} = BC(KB+CL)/2 = BC \cdot AB/2$을 확인하면 된다. 이제, $KB \cdot BM + KB \cdot BN = KB \cdot BC$, $LC \cdot CM + LC \cdot CN = LC \cdot BC$, $KB \cdot BC + LC \cdot BC = AB \cdot BC$만 생각하면 된다.

4.11. 점 C로부터 직선 AB에 수선 l을 내리자. 직선 l에 대해 점 A, B, E와 대칭인 점을 A', B', E'이라 하자. 그러면, 삼각형 $AA'C$은 정삼각형이고, $\angle ACB = \angle BCB' = \angle B'CA' = 20°$가 된다. 삼각형 $EE'C$와 DEC은 꼭지각이 $20°$인 이등변삼각형이고, 이들의 옆변 EC는 공통이다. 결국, $S_{ABC}+2S_{EDC} = S_{ABC}+2S_{EE'C}$가 된다. 점 E는 변 BC의 중점이므로, $2S_{EE'C} = S_{BE'C} = S_{BB'C}/2$이다. 그러므로, $S_{ABC}+2S_{EDC} = S_{AA'C}/2 = \sqrt{3}/8$이다.

4.12. 삼각형 T_a, T_b, T_c의 넓이를 a, b, c라 하자. 삼각형 T_a와 T_c은 닮음이므로, 이들의 상응하는 꼭지점을 연결하는 직선들은 한 점 O에서 교차한다. 이들 삼각형의 닮음계수 k는 $\sqrt{a/c}$이다. 그리고 $S_{A_1B_3O} : S_{C_1B_3O} = A_1O : C_1O = k$이다. 유사한 등식을 구하여, 이들을 더하면, $a : b = k$, 즉 $b = \sqrt{ac}$를 얻을 수 있다.

4.13. 문제 1.3의 결과를 이용하면, 다음을 쉽게 확인할 수 있다.

$$\frac{BQ}{BB_1} = \frac{p+pq}{1+p+pq}, \quad \frac{B_1R}{BB_1} = \frac{qr}{1+q+qr}, \quad \frac{CR}{CC_1} = \frac{q+qr}{1+q+qr}$$

$$\frac{CP}{CC_1} = \frac{pr}{1+r+pr}.$$

그리고, 다음이 성립한다.

$$\frac{S_{PQR}}{S_{RB_1C}} = \frac{QR}{RB_1} \cdot \frac{PR}{RC}, \quad \frac{S_{RB_1C}}{S_{ABC}} = \frac{B_1C}{AC} \cdot \frac{B_1R}{BB_1}.$$

그러므로, 다음을 알 수 있다.

$$\frac{S_{PQR}}{S_{ABC}} = \frac{QR}{BB_1} \cdot \frac{PR}{RC} \cdot \frac{B_1C}{AC} = \frac{QR}{BB_1} \cdot \frac{PR}{CC_1} \cdot \frac{CC_1}{CR} \cdot \frac{B_1C}{AC}.$$

한편,

$$\frac{QR}{BB_1} = 1 - \frac{p+pq}{1+p+pq} - \frac{qr}{1+q+rq} = \frac{1}{1+p+pq} - \frac{rq}{1+q+rq}$$
$$= \frac{(1+q)(1-pqr)}{(1+p+pq)(1+q+qr)},$$

그리고

$$\frac{PR}{CC_1} = \frac{(1+r)(1-pqr)}{(1+q+qr)(1+r+pr)},$$

을 고려하면, 다음을 얻을 수 있다.

$$\frac{S_{PQR}}{S_{ABC}} = \frac{(1-pqr)^2}{(1+p+pq)(1+q+qr)(1+r+pr)}.$$

4.14. 만약, $S_{AOB} = S_{COD}$이면, $AO{\cdot}BO = CO{\cdot}DO$가 성립한다. 그러므로, $\triangle AOD \sim \triangle COB$, $AD \parallel BC$이다. 이들 논증은 가역적이다.

4.15. (a) $S_{ADP} : S_{ABP} = DP : BP = S_{CDP} : S_{BCP}$이므로, $S_{ADP} = S_{ABP} \cdot S_{CDP}/S_{BCP}$이다.
(b) 문제 (a)에 의해, $S_{ADP} \cdot S_{CBP} = S_{ABP} \cdot S_{CDP}$이다. 그러므로, 다음이 성립한다.

$$S_{ABP} \cdot S_{CBP} \cdot S_{CDP} \cdot S_{ADP} = (S_{ADP} \cdot S_{CBP})^2.$$

4.16. $\sin^2\varphi/4$로 약분한 다음(φ는 대각선 사이의 각), 주어진 넓이에 대한 등식을 $(AP\cdot BP)^2+(CP\cdot DP)^2 = (BP\cdot CP)^2+(AP\cdot DP)^2$, 즉 $(AP^2-CP^2)(BP^2-DP^2)=0$과 같이 쓸 수 있다.

4.17. 사각형 $ABCD$가 평행사변형이 아니라고 가정하자. 즉, 직선 AB와 CD가 교차한다고 하자. 문제 7.2에 의해, 사각형 $ABCD$의 내부에 속하고 $S_{ABP}+S_{CDP} = S_{BCP}+S_{ADP} = S_{ABCD}/2$를 만족시키는 점 P의 집합은 선분이 된다. 결국, 점 P_1, P_2, P_3는 한 직선에 속한다. 이로부터, 모순이 유도된다.

4.18. $S_{AKON} = S_{AKO} + S_{ANO} = (S_{AOB} + S_{AOD})/2$가 성립한다. 그리고 $S_{CLOM} = (S_{BCO} + S_{COD})/2$이다. 그러므로, $S_{AKON} + S_{CLOM} = S_{ABCD}/2$이다.

4.19. 평행사변형 $KBLO$와 $MDNO$의 넓이가 같다면, $OK \cdot OL = OM \cdot ON$이다. $ON = KA$, $OM = LC$임을 감안하면, $KO : KA = LC : LO$가 성립한다. 결국, $\triangle KOA \sim \triangle LCO$가 성립하고, 점 O는 대각선 AC에 속한다. 이들 논증은 가역적이다.

4.20. h_1, h, h_2를 점 A, M, B에서 직선 CD까지의 거리라 하자. 문제 1.1(b)에 의해, $p = AM/AB$라 하면 $h = ph_2 + (1-p)h_1$이 성립한다. 그러므로, $S_{DMC} = h \cdot DC/2 = (h_2p \cdot DC + h_1(1-p) \cdot DC)/2 = S_{BCN} + S_{ADN}$이다. 등식의 양변에서 $S_{DKN} + S_{CLN}$을 빼면, 구하는 것을 얻을 수 있다.

4.21. 문제 4.20에 의해 $S_{ABD_1} + S_{CDB_1} = S_{ABCD}$가 성립한다. 그래서 $S_{A_1B_1C_1D_1} = S_{A_1B_1D_1} + S_{C_1D_1B_1} = (1-2p)S_{ABD_1} + (1-2p)S_{CDB_1} = (1-2p)S_{ABCD}$이다.

4.22. 문제 4.21에 의해, 변 AB와 CD의 점들을 연결하는 선분들로 된 사각형들 중에서 중간의 사각형의 넓이는 처음 사각형보다 다섯 배가 작게 된다. 대변들의 다른 쌍의 상응하는 점들을 연결하는 선분들에 의해, 살펴본 선분들 각각은 5등분되므로(문제 1.16), 문제 4.21의 결과를 이용하면, 구하는 것을 얻을 수 있다.

4.23. 변 AB, BC, CD, AD에 각각 점 K, L, M, N을 잡자. 대각선 KM이 변 AD와 평행하지 않다고 가정하자. 점 K, M, N을 고정시키고, 점 L을 변 BC를 따라 움직이자. 이때, 삼각형 KLM의 넓이는 단조하게 변화된다. 게다가, 만약 $LN \parallel AB$이면, 등식 $S_{AKN} + S_{BKL} + S_{CLM} + S_{DMN} = S_{ABCD}/2$, 즉 $S_{KLMN} = S_{ABCD}/2$가 성립한다.

4.24. L_1, N_1을 각각 변 BC, AD의 중점이라 하자. 그러면, KL_1MN_1은 평행사변형이며, 그 넓이는 사각형 $ABCD$ 넓이의 절반과 같다(문제 1.38(a)). 그러므로, 평행사변형 $KLMN$와 KL_1MN_1의 넓이가 같다는 것을 증명하면 된다. 만약, 이들 평행사변형이 포개지면, 증명은 자명하다. 만약, 이들이 포개지지 않으면, 선분 KM의 중점이 이들의 대칭의 중심이므로, $LL_1 \parallel NN_1$, $BC \parallel AD$가 성립한다. 이 경우에 사다리꼴 $ABCD$의 중간선 KM은 밑변 BC, AD에 평행하므로, 변 KM에 그은 삼각형 KLM와 KL_1M의 높이들은 같게 된다. 결국, 평행사변형 $KLMN$와 KL_1MN_1의 넓이가 같다.

4.25. 주어진 직선 l_1, l_2가 정사각형을 넓이가 S_1, S_2, S_3, S_4인 네 부분으로 나눈다고 하자. 그리고 첫 번째 직선이 정사각형을 나누어 얻어진 부분의 넓이는 S_1+S_2, S_3+S_4이며, 두 번째 직선에 의해 얻어진 부분들의 넓이는 S_2+S_3, S_1+S_4이다. 조건에 의해, $S_1 = S_2 = S_3$이므로, $S_1 + S_2 = S_2 + S_3$이다. 이로부터, 직선 l_1을 정사각형의 중심에 대해 $+90°$ 또는 $-90°$만큼 회전시키면, 그 상은 직선 l_2와 평행할 뿐만 아니라, 이것과 일치된다. 이제, 직선 l_1(그리고 직선 l_2)이 정사각형의 중심을 지난다는 것을 증명하면 된다. 그렇지 않다고 가정하자. $\pm 90°$만큼의 회전에 대한 직선 l_1과 l_2의 상을 생각하고, 이들이 정사각형을 분할하여 얻어진 부분들의 넓이를 그림 4.9와 같이 나타내자(그림에는 직선들의 다양한 위치가 표시됨). 직선 l_1과 l_2는 정사각형을 넓이가 $a, a+b, a+2b+c$, $a+b$인 네 부분으로 나누며, 수 a, b, c는 0이 아니다. 이들 네 수에서 세 개는 같은 수가 없다. 이로부터, 모순이 유도된다.

4.26. 고찰하는 모든 세 삼각형은 공통 밑변 AM을 가진다. h_b, h_c, h_d를 점 B, C, D에

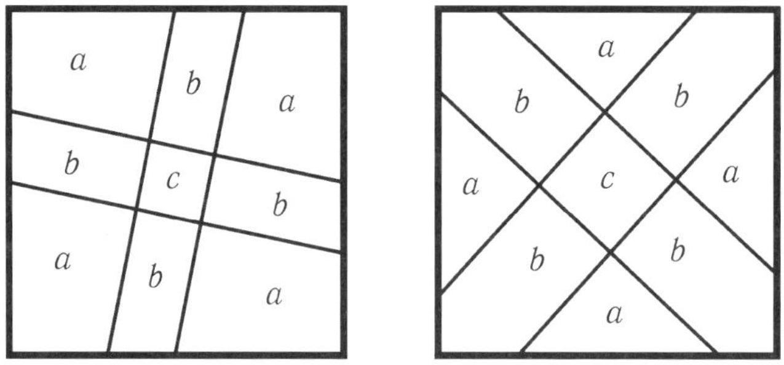

그림 4.9

서 직선 AM까지의 거리라 하자. $\overrightarrow{AC} = \overrightarrow{AB} + \overrightarrow{AD}$이므로, $h_c = |h_b \pm h_d|$가 된다.

4.27. P를 변 AB, BC에 작도된 평행사변형들의 공통점이라 할 수 있다. 즉, 이들 평행사변형은 $ABPQ$, $CBPR$와 같은 꼴을 가진다. 그리고 $S_{ACRQ} = S_{ABPQ} + S_{CBPR}$이 성립한다.

4.28. 주어진 육각형의 변을 a라 하자. 육각형의 붉은변들의 연장선은 한 변이 $3a$인 정삼각형을 만들고, 붉은 삼각형들의 넓이의 합은 a와 점 O에서 이 삼각형의 변들까지의 거리의 합의 곱의 절반과 같으므로, 이것은 $a^2 \cdot 3\sqrt{3}/4$와 같다(문제 4.46). 푸른 삼각형들의 넓이의 합도 마찬가지 방법으로 계산될 수 있다.

4.29. (a) 평행사변형 $PMQN$의 넓이는 $BC \cdot AD \sin\alpha/4$이다(단, α는 직선 AD와 BC사이의 각). 꼭지점 B, C에서 그은 삼각형 ABD, ACD의 높이는 $OB \sin\alpha$, $OC \sin\alpha$이므로, $|S_{ABD} - S_{ACD}| = |OB - OC| \cdot AD \sin\alpha/2 = BC \cdot AD \sin\alpha/2$가 성립한다.
(b) 반직선 AD와 BC이 교차한다고 하자. $PN \parallel AO$, $QN \parallel CO$이므로, 점 N은 삼각형 OPQ의 내부에 속한다. 그러므로, $S_{OPQ} = S_{PQN} + S_{PON} + S_{QON} = \frac{S_{PMQN}}{2} + \frac{S_{ACD}}{4} + \frac{S_{BCD}}{4} = \frac{(S_{ABD} - S_{ACD} + S_{ACD} + S_{BCD})}{4} = \frac{S_{ABCD}}{4}$가 성립한다.

4.30. 선분 KM, LN은 삼각형 CED과 AFB의 중간선이므로, 이들은 공통점(선분 EF의 중점)을 가진다. 게다가, $KM = CD/2, LN = AB/2$이고, 직선 KM와 LN사이의 각은 직선 AB와 CD사이의 각 α와 같다. 그러므로, 사각형 $KLMN$의 넓이는 $AB \cdot CD \sin\alpha/8$이다.

4.31. $ABCDEF$의 대각선의 중점을 그림 4.10과 같이 표시하자. 사각형 $A_1B_1C_1D_1$의

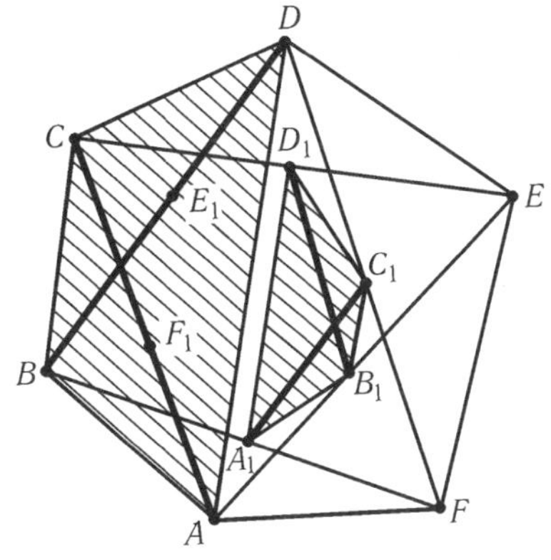

그림 4.10

넓이는 사각형 $ABCD$의 넓이보다 네 배가 작다는 것을 증명하자. 이를 위해, 사각형의 넓이는 대각선들의 길이와 이들의 사잇각에 대한 사인값의 곱을 절반한 것과 같다는 것을 이용하자. A_1C_1, B_1D_1는 삼각형 BDF, ACE의 중간선이므로, 구하는 것을 얻을 수 있다. 같은 방법으로, 사각형 $D_1E_1F_1A_1$의 넓이는 사각형 $DEFA$의 넓이보다 네 배가 작다는 것이 증명된다.

4.32. $\alpha = \angle PQC$라고 하자. 그러면, $2S_{ACK} = CK \cdot AK = (AP\cos\alpha)\cdot(AQ\sin\alpha) = AR^2\sin\alpha\cos\alpha = BC^2\sin\alpha\cos\alpha = BL\cdot CL = 2S_{BCL}$이 성립한다.

4.33. 꼭지점 A, B, C에 놓인 삼각형들의 넓이를 S_a, S_b, S_c라 하고, 네 번째 삼각형의 넓이를 S라 하자. 그러면, $S_{ACC_1}+S_{BAA_1}+S_{CBB_1} = S_{ABC}-S+S_a+S_b+S_c$가 성립한다. 게다가, $S_{ABC} = S_{AOC}+S_{AOB}+S_{BOC} = S_{ACC_1}+S_{BAA_1}+S_{CBB_1}$이다.

4.34. O를 삼각형 ABC의 내접원의 중심, B_1을 내접원과 변 AC의 접점이라 하자. 삼각형 ABC로부터 삼각형 AOB_1을 잘라내어, 이것을 각 OAB_1의 이등분선에 대해 대칭되도록 반사시키자. 이때, 직선 OB_1은 직선 l_a로 보내진다. 이러한 조작을 나머지 삼각형들에 대해 계속하자. 이때 얻어진 삼각형들의 공통부분은 고찰한 절단의 세 삼각형이며, 삼각형 ABC의 덮히지 않은 부분은 네 번째 삼각형이다. 그리고, 덮히지 않은 부분의 넓이는 두 번 덮힌 부분의 넓이의 합과 같다.

4.35. 반직선 AD, BC가 점 O에서 교차한다고 하자. 그러면, $S_{CDO} : S_{MNO} = c^2 : x^2$,

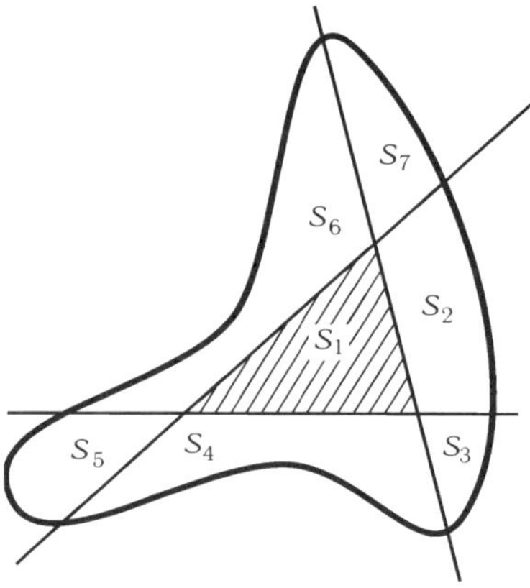

그림 4.11

$S_{ABO} : S_{MNO} = ab : x^2$이다(단, $x = MN$). 왜냐 하면, $OA : ON = a : x$이고 $OB : OM = b : x$이다. 결국, $x^2 - c^2 = ab - x^2$, 즉 $2x^2 = ab + c^2$이다.

4.36. 직선들이 도형을 분할하여 얻어진 부분들의 넓이를 그림 4.11과 같이 나타내자. 전체 도형의 넓이를 S라 하자. $S_3 + (S_2 + S_7) = S/2 = S_1 + S_6 + (S_2 + S_7)$이므로, $S_3 = S_1 + S_6$이다. 이 등식을 $S/2 = S_1 + S_2 + S_3 + S_4$와 더하면, $S/2 = 2S_1 + S_2 + S_4 + S_6 \geq 2S_1$을 얻으며, 이로부터 $S_1 \leq S/4$가 된다.

4.37. 직선 l의 사영을 B로, 다각형의 사영의 끝점들을 A, C로 나타내자. 점 C로 사영되는 다각형의 점을 C_1이라 하고, 다각형과 직선 l은 점 K, L에서 교차하며, K_1과 L_1은 점 A로 사영되는 직선 C_1K과 C_1L의 점이라 하자(그림 4.12). 다각형을 직선 l로 분할하여 얻어지는 부분들 중의 하나는 사다리꼴 K_1KLL_1을 포함하며, 다른 부분은 삼각형 C_1KL을 포함한다. 그러므로, $S_{K_1KLL_1} \geq S_{C_1KL}$이고, $AB \cdot (KL + K_1L_1) \geq BC \cdot KL$이다. $K_1L_1 = KL \cdot (AB + BC)/BC$이므로, $AB \cdot (2 + AB/BC) \geq BC$이다. 얻어진 이차부등식을 풀면, $BC/AB \leq 1 + \sqrt{2}$를 얻는다. 같은 방법으로, $AB/BC \leq 1 + \sqrt{2}$가 된다(A와 C의 자리를 바꿔 유사한 논증을 하면 된다).

4.38. 다각형의 넓이를 S라 하고, l을 임의의 직선이라 하자. 직선 l을 Ox축으로 하는 좌표계를 도입하자. $S(a)$는 직선 $y = a$의 아래쪽에 있는 다각형 부분의 넓이라 하자. a가 $-\infty$에서 $+\infty$으로 변하면서 $S(a)$는 연속적으로 0에서 S까지 변하므로, 어떤 a에 대해 $S(a) = S/2$가 성립한다. 즉, 직선 $y = a$는 다각형의 넓

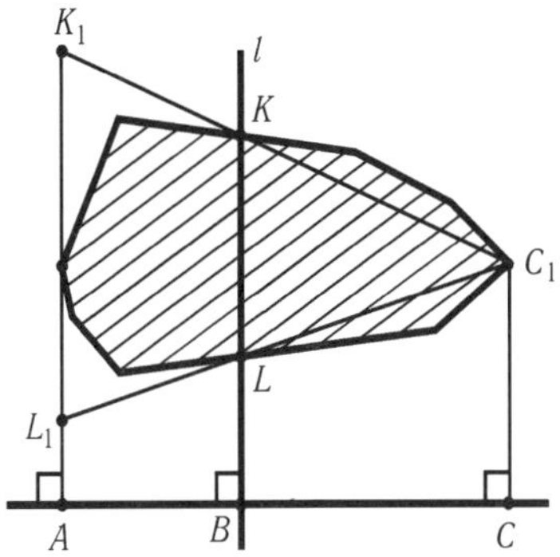

그림 4.12

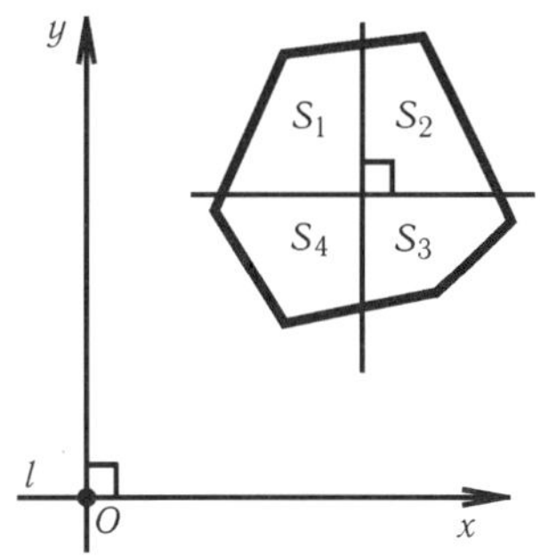

그림 4.13

이를 이등분한다. 같은 이유로, l에 직교하고 다각형의 넓이를 이등분하는 직선이 존재한다. 이들 두 직선은 다각형을 넓이가 S_1, S_2, S_3, S_4인 부분으로 나눈다(그림 4.13). $S_1 + S_2 = S_3 + S_4$, $S_1 + S_4 = S_2 + S_3$이므로, $S_1 = S_3 = A$, $S_2 = S_4 = B$이다. 직선 l을 $90°$만큼 회전시키면 A는 B로, B는 A로 보내진다. l이 회전할 때에 A, B는 연속적으로 변하므로, 직선의 어떤 위치에 대해 $A = B$, 즉 모든 네 도형의 넓이가 같게 된다.

4.39. (a) 삼각형 ABC의 넓이와 둘레를 이등분하는 직선이 변 AC, BC와 점 P, Q에서 교차한다고 하자. 삼각형 ABC의 내접원의 중심을 O라 하고, 내접원의 반지름을 r이라 하자. 그러면, $S_{ABQOP} = r(AP + AB + BQ)/2$, $S_{OQCP} = r(QC + CP)/2$이다. 직선 PQ는 둘레를 이등분하므로, $AP + AB + BQ = QC + CP$이고, $S_{ABQOP} = S_{OQCP}$이다. 게다가, 조건에 의해 $S_{ABQP} = S_{QCP}$이다. 그러므로, $S_{OQP} = 0$, 즉 직선 QP는 점 O를 지난다.
(b) 유사한 방법으로 증명된다.

4.40. 원 S_2를 원 S_1의 중심에 대해 대칭시켜 얻어진 상을 생각하고, 넓이들의 상등을 생각하면, 원 S_1의 지름 AA_1이 S_2와 A가 아닌 어떤 점 K에서 교차한다는 것을 증명할 수 있고, $AK > A_1K$을 증명할 수 있다. 중심이 K이고 반지름이 KA_1인 원은 원 S_1과 점 A_1에서 접하므로, $BK > A_1K$, 즉 $BK + KA > A_1A$이다. 그리고, 선분 BK와 KA의 길이의 합은 점 A, B를 연결한 호 S_2의 길이보다 작다.

4.41. 점 O가 Γ에 속하는 경우에는 자명하므로, O가 Γ에 속하지 않는다고 가정하자.

곡선 Γ를 점 O에 대해 대칭시켜 그 상을 Γ'이라 하자. 만약, 곡선 Γ와 Γ'이 교차하지 않으면, Γ가 정사각형을 분할하여 얻어진 부분들은 넓이가 같을 수 없다. X를 Γ와 Γ'의 교점이라 하고, 점 O에 대한 X의 대칭점을 X'이라 하자. 점 O에 대한 대칭에서 곡선 Γ'은 Γ로 보내지므로, X'은 Γ에 속한다. 그러므로, 직선 XX'이 구하는 직선이다.

4.42. 삼각형 APB, BPC, CPD, DPA의 넓이를 S_1, S_2, S_3, S_4라 하자. 그러면, $a/p = (S_3+S_4)/S_3$, $b \cdot CD/2 = S_3 + S_2$, 즉 $ab \cdot CD/2p = (S_3+S_4)(S_3+S_2)/S_3$이다. $S_2S_4 = S_1S_3$임을 감안하면, 구하는 것을 얻을 수 있다.

4.43. 삼각형 ABC, ABD에 사인 정리를 사용하면, $AC = 2R\sin B$, $BD = 2R\sin A$을 얻을 수 있다. 그러므로, $S = \frac{1}{2}AC \cdot BD \sin\varphi = 2R^2 \sin A \sin B \sin\varphi$이다.

4.44. 사각형의 넓이는 $(d_1d_2\sin\varphi)/2$이므로(d_1, d_2는 대각선의 길이), $2d_1d_2\cos\varphi = |a^2+c^2-b^2-d^2|$인 것만을 확인하면 된다. O를 사각형 $ABCD$의 대각선의 교점이라 하면, $\varphi = \angle AOB$이다. 그러면, $AB^2 = AO^2 + BO^2 - 2AO \cdot BO\cos\varphi$, $BC^2 = BO^2 + CO^2 + 2BO \cdot CO\cos\varphi$이다. 그러므로, $AB^2 - BC^2 = AO^2 - CO^2 - 2BO \cdot AC\cos\varphi$가 된다. 유사한 방법으로, $CD^2 - AD^2 = CO^2 - AO^2 - 2DO \cdot AC\cos\varphi$가 성립한다. 이들 등식을 더하면, 구하는 것을 얻을 수 있다.

참고. $16S^2 = 4d_1^2d_2^2\sin^2\varphi = 4d_1^2d_2^2 - (2d_1d_2\cos\varphi)^2$이므로, $16S^2 = 4d_1^2d_2^2 - (a^2+c^2-b^2-d^2)^2$가 성립한다.

4.45. (a) $AB = a, BC = b, CD = c$, $AD = d$라 하자. $S = S_{ABC} + S_{ADC} = (ab\sin B + cd\sin D)/2$, $a^2+b^2-2ab\cos B = AC^2 = c^2+d^2-2cd\cos D$가 성립한다. 그러므로, $16S^2 = 4a^2b^2 - 4a^2b^2\cos^2 B + 8abcd\sin B\sin D + 4c^2d^2 - 4c^2d^2\cos^2 D$, $(a^2+b^2-c^2-d^2)^2 + 8abcd\cos B\cos D = 4a^2b^2 \cdot \cos^2 B + 4c^2d^2\cos^2 D$가 성립한다. 두 번째 등식을 첫 번째 등식에 대입하면, $16S^2 = 4(ab+cd)^2 - (a^2+b^2-c^2-d^2)^2 - 8abcd(1+\cos B\cos D - \sin B\sin D)$를 얻을 수 있다. 그리고, $4(ab+cd)^2 - (a^2+b^2-c^2-d^2)^2 = 16(p-a)(p-b)(p-c)(p-d)$, $1+\cos B\cos D - \sin B\sin D = 2\cos^2((B+D)/2)$가 성립한다.
(b) 만약, $ABCD$가 내접사각형이면, $\angle B + \angle D = 180°$, 즉 $\cos^2((B+D)/2) = 0$이 된다.
(c) 만약, $ABCD$가 외접사각형이면, $a+c = b+d$이다. 그러므로, $p = a+c = b+d$, $p-a = c, p-b = d, p-c = a, p-d = b$이다. 결국, $S^2 = abcd(1-\cos^2((B+D)/2)) = abcd\sin^2((B+D)/2)$이다. 만약, 사각형 $ABCD$가 내접이

고 동시에 외접이면, $S^2 = abcd$이다.

4.46. 정삼각형 ABC의 내부점 O로부터 변 BC, AC, AB에 수선 OA_1, OB_1, OC_1을 내리자. a를 삼각형 ABC의 변의 길이, h를 높이의 길이라 하자. 그러면 $S_{ABC} = S_{BCO} + S_{ACO} + S_{ABO}$이다. 결국, $ah = a \cdot OA_1 + a \cdot OB_1 + a \cdot OC_1$, 즉 $h = OA_1 + OB_1 + OC_1$이다.

4.47. $AD = l$이라 하자. 그러면, $2S_{ABD} = cl\sin(\alpha/2), 2S_{ACD} = bl\sin(\alpha/2), 2S_{ABC} = bc\sin\alpha$이다. 결국, $cl\sin(\alpha/2) + bl\sin(\alpha/2) = bc\sin\alpha = 2bc\sin(\alpha/2)\cos(\alpha/2)$이다.

4.48. (a) 점 A, O에서 직선 BC까지의 거리를 h, h_1이라 하자. 그러면, $S_{OBC} : S_{ABC} = h_1 : h = OA_1 : AA_1$이 성립한다. 마찬가지로, $S_{OAC} : S_{ABC} = OB_1 : BB_1$, $S_{OAB} : S_{ABC} = OC_1 : CC_1$이다. 이들 등식을 더하고, $S_{OBC} + S_{OAC} + S_{OAB} = S_{ABC}$임을 감안하면, 구하는 것을 얻게 된다.

(b) 점 B, C에서 직선 AA_1까지의 거리를 d_b, d_c이라 하자. 그러면, $S_{ABO} : S_{ACO} = d_b : d_c = BA_1 : A_1C$이다. 마찬가지로, $S_{ACO} : S_{BCO} = AC_1 : C_1B$, $S_{BCO} : S_{ABO} = CB_1 : B_1A$이다. 이제, 이들을 서로 곱하면 된다.

4.49. 쉽게 선분 $A_{n+k-1}B_k$와 $A_{n+k}B_k$의 비가 삼각형 $A_{n+k-1}OA_k$와 A_kOA_{n+k}의 넓이의 비와 같음을 알 수 있다. 이들 등식을 서로 곱하면, 구하는 것을 얻을 수 있다.

4.50. $A_iB_iC_iD_i$는 평행사변형이고 O는 대각선 A_iC_i의 연장선에 속하므로, $S_{A_iB_iO} = S_{A_iD_iO}$, 즉 $A_iB_i : A_iD_i = h_i : h_{i-1}$이다(단, h_i는 점 O에서 변 A_iA_{i+1}까지의 거리임). 이제, $i = 1, \cdots, n$에 대해 이들 등식을 곱하면 된다.

4.51. 삼각형 ABC의 변의 길이를 a, b, c라 하고, $a \le b \le c$라 하자. 그러면, $2b = a+c$, $2S_{ABC} = r(a+b+c) = 3rb$이다(단, r은 내접원의 반지름). 다른 한편으론, $2S_{ABC} = h_b b$이다. 그러므로, $r = h_b/3$이다.

4.52. $d_b \cdot AB = 2S_{AXB} = BX \cdot AX\sin\varphi$(단, $\varphi = \angle AXB$), $d_c \cdot AC = 2S_{AXC} = CX \cdot AX\sin\varphi$임을 생각하면 된다.

4.53. $r_1, \cdots, r_n$을 얻어진 삼각형들의 내접원의 반지름이라 하고, $P_1, \cdots, P_n$를 이들의 둘레, $S_1, \cdots, S_n$를 이들의 넓이라 하자. 처음 다각형의 넓이와 둘레를 S,

P라 하자. 그러면, $P_i < P$이다(문제 9.27(b)). 그러므로, 다음이 성립한다.

$$r_1 + \cdots + r_n = 2\frac{S_1}{P_1} + \cdots + 2\frac{S_n}{P_n} > 2\frac{S_1}{P} + \cdots + 2\frac{S_n}{P} = 2\frac{S}{P} = r.$$

4.54. 직선 BS와 CM의 교점 N을 지나며 직선 QS, PR과 평행인 직선 Q_1S_1, P_1R_1을 작도하자(점 P_1, Q_1, R_1, S_1는 변 AB, BC, CD, DA에 속함). 직선 PR와 Q_1S_1, P_1R_1와 QS의 교점을 각각 F, G라 하자. 점 M은 평행사변형 NQ_1CR_1의 대각선 NC에 속하므로, $S_{FQ_1QM} = S_{MRR_1G}$이고(문제 4.19), $S_{NQ_1QG} = S_{NFRR_1}$이다. N은 평행사변형 $ABQS$의 대각선 BS에 속하므로, $S_{AP_1NS_1} = S_{NQ_1QG} = S_{NFRR_1}$이다. 결국, 점 N은 평행사변형 $APRD$의 대각선 PD에 속한다.

4.55. 주어진 사각형의 변들의 연장선의 교점을 E, F라 하자. 사각형의 꼭지점들을 E가 B, C쪽으로 변 AB, CD의 연장선의 교점이 되고, F가 반직선 BC, AD의 교점이 되도록 표시하자. 삼각형 AEF, ABD에 보조선을 그어 평행사변형 $AERF$, $ABLD$을 만들자. 중심이 A이고 계수가 2인 중심닮음변환에서 대각선 BD의 중점과 대각선 AC의 중점, 선분 EF의 중점은 L, C, R로 보내진다. 그러므로, 점 L, C, R이 한 직선에 속함을 보이면 된다. 그런데, 이 사실은 앞의 문제에서 증명되었다.

4.56. $S_{AKO} = S_{ALO}$, 즉 $AO \cdot AL \sin OAL = AO \cdot AK \sin OAK$을 보이면 된다. 그런데, $AL = CB_1 = BC\cos C, \sin OAL = \cos B, AK = BC_1 = BC\cos B$, $\sin OAK = \cos C$이다.

4.57. 사각형 A_1BC_1M은 외접도형이므로, 첫째 대변들의 길이의 합은 $\frac{a}{2} + \frac{m_c}{3} = \frac{c}{2} + \frac{m_a}{3}$이고, 둘째 내접원은 사각형과 같은 넓이를 가지는 삼각형 AA_1B, CC_1B의 내접원이다. 그러므로, 이들 삼각형의 둘레는 같다: $c + m_a + \frac{a}{2} = a + m_c + \frac{c}{2}$. 첫 번째 등식에 3을 곱하여 두 번째 등식에 더하면, 구하는 것을 얻을 수 있다.

4.58. 우선 문제해결에 사용할 명제를 하나 증명하자. 반직선 AB, AC에 임의의 점 B_1, C_1을 잡고, 이들로부터 직선 AO에 수선 B_1K, C_1L을 내리자. $B_1C_1 \geq B_1K + C_1L$이므로, $B_1C_1 \cdot R_a \geq B_1K \cdot R_a + C_1L \cdot R_a = 2S_{AOB_1} + 2S_{AOC_1} = AB_1 \cdot d_c + AC_1 \cdot d_b$이다.

(a) $B_1 = B$, $C_1 = C$이라 하면, 구하는 것을 얻을 수 있다.

(b) 부등식 $aR_a \geq cd_c + bd_b$의 양변에 d_a/a을 곱하면, $d_aR_a \geq (c/a)d_ad_c + (b/a)d_ad_b$을 얻는다. 이 부등식을 d_bR_b, d_cR_c에 대한 유사한 부등식들과 더하고, $\frac{x}{y} + \frac{y}{x} \geq 2$임을 감안하면, 구하는 것을 얻을 수 있다.

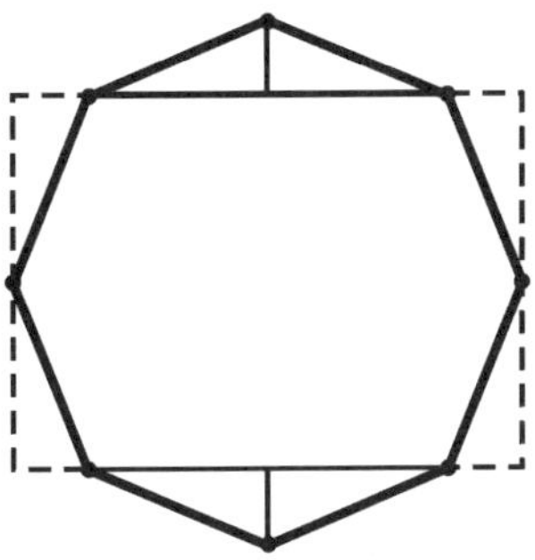

그림 4.14

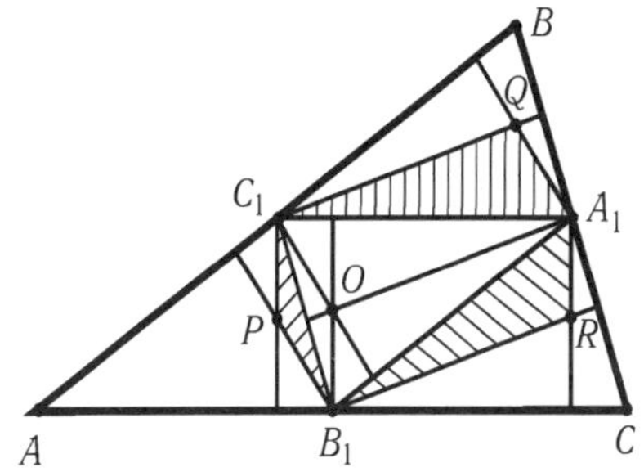

그림 4.15

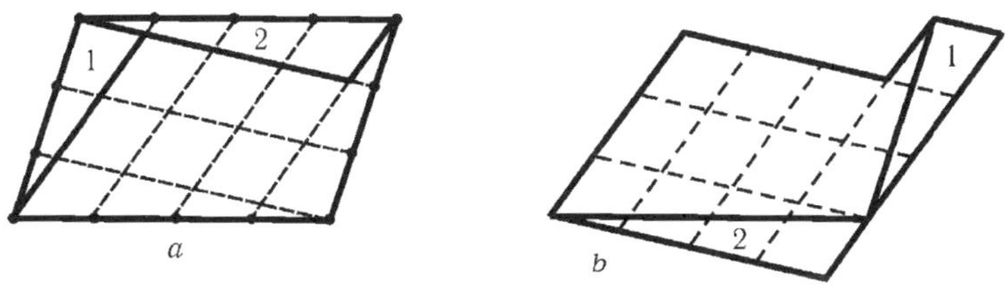

그림 4.16

(c) 점 B_1, C_1을 $AB_1 = AC$, $AC_1 = AB$이 성립하도록 잡자. 이때, $aR_a \geq bd_c + cd_b$, 즉 $R_a \geq (b/a)d_c + (c/a)d_b$이다. 이 부등식을 R_b, R_c에 대한 유사한 부등식들과 더하고, $\frac{x}{y} + \frac{y}{x} \geq 2$임을 감안하면, 구하는 것을 얻을 수 있다.
(d) B_1, C_1을 $AB_1 = AC_1 = 1$이 성립하도록 잡자.

4.59. 정팔각형에서 삼각형들을 잘라내어, 이들을 그림 4.14와 같이 옮겨놓자. 그러면, 변이 팔각형의 가장 긴 대각선, 가장 짧은 대각선과 같은 정사각형을 얻게 된다. 그러면, $B_1C_1 = 2\sin(A/2)$, 즉 $2\sin(A/2)R_a \geq d_c + d_b$이다. 이 부등식을 R_b, R_c에 대한 유사한 부등식들과 곱하고, $\sin(A/2)\sin(B/2)\sin(C/2) = r/4R$(문제 12.36(a))임을 감안하면, 구하는 것을 얻게 된다.

4.60. 삼각형 ABC의 변 BC, CA, AB의 중점을 A_1, B_1, C_1이라 하자. 작도된 선분들은 삼각형 AB_1C_1, A_1BC_1, A_1B_1C의 높이이다. 이들 삼각형의 높이들의 교점을 P, Q, R이라 하고, O를 삼각형 $A_1B_1C_1$의 높이들의 교점이라 하자(그림 4.15). 살펴본 육각형은 삼각형 $A_1B_1C_1$, B_1C_1P, C_1A_1Q, A_1B_1R으로 구성된다. $\triangle B_1C_1P \equiv \triangle C_1B_1O, \triangle C_1A_1Q \equiv \triangle A_1C_1O$, $\triangle A_1B_1R \equiv \triangle B_1A_1O$가 성

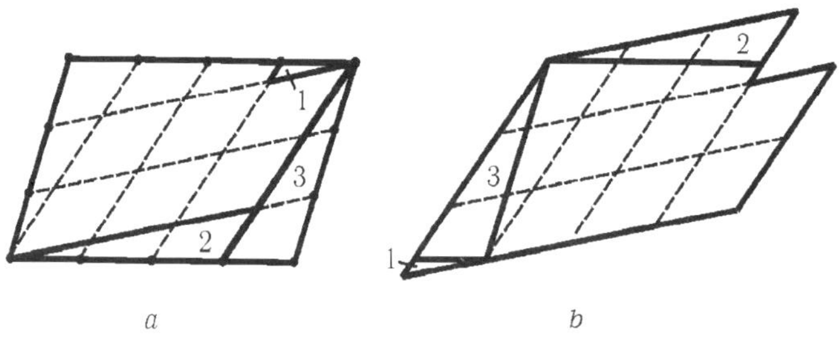

그림 4.17

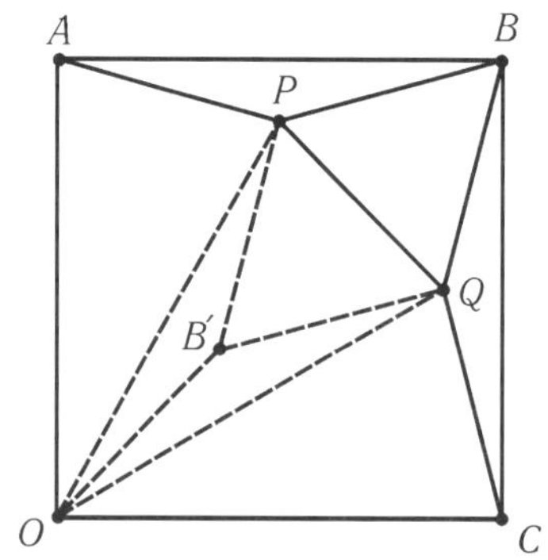

그림 4.18

렵한다. 그러므로, 살펴본 육각형의 넓이는 삼각형 $A_1B_1C_1$ 넓이의 두 배와 같다. 이제, $S_{ABC} = 4S_{A_1B_1C_1}$만 생각하면 된다.

4.61. (a) 평행사변형에서 두 부분을 잘라내고(그림 4.16(a)) 이들을 그림 4.16(b)와 같이 재구성하자. 얻어진 도형은 $mn + 1$개의 작은 평행사변형들로 구성되어 있다. 그러므로, 작은 평행사변형의 넓이는 $1/(mn + 1)$이다.
(b) 평행사변형에서 세 부분을 잘라내고(그림 6.17(a)) 이들을 그림 4.17(b)와 같이 재구성하자. 얻어진 도형은 $mn - 1$개의 작은 평행사변형들로 구성되어 있다. 그러므로, 작은 평행 사변형의 넓이는 $1/(mn - 1)$이다.

4.62. (a) 처음 정사각형을 네 개의 정사각형으로 분할하고 이들 중의 하나를 살펴보자(그림 4.18). 직선 PQ에 대해 점 B와 대칭인 점을 B'이라 하자. 이제, $\triangle APB \equiv \triangle OB'P$임을 증명하자. 삼각형 APB는 이등변삼각형이고, 밑변에서의 각이 $15°$이므로, 삼각형 BPQ는 정삼각형이다. 결국, $\angle OPB' = \angle OPQ - \angle B'PQ = 75° - 60° = 15°$, $\angle POB' = \angle POQ/2 = 15°$이다. 게다가, $AB =$

OP이다. 마찬가지 방법으로, $\triangle BQC \equiv \triangle OB'Q$가 증명된다. 결국, 그림 4.7에서 빗금친 부분의 넓이는 삼각형 OPQ의 넓이와 같다.

(b) 반지름이 1인 원에 내접하는 정12각형의 넓이를 $12x$라 하자. 문제 (a)에 의해, 이 원에 외접한 정사각형의 넓이는 $12x + 4x = 16x$이다. 한편, 이 정사각형의 넓이는 4이므로, $x = 1/4$, $12x = 3$이다.

제 5 장

삼각형

바탕 지식들

1. 삼각형의 모든 변과 접하는 원을 삼각형의 내접원이라 부른다. 내접원의 중심은 삼각형의 각의 이등분선들의 교점이다. 삼각형 ABC의 방접원은 삼각형의 한 변과 다른 두 변의 연장선에 접하는 원을 말한다. 각각의 삼각형은 세 개의 방접원을 가진다. 변 AB에 접하는 방접원의 중심은 각 C의 이등분선과 각 A, B의 외각의 이등분선의 교점이다. 삼각형의 외접원은 삼각형의 꼭지점들을 지나는 원을 말한다. 삼각형의 외접원의 중심은 변들의 수직이등분선의 교점이다.

2. 삼각형 ABC의 요소들을 나타내기 위해, 일반적으로 다음과 같은 표기를 사용한다:
a, b, c: 변 BC, CA, AB의 길이;
α, β, γ: 꼭지점 A, B, C에서의 각의 크기;
R: 외접원의 반지름;
r: 내접원의 반지름;
r_a, r_b, r_c: 변 BC, CA, AB에 각각 접하는 방접원의 반지름;
h_a, h_b, h_c: 꼭지점 A, B, C에서 내린 높이.

3. 삼각형 ABC의 각 A의 이등분선을 AD라 하면(또는 각 A의 외각의 이

등분선), $BD : CD = AB : AC$가 성립한다(문제 1.17).

4. 직각삼각형의 직각인 꼭지점에서 그은 중선은 빗변의 절반과 같다(문제 5.17).

5. 몇몇 직선들의 교점이 한 직선에 속함을 보이기 위해, 메넬라우스의 정리를 종종 사용한다(문제 5.64). 그리고 몇몇 직선들이 한 점에서 교차한다는 것을 보이기 위해, 체바의 정리를 종종 사용한다(문제 5.77).

도입 문제들

1. (a) 삼각형에서 중선이 높이와 일치하면, 삼각형은 이등변삼각형임을 증명하여라.
   (b) 삼각형에서 각의 이등분선과 높이가 일치하면, 삼각형은 이등변삼각형임을 증명하여라.

2. 삼각형의 각의 이등분선들은 한 점에서 교차한다는 것을 증명하여라.

3. 삼각형 ABC의 높이 AH에 점 M을 잡았 다. 이때, $AB^2 - AC^2 = MB^2 - MC^2$임을 증명하여라.

4. 정삼각형 ABC의 변 AB, BC, CA에 $AP : PB = BQ : QC = CR : RA = 2 : 1$이 되도록 점 P, Q, R을 각각 잡았다. 삼각형 PQR의 변들은 삼각형 ABC의 변들과 직교함을 증명하여라.

제 1 절 내접원과 외접원

5.1. 삼각형 ABC의 변 BC, CA, AB에 $AC_1 = AB_1, BA_1 = BC_1$, $CA_1 = CB_1$인 점 A_1, B_1, C_1을 각각 잡았다. 이때, 점 A_1, B_1, C_1은 내접원과 변들의 접점임을 증명하여라.

5.2. O_a, O_b, O_c를 삼각형 ABC의 방접원의 중심이라 하자. 점 A, B, C는 삼각형 $O_aO_bO_c$의 수선의 발임을 증명하여라.

5.3. 삼각형 ABC의 변 BC와 내접원의 중심 O는 $90° + \angle A/2$를 이루며, 방접원의 중심 O_a와는 $90° - \angle A/2$를 이룬다는 것을 증명하여라.

5.4. 삼각형 ABC의 내부점 P를 잡아 $\angle PAB : \angle PAC = \angle PCA : \angle PCB = \angle PBC : \angle PBA = x$이 되도록 하였다. 이때, $x = 1$임을 증명하여라.

5.5. 삼각형 ABC의 한 내부점을 높이들에 사영시켜 점 A_1, B_1, C_1을 얻었다. 선분 AA_1, BB_1, CC_1의 길이가 같다면, 이들의 길이는 $2r$임을 증명하여라.

5.6. 이등변삼각형 ABC의 밑변 AC의 중점을 O라 하자. $\alpha = \angle BAC$인 각을 꼭지점 O를 중심으로 회전시켰다. 이 각의 변들은 변 AB, BC와 점 P, Q에서 교차한다. 삼각형 PBQ의 둘레는 일정함을 증명하여라.

5.7. 이등변삼각형이 아닌 삼각형 ABC에서 변 BC의 중점 M과 내접원의 중심 O를 지나 높이 AH와 점 E에서 교차하는 직선 MO를 그었다. 이때, $AE = r$임을 증명하여라.

5.8. 꼭지점이 A인 각의 변들과 원이 점 P, Q에서 교차한다. 점 P, Q, A로부터 이 원에 대한 어떤 접선까지의 거리가 u, v, w이다. 이때, $uv/w^2 = \sin^2(A/2)$임을 증명하여라.

5.9. (a) 삼각형 ABC의 변 AB에 점 P를 잡았다. 삼각형 ABC, BCP, ACP의 내접원의 반지름을 각각 r, r_1, r_2라 하고, 꼭지점 C에서 그은 높이를 h라 하자. 이때, $r = r_1 + r_2 - 2r_1r_2/h$임을 증명하여라.
(b) 점 $A_1, A_2, A_3, \cdots$는 한 직선에 속한다(순서대로). 삼각형 BA_iA_{i+1}의 내접원의 반지름이 모두 r_1이면, 모든 삼각형 BA_iA_{i+k}의 내접원의 반지름은 모두 r_k와 같다는 것을 증명하여라.

5.10. 삼각형 ABC의 높이의 교점을 삼각형의 변들에 대해 대칭시키면, 얻어진 점들은 외접원에 속함을 증명하여라.

5.11. 삼각형 ABC의 외접원의 호 BC의 점 P로부터 변 BC, CA, AB에 수선

PX, PY, PZ를 그었다. 이때, $\frac{BC}{PX} = \frac{AC}{PY} + \frac{AB}{PZ}$임을 증명하여라.

5.12. 삼각형 ABC의 외접원의 중심을 O, 내접원의 중심을 I, 변 BC에 접하는 방접원의 중심을 I_a라 하자. 다음을 증명하여라.
(a) $d^2 = R^2 - 2Rr$, 단, $d = OI$;
(b) $d_a^2 = R^2 + 2Rr_a$, 단, $d_a = OI_a$.

5.13. 삼각형 ABC의 각의 이등분선의 연장선들은 외접원과 점 A_1, B_1, C_1에서 교차하며, 각의 이등분선들의 교점을 M이라 하자. 다음을 증명하여라.
(a) $\frac{MA \cdot MC}{MB_1} = 2r$;
(b) $\frac{MA_1 \cdot MC_1}{MB} = R$.

5.14. 삼각형 ABC의 변들의 길이는 등차수열을 이루며, $a < b < c$이다. 각 B의 이등분선은 외접원과 점 B_1에서 교차한다. 이때, 내접원의 중심 O는 선분 BB_1을 이등분함을 증명하여라.

5.15. 삼각형 ABC에서 변 BC가 가장 작다. 반직선 BA, CA에 변 BC와 같은 선분 BD, CE를 잡았다. 삼각형 ABC의 내접원과 외접원의 중심 사이의 거리는 삼각형 ADE의 외접원의 반지름과 같다는 것을 증명하여라.

제 2 절 직각삼각형

5.16. 삼각형 ABC에서 각 C는 직각이다. 이때, $r = (a + b - c)/2$, $r_c = (a + b + c)/2$임을 증명하여라.

5.17. 삼각형 ABC의 변 AB의 중점을 M이라 하자. $CM = AB/2$일 필요충분조건은 $\angle ACB = 90°$임을 증명하여라.

5.18. 밑변이 AD인 사다리꼴 $ABCD$가 주어졌다. 꼭지점 A, B의 외각의 이등분선은 점 P에서 교차하고, 꼭지점 C, D의 외각의 이등분선은 점 Q에

서 교차한다. 이때, 선분 PQ의 길이는 사다리꼴 둘레의 절반과 같다는 것을 증명하여라.

5.19. 밑변이 AC인 이등변삼각형에 각의 이등분선 CD를 그었다. DC에 직교하고 점 D를 지나는 직선이 AC와 점 E에서 교차한다. 이때, $EC = 2AD$임을 증명하여라.

5.20. 삼각형 ABC의 중선 BM, 각의 이등분선 BK에(또는 연장선) 점 D, E를 $DK \parallel AB$, $EM \parallel BC$이 성립하도록 잡았다. 이때, $ED \perp BK$임을 증명하여라.

5.21. 사다리꼴의 밑변에 놓인 각들의 합은 $90°$이다. 밑변의 중점들을 연결한 선분의 길이는 밑변들의 차의 절반과 같음을 증명하여라.

5.22. 직각삼각형 ABC에서 각직인 꼭지점 C로부터 높이 CK를 그었고, 삼각형 ACK의 각의 이등분선 CE를 그었다. 이때, $CB = BE$임을 증명하여라.

5.23. 각 C가 직각인 삼각형 ABC에 높이 CD와 각의 이등분선 CF를 그었고, DK, DL은 삼각형 BDC, ADC의 각의 이등분선이다. 이때, $CLFK$는 정사각형임을 증명하여라.

5.24. 직각삼각형 ABC의 빗변 AB에 바깥쪽으로 정사각형 $ABPQ$를 작도하였다. 그리고 $\alpha = \angle ACQ, \beta = \angle QCP$, $\gamma = \angle PCB$이다. 이때, $\cos\beta = \cos\alpha\cos\gamma$임을 증명하여라.

참고. 문제 1.40, 1.43, 2.39, 2.66, 2.67, 3.38, 5.32, 5.39, 5.42, 5.68, 5.144, 6.80, 11.14를 보시오.

제 3 절 정삼각형

5.25. 정삼각형 ABC의 내부점 M으로부터 변 AB, BC, CA로 수선 $MP, MQ,$

MR을 그었다. 이때, $AP^2 + BQ^2 + CR^2 = PB^2 + QC^2 + RA^2$, $AP + BQ + CR = PB + QC + RA$임을 증명하여라.

5.26. 점 D, E는 정삼각형 ABC의 변 AC, AB를 $AD : DC = BE : EA = 1 : 2$의 비로 나눈다. 직선 BD, CE는 점 O에서 교차한다. 이때, $\angle AOC = 90°$임을 증명하여라.

5.27. 원이 삼각형의 각 변을 3등분한다. 이때, 이 삼각형은 정삼각형임을 증명하여라.

5.28. 예각삼각형의 높이의 교점이 각 높이를 같은 비로 나눈다면, 삼각형은 정삼각형임을 증명하여라.

5.29. (a) $a + h_a = b + h_b = c + h_c$이면, 삼각형 ABC는 정삼각형임을 증명하여라.
(b) 삼각형 ABC에 세 개의 정사각형을 내접시켰고, 한 정사각형의 두 꼭지점은 변 AC에 속하고, 다른 정사각형의 두 꼭지점은 변 BC에 속하고, 세 번째 정사각형의 두 꼭지점은 변 AB에 속한다. 모든 세 정사각형이 합동이면, 삼각형 ABC는 정삼각형임을 증명하여라.

5.30. 삼각형 ABC에 변들과 점 A_1, B_1, C_1에서 접하는 원을 내접시켰다. 삼각형 ABC와 $A_1B_1C_1$이 닮음이면, 삼각형 ABC는 정삼각형임을 증명하여라.

5.31. 삼각형의 내접원의 반지름은 1이고, 높이들의 길이는 정수값이다. 이때, 이 삼각형은 정삼각형임을 증명하여라.

참고. 문제 1.29, 1.45, 1.46, 1.50(b), 1.59, 2.13, 2.15, 2.18, 2.19, 2.37, 2.45, 2.55, 4.46, 5.59, 5.60, 6.80, 7.16(b), 7.17, 7.22, 7.38, 7.45, 10.3, 10.77, 11.3, 11.5, 14.21(a), 16.7, 18.10–18.16, 18.18–18.21, 18.23–18.25, 18.40, 18.41, 24.1, 29.35, 29.36을 보시오.

제 4 절 각이 60°와 120°인 삼각형

5.32. 각 A가 120°인 삼각형 ABC에 각의 이등분선 AA_1, BB_1, CC_1을 작도하였다. 이때, 삼각형 $A_1B_1C_1$은 직각삼각형임을 증명하여라.

5.33. 각 A가 120°인 삼각형 ABC의 각의 이등분선 AA_1, BB_1, CC_1이 점 O에서 교차한다. 이때, $\angle A_1C_1O = 30°$임을 증명하여라.

5.34. (a) 삼각형 ABC의 각 A가 120°이면, 외접원의 중심과 수심은 각 A의 외각의 이등분선에 대해 대칭임을 증명하여라.
(b) 삼각형 ABC에서 각 A는 60°이고, O는 외접원의 중심, H는 수심, I는 내접원의 중심, I_a는 변 BC에 접하는 방접원의 중심이다. 이때, $IO = IH$, $I_aO = I_aH$임을 증명하여라.

5.35. 삼각형 ABC에서 각 A는 120°이다. 길이가 $a, b, b+c$인 선분들로 삼각형을 만들 수 있음을 증명하여라.

5.36. 각 A가 60°인 예각삼각형 ABC의 높이들이 점 H에서 교차한다.
(a) 선분 BH, CH에 대한 수직이등분선과 변 AB, AC의 교점을 M, N이라 하자. 이때, M, N, H는 한 직선에 속함을 증명하여라.
(b) 이 직선에 외접원의 중심 O가 속함을 증명하여라.

5.37. 삼각형 ABC에 각의 이등분선 BB_1, CC_1을 작도하였다. $\angle CC_1B_1 = 30°$이면, $\angle A = 60°$ 또는 $\angle B = 120°$임을 증명하여라.

참고. 문제 2.33을 보시오.

제 5 절 정수치 삼각형

5.38. 삼각형의 변들의 길이가 연속하는 정수이다. 중선들 중의 하나가 각의 이등분선의 하나와 직교한다고 할 때, 변들의 길이인 정수들을 구하여라.

5.39. 직각삼각형의 모든 변의 길이는 정수이고, 이들의 최대공약수는 1이다. 자연수 m, n에 대해, 이 삼각형의 밑변의 길이는 $2mn$, $m^2 - n^2$이고, 빗변은 $m^2 + n^2$임을 증명하여라.

참고. 변의 길이가 정수인 직각삼각형을 피타고라스의 삼각형이라 부른다.

5.40. 삼각형의 내접원의 반지름은 1이고, 변들의 길이는 정수이다. 이들 정수는 $3, 4, 5$임을 증명하여라.

5.41. 대각선들의 길이, 넓이, 외접원의 반지름은 정수이고, 변의 길이가 서로 다른 정수인 내접사각형의 예를 제시하여라(브라마굽타).

5.42. (a) 두 직각삼각형으로 변들의 길이와 넓이가 정수인 삼각형을 만들려 한다. 그러한 두 직각삼각형을 제시하여라.
(b) 삼각형의 넓이가 정수이고, 변들의 길이가 연속하는 자연수이면, 이 삼각형을 변들의 길이가 정수인 두 직각삼각형을 이용하여 만들 수 있음을 증명하여라.

5.43. (a) 변의 길이가 유리수인 삼각형 ABC에 높이 BB_1을 그었다. 선분 AB_1, CB_1의 길이가 유리수임을 증명하여라.
(b) 볼록사각형의 대각선들과 변들의 길이가 유리수이다. 대각선들은 볼록사각형을 변들의 길이가 정수인 네 개의 삼각형으로 나눈다는 것을 증명하여라.

참고. 문제 26.7을 보시오.

제 6 절 다양한 문제들

5.44. 삼각형 ABC와 $A_1B_1C_1$은 대응하는 각들이 같거나 합하여 $180°$가 된다. 이때, 대응하는 모든 각들이 같다는 것을 증명하여라.

5.45. 삼각형 ABC에 임의의 내부점 O를 잡고, 변 BC, CA, AB의 중점들에 대

한 점 O의 대칭점을 A_1, B_1, C_1이라 하자. 이때, $\triangle ABC \equiv \triangle A_1B_1C_1$이며, 직선 AA_1, BB_1, CC_1이 한 점에서 교차한다는 것을 증명하여라.

5.46. 삼각형 ABC의 각의 이등분선의 교점 O를 지나 변들에 평행한 직선들을 작도하였다. 변 AB와 평행한 직선은 변 AC, BC와 점 M, N에서 교차하고, AC, BC와 평행한 직선들은 AB와 점 P, Q에서 교차한다. 이때, $MN = AM + BN$이며, 삼각형 OPQ의 둘레는 선분 AB의 길이와 같다는 것을 증명하여라.

5.47. (a) 삼각형의 높이들은 한 점에서 교차한다는 것을 증명하여라.
(b) H를 삼각형 ABC의 높이의 교점이라 하고, R을 외접원의 반지름이라 하자. 이때, $AH^2 + BC^2 = 4R^2$, $AH = BC|\cot\alpha|$임을 증명하여라.

5.48. $x = \sin 18°$라 하자. 이때, $4x^2 + 2x = 1$임을 증명하여라.

5.49. 삼각형 ABC의 꼭지점 A를 꼭지점 B, C의 외각과 내각의 이등분선에 사영시켜 얻어진 점들은 한 직선에 속함을 증명하여라.

5.50. 삼각형에서 두 각의 이등분선이 같으면, 삼각형은 이등변삼각형임을 증명하여라.

5.51. (a) 삼각형 ABC와 $A'B'C'$에서 변 AC와 $A'C'$, 꼭지점 B와 B'에서의 각, 각 B와 B'의 이등분선이 각각 같다. 이들 삼각형이 합동임을 증명하여라.
(b) 각 ABC의 이등분선 BB_1의 점 D를 지나 직선 AA_1, CC_1을 작도하였다(점 A_1, C_1은 삼각형의 변에 속함). $AA_1 = CC_1$이면, $AB = BC$임을 증명하여라.

5.52. 직선이 삼각형의 둘레와 넓이를 같은 비로 나눌 필요충분조건은 직선이 내접원의 중심을 지나는 것임을 증명하여라.

5.53. 점 C가 놓인 삼각형 ABC의 외접원의 호 AB의 중점을 E라 하고, 변 AB의 중점을 C_1이라 하자. 점 E로부터 변 AC에 수선 EF를 그었다. 다

음을 증명하여라.

(a) 직선 C_1F는 삼각형 ABC의 둘레를 이등분한다;

(b) 삼각형의 각 변에 대해 작도한 그러한 세 직선은 한 점에서 교차한다.

5.54. 예각삼각형 ABC에서 변 AB, BC의 바깥쪽으로 정사각형인 ABC_1D_1, A_2BCD_2를 작도하였다. 이때, 직선 AD_2, CD_1의 교점은 높이 BH에 속함을 증명하여라.

5.55. 삼각형 ABC의 변에 바깥쪽으로 중심이 A_1, B_1, C_1인 정사각형들을 작도하였다. a_1, b_1, c_1을 삼각형 $A_1B_1C_1$의 변들의 길이라 하고, S와 S_1을 삼각형 ABC와 $A_1B_1C_1$의 넓이라 하자. 이때, 다음을 증명하여라.

(a) $a_1^2 + b_1^2 + c_1^2 = a^2 + b^2 + c^2 + 6S$;

(b) $S_1 - S = (a^2 + b^2 + c^2)/8$.

5.56. 삼각형 ABC의 변 AB, BC, CA 또는 변들의 연장선에 $\angle(CC_1, AB) = \angle(AA_1, BC) = \angle(BB_1, CA) = \alpha$인 점 C_1, A_1, B_1을 잡았다. 직선 AA_1과 BB_1, BB_1과 CC_1, CC_1과 AA_1은 점 C', A', B'에서 교차한다. 다음을 증명하여라.

(a) 삼각형 ABC의 높이들의 교점은 삼각형 $A'B'C'$의 외접원의 중심과 일치한다;

(b) $\triangle A'B'C' \sim \triangle ABC$이고, 닮음계수는 $2\cos\alpha$이다.

5.57. 삼각형 ABC의 각들 각각에 원을 하나씩 내접시켰다. 삼각형의 한 꼭지점은 나머지 두 각에 내접한 원들과 같은 각을 이룬다. 두 번째 다른 꼭지점도 같은 성질을 가진다. 이때, 세 번째 꼭지점도 두 원과 같은 각들을 이룬다는 것을 증명하여라.

5.58. 삼각형 ABC의 변들에 점 A_1, B_1, C_1을 $AB_1 : B_1C = c^n : a^n, BC_1 : C_1A = a^n : b^n$, $CA_1 : A_1B = b^n : c^n$이 되도록 잡았다(a, b, c는 삼각형의 변들의 길이). 삼각형 $A_1B_1C_1$의 외접원은 삼각형 ABC의 변들로부터 길이가 $\pm x, \pm y$, $\pm z$인 선분을 잘라낸다(부호는 삼각형의 방향성에 따라

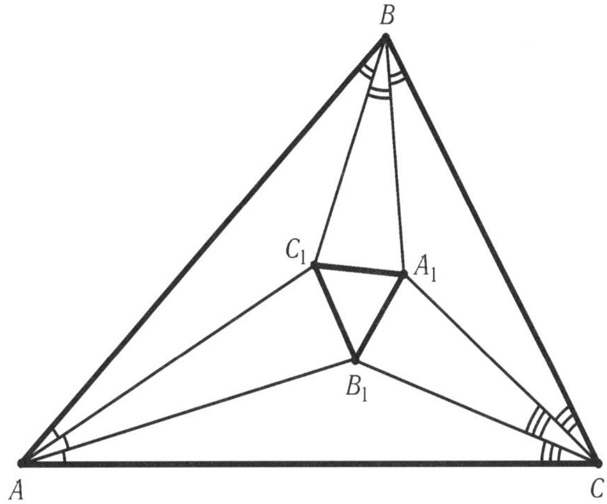

그림 5.1

선택됨). 이때, 다음 등식을 증명하여라.

$$\frac{x}{a^{n-1}} + \frac{y}{b^{n-1}} + \frac{z}{c^{n-1}} = 0$$

5.59. 삼각형 ABC에 삼등분선(각을 3등분하는 반직선)을 작도하였다. BC에 가장 가까운 각 B와 C의 삼등분선은 점 A_1에서 교차하며, 유사한 방법으로 B_1, C_1을 잡자(그림 5.1). 이때, 삼각형 $A_1B_1C_1$은 정삼각형임을 증명하여라(몰리의 정리).

5.60. 정삼각형 ABC의 각 변을 밑변으로 하여 안쪽으로 밑각이 α, β, γ인 이등변삼각형 A_1BC, AB_1C, ABC_1을 작도하였으며, $\alpha + \beta + \gamma = 60°$이다. 직선 BC_1과 B_1C는 점 A_2에서 교차하고, 직선 AC_1과 A_1C는 점 B_2에서 교차하고, 직선 AB_1과 A_1B는 점 C_2에서 교차한다. 이때, 삼각형 $A_2B_2C_2$의 각은 $3\alpha, 3\beta$, 3γ임을 증명하여라.

5.61. 반지름이 u_a인 원이 삼각형 ABC의 각 A에 내접하고, 반지름이 u_b인 원이 각 B에 내접하며, 이들 원은 서로 외접한다. 변들의 길이가 $a_1 = \sqrt{u_a \cot(\alpha/2)}$, $b_1 = \sqrt{u_b \cot(\beta/2)}$, $c_1 = \sqrt{c}$인 삼각형의 외접원의 반지름은 $\sqrt{p}/2$임을 증명하여라(단, p는 삼각형 ABC의 둘레임).

5.62. 원 S_1이 삼각형 ABC의 각 A에 내접하고, 원 S_2는 각 B에 내접하며, 두 원은 외접한다. 원 S_3은 각 C에 내접하고 S_2에 접하며, 원 S_4는 각 A에 내접하며 S_3에 접하고 등등. 이때, 원 S_7은 S_1과 일치함을 증명하여라.

5.63. 원 S_1이 삼각형 ABC의 각 A에 내접한다. 꼭지점 C에서 원으로 접선(CA가 아닌)을 그었고, 꼭지점 B에 만들어진 삼각형에 원 S_2를 내접시켰다. 꼭지점 A로부터 S_2에 접선을 그었고, 꼭지점 C에 만들어진 삼각형에 원 S_3를 내접시키고 등등. 이때, 원 S_7은 S_1과 일치함을 증명하여라.

제 7 절 메넬라우스의 정리

$\overrightarrow{AB}$와 $\overrightarrow{CD}$를 공선적 벡터라 하자. 양 $\pm\frac{AB}{CD}$을 $\frac{\overline{AB}}{\overline{CD}}$로 나타내고, 벡터 $\overrightarrow{AB}$와 $\overrightarrow{CD}$가 같은 방향이면 $\frac{\overline{AB}}{\overline{CD}}$는 양의 부호를, 다른 방향이면 음의 부호를 가진다.

5.64. 삼각형 ABC의 변 BC, CA, AB(또는 연장선)에 점 A_1, B_1, C_1을 잡았다. 이때, 점 A_1, B_1, C_1이 한 직선에 속할 필요충분조건은 다음 등식이 성립하는 것임을 증명하여라(메넬라우스의 정리).

$$\frac{\overline{BA_1}}{\overline{CA_1}} \cdot \frac{\overline{CB_1}}{\overline{AB_1}} \cdot \frac{\overline{AC_1}}{\overline{BC_1}} = 1$$

5.65. 메넬라우스의 정리를 이용하여 문제 5.95(a)를 풀어라.

5.66. 원 S가 원 S_1, S_2와 점 A_1, A_2에서 접한다. 직선 A_1A_2는 원 S_1, S_2에 대한 공통외접선들 또는 공통내접선들의 교점를 지난다는 것을 증명하여라.

5.67. (a) 삼각형 ABC의 각의 이등분선 AD에 대한 수직이등분선은 직선 BC와 점 E에서 교차한다. 이때, $BE : CE = c^2 : b^2$임을 증명하여라.

(b) 삼각형의 각의 이등분선들에 대한 수직이등분선들과 상응하는 변들의 연장선들의 교점은 한 직선에 속함을 증명하여라.

5.68. 삼각형 ABC의 직각인 꼭지점 C로부터 높이 CK를 그었고, 삼각형 ACK에 각의 이등분선 CE를 그었다. 점 B를 지나 CE에 평행한 직선은 CK와 점 F에서 교차한다. 이때, 직선 EF는 선분 AC를 이등분한다는 것을 증명하여라.

5.69. 직선 BC, CA, AB에 점 A_1, B_1, C_1을 잡았고, 점 A_1, B_1, C_1은 한 직선에 속한다. 직선 AA_1, BB_1, CC_1과 삼각형 ABC의 상응하는 각의 이등분선에 대해 대칭인 직선들은 BC, CA, AB와 점 A_2, B_2, C_2에서 교차한다. 이때, 점 A_2, B_2, C_2는 한 직선에 속함을 증명하여라.

5.70. 직선 AA_1, BB_1, CC_1은 한 점 O에서 교차한다. 직선 AB와 A_1B_1, BC와 B_1C_1, AC와 A_1C_1의 교점들은 한 직선에 속한다는 것을 증명하여라(데자르그의 정리).

5.71. 한 직선에 점 A_1, B_1, C_1을 잡고, 다른 직선에 A_2, B_2, C_2를 잡았다. 직선 A_1B_2와 A_2B_1, B_1C_2와 B_2C_1, C_1A_2와 C_2A_1은 각각 점 C, A, B에서 교차한다. 점 A, B, C는 한 직선에 속한다는 것을 증명하여라(파푸스의 정리).

5.72. 사각형 $ABCD$의 변 AB, BC, CD(또는 연장선)에 점 K, L, M을 잡았다. 직선 KL, AC는 점 P에서 교차하고, 직선 LM과 BD는 점 Q에서 교차한다. 이때, 직선 KQ과 MP의 교점은 직선 AD에 속함을 증명하여라.

5.73. 사각형 $ABCD$의 변 AB, CD의 연장선은 점 P에서 교차하고, 변 BC와 AD의 연장선은 점 Q에서 교차한다. 점 P를 지나며 BC, AD와 E, F에서 교차하는 직선을 작도하였다. 사각형 $ABCD$, $ABEF$, $CDFE$의 대각선들의 교점들은 점 Q를 지나는 직선에 속함을 증명하여라.

5.74. (a) 점 P, Q를 지나는 세 직선이 주어졌다. 이들의 교점을 그림 5.2와 같

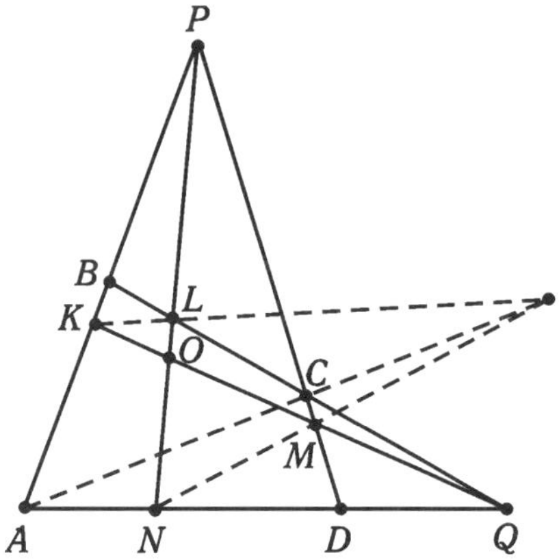

그림 5.2

이 나타냈다. 직선 KL, AC, MN이 한 점에서 교차한다(또는 평행하다)는 것을 증명하여라.

(b) 점 O가 직선 BD에 속하면, 직선 KL, AC, MN의 교점은 직선 PQ에 속함을 증명하여라.

5.75. 직선 BC, CA, AB에 점 A_1, B_1, C_1을 잡았다. P_1은 직선 BC의 점이고, 직선 P_1B_1과 AB의 교점을 P_2, 직선 P_2A_1와 CA의 교점을 P_3, 직선 P_3C_1와 BC의 교점을 P_4라 하고, 이와 같은 방법으로 P_7을 순차적으로 정의하자. 이때, 점 P_7과 P_1이 일치함을 증명하여라.

5.76. 육각형 $ABCDEF$의 대각선 AD, BE, CF은 한 점에서 교차한다. A'을 직선 AC와 FB의 교점, B'을 BD와 AC의 교점, C'을 CE와 BD의 교점이라 하자. 직선 $A'B'$와 $D'E'$, $B'C'$와 $E'F'$, $C'D'$와 $F'A'$의 교점들은 한 직선에 속함을 증명하여라.

참고. 문제 6.104를 보시오.

제 8 절 체바의 정리

5.77. 삼각형 ABC가 주어졌다. 직선 AB, BC, CA에 점 C_1, A_1, B_1을 잡았는

데, 이들 중 k개는 삼각형의 변들에 속하고, $3-k$개는 변들의 연장선에 속한다. R을 다음과 같이 정의하자.

$$R = \frac{BA_1}{CA_1} \cdot \frac{CB_1}{AB_1} \cdot \frac{AC_1}{BC_1}$$

이때, 다음을 증명하여라.

(a) 점 A_1, B_1, C_1이 한 직선에 속할 필요충분조건은 $R=1$이고 k가 짝수인 것이다(메넬라우스의 정리);

(b) 직선 AA_1, BB_1, CC_1이 한 점에서 교차하거나 평행할 필요충분조건은 $R=1$이고 k가 홀수인 것이다(체바의 정리).

5.78. 삼각형 ABC의 내접원(또는 방접원)은 직선 BC, CA, AB와 점 A_1, B_1, C_1에서 교차한다. 이때, 직선 AA_1, BB_1, CC_1이 한 점에서 교차한다는 것을 증명하여라.

참고. 삼각형의 꼭지점들과 내접원의 접점들을 연결한 직선들의 교점을 제르곤의 점이라 부른다.

5.79. 방접원들과 변들의 접점들과 삼각형의 꼭지점들을 연결한 직선은 한 점에서 교차한다는 것을 증명하여라(나겔의 점).

5.80. 예각삼각형의 높이들은 한 점에서 교차한다는 것을 증명하여라.

5.81. 직선 AP, BP, CP는 삼각형 ABC의 변들(또는 연장선)과 점 A_1, B_1, C_1에서 교차한다. 다음을 증명하여라.

(a) 변 BC, CA, AB의 중점을 지나 직선 AP, BP, CP와 평행한 직선들은 한 점에서 교차한다는 것을 증명하여라;

(b) 변 BC, CA, AB의 중점들과 선분 AA_1, BB_1, CC_1의 중점들을 연결한 직선들은 한 점에서 교차한다는 것을 증명하여라.

5.82. 삼각형 ABC의 변 BC, CA, AB에 점 A_1, B_1, C_1를 잡아 선분 AA_1, BB_1, CC_1이 한 점에서 교차하도록 하였다. 직선 A_1B_1과 A_1C_1은 점 A를 지나 변 BC에 평행한 직선과 점 C_2, B_2에서 각각 교차한다. 이때, $AB_2 = AC_2$임을 증명하여라.

5.83. (a) 임의의 각 α, β, γ에 대해 이들 중 임의의 두 각의 합은 180°보다 작다. 삼각형 ABC의 변들에 바깥쪽으로 꼭지점 A, B, C에서의 각이 각각 α, β, γ인 삼각형 A_1BC, AB_1C, ABC_1을 작도하였다. 직선 AA_1, BB_1, CC_1이 한 점에서 교차한다는 것을 증명하여라;

(b) 유사한 명제를 삼각형 ABC의 변의 안쪽에 작도한 삼각형들에 대해서도 증명하여라.

5.84. 삼각형 ABC의 변 BC, CA, AB은 중심이 O인 원과 점 A_1, B_1, C_1에서 접한다. 반직선 OA_1, OB_1, OC_1에 같은 선분들 OA_2, OB_2, OC_2를 작도하였다. 직선 AA_2, BB_2, CC_2는 한 점에서 교차한다는 것을 증명하여라.

5.85. 직선 AP, BP, CP는 직선 BC, CA, AB와 각각 점 A_1, B_1, C_1에서 교차한다. 점 A_2, B_2, C_2는 직선 BC, CA, AB에 $\overline{BA_2} : \overline{A_2C} = \overline{A_1C} : \overline{BA_1}$, $\overline{CB_2} : \overline{B_2A} = \overline{B_1A} : \overline{CB_1}$, $\overline{AC_2} : \overline{C_2B} = \overline{C_1B} : \overline{AC_1}$이 되도록 잡았다. 직선 AA_2, BB_2, CC_2는 점 Q에서 교차한다(또는 평행한다)는 것을 증명하여라.

참고. 이러한 점 P와 Q를 삼각형 ABC에 대한 등선분공액점(isotomic conjugate points)라고 부른다.

5.86. 삼각형 ABC의 변 BC, CA, AB에 점 A_1, B_1, C_1을 잡았다. 다음 등식을 증명하여라.

$$\frac{AC_1}{C_1B} \cdot \frac{BA_1}{A_1C} \cdot \frac{CB_1}{B_1A} = \frac{\sin ACC_1}{\sin C_1CB} \cdot \frac{\sin BAA_1}{\sin A_1AC} \cdot \frac{\sin CBB_1}{\sin B_1BA}.$$

5.87. 삼각형 ABC의 변 BC, CA, AB에 A_1, B_1, C_1을 잡았고, 직선 AA_1, BB_1, CC_1은 한 점 P에서 교차한다. 상응하는 각의 이등분선에 대해 이들 직선과 대칭인 직선 AA_2, BB_2, CC_2는 한 점 Q에서 교차한다는 것을 증명하여라.

참고. 그러한 점 P와 Q를 삼각형 ABC에 대한 등각공액점(isogonal conjugate points)이라고 부른다.

5.88. 볼록육각형의 변들의 연장선이 쌍으로 평행하다. 대변들의 중점들을 연결한 직선들이 한 점에서 교차한다는 것을 증명하여라.

5.89. 어떤 점 P로부터 삼각형 ABC의 변 BC에 수선 PA_1, PA_2를 긋고, 높이 AA_3를 작도하였다. 마찬가지 방법으로 점 B_1, B_2와 C_1, C_2를 정의하자. 직선 A_1A_2, B_1B_2, C_1C_2가 한 점에서 교차하거나 또는 평행하다는 것을 증명하여라.

5.90. 원에 속하는 점 A, D를 지나 점 S에서 교차하는 접선들을 작도하였다. 호 AD에 점 B, C를 잡았다. 직선 AC, BD는 점 P에서 교차하고, AB와 CD는 점 Q에서 교차한다. 직선 PQ는 점 S를 지난다는 것을 증명하여라.

5.91. ABC의 내접원은 삼각형의 변들과 점 A_1, B_1, C_1에서 접한다. 삼각형 ABC의 내부에 점 X를 잡았다. 직선 AX는 내접원의 호 B_1C_1과 점 A_2에서 교차하며, 점 B_2, C_2를 유사한 방법으로 정의하자. 직선 A_1A_2, B_1B_2, C_1C_2가 한 점에서 교차한다는 것을 증명하여라.

5.92. 삼각형 ABC의 내부에 점 X를 잡았다. 직선 AX는 외접원과 점 A_1에서 교차한다. 변 BC에 의해 잘린 활꼴에 호 BC와 점 A_1에서 접하며 변 BC와는 점 A_2에서 접하는 원을 내접시켰다. 점 B_2, C_2를 같은 방법으로 정의하자. 직선 AA_2, BB_2, CC_2가 한 점에서 교차한다는 것을 증명하여라.

5.93. (a) 밑변이 AB인 이등변삼각형 ABC의 변 BC, CA, AB에 점 A_1, B_1, C_1을 잡았고, 직선 AA_1, BB_1, CC_1이 한 점에서 교차하도록 하였다. 다음 등식을 증명하여라.

$$\frac{AC_1}{C_1B} = \frac{\sin ABB_1 \sin CAA_1}{\sin BAA_1 \sin CBB_1}$$

(b)밑변이 AB인 이등변삼각형 ABC의 내부에 M, N을 잡아 $\angle CAM = \angle ABN$, $\angle CBM = \angle BAN$을 만족하도록 하였다. 점 C, M, N이 한 직선에 속함을 증명하여라.

5.94. 삼각형 ABC에 각의 이등분선 AA_1, BB_1, CC_1을 작도하였다. AA_1과 CC_1은 각각 C_1B_1, B_1A_1과 점 M, N에서 교차한다. 이때, $\angle MBB_1 = \angle NBB_1$임을 증명하여라.

참고. 문제 10.56, 14.7, 14.40을 보시오.

제 9 절 심슨의 직선

5.95. (a) 삼각형의 외접원의 점 P에서 삼각형의 변들 또는 연장선에 그은 수선들의 발은 한 직선에 속함을 증명하여라(심슨의 직선);
(b) 어떤 점 P에서 삼각형의 변들 또는 연장선에 그은 수선의 발들은 한 직선에 속한다. 이때, 점 P는 삼각형의 외접원에 속함을 증명하여라.

5.96. 점 A, B, C는 한 직선에 속하고, 점 P는 이 직선의 밖에 놓여있다. 삼각형 ABP, BCP, ACP의 외접원의 중심과 점 P는 한 직선에 속함을 증명하여라.

5.97. 삼각형 ABC에 각의 이등분선 AD를 작도하고, 점 D로부터 직선 AC, AB에 수선 DB', DC'을 작도하자. 점 M은 직선 $B'C'$에 속하며, $DM \perp BC$가 성립한다. 이때, 점 M은 중선 AA_1에 속함을 증명하여라.

5.98. (a) 삼각형 ABC의 외접원의 점 P로부터 직선 BC, CA, AB에 직선 PA_1, PB_1, PC_1을 그어, 이들 사이 (유향)각이 α가 되도록 하였다(점 A_1, B_1, C_1은 직선 BC, CA, AB에 속함). 이때, 점 A_1, B_1, C_1이 한 직선에 속함을 증명하여라.
(b) 심슨의 직선의 정의에서 각 $90°$를 각 α로 바꾸면, 심슨의 직선은 $90° - \alpha$만큼 회전한다는 것을 증명하여라.

5.99. (a) 삼각형 ABC의 외접원의 점 P로부터 직선 BC, AC에 수선 PA_1, PB_1을 그었다. R을 외접원의 반지름, d를 점 P에서 직선 AB까지의 거리라 하면, $PA \cdot PA_1 = 2Rd$임을 증명하여라;

(b) α를 직선 A_1B_1과 BC사이의 각이라 하자. 이때, $\cos\alpha = PA/2R$임을 증명하여라.

5.100. 삼각형 ABC의 외접원의 점 P를 직선 BC, AC에 사영시켜 얻어진 점을 A_1, B_1이라 하자. 선분 A_1B_1의 길이는 선분 AB를 직선 A_1B_1에 사영시켜 얻은 선분의 길이와 같음을 증명하여라.

5.101. 원에 정점 P, C가 주어졌고, 점 A, B는 원을 따라 각 ACB가 일정하도록 움직이고 있다. 삼각형 ABC에 대한 점 P의 심슨의 직선들은 고정된 원에 접한다는 것을 증명하여라.

5.102. 점 P는 삼각형 ABC의 외접원을 따라 이동한다. 이때, 삼각형 ABC에 대한 점 P의 심슨의 직선은 점 P가 이동한 호의 중심각의 절반만큼 회전한다는 것을 증명하여라.

5.103. 삼각형 ABC에서 외접원의 지름 양끝에 있는 두 점의 심슨의 직선들은 직교하고, 이들의 교점은 구점원에 속함을 증명하여라(문제 5.117 참고).

5.104. 점 A, B, C, P, Q는 중심이 O인 원에 속하고, $\overrightarrow{OP}$와 $\overrightarrow{OA}, \overrightarrow{OB}, \overrightarrow{OC}$, $\overrightarrow{OQ}$사이의 각은 각각 α, β, γ, $(\alpha+\beta+\gamma)/2$이다. 삼각형 ABC에 대한 점 P의 심슨의 직선은 OQ에 평행하다는 것을 증명하여라.

5.105. 점 A, B, C, P는 중심이 O인 원에 속한다. 삼각형 $A_1B_1C_1$의 변들은 직선 PA, PB, PC($PA \| B_1C_1$ 등등)에 평행하다. 삼각형 $A_1B_1C_1$의 꼭지점들을 지나 삼각형 ABC의 변들에 평행한 직선들을 작도하였다.
(a) 이들 직선은 삼각형 $A_1B_1C_1$의 외접원에 속하는 점 P_1에서 교차한다는 것을 증명하여라;
(b) 점 P_1의 심슨의 직선은 직선 OP와 평행함을 증명하여라.

5.106. 삼각형 ABC의 외접원의 현 PQ는 변 BC와 직교한다. 삼각형 ABC에 대한 점 P의 심슨의 직선은 직선 AQ와 평행하다는 것을 증명하여라.

5.107. 삼각형 ABC의 높이들은 점 H에서 교차하고, 점 P는 외접원의 점이다. 삼각형 ABC에 대한 점 P의 심슨의 직선은 선분 PH를 이등분함을 증명하여라.

5.108. 사각형 $ABCD$가 원에 내접하고, l_a는 삼각형 BCD에 대한 점 A의 심슨의 직선이고, l_b, l_c, l_d도 마찬가지 방법으로 정의하자. 이때, 이들 직선이 한 점에서 교차한다는 것을 증명하여라.

5.109. (a) 사각형 $ABCD$에서 외접원의 점 P를 삼각형 BCD, CDA, DAB, BAC의 심슨의 직선들에 대해 사영시켜 얻어진 점들은 한 직선에 속함을 증명하여라(내접사각형에 대한 심슨의 직선);
(b) 모든 $(n-1)$각형들(n각형에서 한 꼭지점을 버려서 얻어진)의 심슨의 직선들에 대해 점 P를 사영시켜 얻어진 점들을 생각하자. 귀납적으로, 이들 점을 포함하는 직선을 내접n각형의 심슨의 직선으로 정의할 수 있음을 증명하여라.

참고. 문제 5.11, 5.65을 보시오.

제 10 절 수선발삼각형

점 P에서 직선 BC, CA, AB에 그은 수선의 발을 A_1, B_1, C_1이라 하자. 삼각형 $A_1B_1C_1$을 삼각형 ABC에 대한 점 P의 수선발삼각형이라 부른다.

5.110. 삼각형 ABC에 대한 점 P의 수선발삼각형을 $A_1B_1C_1$이라 하자. 삼각형 ABC의 외접원의 반지름을 R이라 할 때, $B_1C_1 = BC \cdot AP/2R$임을 증명하여라.

5.111. 직선 AP, BP, CP는 삼각형 ABC의 외접원과 점 A_2, B_2, C_2에서 교차하고, 삼각형 $A_1B_1C_1$는 삼각형 ABC에 대한 점 P의 수선발삼각형이다. 이때, $\triangle A_1B_1C_1 \sim \triangle A_2B_2C_2$임을 증명하여라.

5.112. 예각삼각형 ABC의 내부점 P가 주어졌다. 점 P로부터 변들에 수선

PA_1, PB_1, PC_1을 그어, 삼각형 $A_1B_1C_1$를 얻었다. 같은 조작을 반복하여, $\triangle A_2B_2C_2$, $\triangle A_3B_3C_3$를 얻었다. 이때, $\triangle A_3B_3C_3 \sim \triangle ABC$임을 증명하여라.

5.113. 삼각형 ABC에 반지름이 R이고 중심이 O인 원을 내접시켰다. 이때 $d = PO$라 하면, 삼각형 ABC에 대한 점 P의 수선발삼각형의 넓이는 $\frac{1}{4}\left|1 - \frac{d^2}{R^2}\right| S_{ABC}$임을 증명하여라.

5.114. 점 P로부터 삼각형 ABC의 변에 수선 PA_1, PB_1, PC_1을 그었다. 선분 PA와 B_1C_1의 중점들을 연결한 직선을 l_a이라 하자. 마찬가지 방법으로, l_b, l_c를 정의하자. 이때, 이들 직선이 한 점에서 교차한다는 것을 증명하여라.

5.115. (a) 점 P_1과 P_2는 삼각형 ABC에 대해 등각공액이다. 이들의 수선발삼각형들은 공통외접원을 가지며, 공통외접원의 중심은 선분 P_1P_2의 중점임을 증명하여라.
(b) 점 P_1, P_2로부터 삼각형의 변들에 수선이 아니라 주어진 각(유향각)을 이루는 직선들을 작도해도 명제 (a)가 성립함을 증명하여라.

참고. 문제 5.146, 5.147, 14.21(b)를 보시오.

제 11 절 오일러의 직선과 구점원

5.116. H를 삼각형 ABC의 높이들의 교점, O를 외접원의 중심, M을 중선들의 교점이라 하자. 점 M은 선분 OH에 속하고, $OM : MH = 1 : 2$임을 증명하여라(점 O, M, H를 연결한 직선을 오일러의 직선이라 부름).

5.117. 삼각형의 변들의 중점, 높이들의 발, 높이들의 교점과 꼭지점들을 연결한 선분들의 중점은 한 원에 속하고(구점원), 이 원의 중심은 선분 OH의 중점임을 증명하여라.

5.118. 삼각형 ABC의 높이들이 점 H에서 교차한다.

(a) 삼각형 ABC, HBC, AHC, ABH는 공통의 구점원을 가짐을 증명하여라.

(b) 삼각형 ABC, HBC, AHC, ABH의 오일러의 직선들은 한 점에서 교차한다는 것을 증명하여라.

(c) 삼각형 ABC, HBC, AHC, ABH의 외접원들의 중심은 $HABC$와 대칭인 사각형의 꼭지점들이 된다는 것을 증명하여라.

5.119. 예각삼각형과 둔각삼각형에서 오일러의 직선은 어떤 변들과 교차하는가?

5.120. (a) 삼각형 ABC의 외접원은 삼각형 ABC의 방접원의 중심들로 만들어진 삼각형에 대한 구점원임을 증명하여라.

(b) 외접원은 내접원과 방접원의 중심을 연결한 선분을 이등분함을 증명하여라.

5.121. 삼각형 ABC에 대한 오일러의 직선이 BC와 평행할 필요충분조건은 $\tan B \tan C = 3$임을 증명하여라.

5.122. 구점원이 예각삼각형 ABC의 변 AB를 분할하여 얻어진 선분은 구점원의 중심과 $2|\angle A - \angle B|$인 각을 이룬다는 것을 증명하여라.

5.123. 오일러의 직선이 삼각형의 내접원의 중심을 지나면, 삼각형은 이등변삼각형임을 증명하여라.

5.124. 내접원이 삼각형 ABC의 변과 A_1, B_1, C_1에서 접한다. 삼각형 $A_1B_1C_1$의 오일러의 직선은 삼각형 ABC의 외접원의 중심을 지난다는 것을 증명하여라.

5.125. 삼각형 ABC에 높이 AA_1, BB_1, CC_1을 그었다. A_1A_2, B_1B_2, C_1C_2를 삼각형 ABC의 구점원의 지름이라 하자. 직선 AA_2, BB_2, CC_2는 한 점에서 교차한다(또는 평행하다)는 것을 증명하여라.

참고. 문제 3.66(a), 13.34(b)를 보시오.

제 12 절 브로카르의 점

5.126. (a) 삼각형 ABC의 내부에 $\angle ABP = \angle CAP = \angle BCP$인 점 P가 존재함을 증명하여라.

(b) 삼각형 ABC의 변들에 바깥쪽으로 삼각형 ABC와 닮은 삼각형 CA_1B, CAB_1, C_1AB를 작도하였다(모든 네 삼각형의 첫 번째 꼭지점에서의 각들은 같고 등등). 직선 AA_1, BB_1, CC_1는 한 점에서 교차하고, 이 점은 문제 (a)의 점과 일치함을 증명하여라.

참고. 점 P를 삼각형 ABC의 브로카르(Brocard)의 점이라 부른다. 마찬가지 방법으로, $\angle BAQ = \angle ACQ = \angle CBQ$인 두 번째 브로카르의 점 Q가 존재함을 증명할 수 있다.

5.127. (a) 삼각형 ABC의 브로카르의 점 P를 지나 외접원과 점 A_1, B_1, C_1에서 교차하는 직선 AP, BP, CP를 작도하였다. $\triangle ABC \equiv \triangle B_1C_1A_1$임을 증명하여라.

(b) 삼각형 ABC는 원 S에 내접한다. 여덟 개보다 많지 않은 점 P에 대해, 직선 PA, PB, PC와 원 S의 교점에 의해 만들어진 삼각형은 삼각형 ABC와 합동이 될 수 있음을 증명하여라(직선 PA, PB, PC와 원의 교점은 점 A, B, C와는 다른 점으로 가정한다).

5.128. (a) P를 삼각형 ABC의 브로카르의 점이라 하자. 각 $\varphi = \angle ABP = \angle BCP = \angle CAP$를 삼각형의 브로카르의 각이라 부른다. 이때, $\cot\varphi = \cot\alpha + \cot\beta + \cot\gamma$임을 증명하여라.

(b) 삼각형 ABC의 브로카르의 점들은 등각공액임을 증명하여라.

(c) 삼각형 ABC의 외접원의 점 C에서의 접선은 AC에 평행하고 점 B를 지나는 직선과 점 A_1에서 교차한다. 삼각형 ABC의 브로카르의 각은 각 A_1AC와 같음을 증명하여라.

5.129. (a) 임의의 삼각형의 브로카르의 각은 30°를 넘지 않음을 증명하여라.

(b) 삼각형 ABC의 내부점 M을 잡았다. 각 ABM, BCM, CAM 중의 하나는 30°를 넘지 않음을 증명하여라.

5.130. Q를 삼각형 ABC의 두 번째 브로카르의 점, O를 외접원의 중심, A_1, B_1, C_1을 삼각형 CAQ, ABQ, BCQ의 외접원의 중심이라 하자. O를 삼각형 $A_1B_1C_1$의 첫 번째 브로카르의 점이라 하면, $\triangle A_1B_1C_1 \sim \triangle ABC$임을 증명하여라.

5.131. P를 삼각형 ABC의 브로카르의 점이라 하고, R_1, R_2, R_3를 삼각형 ABP, BCP, CAP의 외접원의 반지름이라 하자. R을 삼각형 ABC의 외접원의 반지름이라 하면, $R_1R_2R_3 = R^3$임을 증명하여라.

5.132. 삼각형 ABC의 첫 번째, 두 번째 브로카르의 점을 P, Q라 하자. 직선 CP와 BQ, AP와 CQ, BP와 AQ는 점 A_1, B_1, C_1에서 교차한다. 삼각형 $A_1B_1C_1$의 외접원은 점 P, Q를 지난다는 것을 증명하여라.

5.133. 예각삼각형 ABC의 CA, AB, BC에 $\angle AB_1A_1 = \angle BC_1B_1 = \angle CA_1C_1$인 점 A_1, B_1, C_1을 잡았다. $\triangle A_1B_1C_1 \sim \triangle ABC$임을 증명하고, 한 삼각형을 다른 삼각형으로 보내는 회전중심닮음변환의 중심은 이들 삼각형의 첫 번째 브로카르의 점과 일치함을 증명하여라.

참고. 문제 19.56을 보시오.

5.134. 브로카르의 각 φ에 대해, 다음 부등식을 증명하여라.
(a) $\varphi^3 \le (\alpha - \varphi)(\beta - \varphi)(\gamma - \varphi)$;
(b) $8\varphi^3 \le \alpha\beta\gamma$ (Yff의 부등식).

5.135. 삼각형의 꼭지점 B, C를 고정시키고, 꼭지점 A를 삼각형 ABC의 브로카르의 각 φ가 일정한 값을 가지도록 움직인다. $a = BC$라 하면 점 A는 반지름이 $(a/2)\sqrt{\cot^2\varphi - 3}$인 원(네우베르그의 원)을 따라 움직인다는 것을 증명하여라.

5.136. 점 M으로부터 직선 BC, CA, AB에 수선 MA_1, MB_1, MC_1을 그었다. 고정된 삼각형 ABC에 대해, 삼각형 $A_1B_1C_1$의 브로카르의 각이 주어진 값을 가지도록 하는 점들 M의 집합은 두 원으로 구성되며, 한 원은 삼각형 ABC의 외접원 내부에 속하며, 다른 하나는 외접원 바깥쪽에 놓

여있음을 증명하여라.

제 13 절　레무안의 점

삼각형 ABC의 중선을 AM이라 하고, 각 A의 이등분선에 대해 직선 AS와 AM이 대칭이다(점 S는 선분 BC에 속함). 이때, 선분 AS를 삼각형 ABC의 유사중선(symmedian)이라 부르며, 반직선 AS를 유사중선이라 부르기도 한다. 삼각형의 유사중선들은 중선들의 교점과 등각공액인 점에서 교차한다. 삼각형의 유사중선들의 교점을 레무안의(Lemoine) 점이라 부른다.

5.137. 직선 AM, AN은 삼각형 ABC의 각 A의 이등분선에 대해 대칭이다(점 M, N은 직선 BC에 속함). 이때, $BM \cdot BN/(CM \cdot CN) = c^2/b^2$임을 증명하여라. 특히, AS가 유사중선이면, $BS/CS = c^2/b^2$임을 증명하여라.

5.138. 유사중선 AS의 길이를 삼각형 ABC의 변들의 길이로 나타내어라.

5.139. 점 B_1, C_1이 반직선 AC, AB에 속하며, $\angle AB_1C_1 = \angle ABC$, $\angle AC_1B_1 = \angle ACB$이면, 선분 B_1C_1은 변 BC와 역평행이라 부른다. 유사중선 AS는 변 BC와 역평행인 임의의 선분 B_1C_1을 이등분함을 증명하여라.

5.140. 삼각형 ABC에서 외접원 S의 점 B에서의 접선은 직선 AC와 점 K에서 교차한다. 점 K로부터 원 S에 대한 두 번째 접선 KD를 그었다. 이때, BD는 삼각형 ABC의 유사중선임을 증명하여라.

5.141. 삼각형 ABC의 외접원의 점 B, C에서의 접선들은 점 P에서 교차한다. 이때, 직선 AP는 유사중선 AS를 포함한다는 것을 증명하여라.

5.142. 원 S_1은 점 A, B를 지나며 직선 AC와 접하고, 원 S_2는 점 A, C를 지나며 직선 AB와 접한다. 이들 원의 공통현은 삼각형 ABC의 유사중선임을 증명하여라.

5.143. 삼각형 ABC의 꼭지점 A에서 내각의 이등분선과 외각의 이등분선은 직선 BC와 점 D, E에서 교차한다. 지름이 DE인 원은 삼각형 ABC의 외접원과 점 A, X에서 교차한다. 이때, AX는 삼각형 ABC의 유사중선임을 증명하여라.

5.144. 각 C가 직각인 삼각형 ABC의 레무안의 점은 높이 CH의 중점임을 증명하여라.

5.145. 삼각형 ABC의 내부점 X를 지나 삼각형의 변들에 역평행인 세 선분을 작도하였다(문제 5.139 참조). 이들 선분이 같을 필요충분조건은 점 X가 레무안의 점이라는 것을 증명하여라.

5.146. 레무안의 점 K를 삼각형 ABC의 변들에 사영시켜 얻어진 점을 A_1, B_1, C_1이라 하자. 이때, K는 삼각형 $A_1B_1C_1$의 중선들의 교점임을 증명하여라.

5.147. 레무안의 점 K를 삼각형 ABC의 변 BC, CA, AB에 사영시켜 얻어진 점을 A_1, B_1, C_1이라 하자. 삼각형 ABC의 중선 AM은 직선 B_1C_1과 직교함을 증명하여라.

5.148. 삼각형 ABC의 레무안의 점을 K라 하고, 직선 AK, BK, CK는 외접원과 점 A_1, B_1, C_1에서 교차한다. K는 삼각형 $A_1B_1C_1$의 레무안의 점임을 증명하여라.

5.149. 삼각형의 변들의 중점을 상응하는 높이의 중점과 연결한 직선들은 레무안의 점에서 교차한다는 것을 증명하여라.

참고. 문제 11.22, 19.55, 19.56을 보시오.

힌트 및 증명

5.1. $AC_1 = AB_1 = x, BA_1 = BC_1 = y$, $CA_1 = CB_1 = z$라 하자. 그러면, $a = y + z, b = z + x$, $c = x + y$이다. 처음 두 등식의 합에서 세 번째 등식을 빼면, $z = (a + b - c)/2$가 된다. 그러므로, 삼각형 ABC가 주어지면, 점 A_1, B_1의 위

치가 유일하게 결정된다. 같은 이유로, 점 C_1의 위치도 유일하게 결정된다. 이제, 내접원과 변들의 접점들이 문제의 조건에 제시된 관계를 만족시킴을 보이면 된다.

5.2. 반직선 CO_a, CO_b은 꼭지점 C에서 외각의 이등분선이므로, C는 직선 O_aO_b에 속하고, $\angle O_aCB = \angle O_bCA$이다. CO_c는 각 BCA의 이등분선이므로, $\angle BCO_c = \angle ACO_c$이다. 이들 등식을 더하면, $\angle O_aCO_c = \angle O_cCO_b$, 즉 O_cC가 삼각형 $O_aO_bO_c$의 높이임을 알 수 있다. 같은 방법으로, O_aA, O_bB가 삼각형의 높이임이 증명된다.

5.3. $\angle OBO_a = \angle OCO_a = 90°$이므로, $\angle BOC = 180° - \angle CBO - \angle BCO = 180° - \angle B/2 - \angle C/2 = 90° + \angle A/2$, $\angle BO_aC = 180° - \angle BOC$이다.

5.4. AA_1, BB_1, CC_1을 삼각형 ABC의 각의 이등분선, O를 이들의 교점이라 하자. 이제, $x > 1$이라 가정하자. 그러면, $\angle PAB > \angle PAC$, 즉 점 P는 삼각형 AA_1C의 내부에 속한다. 같은 이유로, 점 P는 삼각형 CC_1B, BB_1A의 내부에 속한다. 그리고 이들 삼각형의 유일한 공통점은 점 O이다. 이로부터, 모순이 유도된다. $x < 1$인 경우에 대해서도 유사하게 생각할 수 있다.

5.5. d_a, d_b, d_c를 점 O에서 변 BC, CA, AB까지 거리라 하자. 그러면, $ad_a + bd_b + cd_c = 2S$, $ah_a = bh_b = ch_c = 2S$이 성립한다. 만약, $h_a - d_a = h_b - d_b = h_c - d_c = x$이면, $(a+b+c)x = a(h_a - d_a) + b(h_b - d_b) + c(h_c - d_c) = 6S - 2S = 4S$이다. 그러므로, $x = 4S/2p = 2r$이다.

5.6. 점 O가 삼각형 PBQ와 변 PQ에서 접하는 방접원의 중심이라는 것을 증명하자. 실제로, $\angle POQ = \angle A = 90° - \angle B/2$이다(방접원의 중심은 선분 PQ와 그러한 각을 이룬다, 문제 5.3). 게다가, 점 O는 각 B의 이등분선에 속한다. 결국, 삼각형 PBQ의 둘레는 직선 CB에 대한 선분 OB의 사영의 길이와 같다.

5.7. P는 내접원과 변 BC의 접점, PQ는 내접원의 지름, R은 직선 AQ와 BC의 교점이라 하자. $CR = BP$이고(문제 19.11(a)) M은 변 BC의 중점이므로, $RM = PM$이다. 게다가, O는 지름 PQ의 중점이므로, $MO \parallel QR$이다. 그리고 $AH \parallel PQ$이므로, $AE = OQ$이다.

5.8. 주어진 원은 각과 접선에 의해 만들어진 삼각형 ABC의 내접원이 될 수도 외접원이 될 수도 있다. 문제 3.2의 결과를 이용하면, 모든 경우에 대해 $uv/w^2 =$

$(p-b)(p-c)\sin B\sin C/h_a^2$임을 확인할 수 있다. 이제, $h_a = b\sin C = c\sin B$, $(p-b)(p-c)/bc = \sin^2(A/2)$임을 생각하면 된다(문제 12.13).

5.9. (a) $x_1 = BP$, $x_2 = AP$라 하자. 그러면, $r_1 = \frac{x_1 h}{a+p+x_1}$, $r_2 = \frac{x_2 h}{b+p+x_2}$, $r = \frac{(x_1+x_2)h}{a+b+p+x_1+x_2}$이다. 식을 약간 변형하면 구하는 등식은 $x_2(p^2+x_1^2-a^2)+x_1(p^2+x_2^2-b^2)=0$와 같게 된다. 이제, $p^2+x_1^2-a^2 = 2px_1\cos BPC$, $p^2+x_2^2-b^2 = 2px_2\cos APC$, $\cos BPC = -\cos APC$을 생각하면 된다.
(b) h를 점 B에서 직선 A_1A_2까지의 거리라 하면, 문제 (a)에 의해 $r_{k+1} = r_1 + r_k - \frac{2r_1r_k}{h}$가 된다.

5.10. A_1, B_1, C_1은 변 BC, CA, AB에 대한 점 H의 대칭점이라 하자. $AB \perp CH$, $BC \perp AH$이므로, $\angle(AB, BC) = \angle(CH, HA)$이다. 그리고 삼각형 AC_1H이 이등변삼각형이므로, $\angle(CH, HA) = \angle(AC_1, C_1C)$이다. 결국, $\angle(AB, BC) = \angle(AC_1, C_1C)$, 즉 점 C_1은 삼각형 ABC의 외접원에 속한다. 같은 방법으로, 점 A_1, B_1이 이 원에 속한다는 것이 증명된다.

5.11. X, Y, Z는 한 직선에 속한다(문제 5.95(a)). 그러므로, $S_{PYZ} = S_{PXZ} + S_{PXY}$이다. 게다가, $PX \perp BC$, $PZ \perp CA$이므로, $S_{PYZ} = \frac{1}{2}PX \cdot PZ\sin\alpha$이다. 같은 방법으로 다른 넓이들을 구하여 대입하면, 다음을 얻을 수 있다.

$$\frac{\sin\alpha}{PX} = \frac{\sin\beta}{PY} + \frac{\sin\gamma}{PZ}.$$

이제, $\sin\alpha : \sin\beta : \sin\gamma = BC : CA : AB$를 생각하면 된다.

5.12. (a) 직선 AI와 외접원의 교점을 M이라 하자. 점 I를 지나는 지름을 작도하면, $AI \cdot IM = (R+d)(R-d) = R^2 - d^2$이다. $IM = CM$(문제 2.4(a))이므로, $R^2 - d^2 = AI \cdot CM$이다. 이제, $AI = r/\sin(A/2)$, $CM = 2R\sin(A/2)$를 생각하면 된다.
(b) 직선 AI_a와 외접원의 교점을 M이라 하자. 그러면, $AI_a \cdot I_aM = d_a^2 - R^2$이다. $I_aM = CM$이므로(문제 2.4(a)), $d_a^2 - R^2 = AI_a \cdot CM$이다. 이제, $AI_a = r_a/\sin(A/2)$, $CM = 2R\sin(A/2)$임을 생각하면 된다.

5.13. (a) B_1은 삼각형 AMC의 외접원의 중심이므로, $AM = 2MB_1\sin ACM$이다(문제 2.4(a)). 그리고, $MC = r/\sin ACM$이다. 그러므로, $MA\cdot MC/MB_1 = 2r$이다.
(b) $\angle MBC_1 = \angle BMC_1 = 180° - \angle BMC$, $\angle BC_1M = \angle A$이므로, 다음이 성

립한다.

$$\frac{MC_1}{BC} = \frac{BM}{BC} \cdot \frac{MC_1}{BM} = \frac{\sin BCM}{\sin BMC} \cdot \frac{\sin MBC_1}{\sin BC_1M} = \frac{\sin BCM}{\sin A}.$$

게다가, $MB = 2MA_1 \sin BCM$이므로, $MC_1 \cdot MA_1/MB = BC/2\sin A = R$이다.

5.14. M은 변 AC의 중점이고, N은 변 BC와 내접원의 접점이다. 그러면, $BN = p - b$이다(문제 3.2). 문제의 조건에 의해 $p = 3b/2$이므로, $BN = AM$이다. 게다가, $\angle OBN = \angle B_1AM$이다. 이것은 $\triangle OBN \equiv \triangle B_1AM$을 의미하며, $OB = B_1A$이다. 그리고 $B_1A = B_1O$이다(문제 2.4(a)).

5.15. O, O_1을 삼각형 ABC의 내접원과 외접원의 중심이라 하자. 중심이 O이고 반지름이 $d = OO_1$인 원을 생각하자. 이 원에 변 AB, AC와 각각 평행한 현 O_1M, O_1N을 작도하자. K를 변 AB와 내접원의 접점, L을 AB의 중점이라 하자. $OK \perp AB, O_1L \perp AB$, $O_1M \parallel AB$이므로, $O_1M = 2KL = 2BL - 2BK = c - (a + c - b) = b - a = AE$이다. 같은 방법으로, $O_1N = AD$, 즉 $\triangle MO_1N \equiv \triangle EAD$가 성립함을 알 수 있다. 결국, 삼각형 EAD의 외접원의 반지름은 d이다.

5.16. 내접원은 변 AC와 점 K에서 접하고, 방접원은 변 AC의 연장선과 점 L에서 접한다. 그러면, $r = CK$, $r_c = CL$이다. 이제, 문제 3.2의 결과를 이용하면 된다.

5.17. $AB/2 = AM = BM$이므로, $CM = AB/2$일 필요충분조건은 점 C가 지름이 AB인 원에 속하는 것이다.

5.18. M, N을 변 AB, CD의 중점이라 하자. 삼각형 APB는 직각삼각형이므로, $PM = AB/2$, $\angle MPA = \angle PAM$, 즉 $PM \parallel AD$이다. 같은 방법으로, 점 P, M, N, Q이 한 직선에 속하고, $PQ = PM + MN + NQ = (AB + (BC + AD) + CD)/2$임을 보일 수 있다.

5.19. F는 직선 DE와 BC의 교점, K는 선분 EC의 중점이라 하자. 선분 CD는 삼각형 ECF의 높이이고 각의 이등분선이므로, $ED = DF$, 즉 $DK \parallel FC$이다. 직각삼각형 EDC의 중선 DK는 빗변 EC보다 두 배가 작으므로(문제 5.17), $AD = DK = EC/2$이다.

5.20. 직선 EM은 변 AB의 중점을 지나므로, 직선은 선분 DK의 중점 O를 지난다. 게다가, $\angle EKO = \angle ABK = \angle KBC = \angle KEO$이다. 그러므로, $OE = OK = OD$이다. 문제 5.17에 의해, $\angle DEK = 90°$이다.

5.21. 사다리꼴 $ABCD$의 밑변에 놓인 각들의 합이 $90°$라 하자. 직선 AB와 CD의 교점을 O로 나타내자. 점 O는 밑변들의 중점을 연결한 직선에 속한다. 점 C를 지나 이 직선에 평행한 직선 CK를 작도하고, 직선 AB에 평행한 직선 CE를 작도하자(점 K, E는 밑변 AD에 속함). 그러면, CK는 직각삼각형 ECD의 중선이므로, $CK = ED/2 = (AD - BC)/2$이다(문제 5.17).

5.22. $\angle CEB = \angle A + \angle ACE = \angle BCK + \angle KCE = \angle BCE$이다.

5.23. 선분 CF와 DK는 닮은 삼각형 ACB, CDB의 각의 이등분선이므로, $AB : FB = CB : KB$이다. 결국, $FK \parallel AC$이다. 같은 방법으로, $LF \parallel CB$가 증명된다. 그러므로, $CLFK$는 대각선 CF가 각 LCK의 이등분선인 직사각형, 즉 정사각형이 된다.

5.24. $\frac{\sin ACQ}{AQ} = \frac{\sin AQC}{AC}$이므로, $\frac{\sin\alpha}{a} = \frac{\sin(180°-\alpha-90°-\varphi)}{a\cos\varphi} = \frac{\cos(\alpha+\varphi)}{a\cos\varphi}$이다. 단, a는 정사각형 $ABPQ$의 변이고, $\varphi = \angle CAB$이다. 그러므로, $\cot\alpha = 1 + \tan\varphi$이다. 마찬가지로, $\cot\gamma = 1 + \tan(90° - \varphi) = 1 + \cot\varphi$이다. 결국, $\tan\alpha + \tan\gamma = \frac{1}{1+\tan\varphi} + \frac{1}{1+\cot\varphi} = 1$, 즉 $\cos\alpha\cos\gamma = \cos\alpha\sin\gamma + \cos\gamma\sin\alpha = \sin(\alpha+\gamma) = \cos\beta$가 된다.

5.25. 피타고라스의 정리에 의해, $AP^2 + BQ^2 + CR^2 = (AM^2 - PM^2) + (BM^2 - QM^2) + (CM^2 - RM^2)$, $PB^2 + QC^2 + RA^2 = (BM^2 - PM^2) + (CM^2 - QM^2) + (AM^2 - RM^2)$이다. 이들 식은 같다. $AP^2 + BQ^2 + CR^2 = (a - PB)^2 + (a - QC)^2 + (a - RA)^2 = 3a^2 - 2a(PB + QC + RA) + PB^2 + QC^2 + RA^2$이므로, $a = AB$라 하면, $PB + QC + RA = 3a/2$이다.

5.26. 점 F가 선분 BC를 $CF : FB = 1 : 2$의 비로 나누며, 선분 AF와 BD, CE의 교점을 P와 Q라 하자. 삼각형 OPQ는 정삼각형이다. 문제 1.3의 결과를 이용하면, $AP : PF = 3 : 4$, $AQ : QF = 6 : 1$임을 증명할 수 있다. 그러므로, $AP : PQ : QF = 3 : 3 : 1$, 즉 $AP = PQ = OP$이다. 그러므로, $\angle AOP = (180° - \angle APO)/2 = 30°$, $\angle AOC = \angle AOP + \angle POQ = 90°$이다.

5.27. A와 B, C와 D, E와 F를 삼각형 PQR의 변 PQ, QR, RP와 원의 교점이라 하

자. 이제, 중선 PS를 생각하자. 이 중선은 평행한 현 FA와 DC의 중점을 연결하므로, 이들에 직교한다. 결국, PS는 삼각형 PQR의 높이이며, $PQ = PR$이다. 같은 방법으로, $PQ = QR$임을 알 수 있다.

5.28. H를 삼각형 ABC의 높이 AA_1, BB_1, CC_1의 교점이라 하자. 조건에 의해, $A_1H \cdot BH = B_1H \cdot AH$이다. 한편, A_1, B_1은 지름이 AB인 원에 속하므로, $AH \cdot A_1H = BH \cdot B_1H$이다. 결국, $AH = BH$, $A_1H = B_1H$, 즉 $AC = BC$이다. 같은 방법으로, $BC = AB$임을 알 수 있다.

5.29. (a) 삼각형 ABC가 정삼각형이 아니라고, 즉 $a \neq b$라고 가정하자. $a + h_a = a + b\sin\gamma$, $b + h_b = b + a\sin\gamma$이므로, $(a - b)(1 - \sin\gamma) = 0$이다. 그러므로, $\sin\gamma = 1$, 즉 $\gamma = 90°$이다. 그러나, 그러면 $a \neq c$이 되고, 유사한 방법으로, $\beta = 90°$를 얻을 수 있다. 이로부터 모순이 유도된다.
(b) 두 변이 변 BC에 놓인 정사각형의 변을 x라 하자. P, Q를 AB, AC에 놓인 정사각형의 꼭지점이라 하면, 삼각형 ABC와 APQ의 닮음으로부터 $\frac{x}{a} = \frac{h_a - x}{h_a}$, 즉 $x = \frac{ah_a}{a+h_a} = \frac{2S}{a+h_a}$임을 알 수 있다. 같은 방법으로, 다른 정사각형에 대해 $a + h_a = b + h_b = c + h_c$를 보일 수 있다.

5.30. α, β, γ를 삼각형 ABC의 각들이라 하면, 삼각형 $A_1B_1C_1$의 각들은 $(\beta+\gamma)/2, (\gamma+\alpha)/2$, $(\alpha+\beta)/2$이다. 이제, $\alpha \geq \beta \geq \gamma$라고 가정하자. 그러면, $(\alpha+\beta)/2 \geq (\alpha+\gamma)/2 \geq (\beta+\gamma)/2$이고, 결국 $\alpha = (\alpha+\beta)/2$, $\gamma = (\beta+\gamma)/2$, 즉 $\alpha = \beta$, $\beta = \gamma$이다.

5.31. 임의의 삼각형에서 높이는 내접원의 지름보다 크다. 그러므로, 높이들의 길이는 2보다 큰 정수이다. 즉, 이들은 3보다 작지 않다. S를 삼각형의 넓이, a를 삼각형의 가장 긴 변, h를 상응하는 높이라 하자. 삼각형이 정삼각형이 아니라고 가정하자. 그러면, 둘레 P는 $3a$보다 작다. 그러므로, $3a > P = Pr = 2S = ha$, 즉 $h < 3$이다. 이로부터, 모순이 유도된다.

5.32. 삼각형 ABA_1의 꼭지점 A에서의 외각은 $120°$이고, $\angle A_1AB_1 = 60°$이므로, AB_1은 이 외각의 이등분선이다. 게다가, BB_1은 꼭지점 B에서의 내각의 이등분선이므로, A_1B_1은 각 AA_1C의 이등분선이다. 그리고 A_1C_1은 각 AA_1B의 이등분선이다. 그러므로, $\angle B_1A_1C_1 = (\angle AA_1C + \angle AA_1B)/2 = 90°$이다.

5.33. 앞 문제에 의해, 반직선 A_1C_1은 각 AA_1B의 이등분선이다. K를 삼각형 A_1AB의 각의 이등분선들의 교점이라 하자. 그러면, $\angle C_1KO = \angle A_1KB = 90°+\angle A/2 =$

$120°$이다. 그러므로, $\angle C_1KO + \angle C_1AO = 180°$, 즉 사각형 $AOKC_1$은 내접도형이다. 결국, $\angle A_1C_1O = \angle KC_1O = \angle KAO = 30°$이다.

5.34. (a) S를 삼각형 ABC의 내접원이라 하고, S_1을 직선 BC에 대해 S와 대칭인 원이라 하자. 삼각형 ABC의 수심 H는 원 S_1에 속한다(문제 5.10). 그러므로, 원 S의 중심 O가 S_1에 속하며, 각 A의 외각의 이등분선은 원 S_1의 중심을 지난다는 것을 보이면 된다. 이때, $PO \parallel HA$이므로, $POAH$는 마름모이다. 직선 BC와 직교하는 원 S의 지름을 PQ라 하고, 점 P와 A는 직선 BC의 같은쪽에 놓여있다고 하자. 그러면, AQ는 각 A의 이등분선이고, AP는 각 A의 외각의 이등분선이다. $\angle BPC = 120° = \angle BOC$이므로, 점 P는 원 S_1의 중심이고, 점 O는 원 S_1에 속한다.

(b) S를 삼각형 ABC의 외접원이라 하고, Q를 각 BAC의 이등분선과 원 S의 교점이라 하자. 쉽게, Q는 직선 BC에 대해 원 S와 대칭인 원 S_1의 중심임을 알 수 있다. 게다가, 점 O, H는 원 S_1에 속하며, $\angle BIC = 120°$, $\angle BI_aC = 60°$이므로(문제 5.3), II_a는 원 S_1의 지름이다. 또한, $OQ \parallel AH$, $HA = QO = QH$이므로, $\angle OQI = \angle QAH = \angle AQH$이다. 그러므로, 점 O, H는 직선 II_a에 대해 대칭이다.

5.35. 삼각형 ABC의 변 AC의 바깥쪽에 정삼각형 AB_1C를 작도하자. $\angle A = 120°$이므로, 점 A는 선분 BB_1에 속한다. 그러므로, $BB_1 = b+c$이고, 게다가 $BC = a$, $B_1C = b$이다. 즉, 삼각형 BB_1C가 구하는 삼각형이다.

5.36. (a) 선분 BH와 CH의 중점을 M_1, N_1, 높이를 BB_1, CC_1이라 하자. 직각삼각형 ABB_1, BHC_1은 꼭지점 B에서 공통 예각을 가지므로, $\angle C_1HB = \angle A = 60°$이다. 삼각형 BMH는 이등변삼각형이므로, $\angle BHM = \angle HBM = 30°$이다. 결국, $\angle C_1HM = 60° - 30° = 30° = \angle BHM$, 즉 점 M은 각 C_1HB의 이등분선에 속한다. 같은 이유로, 점 N도 각 B_1HC의 이등분선에 속한다.

(b) 앞 문제의 표기를 이용하고, 변 AC, AB의 중점을 B', C'이라 하자. $AC_1 = AC\cos A = AC/2$이므로, $C_1C' = |AB - AC|/2$이다. 마찬가지로, $B_1B' = |AB - AC|/2$, 즉 $B_1B' = C_1C'$이다. 결국, 평행한 직선 BB_1과 $B'O$, CC_1과 $C'O$는 단순한 평행사변형을 만드는 것이 아니라 마름모를 만든다. 그러므로, 대각선 HO는 꼭지점 H에서 각의 이등분선이다.

5.37. $\angle BB_1C = \angle B_1BA + \angle B_1AB > \angle B_1BA = \angle B_1BC$이므로, $BC > B_1C$이다. 그러므로, 각의 이등분선 CC_1에 대해 점 B_1과 대칭인 점 K는 변 BC의 연장

선이 아니라, 변에 속하게 된다. $\angle CC_1B = 30°$이므로, $\angle B_1C_1K = 60°$, 즉 삼각형 B_1C_1K는 정삼각형이다. 삼각형 BC_1B_1와 BKB_1에서 변 BB_1은 공통이고, 변 C_1B_1, KB_1은 같고, 각 C_1BB_1과 KBB_1은 같지만, 이들은 합동인 변들 사이의 각은 아니다. 그러므로, 다음 두 가지 경우가 가능하다.

(1) $\triangle BC_1B_1 \equiv \triangle BKB_1$이다. 이때, $\angle BB_1C_1 = \angle BB_1K = 60°/2 = 30°$이다. 결국, O가 각의 이등분선 BB_1과 CC_1의 교점이면, $\angle BOC = \angle B_1OC_1 = 180° - \angle OC_1B_1 - \angle OB_1C_1 = 120°$이다. 한편, $\angle BOC = 90° + \angle A/2$이다(문제 5.3). 즉, $\angle A = 60°$이다.

(2) $\angle BC_1B_1 + \angle BKB_1 = 180°$이다. 이때, 사각형 BC_1B_1K는 내접도형이고, 삼각형 B_1C_1K가 정삼각형이면, $\angle B = 180° - \angle C_1B_1K = 120°$이다.

5.38. BM은 삼각형 ABC의 중선, AK는 각의 이등분선, $BM \perp AK$라 하자. 직선 AK는 삼각형 ABM의 각의 이등분선이고 높이이므로, $AM = AB$, 즉 $AC = 2AM = 2AB$이다. 결국, $AB = 2, BC = 3$, $AC = 4$이다.

5.39. a, b는 주어진 삼각형의 밑변, c는 빗변이라 하자. 만약, 수 a, b가 홀수이면, $a^2 + b^2$은 4로 나누어 나머지가 2가 되며, 정수의 제곱이 될 수 없다. 그러므로, 수 a, b 중의 하나는 짝수이고, 나머지는 홀수이다. 가령, $a = 2p$라 하자. 수 b, c는 홀수이므로, $c+b = 2q$, $c-b = 2r$이다. 결국, $4p^2 = a^2 = c^2 - b^2 = 4qr$이다. 만약, q, r이 공약수 d를 가진다면, 수 $a = 2\sqrt{qr}, b = q - r$, $c = q + r$는 d로 나누어져야 한다. 그러므로, 수 q, r은 서로소이고, $p^2 = qr$이므로, $q = m^2$, $r = n^2$이다. 결국, $a = 2mn, b = m^2 - n^2$, $c = m^2 + n^2$이다. 또한, $a = 2mn, b = m^2 - n^2$, $c = m^2 + n^2$이면, $a^2 + b^2 = c^2$임을 쉽게 확인할 수 있다.

5.40. 삼각형의 둘레의 절반을 p라 하고, 변의 길이를 a, b, c라 하자. 헤론의 공식에 의해, $S^2 = p(p-a)(p-b)(p-c)$이다. 한편, $r = 1$이므로, $S^2 = p^2r^2 = p^2$이다. 그러므로, $p = (p-a)(p-b)(p-c)$이다. 미지수 $x = p-a, y = p-b, z = p-c$를 도입하면, 방정식은 $x + y + z = xyz$와 같이 쓸 수 있다. 한편, 수 p는 정수이거나 반정수(즉, 정수인 n에 대해 $(2n+1)/2$의 형태)이므로, 모든 수 x, y, z는 동시에 정수이거나 반정수이다. 만약, 이들이 반정수이면, 수 $x + y + z$는 반정수이고, 수 xyz는 $m/8$의 형태를 가진다(수 m은 홀수). 결국, 수 x, y, z는 정수이다. 이제, $x \le y \le z$라고 가정하자. 그러면, $xyz = x + y + z \le 3z$, 즉 $xy \le 3$이다. 이때, 다음 세 가지 경우가 가능하다.

(1) $x = 1, y = 1$이다. 그러면, $2 + z = z$이고, 불가능하다.

(2) $x = 1, y = 2$이다. 그러면, $3 + z = 2z$, 즉 $z = 3$이다.

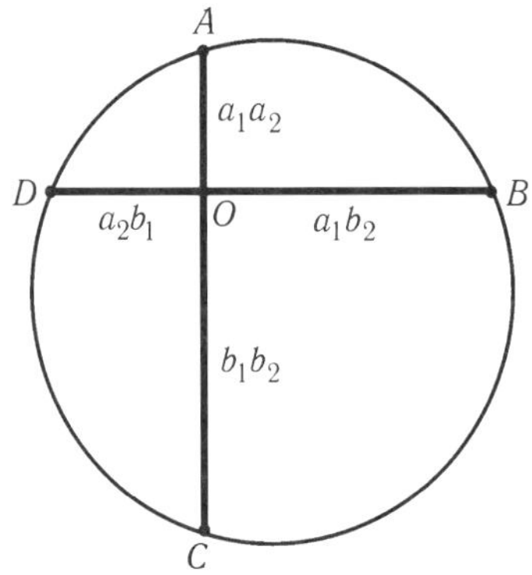

그림 5.3

(3) $x = 1, y = 3$이다. 그러면, $4 + z = 3z$, 즉 $z = 2 < y$이고, 불가능하다.
결국, $x = 1, y = 2, z = 3$이다. 그러므로, $p = x + y + z = 6$, $a = p - x = 5, b = 4, c = 3$이다.

5.41. a_1와 b_1, a_2와 b_2는 서로 다른 두 피타고라스의 삼각형의 밑변들이고, c_1, c_2는 이들의 빗변이다. 직교하는 두 직선을 잡아, 이들에 선분 $OA = a_1a_2$, $OB = a_1b_2$, $OC = b_1b_2$, $OD = a_2b_1$을 작도하자(그림 5.3). $OA \cdot OC = OB \cdot OD$이므로, 사각형 $ABCD$는 내접도형이다. 문제 2.72에 의해, $4R^2 = OA^2 + OB^2 + OC^2 + OD^2 = (c_1c_2)^2$, 즉 $R = c_1c_2/2$이다. 만약 필요하다면, 사각형 $ABCD$를 두 배로 만들어 구하는 사각형을 얻을 수 있다.

5.42. (a) 밑변이 5와 12, 9와 12인 직각삼각형들의 빗변의 길이는 13, 15이다. 이들 삼각형의 같은 밑변들을 서로 붙이면, 넓이가 $12(5 + 9)/2 = 84$인 삼각형을 얻을 수 있다.
(b) 삼각형의 가장 작은 변의 길이가 짝수, 즉 삼각형의 변의 길이를 $2n, 2n + 1, 2n + 2$이라 가정하자. 헤론의 공식에 의해,

$$16S^2 = (6n + 3)(2n + 3)(2n + 1)(2n - 1) = 4(3n^2 + 6n + 2)(4n^2 - 1) + 4n^2 - 1$$

이다. 우변에 있는 수는 4로 나누어 떨어지지 않으므로, 모순이 유도된다. 결국, 삼각형의 변들의 길이는 $2n - 1, 2n, 2n + 1$이고, $S^2 = 3n^2(n^2 - 1)$이다. 그러므로, 정수인 k에 대해 $S = nk$, $k^2 = 3(n^2 - 1)$이다. 또한 k는 길이가 $2n$인 변에 그은 높이의 길이이다. 이 높이는 처음 삼각형을 공통 밑변이 k이고 빗변이 $2n + 1$, $2n - 1$인 두 직각삼각형으로 분할한다. 이들 삼각형의 다른 밑변 길

이의 제곱은 $(2n \pm 1)^2 - k^2 = 4n^2 \pm 4n + 1 - 3n^2 + 3 = (n \pm 2)^2$이다.

5.43. (a) 삼각형의 변들과 높이에 관련하여 등식 $AB^2 - AB_1^2 = BB_1^2 = BC^2 - (AC \pm AB_1)^2$이 성립하므로, $AB_1 = \pm(AB^2 + AC^2 - BC^2)/2AC$이다.
(b) 대각선 AC, BD가 점 O에서 교차한다고 하자. 예를 들어, 수 $q = BO/OD$이 유리수임을 증명하자(그러면, 수 $OD = BD/(q+1)$도 유리수임). 삼각형 ABC, ADC에 높이 BB_1, DD_1을 작도하자. 문제 (a)에 의해, 수 AB_1, CD_1은 유리수이고, 즉 수 B_1D_1 또한 유리수가 된다. AC에 평행하고 점 D를 지나는 직선과 직선 BB_1의 교점을 E라 하자. 직각삼각형 BDE에서 밑변은 $ED = B_1D_1$이고, 빗변 BD는 유리수이므로, 수 BE^2 또한 유리수이다. 삼각형 ABB_1, CDD_1으로부터 수 BB_1^2, DD_1^2이 유리수임을 알 수 있다. $BE^2 = (BB_1 + DD_1)^2 = BB_1^2 + DD_1^2 + 2BB_1 \cdot DD_1$이므로, 수 $BB_1 \cdot DD_1$은 유리수이다. 결국, 수 $BO/OD = BB_1/DD_1 = BB_1 \cdot DD_1/DD_1^2$은 유리수이다.

5.44. 삼각형 ABC, $A_1B_1C_1$에서 상응하는 각들의 합이 $180°$가 되는 두 쌍이 존재할 수 없다. 만약 존재한다면, 이들의 합이 $360°$가 되고 나머지 세 번째 각들은 0이 된다. 이제, 첫 번째 삼각형의 각을 α, β, γ라 하고, 두 번째 삼각형의 각들을 $180° - \alpha, \beta, \gamma$라 가정하자. 두 삼각형의 각들의 합은 $360°$이므로, $180° + 2\beta + 2\gamma = 360°$, 즉 $\beta + \gamma = 90°$이다. 결국, $\alpha = 90° = 180° - \alpha$이다.

5.45. $\overrightarrow{A_1C} = \overrightarrow{BO}$, $\overrightarrow{CB_1} = \overrightarrow{OA}$이므로, $\overrightarrow{A_1B_1} = \overrightarrow{BA}$이다. 마찬가지로, $\overrightarrow{B_1C_1} = \overrightarrow{CB}$, $\overrightarrow{C_1A_1} = \overrightarrow{AC}$, 즉 $\triangle ABC \equiv \triangle A_1B_1C_1$이다. 게다가, ABA_1B_1, ACA_1C_1은 평행사변형이다. 이로부터, 선분 BB_1, CC_1은 선분 AA_1의 중점을 지난다는 것을 알 수 있다.

5.46. $\angle MAO = \angle PAO = \angle AOM$이므로, $AMOP$는 마름모이다. 그리고 $BNOQ$도 마름모이다. 결국, $MN = MO + ON = AM + BN$, $OP + PQ + QO = AP + PQ + QB = AB$이다.

5.47. (a) 삼각형 ABC의 꼭지점들을 지나며 대변에 평행한 직선들을 작도하자. 그러면, 변들의 중점이 A, B, C인 삼각형 $A_1B_1C_1$을 얻을 수 있다. 삼각형 ABC의 높이들은 삼각형 $A_1B_1C_1$의 변들에 대한 수직이등분선이므로, 삼각형 $A_1B_1C_1$의 외접원의 중심은 삼각형 ABC의 높이들의 교점이다.
(b) 점 H는 삼각형 $A_1B_1C_1$의 외접원의 중심이므로, $4R^2 = B_1H^2 = B_1A^2 + AH^2 = BC^2 + AH^2$이다. 결국, $AH^2 = 4R^2 - BC^2 = \left(\frac{1}{\sin^2\alpha} - 1\right)BC^2 = (BC\cot\alpha)^2$이 성립한다.

5.48. 밑변 AB이고 꼭지점 C에서의 각이 $36°$인 이등변삼각형 ABC에서 AD를 각의 이등분선이라 하자. 그러면, 삼각형 ACD는 이등변삼각형이고, $\triangle ABC \sim \triangle BDA$이다. 그러므로, $CD = AD = AB = 2xBC$, $DB = 2xAB = 4x^2BC$, 즉 $BC = CD + DB = (2x + 4x^2)BC$이다.

5.49. 꼭지점 B에서의 내각과 외각의 이등분선에 점 A를 사영시켜 얻어진 점을 B_1, B_2라 하고, M을 변 AB의 중점이라 하자. 내각과 외각의 이등분선은 직교하므로, AB_1BB_2는 직사각형이고, 대각선 B_1B_2는 점 M을 지난다. 게다가, $\angle B_1MB = 180° - 2\angle MBB_1 = 180° - \angle B$이다. 결국, $B_1B_2 \parallel BC$이고, 직선 B_1B_2는 변 AB와 AC의 중점을 연결한 직선 l과 일치한다. 마찬가지로, 꼭지점 C에서의 내각 및 외각의 이등분선에 점 A를 사영시켜 얻어진 점들이 직선 l에 속함을 증명할 수 있다.

5.50. 각 A와 B의 이등분선이 같고, $a > b$이라 가정하자. 그러면, $\cos\frac{A}{2} < \cos\frac{B}{2}$, $\frac{1}{c} + \frac{1}{b} > \frac{1}{c} + \frac{1}{a}$, 즉 $\frac{bc}{b+c} < \frac{ac}{a+c}$이다. $l_a = 2bc\cos(A/2)/(b+c)$, $l_b = 2ac\cos(B/2)/(a+c)$이므로(문제 4.47), 얻어진 부등식들을 서로 곱하면, 모순이 유도된다.

5.51. (a) 문제 4.47에 의해, 삼각형 ABC의 각 B의 이등분선은 $2ac\cos(B/2)/(a+c)$이므로, 연립방정식 $ac/(a+c) = p, a^2 + c^2 - 2ac\cos B = q$이 유일한 정수해를 가진다는 것을 보이면 된다(수 a와 c를 바꾼 정확도로). $a + c = u$라 하자. 그러면, $ac = pu, q = u^2 - 2pu(1 + \cos\beta)$이다. u에 관한 이차방정식의 근들의 곱은 $-q$이므로, 방정식은 유일한 양의 근을 가진다. 또한, 연립방정식 $a+c = u, ac = pu$도 유일한 근을 가진다.

(b) 삼각형 AA_1B, CC_1B에서 변 AA_1, CC_1은 같고, 꼭지점 B에서의 각들과 이들의 이등분선은 같다. 결국, 이들 삼각형은 합동이고, $AB = BC$ 또는 $AB = BC_1$이다. 두 번째 등식은 불가능하다.

5.52. 점 M, N이 변 AB, AC에 속한다고 하자. 중심이 선분 MN에 속하며 변 AB, AC에 접하는 원의 반지름을 r_1이라 하면, $S_{AMN} = qr_1$이다(단, $q = (AM + AN)/2$). 직선 MN이 내접원의 중심을 지날 필요충분조건은 $r_1 = r$, 즉 $S_{AMN}/q = S_{ABC}/p = S_{BCNM}/(p - q)$이다.

5.53. (a) 선분 AC에서 C쪽으로의 연장선에 점 B'를 잡아 $CB' = CB$가 되도록 하자. 삼각형 BCB'은 이등변삼각형이므로, $\angle AEB = \angle ACB = 2\angle CBB'$, 즉 E는 삼각형 ABB'의 외접원의 중심이다. 결국, 점 F는 선분 AB'을 이등분하며, 직선 C_1F는 삼각형 ABC의 둘레를 이등분한다.

(b) 쉽게, 점 C를 지나 BB'에 평행한 직선이 각 ACB의 이등분선임을 증명할 수 있다. $C_1F \parallel BB'$이므로, 직선 C_1F는 꼭지점이 삼각형 ABC의 변들의 중점에 놓인 삼각형의 각의 이등분선이다. 삼각형의 각의 이등분선은 한 점에서 교차한다.

5.54. X를 직선 AD_2와 CD_1의 교점, M, E_1, E_2를 직선 AC에 대한 점 X, D_1, D_2의 사영이라 하자. 그러면, $CE_2 = CD_2 \sin\gamma = a\sin\gamma$, $AE_1 = c\sin\alpha$이다. $a\sin\gamma = c\sin\alpha$이므로, $CE_2 = AE_1 = q$이다. 그러므로,

$$\frac{XM}{AM} = \frac{D_2E_2}{AE_2} = \frac{a\cos\gamma}{b+q}$$

이고, 다음이 성립한다.

$$\frac{XM}{CM} = \frac{c\cos\alpha}{b+q}.$$

결국, $AM : CM = c\cos\alpha : a\cos\gamma$이다. 높이 BH는 변 AC를 그러한 비로 나눈다.

5.55. (a) 코사인 정리에 의해, $B_1C_1^2 = AC_1^2 + AB_1^2 - 2AC_1 \cdot AB_1 \cdot \cos(90° + \alpha)$, 즉 $a_1^2 = \frac{c^2}{2} + \frac{b^2}{2} + bc\sin\alpha = \frac{b^2+c^2}{2} + 2S$이다. 유사한 등식을 b_1^2, c_1^2에 대해 구하여, 이들을 서로 더하면 구하는 식을 얻게 된다.
(b) 예각삼각형 ABC에 대해, S에 삼각형 ABC_1, AB_1C, A_1BC의 넓이를 더하고, S_1에 삼각형 AB_1C_1, A_1BC_1, A_1B_1C의 넓이를 더하면, 같은 양을 얻게 된다(각 A가 둔각인 경우에는 삼각형 AB_1C_1의 넓이는 마이너스 부호를 취해야 한다). 그러므로, $S_1 = S + (a^2 + b^2 + c^2)/4 - (ab\cos\gamma + ac\cos\beta + bc\cos\alpha)/4$이다. 이제, $ab\cos\gamma + bc\cos\alpha + ac\cos\beta = 2S(\cot\gamma + \cot\alpha + \cot\beta) = (a^2 + b^2 + c^2)/2$를 생각하면 된다(문제 12.44(a)).

5.56. 우선, 점 B'이 삼각형 AHC의 외접원에 속함을 증명하자(H는 삼각형 ABC의 높이들의 교점). $\angle(AB', B'C) = \angle(AA_1, CC_1) = \angle(AA_1, BC) + \angle(BC, AB) + \angle(AB, CC_1) = \angle(BC, AB)$이다. 문제 5.10에 의해 $\angle(BC, AB) = \angle(AH, HC)$이므로, 점 A, B', H, C는 한 원에 속하고, 이 원은 직선 AC에 대해 삼각형 ABC의 외접원과 대칭이다. 결국, 이 두 원의 반지름은 R이며, $B'H = 2R\sin B'AH = 2R\cos\alpha$이다. 마찬가지로, $A'H = 2R\cos\alpha = C'H$이다. 이로부터, 문제 (a)의 풀이가 얻어지며, 문제 (b)의 풀이를 위해서는 $\triangle A'B'C' \sim \triangle ABC$임을 생각하면 된다. 왜냐 하면, 삼각형 $A'B'C'$를 α만큼 회전시키면 변들이 삼각형 ABC의 변들에 평행하게 되기 때문이다.

5.57. 꼭지점 A는 각 B와 C에 내접한 원들과 각 α_b, α_c를 이루며, 이들 원의 반지름을 r_b, r_c라 하자. 그러면, 다음이 성립한다.

$$b = r_c\left(\cot\frac{\gamma}{2} + \cot\frac{\alpha_c}{2}\right) \text{ 이고 } \quad c = r_b\left(\cot\frac{\beta}{2} + \cot\frac{\alpha_b}{2}\right).$$

그러므로, 등식 $\alpha_b = \alpha_c$은 다음 등식과 동치이다:

$$\frac{b}{r_c} - \cot\frac{\gamma}{2} = \frac{c}{r_b} - \cot\frac{\beta}{2}, \text{ 즉 } \frac{b}{r_c} - \frac{a+b-c}{2r} = \frac{c}{r_b} - \frac{a-b+c}{2r}.$$

식을 변형하면, 등식 $\frac{b}{\frac{1}{r_b}-\frac{1}{r}} = \frac{c}{\frac{1}{r_c}-\frac{1}{r}}$을 얻게 된다. 이것과 등식 $\frac{c}{\frac{1}{r_c}-\frac{1}{r}} = \frac{a}{\frac{1}{r_a}-\frac{1}{r}}$로부터, 등식 $\frac{a}{\frac{1}{r_a}-\frac{1}{r}} = \frac{b}{\frac{1}{r_b}-\frac{1}{r}}$이 유도된다.

5.58. $a_1 = BA_1, a_2 = A_1C, b_1 = CB_1, b_2 = B_1A, c_1 = AC_1, c_2 = C_1B$라 하자. 한 점을 지나는 할선들의 선분들의 길이의 곱은 같으므로, $a_1(a_1+x) = c_2(c_2-z)$, 즉 $a_1x + c_2z = c_2^2 - a_1^2$이다. 마찬가지로, x, y, z에 대해, 다음 두 방정식을 얻을 수 있다: $b_1y + a_2x = a_2^2 - b_1^2$, $c_1z + b_2y = b_2^2 - c_1^2$. 첫 번째 방정식에 b^{2n}을 곱하고, 두 번째와 세 번째 방정식에 c^{2n}, a^{2n}을 곱하여, 얻어진 식들을 더하자. 조건에 의해, $c_2b^n - c_1a^n = 0$이므로, 우변에는 0을 얻게 된다. 좌변에서 x의 계수는 $a_1b^{2n} + a_2c^{2n} = (ac^nb^{2n} + ab^nc^{2n})/(b^n + c^n) = ab^nc^n$이다. 그러므로, $ab^nc^nx + ba^nc^ny + ca^nb^nz = 0$이다. 등식의 양변을 $(abc)^n$으로 나누면, 구하는 것을 얻게 된다.

5.59. 처음 삼각형에서 $\angle A = 3\alpha, \angle B = 3\beta$, $\angle C = 3\gamma$라 하자. 정삼각형 $A_2B_2C_2$를 잡고, 각 변을 밑변으로 하며 밑변에 놓인 각이 각각 $60° - \gamma, 60° - \alpha, 60° - \beta$인 이등변삼각형 A_2B_2R, B_2C_2P, C_2A_2Q를 작도하자(그림 5.4). 이들 삼각형의 옆변을 점 A_2, B_2, C_2쪽으로 연장하여, 변 RB_2와 QC_2의 연장선의 교점을 A_3, 변 PC_2와 RA_2의 연장선의 교점을 B_3, 변 QA_2와 PB_2의 연장선의 교점을 C_3라 하자. B_2를 지나 A_2C_2에 평행한 직선을 작도하고, 이 직선과 직선 QA_3, QC_3의 교점을 M, N이라 하자. 그러면, B_2는 선분 NM의 중점이 된다. 삼각형 B_2C_3N, B_2A_3M의 각들을 계산하자. $\angle C_3B_2N = \angle PB_2M = \angle C_2B_2M - \angle C_2B_2P = \alpha$, $\angle B_2NC_3 = 180° - \angle C_2A_2Q = 120° + \beta$, 즉 $\angle B_2C_3N = 180° - \alpha - (120° + \beta) = \gamma$이다. 마찬가지로, $\angle A_3B_2M = \gamma$, $\angle B_2A_3M = \alpha$이다. 결국, $\triangle B_2C_3N \sim \triangle A_3B_2M$이다. 즉, $C_3B_2 : B_2A_3 = C_3N : B_2M$, 그리고 $B_2M = B_2N$, $\angle C_3B_2A_3 = \angle C_3NB_2$이므로, $C_3B_2 : B_2A_3 = C_3N : NB_2$, $\triangle C_3B_2A_3 \sim \triangle C_3NB_2$, 결국 $\angle B_2C_3A_3 = \gamma$이다. 마찬가지로, $\angle A_2C_3B_3 = \gamma$이고, 이것은 $\angle A_3C_3B_3 = 3\gamma = \angle C$, C_3B_2, C_3A_2이 삼각형 $A_3B_3C_3$의 각

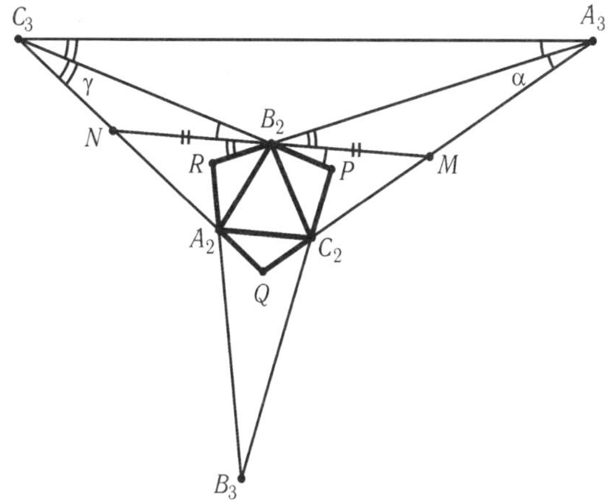

그림 5.4

C_3의 삼등분선임을 의미한다. 꼭지점 A_3, B_3에 대해 같은 방법으로 생각하면, $\triangle ABC \sim \triangle A_3B_3C_3$이고, 삼각형 $A_3B_3C_3$의 삼등분선들의 교점은 정삼각형 $A_2B_2C_2$을 만든다는 것을 알 수 있다.

5.60. 점 A_1은 각 BAC의 이등분선에 속하므로, 점 A는 각 $B_2A_1C_2$의 이등분선의 연장선에 속한다. 게다가, $\angle B_2AC_2 = \alpha = (180^\circ - \angle B_2A_1C_2)/2$이다. 그러므로, A는 삼각형 $B_2A_1C_2$의 방접원의 중심이다(문제 5.3). D를 직선 AB, CB_2의 교점이라 하자. 그러면, $\angle AB_2C_2 = \angle AB_2D = 180^\circ - \angle B_2AD - \angle ADB_2 = 180^\circ - \gamma - (60^\circ + \alpha) = 60^\circ + \beta$이다. $\angle AB_2C = 180^\circ - (\alpha+\beta) - (\beta+\gamma) = 120^\circ - \beta$이므로, $\angle CB_2C_2 = \angle AB_2C - \angle AB_2C_2 = 60^\circ - 2\beta$이다. 마찬가지로, $\angle AB_2A_2 = 60^\circ - 2\beta$이다. 그러므로, $\angle A_2B_2C_2 = \angle AB_2C - \angle AB_2A_2 - \angle CB_2C_2 = 3\beta$이다. 마찬가지로, $\angle B_2A_2C_2 = 3\alpha$, $\angle A_2C_2B_2 = 3\gamma$이다.

5.61. 주어진 원들에 대한 공통접선의 길이는 $2\sqrt{u_au_b}$이므로, 등식

$$u_a \cot\frac{\alpha}{2} + 2\sqrt{u_au_b} + u_b \cot\frac{\beta}{2} = c,$$

즉 $a_1^2 + 2a_1b_1\sqrt{\tan\frac{\alpha}{2}\tan\frac{\beta}{2}} + b_1^2 = c_1^2$이 성립한다. 문제 12.36(b)에 의하면,

$$\tan\frac{\alpha}{2}\tan\frac{\beta}{2} = \frac{r}{p}\cot\frac{\gamma}{2} = \frac{r}{p}\cdot\frac{p-c}{r} < 1$$

이 성립한다. 그러므로, 다음을 만족시키는 각 γ_1이 존재한다:

$$\cos\gamma_1 = -\sqrt{\tan\frac{\alpha}{2}\tan\frac{\beta}{2}} = -\sqrt{\frac{r}{p}\cot\frac{\gamma}{2}}.$$

a_1, b_1, c_1을 변으로 가지는 삼각형이 실제로 존재함을 확인하였고, 게다가 변 a_1, b_1사이의 각은 γ_1이다. 그러므로, 살펴본 삼각형의 외접원의 지름은 다음과 같다.

$$\frac{c_1}{\cos\gamma_1} = \sqrt{\frac{c}{1-\frac{r}{p}\cot\frac{\gamma}{2}}} = \sqrt{p}.$$

단, $c = p - r\cot\frac{\gamma}{2}$.

5.62. u_1, u_2를 원 S_1, S_2의 반지름이라 하자. 문제 5.61에 의해, 변의 길이가 $\tilde{u}_1 = \sqrt{u_1\cot\frac{\alpha}{2}}$, $\tilde{u}_2 = \sqrt{u_2\cot\frac{\beta}{2}}$, $\tilde{c} = \sqrt{c}$인 삼각형의 외접원의 반지름은 $\sqrt{p}/2$이고, 이 삼각형에서 변 $\tilde{u}_1$와 $\tilde{u}_2$사이의 각은 둔각이다. φ_1, φ_2, γ'을 현 $\tilde{u}_1$, $\tilde{u}_2$, $\tilde{c}$에 상응하는 원주각인 예각들이라 하자. 그러면, $\varphi_1 + \varphi_2 = \gamma'$이고, u_1, u_2는 φ_1, φ_2에 따라 유일하게 결정된다. 마찬가지 방법으로, 다음 등식을 얻을 수 있다.

$$\varphi_1 + \varphi_2 = \gamma' = \varphi_4 + \varphi_5, \tag{1}$$

$$\varphi_2 + \varphi_3 = \alpha' = \varphi_5 + \varphi_6, \tag{2}$$

$$\varphi_3 + \varphi_4 = \beta' = \varphi_6 + \varphi_7. \tag{3}$$

등식 (1)과 (3)을 더하고, 이로부터 등식 (2)를 빼자. 그러면, $\varphi_1 = \varphi_7$을 얻을 수 있다. 이로부터, 원 S_1와 S_7의 반지름이 같다는 것이 유도된다.

5.63. r_i를 원 S_i의 반지름이라 하고, $i = 3k+1$인 경우에는 꼭지점 A에서 삼각형 ABC의 높이를 긋고 $i = 3k+2$인 경우에는 B에서 높이를 긋고 $i = 3k$인 경우에는 C에서 높이를 그어 h_i라 하자. 문제 5.9(a)의 식을 다음과 같은 꼴로 쓸 수 있다:

$$\left(\frac{r}{r_i}-1\right)\left(\frac{r}{r_{i+1}}-1\right) = 1 - \frac{2r}{h_{i+2}}. \tag{i}$$

등식 (i)와 등식 $(i+2)$를 서로 곱하고, 이들의 곱을 $(i+1)$으로 나누자. 그러면, 다음을 얻을 수 있다.

$$\left(\frac{r}{r_i}-1\right)\left(\frac{r}{r_{i+3}}-1\right) = \left(1-\frac{2r}{h_{i+1}}\right)\left(1-\frac{2r}{h_{i+2}}\right)\Big/\left(1-\frac{2r}{h_i}\right)$$

얻어진 식의 우변은 i를 $i+3$으로 바꾸어도 변화되지 않는다. 그러므로, 다음이 성립한다.

$$\left(\frac{r}{r_i}-1\right)\left(\frac{r}{r_{i+3}}-1\right) = \left(\frac{r}{r_{i+3}}-1\right)\left(\frac{r}{r_{i+6}}-1\right).$$

모든 삼각형이 퇴화되지 않는다고 가정하자. 그러한 경우에 양변을 $\frac{r}{r_{i+3}} - 1 \neq 0$으로 약분할 수 있으므로, $r_i = r_{i+6}$이다.

5.64. 점 A, B, C를 직선 A_1B_1에 직교하는 직선에 사영시키면 점 A', B', C'을 얻게 되며, 점 C_1은 Q로, 두 점 A_1, B_1는 한 점 P로 보내진다. $\overline{A_1B} : \overline{A_1C} = \overline{PB'} : \overline{PC'}, \overline{B_1C} : \overline{B_1A} = \overline{PC'} : \overline{PA'}$, $\overline{C_1A} : \overline{C_1B} = \overline{QA'} : \overline{QB'}$이므로, $\frac{\overline{A_1B}}{\overline{A_1C}} \cdot \frac{\overline{B_1C}}{\overline{B_1A}} \cdot \frac{\overline{C_1A}}{\overline{C_1B}} = \frac{\overline{PB'}}{\overline{PC'}} \cdot \frac{\overline{PC'}}{\overline{PA'}} \cdot \frac{\overline{QA'}}{\overline{QB'}} = \frac{\overline{PB'}}{\overline{PA'}} \cdot \frac{\overline{QA'}}{\overline{QB'}} = \frac{b'}{a'} \cdot \frac{a'+x}{b'+x}$이다(단, $|x| = PQ$). 등식 $\frac{b'}{a'} \cdot \frac{a'+x}{b'+x} = 1$는 $x = 0$와 동치이다($A' \neq B'$이므로, $a' \neq b'$임을 감안해야 함). 그리고 등식 $x = 0$는 $P = Q$, 즉 점 C_1이 직선 A_1B_1에 속한다는 것을 의미한다.

5.65. 점 P가 삼각형 ABC의 외접원의 호 BC에 속한다고 하자. 그러면, 다음이 성립한다.

$$\frac{\overline{BA_1}}{\overline{CA_1}} = -\frac{BP\cos PBC}{CP\cos PCB}, \frac{\overline{CB_1}}{\overline{AB_1}} = -\frac{CP\cos PCA}{AP\cos PAC}, \frac{\overline{AC_1}}{\overline{BC_1}} = -\frac{AP\cos PAB}{PB\cos PBA}.$$

이들 등식을 서로 곱하고, $\angle PAC = \angle PBC$, $\angle PAB = \angle PCB$, $\angle PCA + \angle PBA = 180°$임을 고려하면, $\frac{\overline{BA_1}}{\overline{CA_1}} \cdot \frac{\overline{CB_1}}{\overline{AB_1}} \cdot \frac{\overline{AC_1}}{\overline{BC_1}} = 1$을 얻을 수 있다.

5.66. O, O_1, O_2를 원 S, S_1, S_2의 중심, 직선 O_1O_2와 A_1A_2의 교점을 X라 하자. 메넬라우스의 정리를 삼각형 OO_1O_2와 점 A_1, A_2, X에 대해 사용하면, $\frac{O_1X}{O_2X} \cdot \frac{O_2A_2}{OA_2} \cdot \frac{OA_1}{O_1A_1} = 1$, 즉 $O_1X : O_2X = R_1 : R_2$를 얻을 수 있다(단, R_1, R_2는 원 S_1, S_2의 반지름). 결국, X는 원 S_1, S_2에 대한 공통외접선들과 공통내접선들의 교점이다.

5.67. (a) $\angle B < \angle C$이라 가정하자. 그러면, $\angle DAE = \angle ADE = \angle B + \angle A/2$, 즉 $\angle CAE = \angle B$이다. 한편,

$$\frac{BE}{AB} = \frac{\sin BAE}{\sin AEB}, \quad \frac{AC}{CE} = \frac{\sin AEC}{\sin CAE},$$

이므로, 다음이 성립한다.

$$\frac{BE}{CE} = \frac{c\sin BAE}{b\sin CAE} = \frac{c\sin(A+B)}{b\sin B} = \frac{c\sin C}{b\sin B} = \frac{c^2}{b^2}.$$

(b) $\angle ADC = \angle BAD + \angle B > \angle CAD$이므로, 문제 (a)에서 점 E는 변 BC의 연장선에 속한다. 그러므로, 문제 (a)의 결과와 메넬라우스의 정리를 이용하면, 구하는 것을 얻을 수 있다.

5.68. $\angle BCE = 90° - \angle B/2$이므로, $\angle BCE = \angle BEC$, 즉 $BE = BC$이다. 그러므로, $CF : KF = BE : BK = BC : BK$, $AE : KE = CA : CK = BC : BK$이

다. 직선 EF가 AC와 점 D에서 교차한다고 하자. 메넬라우스의 정리에 의해, $\frac{AD}{CD} \cdot \frac{CF}{KF} \cdot \frac{KE}{AE} = 1$이다. $CF : KF = AE : KE$임을 고려하면, 구하는 것을 얻을 수 있다.

5.69. 증명은 문제 5.87의 풀이와 유사하며, 유향 선분들과 각들의 비를 생각하면 된다.

5.70. 직선 BC와 B_1C_1, AC와 A_1C_1, AB와 A_1B_1의 교점을 A_2, B_2, C_2라 하자. 다음 삼각형들과 이들의 변에 있는 점들에 대해 메넬라우스의 정리를 사용하자: OAB와 (A_1, B_1, C_2), OBC와 (B_1, C_1, A_2), OAC와 (A_1, C_1, B_2). 그러면, 다음을 얻을 수 있다.

$$\frac{\overline{AA_1}}{\overline{OA_1}} \cdot \frac{\overline{OB_1}}{\overline{BB_1}} \cdot \frac{\overline{BC_2}}{\overline{AC_2}} = 1, \quad \frac{\overline{OC_1}}{\overline{CC_1}} \cdot \frac{\overline{BB_1}}{\overline{OB_1}} \cdot \frac{\overline{CA_2}}{\overline{BA_2}} = 1, \quad \frac{\overline{OA_1}}{\overline{AA_1}} \cdot \frac{\overline{CC_1}}{\overline{OC_1}} \cdot \frac{\overline{AB_2}}{\overline{CB_2}} = 1.$$

이들 등식을 곱하면, 다음을 얻을 수 있다.

$$\frac{\overline{BC_2}}{\overline{AC_2}} \cdot \frac{\overline{AB_2}}{\overline{CB_2}} \cdot \frac{\overline{CA_2}}{\overline{BA_2}} = 1.$$

메넬라우스의 정리로부터, 점 A_2, B_2, C_2가 한 직선에 속한다는 것이 유도된다.

5.71. 직선 A_1B_2, B_1C_2, C_1A_2(A_0는 직선 A_1B_2와 A_2C_1의 교점 등등)으로 만들어진 삼각형 $A_0B_0C_0$을 생각하여, 다음과 같은 점들의 쌍 다섯 개에 대해 메넬라우스의 정리를 사용하자: (A, B_2, C_1), (B, C_2, A_1), (C, A_2, B_1), (A_1, B_1, C_1), (A_2, B_2, C_2). 그러면, 다음을 얻을 수 있다.

$$\frac{\overline{B_0A}}{\overline{C_0A}} \cdot \frac{\overline{A_0B_2}}{\overline{B_0B_2}} \cdot \frac{\overline{C_0C_1}}{\overline{A_0C_1}} = 1, \qquad \frac{\overline{C_0B}}{\overline{A_0B}} \cdot \frac{\overline{B_0C_2}}{\overline{C_0C_2}} \cdot \frac{\overline{A_0A_1}}{\overline{B_0A_1}} = 1,$$

$$\frac{\overline{A_0C}}{\overline{B_0C}} \cdot \frac{\overline{C_0A_2}}{\overline{A_0A_2}} \cdot \frac{\overline{B_0B_1}}{\overline{C_0B_1}} = 1, \qquad \frac{\overline{B_0A_1}}{\overline{A_0A_1}} \cdot \frac{\overline{C_0B_1}}{\overline{B_0B_1}} \cdot \frac{\overline{A_0C_1}}{\overline{C_0C_1}} = 1,$$

$$\frac{\overline{A_0A_2}}{\overline{C_0A_2}} \cdot \frac{\overline{B_0B_2}}{\overline{A_0B_2}} \cdot \frac{\overline{C_0C_2}}{\overline{B_0C_2}} = 1.$$

이들 등식을 서로 곱하면, 다음을 얻을 수 있다. $\frac{\overline{B_0A}}{\overline{C_0A}} \cdot \frac{\overline{C_0B}}{\overline{A_0B}} \cdot \frac{\overline{A_0C}}{\overline{B_0C}} = 1$, 즉 점 A, B, C는 한 직선에 속한다.

5.72. N을 직선 AD와 KQ의 교점, P'을 직선 KL와 MN의 교점이라 하자. 삼각형 KBL, NDM에 데자르그의 정리를 사용하면, 점 P', A, C가 한 직선에 속함을 알 수 있다. 즉, $P' = P$이다.

5.73. 삼각형 AED, BFC에 데자르그의 정리를 사용하고, 점들 (B, E, C), (A, F, D)에 파푸스의 정리를 사용하면 된다.

5.74. (a) R을 직선 KL과 MN의 교점이라 하자. 점들의 쌍 (P, L, N), (Q, M, K)에 파푸스의 정리를 사용하면, 점 A, C, R이 한 직선에 속함을 알 수 있다.
(b) 삼각형 NDM, LBK에 데자르그의 정리를 사용하면, 직선 ND와 LB, DM와 BK, NM와 LK의 교점이 한 직선에 속함을 알 수 있다.

5.75. 문제 5.74(a)의 결과를 이용하자. 점 P, Q로 점 P_2, P_4를 잡고, A와 C로 점 C_1과 P_1을 잡고, K, L, M, N으로 P_5, A_1, B_1, P_3을 잡자. 그러면, 직선 P_6C_1은 점 P_1을 지난다는 것을 알 수 있다.

5.76. 데자르그의 정리에 의해, 직선 AC와 DF, CE와 FB, EA와 BD의 교점은 한 직선에 속한다. 이것은 직선 $A'B'$과 $D'E'$, $C'D'$과 $F'A'$, $E'F'$과 $B'C'$의 교점이 한 직선에 속함을 의미한다.

5.77. (a) 이 문제는 문제 5.64를 재구성한 것이다. 왜냐 하면, 점 A_1이 선분 BC에 속하면 수 $\overline{BA_1} : \overline{CA_1}$은 마이너스 부호이고, BC에 속하지 않으면 플러스 부호이기 때문이다.
(b) 우선, 직선 AA_1, BB_1, CC_1이 점 M에서 교차한다고 가정하자. 평면의 임의의 세 벡터는 선형적인 관계를 가지므로, 즉 $\lambda\overrightarrow{AM} + \mu\overrightarrow{BM} + \nu\overrightarrow{CM} = 0$을 만족시키는 λ, μ, ν(모두 0은 아닌)가 존재한다. 직선 AM과 평행한 직선 BC로의 사영을 생각하자. 이 사영에서 점 A와 M은 A_1으로, 점 B와 C는 자신으로 보내진다. 그러므로, $\mu\overline{BA_1} + \nu\overline{CA_1} = 0$, 즉 $\overline{BA_1} : \overline{CA_1} = -\nu : \mu$이다. 마찬가지로, $\overline{CB_1} : \overline{AB_1} = -\lambda : \nu$, $\overline{AC_1} : \overline{BC_1} = -\mu : \lambda$이다. 이들 등식을 서로 곱하면, 구하는 것을 얻을 수 있다. 직선 AA_1, BB_1, CC_1이 평행한 경우에는, 증명을 위해 $\overline{BA_1} : \overline{CA_1} = \overline{BA} : \overline{C_1A}$, $\overline{CB_1} : \overline{AB_1} = \overline{C_1B} : \overline{AB}$를 생각하면 된다.
이제, 이러한 관계가 성립한다고 가정하고, 직선 AA_1, BB_1, CC_1이 한 점에서 교차한다는 것을 증명하자. 점 C와 직선 AA_1, BB_1의 교점을 지나는 직선과 직선 AB의 교점을 C_1^*라 하자. 점 C_1^*에 대해 점 C_1에서와 같은 관계가 성립한다. 그러므로, $\overline{C_1^*A} : \overline{C_1^*B} = \overline{C_1A} : \overline{C_1B}$이다. 결국, $C_1^* = C_1$, 즉 직선 AA_1, BB_1, CC_1은 한 점에서 교차한다. 또한, 제시된 관계가 성립하고, 직선 AA_1, BB_1, CC_1에서 두 직선이 평행하면, 세 번째 직선은 이들과 평행하다는 것도 증명할 수 있다.

5.78. $AB_1 = AC_1, BA_1 = BC_1$, $CA_1 = CB_1$이 성립하며, 외접원인 경우에 세 점은

삼각형 ABC의 변들에 속하며, 방접원인 경우에는 한 점만이 삼각형의 변에 속한다. 이제, 체바의 정리를 이용하면 된다.

5.79. 방점원들이 변 BC, CA, AB와 점 A_1, B_1, C_1에서 접한다고 하자. 그러면, 다음이 성립한다.

$$\frac{BA_1}{CA_1}\frac{CB_1}{AB_1}\frac{AC_1}{BC_1} = \frac{p-c}{p-b}\frac{p-a}{p-c}\frac{p-b}{p-a} = 1.$$

5.80. AA_1, BB_1, CC_1을 삼각형 ABC의 높이라 하자. 그러면, 다음이 성립한다.

$$\frac{AC_1}{C_1B}\cdot\frac{BA_1}{A_1C}\cdot\frac{CB_1}{B_1A} = \frac{b\cos A}{a\cos B}\cdot\frac{c\cos B}{b\cos C}\cdot\frac{a\cos C}{c\cos A} = 1.$$

5.81. BC, CA, AB의 중점을 A_2, B_2, C_2라 하자. 살펴본 직선들은 삼각형 $A_2B_2C_2$의 꼭지점들을 지나며, 문제 (a)에서 이들은 삼각형 ABC의 변들이 AP, BP, CP에 의해 나눠어지는 것과 같은 비로 삼각형의 변들을 나누며, 문제 (b)에서 이들은 변들을 역의 비로 나누었다. 이제, 체바의 정리를 이용하면 된다.

5.82. $\triangle AC_1B_2 \sim \triangle BC_1A_1$, $\triangle AB_1C_2 \sim \triangle CB_1A_1$이므로, $AB_2\cdot C_1B = AC_1\cdot BA_1$, $AC_2\cdot CB_1 = A_1C\cdot B_1A$이다. 그러므로, 다음이 성립한다.

$$\frac{AB_2}{AC_2} = \frac{AC_1}{C_1B}\cdot\frac{BA_1}{A_1C}\cdot\frac{CB_1}{B_1A} = 1.$$

5.83. 직선 AA_1, BB_1, CC_1과 직선 BC, CA, AB이 점 A_2, B_2, C_2에서 교차한다고 하자.

(a) $\angle B+\beta < 180°$, $\angle C+\gamma < 180°$이면, $\frac{BA_2}{A_2C} = \frac{S_{ABA_1}}{S_{ACA_1}} = \frac{AB\cdot BA_1\sin(B+\beta)}{AC\cdot CA_1\sin(C+\gamma)} = \frac{AB}{AC}\cdot\frac{\sin\gamma}{\sin\beta}\cdot\frac{\sin(B+\beta)}{\sin(C+\gamma)}$이다. 마지막 식은 모든 경우에서 $\overline{BA_2} : \overline{A_2C}$와 같다. 유사한 식을 $\overline{CB_2} : \overline{B_2A}$, $\overline{AC_2} : \overline{C_2B}$에 대해 쓰고, 이들을 곱하자. 이제, 체바의 정리를 이용하면 된다.

(b) 만약, 각 β, γ 중의 오직 하나 만이 상응하는 각 B 또는 C보다 크면, 점 A_2는 선분 BC의 바깥쪽에 놓여있다. 그러므로, 다음이 성립한다.

$$\frac{\overline{BA_2}}{\overline{A_2C}} = \frac{AB}{AC}\cdot\frac{\sin\gamma}{\sin\beta}\cdot\frac{\sin(B-\beta)}{\sin(C-\gamma)}.$$

5.84. 쉽게, 이 문제가 문제 5.83의 부분적인 경우임을 알 수 있다.

참고. 유사한 주장이 방접원에 대해서도 성립한다.

5.85. 체바의 정리에 의해 쉽게 해결된다.

5.86. 삼각형 ACC_1, BCC_1에 사인정리를 사용하면, $\frac{AC_1}{C_1C} = \frac{\sin ACC_1}{\sin A}$, $\frac{CC_1}{C_1B} = \frac{\sin B}{\sin C_1CB}$, 즉 $\frac{AC_1}{C_1B} = \frac{\sin ACC_1}{\sin C_1CB} \cdot \frac{\sin B}{\sin A}$을 얻을 수 있다. 마찬가지로, $\frac{BA_1}{A_1C} = \frac{\sin BAA_1}{\sin A_1AC} \cdot \frac{\sin C}{\sin B}$, $\frac{CB_1}{B_1A} = \frac{\sin CBB_1}{\sin B_1BA} \cdot \frac{\sin A}{\sin C}$가 성립한다. 증명을 완성하기 위해, 이들 등식을 서로 곱하면 된다.

참고. 점들을 변들의 연장선에서 잡았을 경우에는 유사한 주장이 유향 선분들과 각들의 비에 대해서도 성립한다.

5.87. 점 A_2, B_2, C_2는 삼각형 ABC의 변에 속한다고 취급할 수 있다. 문제 5.86에 의해, 다음이 성립한다.

$$\frac{AC_2}{C_2B} \cdot \frac{BA_2}{A_2C} \cdot \frac{CB_2}{B_2A} = \frac{\sin ACC_2}{\sin C_2CB} \cdot \frac{\sin BAA_2}{\sin A_2AC} \cdot \frac{\sin CBB_2}{\sin B_2BA}.$$

직선 AA_2, BB_2, CC_2는 각의 이등분선들에 대해 직선 AA_1, BB_1, CC_1과 대칭이므로, $\angle ACC_2 = \angle C_1CB, \angle C_2CB = \angle ACC_1$ 등이 성립한다. 그러므로, 다음이 성립한다.

$$\frac{\sin ACC_2}{\sin C_2CB} \cdot \frac{\sin BAA_2}{\sin A_2AC} \cdot \frac{\sin CBB_2}{\sin B_2BA} = \frac{\sin C_1CB}{\sin ACC_1} \cdot \frac{\sin A_1AC}{\sin BAA_1} \cdot \frac{\sin B_1BA}{\sin CBB_1} = \frac{C_1B}{AC_1} \cdot \frac{A_1C}{BA_1} \cdot \frac{B_1A}{CB_1} = 1.$$

결국, $\frac{AC_2}{C_2B} \cdot \frac{BA_2}{A_2C} \cdot \frac{CB_2}{B_2A} = 1$, 즉 직선 AA_2, BB_2, CC_2는 한 점에서 교차한다.

참고. 점 A_1, B_1, C_1을 변들의 연장선에서 잡고, 점 P가 삼각형 ABC의 외접원 S에 속하지 않는 경우에도 명제는 성립하며, 만약 점 P가 원 S에 속하면, 직선 AA_2, BB_2, CC_2는 평행하다(문제 2.92).

5.88. 주어진 육각형 $ABCDEF$의 대각선 AD, BE가 점 P에서 교차하며, K, L은 변 AB, ED의 중점이라 하자. $ABDE$가 사다리꼴이므로, 선분 KL은 점 P를 지난다(문제 19.2). 사인 정리에 의해, $\sin APK : \sin AKP = AK : AP$, $\sin BPK : \sin BKP = BK : BP$이다. $\sin AKP = \sin BKP$, $AK = BK$이므로, $\sin APK : \sin BPK = BP : AP = BE : AD$이다. 유사한 관계식을 서로 다른 두 쌍의 대변의 중점을 연결한 선분에 대해서도 쓸 수 있다. 이들 관계식을 서로 곱하고, 문제 5.86의 결과를 직선 AD, BE, CF에 의해 만들어진 삼각형에 사용하면, 구하는 것을 얻을 수 있다.

5.89. 중심이 P이고 계수가 2인 중심닮음변환을 생각하자. $PA_1A_3A_2$는 직사각형이므로, 이 중심닮음변환에 의해 직선 A_1A_2는 점 A_3을 지나는 직선 l_a로 보내지

며, 직선 l_a와 A_3P는 직선 A_3A에 대해 대칭이다. 직선 A_3A는 각 $B_3A_3C_3$을 이등분한다(문제 1.57(a)). 같은 방법으로, 직선 l_b, l_c가 삼각형 $A_3B_3C_3$의 각의 이등분선들에 대해 직선 B_3P, C_3P와 대칭임을 증명할 수 있다. 결국, 직선 l_a, l_b, l_c는 한 점에서 교차하거나 평행하며(문제 5.87), 즉 직선 A_1A_2, B_1B_2, C_1C_2가 한 점에서 교차한다.

5.90. 문제 5.86과 5.77(b)에 의해, 다음을 알 수 있다.

$$\frac{\sin ASP}{\sin PSD}\cdot\frac{\sin DAP}{\sin PAS}\cdot\frac{\sin SDP}{\sin PDA}=1=\frac{\sin ASQ}{\sin QSD}\cdot\frac{\sin DAQ}{\sin QAS}\cdot\frac{\sin SDQ}{\sin QDA}.$$

그리고, $\angle DAP = \angle SDQ, \angle SDP = \angle DAQ, \angle PAS = \angle QDA$, $\angle PDA = \angle QAS$이다. 그러므로, $\sin ASP : \sin PSD = \sin ASQ : \sin QSD$이다. 이로부터, 점 S, P, Q는 한 직선에 속하며, 함수 $\frac{\sin(\alpha-x)}{\sin x}$는 x에 관한 단조함수이므로, 다음을 알 수 있다.

$$\frac{d}{dx}\left(\frac{\sin(\alpha-x)}{\sin x}\right)=-\frac{\sin\alpha}{\sin^2 x}.$$

5.91. 문제 2.59(a)에서 두 번째 등식은 다음을 의미한다.

$$\left(\frac{\sin A_2A_1C_1}{\sin A_2A_1B_1}\right)^2=\frac{\sin A_2AC_1}{\sin A_2AB_1}$$

그러므로, 다음을 얻을 수 있다.

$$\left(\frac{\sin A_2A_1C_1}{\sin A_2A_1B_1}\cdot\frac{\sin B_2B_1A_1}{\sin B_2B_1C_1}\cdot\frac{\sin C_2C_1B_1}{\sin C_2C_1A_1}\right)^2=1.$$

5.92. 문제 3.42(a)에 의해, 선분 A_1A_2는 삼각형 A_1BC의 각의 이등분선이다. 그러므로, 다음이 성립한다.

$$\frac{BA_2}{CA_2}=\frac{BA_1}{CA_1}=\frac{\sin BAA_1}{\sin CAA_1}.$$

직선 AA_1, BB_1, CC_1이 한 점에서 교차한다는 것으로부터, 다음이 유도된다.

$$\frac{\sin BAA_1}{\sin CAA_1}\cdot\frac{\sin CBB_1}{\sin ABB_1}\cdot\frac{\sin ACC_1}{\sin BCC_1}=1.$$

그러므로, 다음이 성립한다.

$$\frac{BA_2}{CA_2}\cdot\frac{CB_2}{AB_2}\cdot\frac{AC_2}{BC_2}=1,$$

즉, 직선 AA_2, BB_2, CC_2는 한 점에서 교차한다.

5.93. (a) 체바의 정리에 의해, $\frac{AC_1}{C_1B} = \frac{CA_1}{A_1B} \cdot \frac{AB_1}{B_1C}$이고, 사인 정리에 의해, 다음이 성립한다.

$$CA_1 = \frac{CA \sin CAA_1}{\sin AA_1B}, \qquad A_1B = \frac{AB \sin BAA_1}{\sin AA_1B},$$
$$AB_1 = \frac{AB \sin ABB_1}{\sin AB_1B}, \qquad B_1C = \frac{BC \sin CBB_1}{\sin AB_1B}.$$

이들 네 등식을 앞의 등식에 대입하고, $AC = BC$임을 감안하면, 구하는 것을 얻을 수 있다.

(b) 직선 CM, CN과 밑변 AB의 교점을 M_1, N_1이라 하자. 이제, $M_1 = N_1$을 증명하자. (a)로부터, $AM_1 : M_1B = AN_1 : N_1B$, 즉 $M_1 = N_1$이 유도된다.

5.94. 선분 BM, BN이 변 AC와 점 P, Q에서 교차한다고 하자. 그러면, 다음이 성립한다.

$$\frac{\sin PBB_1}{\sin PBA} = \frac{\sin PBB_1}{\sin BPB_1} \cdot \frac{\sin APB}{\sin PBA} = \frac{PB_1}{BB_1} \cdot \frac{AB}{PA}.$$

만약, O가 삼각형 ABC의 각의 이등분선들의 교점이면, $\frac{AP}{PB_1} \cdot \frac{B_1O}{OB} \cdot \frac{BC_1}{C_1A} = 1$, 즉 $\frac{\sin PBB_1}{\sin PBA} = \frac{AB}{BB_1} \cdot \frac{B_1O}{OB} \cdot \frac{BC_1}{C_1A}$이다. $BC_1 : C_1A = BC : CA$임을 생각하고, 유사한 계산을 $\sin QBB_1 : \sin QBC$에 대해 수행하면, $\sin PBB_1 : \sin PBA = \sin QBB_1 : \sin QBC$를 얻을 수 있다. 그리고 $\angle ABB_1 = \angle CBB_1$이므로, $\angle PBB_1 = \angle QBB_1$이다.

5.95. (a) P가 삼각형 ABC의 외접원의 호 AC에 속한다고 하고, A_1, B_1, C_1을 점 P에서 직선 BC, CA, AB에 그은 수선의 발이라 하자. 사각형 A_1BC_1P의 꼭지점 A_1, C_1에서 각들의 합은 $180°$이므로, $\angle A_1PC_1 = 180° - \angle B = \angle APC$이다. 결국, $\angle APC_1 = \angle A_1PC$이고, 점 A_1, C_1 중의 하나(가령, A_1)는 삼각형의 변에 속하고, 다른 점은 변의 연장선에 속한다. 사각형 AB_1PC_1, A_1B_1PC는 내접도형이므로, $\angle AB_1C_1 = \angle APC_1 = \angle A_1PC = \angle A_1B_1C$, 즉 점 B_1은 선분 A_1C_1에 속한다.

(b) (a)와 같이, $\angle(AP, PC_1) = \angle(AB_1, B_1C) = \angle(CB_1, B_1A_1) = \angle(CP, PA_1)$을 얻을 수 있다. 이제 각 $\angle(PC_1, PC)$를 더하면, $\angle(AP, PC) = \angle(PC_1, PA_1) = \angle(BC_1, BA_1) = \angle(AB, PC)$, 즉 점 P가 삼각형 ABC의 외접원에 속한다.

5.96. A_1, B_1, C_1을 변 PA, PB, PC의 중점, O_a, O_b, O_c를 삼각형 BCP, ACP, ABP의 외접원의 중심이라 하자. 점 A_1, B_1, C_1은 점 P에서 삼각형 $O_aO_bO_c$의 변들(또는 연장선)에 그은 수선의 발이다. 점 A_1, B_1, C_1은 한 직선에 속하므로, 점 P는 삼각형 $O_aO_bO_c$의 외접원에 속한다(문제 5.95(b)).

5.97. 각의 이등분선 AD의 연장선이 삼각형 ABC의 외접원과 점 P에서 교차한다고 하자. 점 P에서 직선 BC, CA, AB에 수선 PA_1, PB_1, PC_1을 긋자. 이때, A_1은 선분 BC의 중점이다. 중심이 A이고 점 P를 D로 보내는 중심닮음변환에 의해, 점 B_1, C_1은 점 B', C'으로 보내진다. 이로부터, 점 A_1이 직선 B_1C_1에 속하며 $PA_1 \parallel DM$이므로, 중심닮음변환에 의해 점 A_1은 점 M으로 보내진다는 것을 알 수 있다.

5.98. (a) 문제 5.95의 풀이를 그대로 사용하면 된다.
(b) A_1, B_1을 점 P에서 직선 BC, CA에 내린 수선의 발이라 하고, 직선 BC, AC의 점 A_2, B_2는 $\angle(PA_2, BC) = \alpha = \angle(PB_2, AC)$를 만족시킨다고 하자. 그러면, $\triangle PA_1A_2 \sim \triangle PB_1B_2$이므로, 점 A_1, B_1은 중심이 P인 회전중심닮음변환에 의해 점 A_2, B_2로 보내지며, $\angle A_1PA_2 = 90^\circ - \alpha$는 회전각이다.

5.99. (a) 직선 PC와 AC사이의 각을 φ라 하자. 그러면, $PA = 2R\sin\varphi$이다. 점 A_1, B_1은 지름이 PC인 원에 속하므로, 직선 PA_1와 A_1B_1사이의 각은 φ이다. 그러므로, $PA_1 = d/\sin\varphi$, 즉 $PA \cdot PA_1 = 2Rd$이다.
(b) $PA_1 \perp BC$이므로, $\cos\alpha = \sin\varphi = d/PA_1$이다. 이제, $PA_1 = 2Rd/PA$를 생각하면 된다.

5.100. 점 A_1, B_1은 지름이 PC인 원에 속하므로, $A_1B_1 = PC\sin A_1CB_1 = PC\sin C$이다. 직선 AB와 A_1B_1사이의 각을 γ, 점 P를 직선 A_1B_1에 사영시켜 얻어진 점을 C_1이라 하자. 직선 A_1B_1과 B_1C_1은 일치하므로, $\cos\gamma = PC/2R$이다(문제 5.99). 결국, 직선 A_1B_1에 대한 선분 AB의 사영의 길이는 $AB\cos\gamma = (2R\sin C)PC/2R = PC\sin C$이다.

5.101. A_1, B_1을 점 P에서 직선 BC, AC에 내린 수선의 발이라 하자. 점 A_1, B_1은 지름이 PC인 원에 속한다. $\sin A_1CB_1 = \sin ACB$이므로, 이 원의 현 A_1B_1은 고정된 길이를 가진다. 결국, 직선 A_1B_1는 고정진 원에 접한다.

5.102. P에서 직선 BC, CA에 내린 수선의 발을 A_1, B_1이라 하면, $\angle(A_1B_1, PB_1) = \angle(A_1C, PC) = \overset{\frown}{BP}/2$가 된다. 그리고 모든 점 P에 대해 직선 PB_1은 같은 방향을 가진다.

5.103. P_1, P_2는 삼각형 ABC의 외접원에서 지름의 마주보는 점들이고, A_i, B_i는 점 P_i에서 직선 BC, AC에 내린 수선의 발이며, M, N은 변 AC, BC의 중점이며, X는 직선 A_1B_1, A_2B_2의 교점이다. 문제 5.102에 의해, $A_1B_1 \perp A_2B_2$이다.

이제, $\angle(MX, XN) = \angle(BC, AC)$를 보이면 된다. $AB_2 = B_1C$이므로, XM은 직각삼각형 B_1XB_2의 중선이다. 그러므로, $\angle(XM, XB_2) = \angle(XB_2, B_2M)$이다. 같은 이유로, $\angle(XA_1, XN) = \angle(A_1N, XA_1)$이 된다는 것을 알 수 있다. 그러므로 $\angle(MX, XN) = \angle(XM, XB_2) + \angle(XB_2, XA_1) + \angle(XA_1, XN) = \angle(XB_2, B_2M) + \angle(A_1N, XA_1) + 90^\circ$가 성립한다. $\angle(XB_2, B_2M) + \angle(AC, CB) + \angle(NA_1, A_1X) + 90^\circ = 0^\circ$이므로, $\angle(MN, XN) + \angle(AC, CB) = 0^\circ$이다.

5.104. 주어진 원의 점 R이 $\angle(\overrightarrow{OP}, \overrightarrow{OR}) = (\beta + \gamma)/2$를 만족시키면, $OR \perp BC$가 된다. 이제, $\angle(OR, OQ) = \angle(PA_1, A_1B_1)$임을 보이자. $\angle(OR, OQ) = \alpha/2$이고, $\angle(PA_1, A_1B_1) = \angle(PB, BC_1) = \angle(\overrightarrow{OP}, \overrightarrow{OA})/2 = \alpha/2$가 성립한다.

5.105. 일반성을 잃지 않고, 삼각형 ABC와 $A_1B_1C_1$의 외접원이 일치한다고 할 수 있다. 각 α, β, γ를 문제 5.104에서와 같이 정의하자. 각좌표 $(\alpha + \beta + \gamma)/2$, $(-\alpha + \beta + \gamma)/2$, $(\alpha - \beta + \gamma)/2$, $(\alpha + \beta - \gamma)/2$를 가지는 점들을 점 P_1, A_1, B_1, C_1으로 잡을 수 있다. 실제로, 각 A_1OB_1의 이등분선은 각좌표 $\gamma/2$에 의해 주어지며, 즉 PC와 평행하다. 그리고, 각 P_1OA_1의 이등분선은 각좌표 $(\beta + \gamma)/2$에 의해 주어지며, 즉 BC와 평행하다.

5.106. 직선 AC와 PQ가 점 M에서 교차한다고 하자. 삼각형 MPC에 높이 PB_1, CA_1을 작도하자. 이때, A_1B_1은 삼각형 ABC에 대한 점 P의 심슨의 직선이다. 게다가, 문제 1.53에 의해, $\angle(MB_1, B_1A_1) = \angle(CP, PM)$이다. 그리고, $\angle(CP, PM) = \angle(CA, AQ) = \angle(MB_1, AQ)$이다. 결국, $A_1B_1 \parallel AQ$이다.

5.107. BC와 직교하는 현 PQ를 작도하자. 점 H', P'은 직선 BC에 대해 점 H, P와 대칭이며, 점 H'은 삼각형 ABC의 외접원에 속한다(문제 5.10). 우선, $AQ \parallel P'H$임을 증명하자. 실제로, $\angle(AH', AQ) = \angle(PH', PQ) = \angle(AH', P'H)$이다. 점 P의 심슨의 직선은 AQ에 평행하고(문제 5.106), 즉 이 직선은 삼각형 $PP'H$의 변 PP'의 중점을 지나고 변 $P'H$에 평행하다. 이것은 이 직선이 변 PH의 중점을 지난다는 것을 의미한다.

5.108. 점 H_a, H_b, H_c, H_d를 각각 삼각형 BCD, CDA, DAB, ABC의 수심이라 하자. 직선 l_a, l_b, l_c, l_d는 선분 AH_a, BH_b, CH_c, DH_d의 중점을 지난다(문제 5.107). 이들 선분의 중점들은 $2\overrightarrow{OH} = \overrightarrow{OA} + \overrightarrow{OB} + \overrightarrow{OC} + \overrightarrow{OD}$인 점 H와 일치한다(단, O는 원의 중심, 문제 13.33).

5.109. (a) 직선 AB, AC, AD에 대한 점 P의 사영을 B_1, C_1, D_1이라 하자. 점 B_1, C_1,

D_1은 지름이 AP인 원에 속한다. 직선 B_1C_1, C_1D_1, D_1B_1은 삼각형 ABC, ACD, ADB에 대한 점 P의 심슨의 직선들이다. 그러므로, 이들 삼각형의 심슨의 직선들에 대한 점 P의 사영은 한 직선, 즉 삼각형 $B_1C_1D_1$의 심슨의 직선에 속한다. 같은 방법으로, 살펴본 점들에서 임의의 세 점의 쌍은 한 직선에 속함을 증명할 수 있다.

(b) P는 n각형 $A_1 \cdots A_n$의 외접원의 점이고, 직선 $A_1A_2, \cdots, A_1A_n$에 대한 점 P의 사영을 $B_2, B_3, \cdots, B_n$이라 하자. 점 $B_2, \cdots, B_n$은 지름이 A_1P인 원에 속한다. 수학적 귀납법으로, n각형 $A_1 \cdots A_n$에 대한 점 P의 심슨의 직선이 $(n-1)$각형 $B_2 \cdots B_n$에 대한 점 P의 심슨의 직선과 일치함을 증명하자($n = 4$인 경우에는 문제 (a)에서 증명되었음). 수학적 귀납법의 가정에 의해, $(n-1)$각형 $A_1A_3 \cdots A_n$의 심슨의 직선은 $(n-2)$각형 $B_3 \cdots B_n$의 심슨의 직선과 일치한다. 그러므로, $A_1, \cdots, A_n$에서 점 $A_2, \cdots, A_n$을 순차적으로 제거하여 얻어진 $(n-1)$각형의 심슨의 직선에 대한 점 P의 사영은 $(n-1)$각형 $B_2 \cdots B_n$의 심슨의 직선에 속한다. 그리고 $(n-1)$각형 $A_2 \cdots A_n$의 심슨의 직선에 대한 점 P의 사영은 또한 같은 직선에 속한다. 왜냐 하면, 사영시켜 얻은 살펴본 n개의 점들 중에서 임의의 $n-1$개의 점은 한 직선에 속하기 때문이다.

5.110. B_1, C_1은 AP가 지름인 원에 속하며, $B_1C_1 = AP \sin B_1AC_1 = AP(BC/2R)$이다.

5.111. 이 문제는 문제 2.44의 부분적인 경우이다.

5.112. $\angle C_1AP = \angle C_1B_1P = \angle A_2B_1P = \angle A_2C_2P = \angle B_3C_2P = \angle B_3A_3P$가 성립한다(첫 번째, 세 번째, 다섯 번째 등식은 상응하는 사각형의 내접성으로부터 얻어지며, 나머지 등식은 자명하다). 마찬가지로, $\angle B_1AP = \angle C_3A_3P$가 성립한다. 그러므로, $\angle B_3A_3C_3 = \angle B_3A_3P + \angle C_3A_3P = \angle C_1AP + \angle B_1AP = \angle BAC$이다. 같은 방법으로, 삼각형 ABC와 $A_3B_3C_3$의 나머지 각들에 대한 등식을 얻을 수 있다.

5.113. 점 P에서 직선 BC, CA, AB에 내린 수선의 발을 A_1, B_1, C_1이라 하고, 직선 PA, PB, PC와 삼각형 ABC의 외접원의 교점을 A_2, B_2, C_2라 하자. 이제, S, S_1, S_2를 삼각형 $ABC, A_1B_1C_1$, $A_2B_2C_2$의 넓이라 하자. 쉽게 $a_1 = a \cdot AP/2R$(문제 5.110), $a_2 = a \cdot B_2P/CP$임을 확인할 수 있다. 삼각형 $A_1B_1C_1$와 $A_2B_2C_2$은 닮음이므로(문제 5.111), $S_1/S_2 = k^2$이 된다(단, $k = a_1/a_2 = AP \cdot CP/(2R \cdot B_2P)$). 그리고 $B_2P \cdot BP = |d^2 - R^2|$이므로, $S_1/S_2 = (AP \cdot BP \cdot$

$CP)^2/4R^2(d^2-R^2)^2$이다. 삼각형 $A_2B_2C_2$와 ABC는 같은 원에 내접하므로, $S_2/S = a_2b_2c_2/abc$이다(문제 12.1). 또한, 예를 들어 $a_2/a = B_2P/CP = |d^2 - R^2|/(BP\cdot CP)$이다. 결국, $S_2 : S = |d^2-R^2|^3 : (AP\cdot BP\cdot CP)^2$이다. 그러므로, $S_1/S = (S_1/S_2)(S_2/S) = |d^2-R^2|/4R^2$이다.

5.114. 점 B_1, C_1은 지름이 PA인 원에 속하므로, 선분 PA의 중점은 삼각형 AB_1C_1의 외접원의 중심이다. 결국, l_a는 선분 B_1C_1의 수직이등분선이다. 그러므로, 직선 l_a, l_b, l_c는 삼각형 $A_1B_1C_1$의 외접원의 중심을 지난다.

5.115. (a) 점 P_1, P_2로부터 AC에 수선 P_1B_1, P_2B_2를 긋고, AB에 수선 P_1C_1, P_2C_2를 긋자. 이제, 점 B_1, B_2, C_1, C_2가 한 원에 속함을 증명하자. 실제로, $\angle P_1B_1C_1 = \angle P_1AC_1 = \angle P_2AB_2 = \angle P_2C_2B_2$가 성립한다. 그리고 $\angle P_1B_1A = \angle P_2C_2A$이므로, $\angle C_1B_1A = \angle B_2C_2A$이다. 살펴본 점들이 속한 원의 중심은 선분 B_1B_2와 C_1C_2의 수직이등분선들의 교점이고, 이들 수선은 선분 P_1P_2의 중점 O를 지난다. 즉, O가 이 원의 중심이다. 특히, 점 B_1, C_1은 점 O에서 같은 거리만큼 떨어져있다. 마찬가지로, 점 A_1, B_1은 점 O로부터 같은 거리만큼 떨어져 있고, O는 삼각형 $A_1B_1C_1$의 외접원의 중심이다. 게다가, $OB_1 = OB_2$가 성립한다.
(b) 앞의 증명을 그대로 사용할 수 있다.

5.116. 변 BC, CA, AB의 중점을 A_1, B_1, C_1이라 하자. 삼각형 $A_1B_1C_1$와 ABC은 닮음이고, 닮음계수는 2이다. 삼각형 $A_1B_1C_1$의 높이들은 점 O에서 교차하므로, $OA_1 : HA = 1 : 2$이다. M'을 선분 OH와 AA_1의 교점이라 하자. 그러면, $OM' : M'H = OA_1 : HA = 1 : 2$, $AM' : M'A_1 = OA_1 : HA = 1 : 2$, 즉 $M' = M$이 된다.

5.117. 변 BC, CA, AB의 중점을 A_1, B_1, C_1이라 하고, 높이들의 발을 A_2, B_2, C_2, 높이들의 교점과 꼭지점들을 연결한 선분들의 중점을 A_3, B_3, C_3라 하자. $A_2C_1 = C_1A = A_1B_1$, $A_1A_2 \parallel B_1C_1$이므로, 점 A_2는 삼각형 $A_1B_1C_1$의 외접원에 속한다. 같은 이유로, 점 B_2, C_2도 삼각형 $A_1B_1C_1$의 외접원에 속한다. 이제, 지름이 A_1A_3인 원 S를 생각하자. $A_1B_3 \parallel CC_2$, $A_3B_3 \parallel AB$이므로, $\angle A_1B_3A_3 = 90°$, 즉 점 B_3는 원 S에 속한다. 같은 방법으로, 점 C_1, B_1, C_3가 원 S에 속함을 증명할 수 있다. 원 S는 삼각형 $A_1B_1C_1$의 꼭지점들을 지나므로, 이 원은 삼각형의 외접원이다. 중심이 H이고 계수가 1/2인 중심닮음변환에서 삼각형 ABC의 외접원은 삼각형 $A_3B_3C_3$의 외접원, 즉 구점원으로 보내진다. 즉, 이 중심닮음변환에서 점 O는 구점원의 중심으로 보내진다.

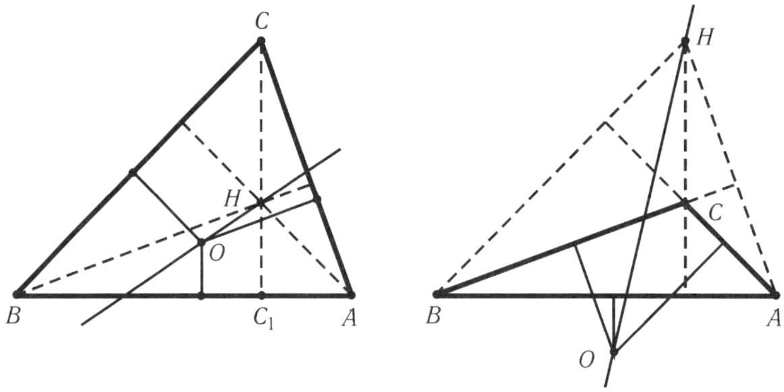

그림 5.5

5.118. (a) 예를 들어, 삼각형 ABC, HBC가 공통 구점원을 가진다는 것을 증명하자. 실제로, 이들 삼각형의 구점원은 변 BC의 중점을 지나며 선분 BH, CH의 중점들을 지난다.

(b) 오일러의 직선은 구점원의 중심을 지나고, 이들 삼각형은 공통 구점원을 가진다.

(c) 대칭의 중심은 이들 삼각형의 구점원의 중심이다.

5.119. $AB > BC > CA$라 하자. 쉽게, 예각삼각형과 둔각삼각형에 대해 높이들의 교점 H와 외접원의 중심 O가 그림 5.5와 같이 위치함을 확인할 수 있다(즉, 예각삼각형에서 점 O는 삼각형 BHC_1의 내부에 있으며, 둔각삼각형에서 점 O, B는 직선 CH에 대해 같은쪽에 놓여있다). 그러므로, 예각삼각형에서 오일러의 직선은 가장 긴 변 AB, 가장 짧은 변 AC와 교차하며, 둔각삼각형에서는 가장 긴 변 AB, 중간 길이의 변 BC와 교차한다.

5.120. (a) 삼각형 ABC의 방접원의 중심을 O_a, O_b, O_c라 하자. 삼각형 ABC의 꼭지점들은 삼각형 $O_aO_bO_c$의 높이들의 발이다(문제 5.2). 그러므로, 삼각형 $O_aO_bO_c$의 구점원은 점 A, B, C를 지난다.

(b) 점 O를 삼각형 $O_aO_bO_c$의 높이들의 교점, 즉 삼각형 ABC의 각의 이등분선들의 교점이라 하자. 삼각형 $O_aO_bO_c$의 구점원은 선분 OO_a를 이등분한다.

5.121. AA_1을 높이, H를 높이의 교점이라 하자. 5.47(b)에 의해, $AH = 2R|\cos A|$이다. 중선들은 교점에 의해 $1 : 2$로 분할되므로, 오일러의 직선이 BC와 평행할 필요충분조건은 $AH : AA_1 = 2 : 3$이고, 벡터 $\overrightarrow{AH}$, $\overrightarrow{AA_1}$이 같은 방향, 즉

$2R\cos A : 2R\sin B\sin C = 2:3$인 것이다. $\cos A = -\cos(B+C) = \sin B\sin C - \cos B\cos C$임을 감안하면, $\sin B\sin C = 3\cos B\cos C$를 얻을 수 있다.

5.122. CD를 높이, O를 외접원의 중심, N을 변 AB의 중점이라 하고, 점 E는 C와 높이들의 교점을 연결한 선분을 이등분한다고 하자. 그러면, $CENO$가 평행사변형이므로, $\angle NED = \angle OCH = |\angle A - \angle B|$이다(문제 2.90). 점 N, E, D는 구점원에 속하므로, 선분 ND와 구점원의 중심은 각 $2\angle NED = 2|\angle A - \angle B|$를 이룬다.

5.123. 삼각형 ABC의 외접원, 내접원의 중심을 O, I라 하고, H를 높이들의 교점, 직선 AI와 BI는 외접원과 점 A_1, B_1에서 교차한다고 하자. 삼각형 ABC가 이등변삼각형이 아니라고 가정하자. 그러면, $OI : IH = OA_1 : AH$, $OI : IH = OB_1 : BH$가 된다. $OB_1 = OA_1$이므로, $AH = BH$, 즉 $AC = BC$이다. 이로부터, 모순이 유도된다.

5.124. 삼각형 ABC의 외접원, 내접원의 중심을 O, I라 하고, H를 삼각형 $A_1B_1C_1$의 수심이라 하자. 삼각형 $A_1B_1C_1$에 높이 A_1A_2, B_1B_2, C_1C_2를 작도하자. 삼각형 $A_1B_1C_1$은 예각삼각형이므로(예를 들어, $\angle B_1A_1C_1 = (\angle B + \angle C)/2 < 90°$), H는 삼각형 $A_2B_2C_2$의 내접원의 중심이다(문제 1.57(a)). 삼각형 ABC와 $A_2B_2C_2$의 변들은 평행하므로(문제 1.55(a)), 삼각형 ABC를 $A_2B_2C_2$로 보내는 중심닮음변환이 존재한다. 이 중심닮음변환에서 점 O는 점 I로, 점 I는 점 H로 보내지므로, 직선 IH는 점 O를 지난다.

5.125. 삼각형 ABC의 높이들의 교점을 H, 선분 CH, AB의 중점을 E, M이라 하자(그림 5.6). 그러면, C_1MC_2E는 직사각형이다. 직선 CC_2와 직선 AB가 점 C_3에서 교차한다고 하자. 이제, $\overline{AC_3} : \overline{C_3B} = \tan 2\beta : \tan 2\alpha$를 증명하자. 쉽게, $\overline{C_3M} : \overline{C_2E} = \overline{MC_2} : \overline{EC}$, $\overline{EC} = R\cos\gamma$, $\overline{MC_2} = \overline{C_1E} = 2R\sin\alpha\sin\beta - R\cos\gamma$, $\overline{C_2E} = \overline{MC_1} = R\sin(\beta-\alpha)$를 확인할 수 있고, 그러므로 다음이 성립한다.

$$\overline{C_3M} = R\sin(\beta-\alpha)(2\sin\beta\sin\alpha - \cos\gamma)/\cos\gamma = R\sin(\beta-\alpha)\cos(\beta-\alpha)/\cos\gamma.$$

결국, 다음을 알 수 있다.

$$\frac{\overline{AC_3}}{\overline{C_3B}} = \frac{\overline{AM}+\overline{MC_3}}{\overline{C_3M}+\overline{MB}} = \frac{\sin 2\gamma + \sin 2(\alpha-\beta)}{\sin 2\gamma - \sin 2(\alpha-\beta)} = \frac{\tan 2\beta}{\tan 2\alpha}.$$

마찬가지로, 다음을 보일 수 있다.

$$\frac{\overline{AC_3}}{\overline{C_3B}} \cdot \frac{\overline{BA_3}}{\overline{A_3C}} \cdot \frac{\overline{CB_3}}{\overline{B_3A}} = \frac{\tan 2\beta}{\tan 2\alpha} \cdot \frac{\tan 2\gamma}{\tan 2\beta} \cdot \frac{\tan 2\alpha}{\tan 2\gamma} = 1.$$

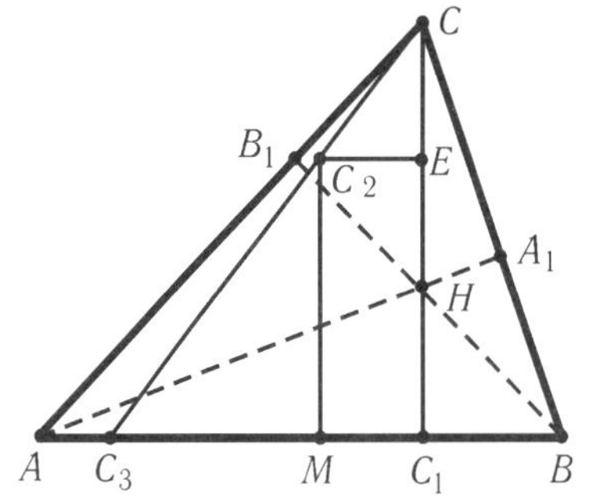

그림 5.6

5.126. 문제 (b)는 쉽게 해결된다. 우선, 직선 AA_1, BB_1, CC_1이 한 점에서 교차한다는 것을 증명하자. 삼각형 A_1BC와 AB_1C의 외접원이 점 O에서 교차한다고 하자. 그러면, $\angle(BO, OA) = \angle(BO, OC) + \angle(OC, OA) = \angle(BA_1, A_1C) + \angle(CB_1, B_1A) = \angle(BA, AC_1) + \angle(C_1B, BA) = \angle(C_1B, AC_1)$, 삼각형 ABC_1의 외접원도 O를 지난다. 그러므로, $\angle(AO, OA_1) = \angle(AO, OB) + \angle(BO, OA_1) = \angle(AC_1, C_1B) + \angle(BC, CA_1) = 0°$, 즉 직선 AA_1은 점 O를 지난다. 같은 방법으로, 직선 BB_1, CC_1이 점 O를 지난다는 것을 증명할 수 있다. 이제, 점 O가 구하는 점 P와 일치함을 증명하자. $\angle BAP = \angle A - \angle CAP$이므로, 등식 $\angle ABP = \angle CAP$는 등식 $\angle BAP + \angle ABP = \angle A$, 즉 $\angle APB = \angle B + \angle C$와 동치이다. 점 O는 삼각형 ABC_1의 외접원에 속하므로, 점 O에 대한 마지막 등식은 자명하다.

5.127. (a) $\widehat{AB} = \widehat{B_1C_1}$, 즉 $AB = B_1C_1$임을 증명하자. 실제로, $\widehat{AB} = \widehat{AC_1} + \widehat{C_1B}$, $\widehat{C_1B} = \widehat{AB_1}$이 성립한다. 그러므로, $\widehat{AB} = \widehat{AC_1} + \widehat{AB_1} = \widehat{B_1C_1}$이다.

(b) 삼각형 ABC, $A_1B_1C_1$이 같은 원에 내접하고, 삼각형 ABC는 고정되었고, 삼각형 $A_1B_1C_1$은 회전한다고 하자. 삼각형 $A_1B_1C_1$의 한 위치에서 직선 AA_1, BB_1, CC_1은 한 점에서 교차한다(문제 7.20(b)). 이때, 12개의 서로 다른 삼각형족 $A_1B_1C_1$이 생길 수 있다: 삼각형 ABC와 $A_1B_1C_1$을 회전 또는 선대칭에 의해 함께 놓을 수 있으며, 문자 A_1, B_1, C_1을 삼각형의 꼭지점들에 서로 다른 여섯 가지 방법으로 붙일 수 있다. 이 12개의 삼각형족들 중에서 네 개는 구하는 점 P를 주지 못한다. 같은 방향성의 삼각형들에 대해 $\triangle ABC \equiv \triangle A_1C_1B_1, \triangle ABC \equiv \triangle C_1B_1A_1$, $\triangle ABC \equiv \triangle B_1A_1C_1$인 경우는 제외한다(예를 들어, $\triangle ABC \equiv \triangle A_1C_1B_1$인 경우에 점 P는 점 $A = A_1$에서의 원의 접선과 직선 $BC = B_1C_1$의 교점이며, 이때 삼각형 ABC, $A_1B_1C_1$은 일치

한다. 반대의 방향성을 가진 삼각형들에 대해서는 $\triangle ABC \equiv \triangle A_1B_1C_1$ 인 경우를 제외한다(이 경우에는 $AA_1 \parallel BB_1 \parallel CC_1$).

참고. 브로카르의 점들에 반대 방향성을 가진 삼각형들이 대응되는데, 첫 번째 브로카르의 점에 대해서는 $\triangle ABC \equiv \triangle B_1C_1A_1$ 이고, 두 번째 브로카르의 점에 대해서는 $\triangle ABC \equiv \triangle C_1A_1B_1$ 임).

5.128. (a) $PC = \frac{AC \sin CAP}{\sin APC}$, $PC = \frac{BC \sin CBP}{\sin BPC}$ 이므로, $\frac{\sin\varphi \sin\beta}{\sin\gamma} = \frac{\sin(\beta-\varphi)\sin\alpha}{\sin\beta}$ 이다. $\sin(\beta-\varphi) = \sin\beta\cos\varphi - \cos\beta\sin\varphi$ 임을 감안하면, $\cot\varphi = \cot\beta + \frac{\sin\beta}{\sin\alpha\sin\gamma}$ 가 성립한다. 이제, $\sin\beta = \sin(\alpha+\gamma) = \sin\alpha\cos\gamma + \sin\gamma\cos\alpha$ 를 생각하면 된다.
(b) 브로카르의 두 번째 각에 대해, 문제 (a)와 같은 식을 얻을 수 있다. 그리고, 브로카르의 모든 각은 예각이다.
(c) $\angle A_1BC = \angle BCA$, $\angle BCA_1 = \angle CAB$ 이므로, $\triangle CA_1B \sim \triangle ABC$ 이다. 그러므로, 브로카르의 점 P 는 선분 AA_1 에 속한다(문제 5.126(b)).

5.129. (a) 문제 10.38(a)에 의해, $\cot\varphi = \cot\alpha + \cot\beta + \cot\gamma \geq \sqrt{3} = \cot 30^\circ$ 이므로, $\varphi \leq 30^\circ$ 이다.
(b) 삼각형 ABC 의 첫 번째 브로카르의 점을 P 라 하자. 점 M 은 삼각형 ABP, BCP, CAP 중의 하나의 내부에(또는 경계선에) 속한다. 예를 들어, 점 M 이 삼각형 ABP 의 내부에 속하면, $\angle ABM \leq \angle ABP \leq 30^\circ$ 가 된다.

5.130. 직선 A_1B_1, B_1C_1, C_1A_1 은 선분 AQ, BQ, CQ 에 대한 수직이등분선이다. 그러므로, 예를 들어 $\angle B_1A_1C_1 = 180^\circ - \angle AQC = \angle A$ 가 된다. 다른 각들에 대해서는 유사한 방법으로 증명한다. 게다가, 직선 A_1O, B_1O, C_1O 는 선분 CA, AB, BC 의 수직이등분선이다. 그러므로, 예를 들어 예각 OA_1C_1 과 ACQ 는 서로 직교하는 변들을 가지며, 그러므로 이들은 합동이다. 같은 방법으로, $\angle OA_1C_1 = \angle OB_1A_1 = \angle OC_1B_1 = \varphi$ 임을 보일 수 있다(단, φ 는 삼각형 ABC 의 브로카르의 각임).

5.131. 사인 정리를 사용하면, $R_1 = AB/2\sin APB, R_2 = BC/2\sin BPC$, $R_3 = CA/2\sin CPA$ 이다. 그리고 $\sin APB = \sin A, \sin BPC = \sin B$, $\sin CPA = \sin C$ 이다.

5.132. 삼각형 ABC_1 은 이등변삼각형이고, 밑변 AB 에 놓인 각은 브로카르의 각 φ 와 같다. $\angle(PC_1, C_1Q) = \angle(BC_1, C_1A) = 2\varphi$ 이다. 마찬가지로, $\angle(PA_1, A_1Q) = \angle(PB_1, B_1Q) = \angle(PC_1, C_1Q) = 2\varphi$ 임을 알 수 있다 .

5.133. $\angle CA_1B_1 = \angle A + \angle AB_1A_1$, $\angle AB_1A_1 = \angle CA_1C_1$이므로, $\angle B_1A_1C_1 = \angle A$가 된다. 마찬가지로, 삼각형 ABC와 $A_1B_1C_1$의 나머지 각들도 같음을 증명할 수 있다. 삼각형 $AA_1B_1, BB_1C_1, CC_1A_1$의 외접원들은 점 O에서 교차한다(문제 2.81(a)). 그리고 $\angle AOA_1 = \angle AB_1A_1 = \varphi$이다. 같은 이유로, $\angle BOB_1 = \angle COC_1 = \varphi$가 성립한다. 그러므로, $\angle AOB = \angle A_1OB_1 = 180° - \angle A$이다. 마찬가지로, $\angle BOC = 180° - \angle B$, $\angle COA = 180° - \angle C$, 즉 O는 두 삼각형의 첫 번째 브로카르의 점이다. 결국, 중심이 O이고 계수가 AO/A_1O인 각 φ만큼의 회전중심닮음변환에서 삼각형 $A_1B_1C_1$은 삼각형 ABC로 보내진다.

5.134. (a) 함수 $f(x) = \ln(x/\sin x) = \ln x - \ln\sin x$를 생각하자. 이때, 함수

$$f'(x) = \frac{1}{x} - \cot x \quad \text{이고} \quad f''(x) = \frac{1}{\sin^2 x} - \frac{1}{x^2}$$

은 $0 < x < \pi$에서 양의 값을 가진다. 결국, 함수 $f(x)$는 0에서 π로 단조 증가한다. 게다가, 함수는 이 구간에서 볼록이다. 즉, 다음이 성립한다.

$$f(\lambda_1 x_1 + \cdots + \lambda_n x_n) \le \lambda_1 f(x_1) + \cdots + \lambda_n f(x_n).$$

단, $0 \le x_i \le \pi,\ 0 \le \lambda_i,\ \lambda_1 + \ldots + \lambda_n = 1$. 특히, $f(\varphi) \le f(\pi/6)$이다. 왜냐 하면, $\varphi \le \pi/6$이고, 다음이 성립한다.

$$f(\pi/6) = f\left(\frac{\varphi + (\alpha-\varphi) + \varphi + (\beta-\varphi) + \varphi + (\gamma-\varphi)}{6}\right) \le$$
$$\le \frac{1}{6}\big(f(\varphi) + f(\alpha-\varphi) + f(\varphi) + f(\beta-\varphi) + f(\varphi) + f(\gamma-\varphi)\big).$$

로그함수의 단조성을 이용하면, 이들 부등식을 다음과 같이 쓸 수 있다.

$$\left(\frac{\varphi}{\sin\varphi}\right)^6 \le \left(\frac{\pi/6}{\sin(\pi/6)}\right)^6 \le \frac{\varphi^3(\alpha-\varphi)(\beta-\varphi)(\gamma-\varphi)}{\sin^3\varphi\sin(\alpha-\varphi)\sin(\beta-\varphi)\sin(\gamma-\varphi)}.$$

$\sin(\alpha-\varphi)\sin(\beta-\varphi)\sin(\gamma-\varphi) = \sin^3\varphi$임을 감안하면, 다음을 얻을 수 있다.

$$\varphi^3 \le (\alpha-\varphi)(\beta-\varphi)(\gamma-\varphi)$$

(b) 부등식 $\varphi^3 \le (\alpha-\varphi)(\beta-\varphi)(\gamma-\varphi)$으로부터, 다음 부등식이 유도된다.

$$64\varphi^6 \le 4^3\varphi(\alpha-\varphi)\varphi(\beta-\varphi)\varphi(\gamma-\varphi)$$

그리고 다음이 성립한다.

$$4\varphi(\alpha-\varphi) \le \alpha^2, \quad 4\varphi(\beta-\varphi) \le \beta^2, \quad 4\varphi(\gamma-\varphi) \le \gamma^2.$$

5.135. 문제 12.44(a)로부터, 다음이 성립한다.

$$\cot\varphi = \frac{a^2+b^2+c^2}{4S}.$$

단, S는 삼각형의 넓이. 이처럼, 꼭지점의 좌표가 $(\pm a/2, 0)$, (x, y)인 삼각형에 대해 브로카르의 각 φ는 다음 등식에 의해 결정된다.

$$\cot\varphi = \frac{a^2+(a/2+x)^2+y^2+(-a/2+x)^2+y^2}{2ay}.$$

$2x^2+2y^2+3a^2/2 = 2ay\cot\varphi$이다. 이 방정식은 반지름이 $(a/2)\sqrt{\cot^2\varphi-3}$이고 중심이 $(0, (a/2)\cot\varphi)$인 원을 나타낸다.

5.136. 삼각형 $A_1B_1C_1$의 높이를 a_1, b_1, c_1, 넓이를 S_1이라 하자. 정리는 $4S_1\cot\varphi = a_1^2+b_1^2+c_1^2$을 만족시키는 점 M의 집합에 대해 언급하고 있다. 점 B_1, C_1은 지름이 AM인 원에 속하므로, 다음을 알 수 있다.

$$a_1 = B_1C_1 = AM\sin B_1AC_1 = \frac{aAM}{2R}.$$

단, R은 삼각형 ABC의 외접원의 반지름. 이처럼, 다음을 얻을 수 있다.

$$a_1^2+b_1^2+c_1^2 = \frac{a^2AM^2+b^2BM^2+c^2CM^2}{4R^2}.$$

그러므로, 만약 (x, y)가 어떤 직교좌표계에서 점 M의 좌표이면, 다음이 성립한다.

$$a_1^2+b_1^2+c_1^2 = \frac{a^2+b^2+c^2}{4R^2}(x^2+y^2)+px+qy+r.$$

단, p, q, r은 상수. S_1에 대해, 식을 점 M의 좌표 (x, y)로 나타낼 수 있다. 이때, 좌표계의 원점은 삼각형 ABC의 외접원의 중심 O로 하는 것이 편리하다. 그러한 경우에, 다음이 성립한다(문제 5.113).

$$S_1 = \frac{S_{ABC}}{4R^2}\left|R^2-x^2-y^2\right|$$

방정식 $S_1=0$는 삼각형 ABC의 외접원을 정의한다. 이 집합은 브로카르의 영각에 대응된다. 브로카르의 각 φ에 다음 집합이 대응된다.

$$\pm\cot\varphi\,\frac{S_{ABC}}{4R^2}(R^2-x^2-y^2) = \frac{a^2+b^2+c^2}{4R^2}(x^2+y^2)+px+qy+r.$$

이때, 외접원의 내부점에 대해서는 플러스 부호를 취하고, 외접원 밖의 점에 대해서는 마이너스 부호를 취한다. 쉽게, 얻어진 방정식 각각이 원의 방정식임을 알 수 있다. 만약, $f = 0$, $g = 0$이 원의 방정식이면, $\lambda f = g$ 또한 원의 방정식이다. 게다가, 원 $\lambda f = g$의 중심은 원 $f = 0$와 $g = 0$의 중심을 연결한 직선에 속한다. 우리의 경우에서 한 원의 중심은 삼각형 ABC의 외접원의 중심이고, 두 번째 원의 중심은 값 $a^2AM^2 + b^2BM^2 + c^2CM^2$이 최소가 되도록 하는 점이다(레무안의 점).

5.137. $AB/BM = \sin AMB/\sin BAM$, $AB/BN = \sin ANB/\sin BAN$이다(사인 정리에 의해). 즉, 다음이 성립한다.

$$\frac{AB^2}{BM \cdot BN} = \frac{\sin AMB \sin ANB}{\sin BAM \sin BAN} = \frac{\sin AMC \sin ANC}{\sin CAN \sin CAM} = \frac{AC^2}{CM \cdot CN}.$$

5.138. $\angle BAS = \angle CAM$이므로, $BS/CM = S_{BAS}/S_{CAM} = AB \cdot AS/(AC \cdot AM)$, 즉 $AS/AM = 2b{\cdot}BS/ac$이다. 이제, $BS = ac^2/(b^2+c^2)$, $2AM = \sqrt{2b^2 + 2c^2 - a^2}$임을 생각하면 된다(문제 5.137, 12.11(a)).

5.139. 각 A의 이등분선에 대한 대칭에서 선분 B_1C_1은 변 BC와 평행인 선분으로 보내지며, 직선 AS는 직선 AM으로 보내진다(M은 변 BC의 중점).

5.140. 변 BC, BA에 점 A_1, C_1을 $A_1C_1 \parallel BK$가 성립하도록 잡자. $\angle BAC = \angle CBK = \angle BA_1C_1$, $\angle BCA = \angle BC_1A_1$이므로, 선분 A_1C_1은 변 AC와 역평행하다. 한편, 문제 3.31(b)에 의해, 직선 BD는 선분 A_1C_1을 이등분한다.

5.141. 문제 3.30의 결과를 이용하면 된다.

5.142. 살펴본 원들의 공통현을 AP라 하고, Q를 직선 AP와 BC의 교점이라 하자. 그러면, $BQ/AB = \sin BAQ/\sin AQB$, $AC/CQ = \sin AQC/\sin CAQ$가 성립한다. 즉, $BQ/CQ = AB \sin BAP/AC \sin CAP$가 성립한다. AC, AB는 원 S_1, S_2에 대한 접선들이므로, $\angle CAP = \angle ABP$, $\angle BAP = \angle ACP$, 즉 $\angle APB = \angle APC$가 성립한다. 그러므로, 다음이 성립한다.

$$\frac{AB}{AC} = \frac{AB}{AP} \cdot \frac{AP}{AC} = \frac{\sin APB}{\sin ABP} \cdot \frac{\sin ACP}{\sin APC} = \frac{\sin ACP}{\sin ABP} = \frac{\sin BAP}{\sin CAP}.$$

결국, $BQ/CQ = AB^2/AC^2$이다.

5.143. 직선 AX, BC의 교점을 S라 하자. 그러면, $AS/AB = CS/CX$, $AS/AC = BS/BX$, 즉 $CS/BS = (AC/AB){\cdot}(XC/XB)$이다. 이제, $XC/XB = AC/AB$를 생각하면 된다(문제 7.16(a)).

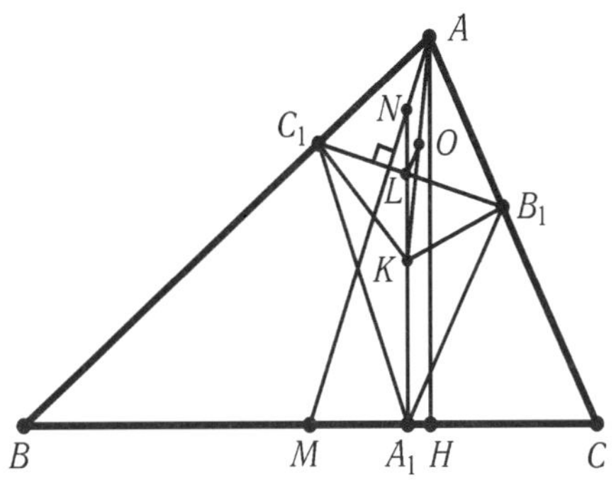

그림 5.7

5.144. 선분 CA, CB, CH의 중점을 L, M, N이라 하자. $\triangle BAC \sim \triangle CAH$이므로, $\triangle BAM \sim \triangle CAN$, $\angle BAM = \angle CAN$이다. 같은 이유로, $\angle ABL = \angle CBN$이다.

5.145. 주어진 선분을 B_1C_1, C_2A_2, A_3B_3라 하자. 그러면, 삼각형 A_2XA_3, B_1XB_3, C_1XC_2는 이등변삼각형이며, 이들의 옆변의 길이를 a, b, c라 하자. 직선 AX가 선분 B_1C_1을 이등분할 필요충분조건은 이 직선이 유사중선을 포함하는 것이다. 그러므로, X를 레무안의 점이라 하면, $a = b, b = c$, $c = a$이다. 그리고 $B_1C_1 = C_2A_2 = A_3B_3$이면, $b + c = c + a = a + b$, 즉 $a = b = c$이다.

5.146. M을 삼각형 ABC의 중선들의 교점이라 하고, $a_1, b_1, c_1, a_2, b_2, c_2$를 점 K, M에서 삼각형의 변들까지의 거리라 하자. 점 K, M은 등각공액이므로, $a_1a_2 = b_1b_2 = c_1c_2$이다. 게다가, $aa_2 = bb_2 = cc_2$이다(문제 4.1). 결국, $a/a_1 = b/b_1 = c/c_1$이다. 이 등식을 이용하고, 삼각형 $A_1B_1K, B_1C_1K, C_1A_1K$의 넓이가 $a_1b_1c/4R, b_1c_1a/4R$, $c_1a_1b/4R$임을 고려하면(R은 삼각형 ABC의 외접원의 반지름), 이들 삼각형의 넓이가 같다는 것을 알 수 있다. 게다가, 점 K는 삼각형 $A_1B_1C_1$의 내부에 속한다. 결국, K는 삼각형 $A_1B_1C_1$의 중선들의 교점이다(문제 4.2).

5.147. 삼각형 $A_1B_1C_1$의 중선들이 점 K에서 교차하므로(문제 5.146), 삼각형 ABC의 변들은 삼각형 $A_1B_1C_1$의 중선들과 직교한다. $90°$만큼 회전시키면, 삼각형 ABC의 변들은 삼각형 $A_1B_1C_1$의 중선들과 평행하게 되며, 즉 삼각형 ABC의 중선들이 삼각형 $A_1B_1C_1$의 변들과 평행하게 된다(문제 13.2). 그러므로, 삼각형 ABC의 중선들은 삼각형 $A_1B_1C_1$의 변들과 직교한다.

5.148. 직선 BC, CA, AB에 점 K를 사영시켜 얻어진 점을 A_2, B_2, C_2라 하자. 그러면, $\triangle A_1B_1C_1 \sim \triangle A_2B_2C_2$이고(문제 5.111), K는 삼각형 $A_2B_2C_2$의 중선들의 교점이다(문제 5.146). 그러므로, 삼각형 $A_2B_2C_2$를 삼각형 $A_1B_1C_1$으로 보내는 닮음변환은 점 K를 삼각형 $A_1B_1C_1$의 중선들의 교점 M으로 보낸다. 게다가, 예를 들어 $\angle KA_2C_2 = \angle KBC_2 = \angle B_1A_1K$, 즉 점 K, M은 삼각형 $A_1B_1C_1$에 대해 등각공액이다. 이것은 점 K가 삼각형 $A_1B_1C_1$의 레무안의 점이라는 것을 의미한다.

5.149. 삼각형 ABC의 레무안의 점을 K, 삼각형 ABC의 변에 대한 점 K의 사영을 A_1, B_1, C_1, 선분 B_1C_1의 중점을 L, 직선 KL과 중선 AM의 교점을 N, 선분 AK의 중점을 O라 하자(그림 5.7). 점 B_1, C_1은 지름이 AK인 원에 속하므로, 문제 5.146에 의해, $OL \perp B_1C_1$이다. 게다가, $AN \perp B_1C_1$이고(문제 5.147), O는 선분 AK의 중점이며, OL은 삼각형 AKN의 중간선이고, $KL = LN$이다. 결국, K는 선분 A_1N의 중점이다. 이제, 중심이 M이고 점 N을 A로 보내는 중심닮음변환에 의해, 선분 NA_1은 높이 AH로 보내진다는 것을 생각하면 된다.

제 6 장

다각형

바탕 지식들

1. 다각형에서 인접하는 임의의 두 꼭지점을 지나는 직선에 대해, 다각형이 같은쪽에 놓여있으면, 그러한 다각형을 볼록다각형이라 부른다.

2. 볼록다각형의 모든 변이 어떤 원에 접하면, 볼록다각형을 외접다각형이라 부른다. 볼록사각형이 외접다각형일 필요충분조건은 $AB + CD = BC + AD$인 것이다. 볼록다각형의 모든 꼭지점이 한 원에 속하면, 볼록다각형을 내접다각형이라 부른다. 볼록사각형이 내접다각형일 필요충분조건은 $\angle ABC + \angle CDA = \angle DAB + \angle BCD$인 것이다.

3. 볼록다각형의 모든 변이 같고 모든 각이 같으면, 볼록다각형을 정다각형이라 부른다. 볼록n각형이 정다각형일 필요충분조건은 볼록n각형을 어떤 점 O를 중심으로 $2\pi/n$만큼 회전시키면, 자신으로 보내지는 것이다. 이때, 점 O를 정다각형의 중심이라 부른다.

도입 문제들

1. 볼록사각형 $ABCD$가 원에 내접할 필요충분조건은 $\angle ABC + \angle CDA = 180^\circ$임을 증명하여라.

2. 볼록사각형 $ABCD$에 원이 내접할 필요충분조건은 $AB + CD = BC + AD$임을 증명하여라.

3. (a) 정다각형의 대칭축들은 한 점에서 교차한다는 것을 증명하여라.
(b) 정$2n$각형은 대칭의 중심을 가진다는 것을 증명하여라.

4. (a) 볼록n각형의 꼭지점들에서의 각들의 합은 $(n-2)\cdot 180°$임을 증명하여라.
(b) 볼록n각형이 교차하지 않는 대각선들에 의해 삼각형들로 분할되었다. 이들 삼각형의 개수는 $n-2$임을 증명하여라.

제 1 절 내접 및 외접사각형

6.1. 사각형에 내접하는 원의 중심이 대각선들의 교점과 일치하면, 사각형은 마름모임을 증명하여라.

6.2. 사각형 $ABCD$가 중심이 O인 원에 외접한다. 이때, $\angle AOB + \angle COD = 180°$임을 증명하여라.

6.3. 볼록사각형 $ABCD$의 모든 변에 접하는 원과 모든 변의 연장선에 접하는 원이 존재하면, 그러한 사각형의 대각선은 직교함을 증명하여라.

6.4. 원과 사각형이 교차하여, 원이 사각형의 네 변에서 합동인 현들을 만들었다. 이때, 사각형에 원을 내접시킬 수 있음을 증명하여라.

6.5. 사각형에 원을 내접시킬 수 있으면, 이 원의 중심은 대각선들의 중점을 지나는 직선에 속한다는 것을 증명하여라.

6.6. 사각형 $ABCD$를 중심이 O인 원에 외접시켰다. 삼각형 AOB에 높이 AA_1, BB_1을 작도하고, 삼각형 COD에 높이 CC_1, DD_1을 작도하였다. 점 A_1, B_1, C_1, D_1이 한 직선에 속함을 증명하여라.

6.7. 사다리꼴 $ABCD$의 밑변 AD에 놓인 각들은 크기가 2α, 2β라고 하자.

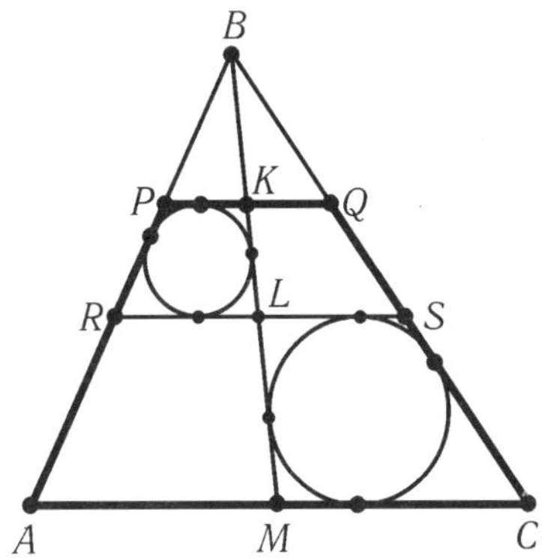

그림 6.1

사다리꼴이 외접사다리꼴일 필요충분조건은 $BC/AD = \tan\alpha\tan\beta$임을 증명하여라.

6.8. 삼각형 ABC에서 변 AC에 평행한 선분 PQ, RS를 작도하고, 선분 BM을 작도하였다(그림 6.1). 사다리꼴 $RPKL$과 $MLSC$는 외접도형이다. 이때, 사다리꼴 $APQC$는 외접사각형임을 증명하여라.

6.9. 볼록사각형 $ABCD$가 주어졌다. 반직선 AB, CD는 점 P에서 교차하고, 반직선 BC와 AD는 점 Q에서 교차한다. 사각형 $ABCD$가 내접도형일 필요충분조건은 $AB + CD = BC + AD, AP + CQ = AQ + CP$, $BP + BQ = DP + DQ$ 중의 하나가 성립하는 것임을 증명하여라.

6.10. 볼록사각형 $ABCD$의 변들의 연장선의 교점을 지나며 사각형 $ABCD$를 네 개의 사각형으로 나누는 두 직선을 그었다. 만약, 꼭지점 B와 D에 인접한 사각형들이 외접도형이면, 사각형 $ABCD$는 외접도형임을 증명하여라.

6.11. 삼각형 ABC의 변 BC에 점 K_1, K_2를 잡았다. 삼각형 ABK_1, ACK_2의 내접원들에 대한 공통외접선들, 삼각형 ABK_2, ACK_1의 내접원들에 대한 공통외접선들이 한 점에서 교차한다는 것을 증명하여라.

6.12. 볼록사각형 $ABCD$의 변들의 연장선의 교점 각각을 지나는 직선을 두

개씩 그었다. 이들 직선은 사각형을 아홉 개의 사각형으로 나눈다.
(a) 꼭지점 A, B, C, D에 인접한 사각형들 중에서 세 개가 외접도형이면, 네 번째 사각형은 외접도형임을 증명하여라.
(b) 꼭지점 A, B, C, D에 인접한 사각형에 각각 내접하는 원의 반지름을 r_a, r_b, r_c, r_d라 하면, 다음 등식이 성립한다는 것을 증명하여라.

$$\frac{1}{r_a} + \frac{1}{r_c} = \frac{1}{r_b} + \frac{1}{r_d}$$

6.13. 원 S_1과 S_2, S_2와 S_3, S_3와 S_4, S_4와 S_1이 외접한다. 네 개의 공통접선(원들의 접점에서)은 한 점에서 교차하거나 또는 한 원에 접한다는 것을 증명하여라.

6.14. 외접사각형의 대각선의 교점은 사각형의 변들과 내접원의 접점들을 꼭지점으로 하는 사각형의 대각선의 교점과 일치한다는 것을 증명하여라.

6.15. 사각형 $ABCD$는 내접도형이고, H_c와 H_d는 각각 삼각형 ABC, ABC의 수심이다. 이때, CDH_cH_d는 평행사변형임을 증명하여라.

6.16. 사각형 $ABCD$가 내접사각형이다. 삼각형 ABC, BCD, CDA, DAB의 내접원의 중심은 직사각형을 이룬다는 것을 증명하여라.

6.17. 중심이 O인 원에 내접한 사각형 $ABCD$의 변들의 연장선은 점 P, Q에서 교차하며, 대각선들은 점 S에서 교차한다.
(a) 점 P, Q, S에서 점 O까지의 거리는 p, q, s이고, 외접원의 반지름은 R이다. 이때, 삼각형 PQS의 변들의 길이를 구하여라.
(b) 삼각형 PQS의 높이들은 점 O에서 교차한다는 것을 증명하여라.

6.18. 대각선 AC는 사각형 $ABCD$를 두 개의 삼각형으로 나누고, 이들 삼각형의 내접원들은 대각선 AC와 한 점에서 접한다고 한다. 이때, 삼각형 ABD, BCD의 내접원은 대각선 BD와 한 점에서 접하며, 사각형의 변들과 이들 원의 접점은 한 원에 속함을 증명하여라.

6.19. 내접사각형의 대각선들의 교점을 변들에 사영시켜 얻어진 점들이 변들

의 연장선에 놓여있지 않으면, 이들은 외접사각형의 꼭지점들이 된다는 것을 증명하여라.

6.20. 사각형의 대각선들이 직교하면, 대각선의 교점을 변들에 사영시켜 얻어진 점들은 내접사각형의 꼭지점들이 된다는 것을 증명하여라.

참고. 문제 2.71–2.79, 13.33, 13.34, 16.4를 보시오.

제 2 절 사각형들

6.21. 사각형 $ABCD$의 변 AB, CD사이의 각은 φ이다. 이때, $AD^2 = AB^2 + BC^2 + CD^2 - 2(AB \cdot BC \cos B + BC \cdot CD \cos C + CD \cdot AB \cos \varphi)$임을 증명하여라.

6.22. 사각형 $ABCD$에서 변 AB와 CD는 같고, 반직선 AB, DC는 점 O에서 교차한다. 대각선들의 중점을 연결한 직선은 각 AOD의 이등분선과 직교함을 증명하여라.

6.23. 사각형 $ABCD$의 변 BC, AD에 점 M, N을 각각 $BM : MC = AN : ND = AB : CD$가 되도록 잡았다. 반직선 AB와 DC는 점 O에서 교차한다. 직선 MN은 각 AOD의 이등분선과 평행하다는 것을 증명하여라.

6.24. 볼록사각형의 각들의 이등분선들은 내접사각형을 만든다는 것을 증명하여라.

6.25. 서로 평행인 변들을 가지는 두 평행사변형 $ABCD$와 $A_1B_1C_1D_1$이 사각형 $PQRS$에 내접한다(점 A와 A_1은 변 PQ에 속하고, B와 B_1은 QR에 속하고 등등). 사각형의 대각선들은 평행사변형들의 변들에 평행함을 증명하여라.

6.26. 볼록사각형 $ABCD$의 대각선 AC, BD의 중점 M, N은 일치하지 않는다. 직선 MN은 변 AB, CD와 점 M_1, N_1에서 교차한다. $MM_1 = NN_1$이면, $AD \parallel BC$임을 증명하여라.

6.27. 두 사각형이 닮음일 필요충분조건은 상응하는 네 각이 같고, 대각선들 사이의 상응하는 각들이 같은 것임을 증명하여라.

6.28. 사각형 $ABCD$는 볼록도형이고, 점 A_1, B_1, C_1, D_1은 꼭지점의 모든 쌍들에 대해 $AB \parallel C_1D_1, AC \parallel B_1D_1$ 등을 만족시킨다. 이때, 사각형 $A_1B_1C_1D_1$은 볼록도형이고 $\angle A + \angle C_1 = 180°$ 임을 증명하여라.

6.29. 볼록사각형의 꼭지점들로부터 대각선들에 수선을 내렸다. 수선들의 발에 의해 만들어진 사각형은 처음 사각형과 닮음이라는 것을 증명하여라.

6.30. 볼록사각형이 대각선들에 의해 네 개의 삼각형으로 분할되었다. 마주보는 두 삼각형의 중선들의 교점을 연결한 직선은 다른 두 삼각형의 높이들의 교점을 연결한 직선과 직교함을 증명하여라.

6.31. 밑변이 AD, BC인 외접사다리꼴의 대각선들은 점 O에서 교차한다. 삼각형 AOD, AOB, BOC, CDO의 내접원들의 반지름은 각각 r_1, r_2, r_3, r_4이다. 이때, 다음 등식을 증명하여라.

$$\frac{1}{r_1} + \frac{1}{r_3} = \frac{1}{r_2} + \frac{1}{r_4}$$

6.32. 반지름이 r_1인 원이 볼록사각형 $ABCD$의 변 DA, AB, BC와 접하고, 반지름이 r_2인 원은 변 AB, BC, CD와 접한다. r_3과 r_4도 유사한 방법으로 정의하자. 이때, 다음 등식을 증명하여라.

$$\frac{AB}{r_1} + \frac{CD}{r_3} = \frac{BC}{r_2} + \frac{AD}{r_4}$$

6.33. 볼록사각형 $ABCD$에 대해, 삼각형 ABC, BCD, CDA, DAB의 내접원들의 반지름이 서로 같다. 이때, $ABCD$가 직사각형임을 증명하여라.

6.34. 볼록사각형 $ABCD$가 주어졌고, 삼각형 BCD, CDA, DAB, ABC의 외접원의 중심을 A_1, B_1, C_1, D_1이라 하자. 사각형 $A_1B_1C_1D_1$에서 마찬가지 방법으로 점 A_2, B_2, C_2, D_2를 정의하였다. 이때, 사각형 $ABCD$와

$A_2B_2C_2D_2$가 닮음이며, 닮음비는 $|(\cot A+\cot C)(\cot B+\cot D)/4|$임을 증명하여라.

6.35. 볼록사각형 $ABCD$의 변 AB, CD를 지름으로 하는 원들이 변 CD, AB와 각각 접한다. 이때, $BC \parallel AD$임을 증명하여라.

6.36. 네 직선으로 네 개의 삼각형을 만들었다. 이들 삼각형의 수심은 한 직선에 속한다는 것을 증명하여라.

제 3 절　프톨레미의 정리

6.37. 사각형 $ABCD$는 내접사각형이다. 이때, $AB{\cdot}CD+AD{\cdot}BC = AC{\cdot}BD$임을 증명하여라(프톨레미의 정리).

6.38. 사각형 $ABCD$는 내접사각형이다. 이때, 다음 등식을 증명하여라.

$$\frac{AC}{BD} = \frac{AB \cdot AD + CB \cdot CD}{BA \cdot BC + DA \cdot DC}$$

6.39. $\alpha = \pi/7$이라 하자. 이때, 다음 등식을 증명하여라.

$$\frac{1}{\sin\alpha} = \frac{1}{\sin 2\alpha} + \frac{1}{\sin 3\alpha}$$

6.40. 예각삼각형의 외접원의 중심에서 변까지의 거리는 d_a, d_b, d_c이다. 이때, $d_a + d_b + d_c = R + r$임을 증명하여라.

6.41. 삼각형 ABC의 각 A의 이등분선은 외접원과 점 D에서 교차한다. 이때, $AB + AC \le 2AD$임을 증명하여라.

6.42. 정사각형 $ABCD$의 외접원의 호 CD에 점 P를 잡았다. 이때, $PA+PC = \sqrt{2}PB$임을 증명하여라.

6.43. 평행사변형 $ABCD$가 주어졌다. 점 A를 지나는 원이 선분 AB, AC, AD와 점 P, Q, R에서 각각 교차한다. 이때, $AP \cdot AB = AR \cdot AD = AQ \cdot AC$임을 증명하여라.

6.44. 정$(2n+1)$각형 $A_1 \cdots A_{2n+1}$의 외접원 S의 호 A_1A_{2n+1}에 점 A를 잡았다. 다음을 증명하여라.

(a) $d_i = AA_i$라 하면, $d_1 + d_3 + \cdots + d_{2n+1} = d_2 + d_4 + \cdots + d_{2n}$이다;

(b) 점 A에서 반지름이 r이며 원 S와 점 A_i에서 접하는 원에 그은 접선의 길이를 l_i라 하면, $l_1 + \cdots + l_{2n+1} = l_2 + \cdots + l_{2n}$이다.

6.45. 반지름이 x, y인 원들이 반지름이 R인 원과 접하며, 접점들사이의 거리는 a이다. 처음 두 원에 대해, 다음과 같은 접선의 길이를 구하여라.

(a) 두 원에 대해, 모두 내접하거나 또는 모두 외접할 때의 공통외접선;

(b) 한 원에는 내접하고 다른 원에는 외접할 때의 공통내접선.

6.46. 원 $\alpha, \beta, \gamma, \delta$는 주어진 원과 볼록사각형 $ABCD$의 꼭지점 A, B, C, D에서 접한다. $t_{\alpha\beta}$를 원 α, β에 대한 공통접선(만약 두 원에 대해 동시에 내접하거나 또는 외접하면 공통외접선, 하나에는 내접하고 다른 하나에는 외접하면 공통내접선)의 길이라 하고, $t_{\beta\gamma}, t_{\gamma\delta}$도 같은 방법으로 정의하자. $t_{\alpha\beta}t_{\gamma\delta} + t_{\beta\gamma}t_{\delta\alpha} = t_{\alpha\gamma}t_{\beta\delta}$임을 증명하여라(프톨레미 정리의 일반화).

참고. 문제 9.67을 보시오.

제 4 절 오각형

6.47. 등변오각형 $ABCDE$(정오각형은 아닌)에서 각 ABC는 각 DBE보다 두 배가 크다. 이때, 각 ABC의 크기를 구하여라.

6.48. (a) 정오각형 $ABCDE$의 대각선 AC, BE가 점 K에서 교차한다. 삼각형 CKE의 외접원은 직선 BC와 접한다는 것을 증명하여라.

(b) 정오각형의 변의 길이를 a, 대각선의 길이를 d라 하자. 이때, $d^2 = a^2 + ad$임을 증명하여라.

6.49. 정사각형의 꼭지점들이 정오각형의 네 변에 속하도록 정사각형을 정오각형에 내접시킬 수 있음을 증명하여라.

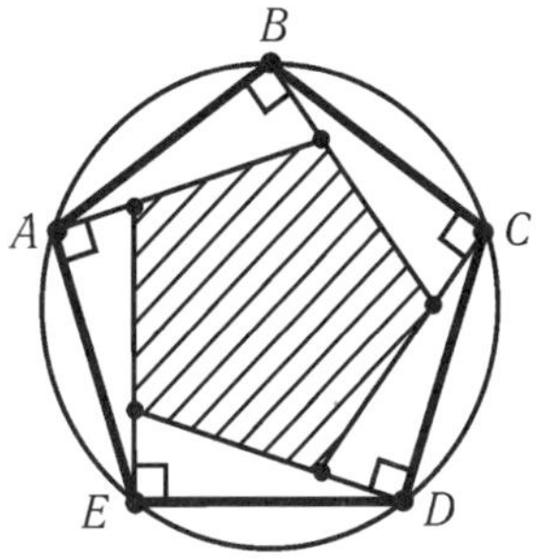

그림 6.2

6.50. 변의 길이가 a인 정오각형 $ABCDE$를 원 S에 내접시켰다. 정오각형의 꼭지점들을 지나 변들에 직교하는 직선들은 변의 길이가 b인 정오각형을 만들었다(그림 6.2). 원 S에 외접하는 정오각형의 변의 길이는 c이다. 이때, $a^2 + b^2 = c^2$임을 증명하여라.

참고. 문제 2.60, 4.9, 6.58, 6.93, 9.23, 9.44, 9.74, 9.75, 10.63, 10.67, 12.8, 13.10, 13.56, 20.11, 29.7을 보시오.

제 5 절 육각형

6.51. 볼록육각형 $ABCDEF$의 대변들이 쌍으로 평행하다. 다음을 증명하여라.

(a) 삼각형 ACE의 넓이는 육각형 넓이의 절반보다 작지 않다.

(b) 삼각형 ACE, BDF의 넓이는 같다.

6.52. 볼록육각형 $ABCDEF$의 모든 각들이 같다. 이때, $|BC - EF| = |DE - AB| = |AF - CD|$임을 증명하여라.

6.53. 합동인 변들을 가지는 볼록육각형 $ABCDEF$의 꼭지점 A, C, E와 B, D, F에서의 각들의 합은 서로 같다. 육각형의 대변들은 평행하다는 것을 증명하여라.

6.54. 볼록육각형에서 마주보는 꼭지점을 연결한 세 대각선 각각이 넓이를 이

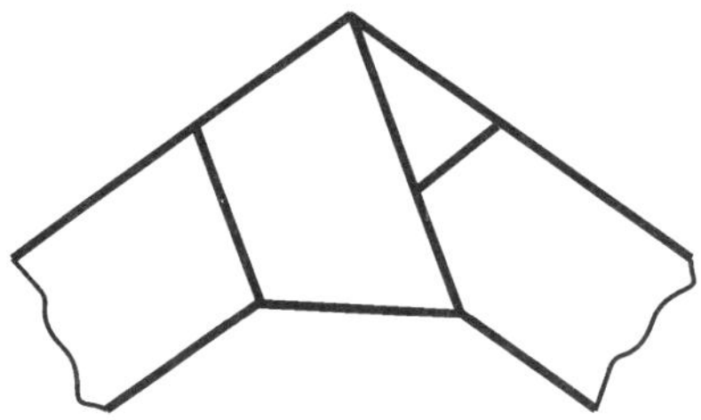

그림 6.3

등분하면, 이들 대각선은 한 점에서 교차한다는 것을 증명하여라.

6.55. 볼록육각형에서 대변들의 중점을 연결한 세 선분 각각이 넓이를 이등분하면, 이들 선분은 한 점에서 교차한다는 것을 증명하여라.

참고. 문제 1.45, 2.11, 2.2, 2.47, 3.67, 4.6, 4.28, 4.31, 5.88, 6.95, 9.45(a), 9.76–9.78, 13.3, 14.6, 18.16, 18.17, 18.24, 18.25, 29.29(a), 30.42, 30.43을 보시오.

제 6 절　정다각형

6.56. 다각형 $A_1 \cdots A_n$의 변들의 개수는 홀수이다. 다음을 증명하여라.
(a) 다각형이 내접다각형이고 모든 각들이 같으면, 다각형은 정다각형이다.
(b) 다각형이 외접다각형이고 모든 변들이 같으면, 다각형은 정다각형이다.

6.57. 볼록다각형 $A_1 \cdots A_n$의 모든 각이 같고, 다각형의 어떤 내부점 O와 다각형의 모든 변이 같은 각을 이룬다. 다각형은 정다각형임을 증명하여라.

6.58. 일정한 폭을 가지는 종이띠에 매듭을 짓고, 이것을 당겨서 평면에 눌러서 붙였다(그림 6.3). 매듭이 정오각형 형태임을 증명하여라.

6.59. 정사각형 $ABCD$의 변 AB, BC, CD, DA에 안쪽으로 정삼각형 ABK, BCL, CDM, DAN을 작도하였다. 이들 삼각형의 변들의 중점과 선분 KL, LM, MN, NK의 중점은 정12각형을 만든다는 것을 증명하여라.

6.60. 한 대각선의 길이가 다른 두 대각선 길이의 합과 같은 정다각형이 존재하는가?

6.61. 정$(4k + 2)$각형을 중심이 O이고 반지름이 R인 원에 내접시켰다. 각 A_kOA_{k+1}가 직선 $A_1A_{2k}, A_2A_{2k-1}, \cdots, A_kA_{k+1}$에서 만드는 선분들의 길이의 합이 R임을 증명하여라.

6.62. 정18각형 $A_1 \cdots A_{18}$에 대각선 A_aA_d, A_bA_e, A_cA_f를 작도하였다. $k = a-b, p = b-c, m = c-d, q = d-e, n = e-f$, $r = f-a$라 하자. 이 대각선들은 다음 각 경우에서 한 점에서 교차한다는 것을 증명하여라.

(a) $\{k, m, n\} = \{p, q, r\}$;

(b) $\{k, m, n\} = \{1, 2, 7\}$이고 $\{p, q, r\} = \{1, 3, 4\}$;

(c) $\{k, m, n\} = \{1, 2, 8\}$이고 $\{p, q, r\} = \{2, 2, 3\}$.

참고. 등식 $\{k, m, n\} = \{x, y, z\}$는 두 집합에 포함된 수들이 일치함을 의미하며, 표기의 순서는 관계없다.

6.63. 정13각형에 세 대각선을 그었다. 대각선들에 대해 순서쌍 $\{k, m, n\}$, $\{p, q, r\}$을 앞 문제와 같이 정의하자. 만약, $\{k, m, n\} = \{1, 3, 14\}$이고 $\{p, q, r\} = \{2, 2, 8\}$이면, 대각선들이 한 점에서 교차한다는 것을 증명하여라.

6.64. $n \geq 3$인 정n각형에 모든 변들의 중점과 대각선들의 중점을 표시하였다. 표시된 점들 중에서 한 원에 속하는 최대의 점의 개수를 구하여라.

6.65. 정n각형의 꼭지점에 몇 가지 색깔을 칠하여, 같은 색인 꼭지점들이 정다각형을 만들도록 하였다. 이들 다각형 중에서 합동인 두 다각형을 찾을 수 있다는 것을 증명하여라.

6.66. $n \geq 6$인 정n각형에서 한 변을 제외한 나머지 각 변에 정$(n-1)$각형의

꼭지점이 하나씩 속하도록 정$(n-1)$각형을 정n각형에 내접시키는 것은 불가능하다는 것을 증명하여라.

6.67. 정n각형 $A_1 \cdots A_n$의 중심은 O이고, X는 임의의 점이다. 이때, $\overrightarrow{OA}_1 + \cdots + \overrightarrow{OA}_n = \overrightarrow{0}$, $\overrightarrow{XA}_1 + \cdots + \overrightarrow{XA}_n = n\overrightarrow{XO}$임을 증명하여라.

6.68. 정n각형의 각 꼭지점에 0이 아닌 실수 $x_1, \cdots, x_n$을 적으려 한다. 이때, 모든 꼭지점이 정n각형의 꼭지점에 놓여 있는 정k각형들을 생각하자. 이들 정k각형의 꼭지점들에 적힌 수들의 합이 0이 되도록, 정n각형의 꼭지점들에 수들을 적을 수 있음을 증명하여라.

6.69. 점 A는 임의의 10각형 $X_1 \cdots X_{10}$의 내부에 속하고, 점 B는 외부에 속한다. $\overrightarrow{a} = \overrightarrow{AX}_1 + \cdots + \overrightarrow{AX}_{10}$, $\overrightarrow{b} = \overrightarrow{BX}_1 + \cdots + \overrightarrow{BX}_{10}$이다. 이때, $|\overrightarrow{a}| > |\overrightarrow{b}|$일 수 있는가?

6.70. 정다각형 $A_1 \cdots A_n$을 중심이 O이고 반지름이 R인 원에 내접시켰으며, X는 임의의 점이다. $d = OX$라 할 때, $A_1X^2 + \cdots + A_nX^2 = n(R^2 + d^2)$임을 증명하여라.

6.71. 반지름이 R인 원에 내접하는 정n각형의 모든 변들, 대각선들의 길이의 제곱의 합을 구하여라.

6.72. 임의의 점 X에서 정n각형의 꼭지점들까지의 거리의 합을 생각하자. 이때, X가 n각형의 중심이면, 거리의 합이 최소가 된다는 것을 증명하여라.

6.73. 정n각형 $A_1 \cdots A_n$을 중심이 O이고 반지름이 R인 원에 내접시켰으며, $\overrightarrow{e_i} = \overrightarrow{OA}_i, \overrightarrow{x_i} = \overrightarrow{OX}$는 임의의 벡터이다. 이때, $\sum(\overrightarrow{e_i}, \overrightarrow{x})^2 = nR^2 \cdot OX^2/2$임을 증명하여라.

6.74. 반지름이 R인 원에 내접하는 정n각형의 꼭지점들로부터 다각형의 중심을 지나는 임의의 직선까지 거리의 제곱의 합을 구하여라.

6.75. 점 X에서 정n각형까지의 거리는 d이고, r은 n각형의 내접원의 반지름이다. 점 X에서 n각형의 변들을 포함하는 직선들까지의 거리의 제곱의 합은 $n(r^2 + d^2/2)$임을 증명하여라.

6.76. 변의 길이가 a인 정n각형의 변들을 임의의 직선에 사영시켜 얻어진 선분들의 길이의 제곱의 합은 $na^2/2$임을 증명하여라.

6.77. 정n각형 $A_1 \cdots A_n$을 반지름이 R인 원에 내접시켰고, X는 이 원의 점이다. 이때, $XA_1^4 + \cdots + XA_n^4 = 6nR^4$임을 증명하여라.

6.78. (a) 정n각형 $A_1 \cdots A_n$을 중심이 O이고 반지름이 1인 원에 내접시켰고, $\overrightarrow{e_i} = \overrightarrow{OA_i}$, $\overrightarrow{u}$는 임의의 벡터이다. $\sum(\overrightarrow{u}, \overrightarrow{e_i})\overrightarrow{e_i} = n\overrightarrow{u}/2$임을 증명하여라.

(b) 임의의 점 X로부터 정n각형의 변들(또는 연장선)에 수선 $XA_1, \cdots, XA_n$을 그었다. O를 n각형의 중심이라 할 때, $\sum \overrightarrow{XA_i} = n\overrightarrow{XO}/2$임을 증명하여라.

6.79. 만약 수 n이 소수의 거듭제곱이 아니면, 모든 각은 같고 변의 길이가 $1, 2, \cdots, n$인 볼록n각형이 존재한다는 것을 증명하여라.

참고. 문제 2.9, 4.59, 4.62, 6.39, 6.44, 6.48–6.50, 9.83, 9.84, 11.46, 11.48, 17.31, 18.32, 19.48, 23.8, 24.2를 보시오.

제 7 절 내접 및 외접다각형

6.80. 삼각형의 변들에 바깥쪽으로 세 개의 정사각형을 작도하였다. 삼각형의 꼭지점을 제외한 이들 정사각형의 여섯 꼭지점이 한 원에 속하려면, 삼각형은 어떤 각들을 가져야 하는가?

6.81. 원에 $2n$각형 $A_1 \cdots A_{2n}$을 내접시켰다. $p_1, \cdots, p_{2n}$은 원의 임의의 점 M에서 변들 $A_1A_2, A_2A_3, \cdots, A_{2n}A_1$까지 거리이다. 이때, $p_1p_3 \cdots p_{2n-1} = p_2p_4 \cdots p_{2n}$임을 증명하여라.

6.82. 내접다각형을 교차하지 않는 대각선들을 이용하여 삼각형들로 분할하였다. 이들 삼각형에 내접하는 모든 내접원들의 반지름의 합은 다각형의 분할 방법에 종속되지 않는다는 것을 증명하여라.

6.83. 두 n각형이 한 원에 내접하며, 이들의 변들의 길이의 집합은 서로 같지만, 대응하는 변들이 반드시 같은 것은 아니다. 이들 다각형의 넓이가 같다는 것을 증명하여라.

6.84. 모든 $i = 1, \cdots, n$에 대해 양수 $a_1, \cdots, a_n$은 $2a_i < a_1 + \cdots + a_n$을 만족한다. 변의 길이가 $a_1, \cdots, a_n$인 내접n각형이 존재한다는 것을 증명하여라.

6.85. 외접n각형의 내부점을 모든 꼭지점들, 접점들과 선분을 이용하여 연결하였다. 이때 만들어진 삼각형들을 번갈아 붉은색과 푸른색으로 칠했다. 붉은색 삼각형들의 넓이의 곱은 푸른색 삼각형들의 넓이의 곱과 같다는 것을 증명하여라.

6.86. 중심이 O인 원에 외접하는 $2n$각형(이때 n은 홀수) $A_1 \cdots A_{2n}$에서 대각선 $A_1A_{n+1}, A_2A_{n+2}, \cdots, A_{n-1}A_{2n-1}$이 점 O를 지난다. 대각선 A_nA_{2n}은 점 O를 지난다는 것을 증명하여라.

6.87. 반지름이 r인 원이 다각형의 변들과 점 $A_1, \cdots, A_n$에서 접하고, 점 A_i가 속한 변의 길이는 a_i이다. 점 X는 원의 중심으로부터 d만큼 떨어져 있다. P를 다각형의 둘레라 할 때, $a_1XA_1^2 + \cdots + a_nXA_n^2 = P(r^2 + d^2)$임을 증명하여라.

6.88. 원에 n각형 $A_1 \ldots A_n$을 외접시켰고, l은 원에 대한 임의의 접선으로 n각형의 꼭지점을 지나지 않는다. a_i를 꼭지점 A_i에서 직선 l까지의 거리라 하고, b_i는 변 A_iA_{i+1}과 원의 접점으로부터 직선 l까지의 거리라 하자. 다음을 증명하여라.

(a) $b_1 \cdots b_n/(a_1 \cdots a_n)$의 값은 직선 l의 선택에 종속되지 않는다;

(b) $n = 2m$이면, $a_1a_3 \cdots a_{2m-1}/(a_2a_4 \cdots a_{2m})$의 값은 직선 l의 선택에 종속되지 않는다.

6.89. 볼록다각형의 몇몇 변들은 붉은색이고 나머지는 푸른색이다. 붉은색 변들의 길이의 합은 둘레의 절반보다 작고, 푸른색인 인접하는 변들의 쌍은 없다. 이러한 다각형에 원을 내접시킬 수 없음을 증명하여라.

참고. 문제 2.12, 4.39, 19.6을 보시오.

제 8 절 임의의 볼록다각형

6.90. 볼록다각형은 최대한 몇 개의 예각을 가질 수 있는가?

6.91. 볼록다각형에서 가장 긴 대각선과 길이가 같은 변들은 몇 개가 존재할 수 있는가?

6.92. 한 변의 길이가 1이고 모든 대각선의 길이가 정수인 볼록n각형을 생각하자. 그러한 다각형이 존재하는 n의 값을 구하여라.

6.93. 볼록이며 정다각형이 아닌 오각형에서 정확히 네 개의 변이 길이가 같고, 정확히 네 개의 대각선이 길이가 같을 수 있는가? 그러한 오각형에서 다섯 번째 변은 다섯 번째 대각선과 공통점을 가질 수 있는가?

6.94. 볼록다각형에서 각각의 두 꼭지점은 내부점 O와 이등변삼각형을 만든다. 점 O는 다각형의 꼭지점들로부터 같은 거리만큼 떨어져있다는 것을 증명하여라.

참고. 문제 4.49, 4.50, 9.82, 9.85, 9.86, 11.35, 13.14, 14.28, 16.8, 17.33, 17.34, 19.9, 23.13, 23.15를 보시오.

제 9 절 파스칼의 정리

6.95. 내접육각형의 대변들(만약 이 변들이 평행하지 않다면)의 교점들은 한 직선에 속한다는 것을 증명하여라(파스칼의 정리).

6.96. 점 M은 삼각형 ABC의 외접원에 속하고, R은 임의의 점이다. 직선 AR, BR, CR은 외접원과 점 A_1, B_1, C_1에서 교차한다. 직선 MA_1과 BC, MB_1과 CA, MC_1과 AB의 교점들은 R을 지나는 한 직선에 속한다는 것을 증명하여라.

6.97. 삼각형 ABC와 어떤 점 T가 주어졌다. 점 T에서 직선 AB, AC에 그은 수선의 발을 P와 Q, 점 A에서 직선 TC, TB에 그은 수선의 발을 R과 S라 하자. 직선 PR과 QS의 교점 X는 직선 BC에 속한다는 것을 증명하여라.

6.98. 삼각형 ABC에 높이 AA_1, BB_1, 각의 이등분선 AA_2, BB_2를 그었고, 내접원은 변 BC, AC와 점 A_3, B_3에서 접한다. 직선 A_1B_1, A_2B_2, A_3B_3는 한 점에서 교차하거나 또는 평행하다는 것을 증명하여라.

6.99. 사각형 $ABCD$는 원 S에 내접하고, X는 임의의 점이고, 직선 XA, XD와 원 S의 교점을 M, N이라 하자. 직선 DC와 AX, AB와 DX는 점 E, F에서 교차한다. 이때, 직선 MN과 EF의 교점은 직선 BC에 속한다는 것을 증명하여라.

6.100. 사각형 $ABCD$는 중심이 O인 원에 내접한다. X는 $\angle BAX = \angle CDX = 90°$를 만족한다. 사각형 $ABCD$의 대각선들의 교점은 직선 XO에 속한다는 것을 증명하여라.

6.101. 중심이 O인 원의 내부점 A, A_1은 점 O에 대해 대칭이다. 반직선 AP, A_1P_1은 같은 방향이며, 반직선 AQ, A_1Q_1도 같은 방향이다. 직선 P_1Q와 PQ_1의 교점은 직선 AA_1에 속한다는 것을 증명하여라(점 P, P_1, Q, Q_1은 원에 속함).

6.102. 두 원이 삼각형 ABC의 외접원과 점 K에서 접하고, 이들 원 중의 하나는 변 AB와 점 M에서 접하고, 다른 원은 변 AC와 점 N에서 접한다. 삼각형 ABC의 내접원의 중심은 직선 MN에 속한다는 것을 증명하여라.

6.103. 어떤 원에 다섯 개의 점이 주어졌다. 자 하나만을 이용하여 이 원에 속하는 여섯 번째 점을 작도하여라.

6.104. 점 $A_1, \cdots, A_6$는 한 원에 속하며, 점 K, L, M, N은 각각 직선 A_1A_2, A_3A_4, A_1A_6, A_4A_5에 속하고, $KL \parallel A_2A_3, LM \parallel A_3A_6, MN \parallel A_6A_5$이다. 이때, $NK \parallel A_5A_2$임을 증명하여라.

힌트 및 증명

6.1. O는 내접원의 중심이며 사각형 $ABCD$의 대각선의 교점이라 하자. 그러면, $\angle ACB = \angle ACD$, $\angle BAC = \angle CAD$가 된다. 그리고 삼각형 ABC, ADC에서 변 AC가 공통이므로, 이들 삼각형은 합동이다. 결국, $AB = DA$이다. 마찬가지로, $AB = BC = CD = DA$가 된다.

6.2. $\angle AOB = 180° - \angle BAO - \angle ABO = 180° - (\angle A + \angle B)/2$, $\angle COD = 180° - (\angle C + \angle D)/2$가 성립한다. 결국, $\angle AOB + \angle COD = 360° - (\angle A + \angle B + \angle C + \angle D)/2 = 180°$이다.

6.3. 주어진 사각형의 변들과 변들의 연장선에 접하는 두 원을 생각하자. 사각형의 변들을 포함하는 직선들은 이들 원에 대한 공통내접선들과 공통외접선들이다. 원들의 중심을 연결하는 직선은 사각형의 대각선을 포함하며, 사각형의 대칭축이기도 하다. 이것은 두 번째 대각선이 이 직선에 직교한다는 것을 의미한다.

6.4. O를 주어진 원의 중심, R을 반지름, a를 원에 의해 사각형 변들에 생긴 현들의 길이라 하자. 그러면, 점 O에서 사각형의 변들까지의 거리는 $\sqrt{R^2 - a^2/4}$, 즉 이 점은 사각형의 변들로부터 같은 거리만큼 떨어져 있으며, 내접원의 중심이 된다.

6.5. 평행사변형에 대해서는 문제에서의 주장이 자명하므로, 직선 AB와 CD가 교차한다고 하자. O를 사각형 $ABCD$의 내접원의 중심이라 하고, M, N을 대각선 AC, BD의 중점이라 하자. 그러면, $S_{ANB} + S_{CND} = S_{AMB} + S_{CMD} = S_{AOB} + S_{COD} = S_{ABCD}/2$가 된다. 이제, 문제 7.2의 결과를 이용하면 된다.

6.6. 내접원이 변 DA, AB, BC와 점 M, H, N에서 접한다고 하자. 그러면, OH는

삼각형 AOB의 높이이고, 직선 AO, BO에 대한 대칭에서 점 H는 점 M, N으로 각각 보내진다. 그러므로, 문제 1.58에 의해, 점 A_1, B_1은 직선 MN에 속한다. 같은 이유로, C_1, D_1은 직선 MN에 속한다.

6.7. 각 A, D의 이등분선의 교점으로부터 밑변 AD까지의 거리를 r이라 하고, 각 B, C의 이등분선의 교점으로부터 밑변 BC까지의 거리를 r'이라 하자. 그러면, $AD = r(\cot\alpha + \cot\beta)$, $BC = r'(\tan\alpha + \tan\beta)$이다. 그러므로, $r = r'$일 필요충분조건은 $BC/AD = (\tan\alpha + \tan\beta)/(\cot\alpha + \cot\beta) = \tan\alpha \cdot \tan\beta$이다.

6.8. $\angle A = 2\alpha, \angle C = 2\beta$, $\angle BMA = 2\varphi$라 하자. 문제 6.7에 의해, $PK/RL = \tan\alpha\tan\varphi$, $LS/MC = \cot\varphi\tan\beta$이다. $PQ/RS = PK/RL$이고, $RS/AC = LS/MC$이므로, $PQ/AC = (PK/RL)(LS/MC) = \tan\alpha\tan\beta$이다. 결국, 사다리꼴 $APQC$는 외접사다리꼴이다.

6.9. 우선, 사각형 $ABCD$가 외접도형이면, 모든 조건이 성립된다는 것을 증명하자. 내접원과 변 AB, BC, CD, DA의 접점을 K, L, M, N이라 하자. 그러면, $AB + CD = AK + BK + CM + DM = AN + BL + CL + DN = BC + AD$, $AP + CQ = AK + PK + QL - CL = AN + PM + QN - CM = AQ + CP$, $BP + BQ = AP - AB + BC + CQ = (AP + CQ) + (BC - AB) = AQ + CP + CD - AD = DP + DQ$이다. 이제, 예를 들어 $BP + BQ = DP + DQ$이면, 사각형 $ABCD$가 외접도형이라는 것을 증명하자. 이를 위해, 변 BC와 반직선 BA, CD에 접하는 원을 생각하자. 직선 AD는 이 원에 접하지 않는다고 가정하고, 이 직선을 움직여 원과 접하도록 하자(그림 6.4). S는 $Q'S \parallel DD'$인 직선 AQ의 점이라 하자. $BP + BQ = DP + DQ$, $BP + BQ' = D'P + D'Q'$이므로, $QS + SQ' = QQ'$이다. 이로부터, 모순이 얻어진다. 다른 두 경우에 대해서도 같은 방법으로 증명할 수 있다.

6.10. 반직선 AB, DC가 점 P에서 교차하며, 반직선 BC, AD는 점 Q에서 교차하고, 점 P, Q를 지나는 주어진 직선들은 점 O에서 교차한다고 하자. 문제 6.9에 의해, $BP + BQ = OP + OQ$, $OP + OQ = DP + DQ$이다. 결국, $BP + BQ = DP + DQ$이고, 사각형 $ABCD$는 외접도형이다.

6.11. 삼각형 ABK_1와 ACK_2의 내접원에 대한 공통외접선들의 교점을 O라 하자(그림 6.5). 직선 AK_1과 AK_2, 삼각형ABK_1과 ACK_2의 내접원들에 그은 접선(직선 BC와는 다른)에 의해 만들어진 삼각형을 생각하고, 이 삼각형의 내접원에 점 O로부터 접선 l을 작도하자. 직선 l이 직선 AB, AK_2와 점 B', K_2'에서 교차

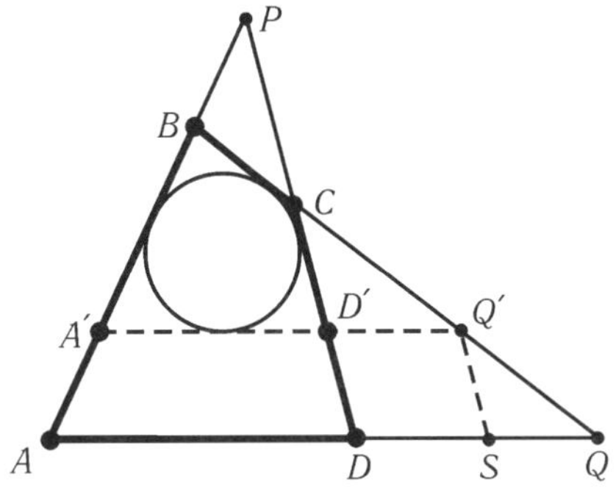

그림 6.4

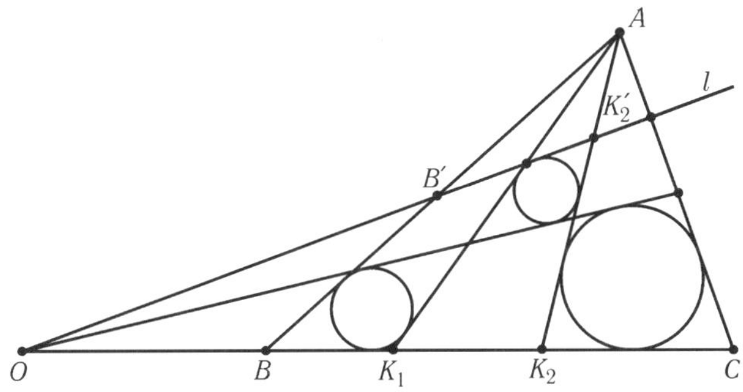

그림 6.5

한다고 하자. 문제 6.15에 의해, 사각형 $BK_2K_2'B'$은 외접도형이다. 이것은, 직선 l이 삼각형 ABK_2의 내접원에 접한다는 것을 의미한다. 마찬가지로, 직선 l이 삼각형 ACK_1의 내접원에 접한다는 것을 증명할 수 있다.

6.12. (a) 방향이 주어진 원 $(x-a)^2+(y-b)^2=r^2$에 좌표가 $(a, b, \pm r)$인 점을 대응시키자(r의 앞에 있는 부호는 원의 방향에 대응됨). 방향이 주어진 교차하는 직선들의 쌍을 생각하자. 접점에서의 방향이 주어진 직선들과 일치하도록, 주어진 직선들에 접하는 유향원들(방향이 주어진 원들)의 족은 주어진 두 직선의 교점에 대응되는 평면의 점 $r=0$을 지나는 공간의 직선에 대응된다는 것을 확인할 수 있다.

직선 AB와 CD가 점 P에서 교차하고, 직선 BC, AD는 점 Q에서 교차한다고 하자. 꼭지점 A, B, C에 인접한 사각형들이 외접도형이라 가정하자. 이들에 내접하는 원들에 기술한 것과 같은 방향을 주고, 이들 방향을 접선으로 가져가자.

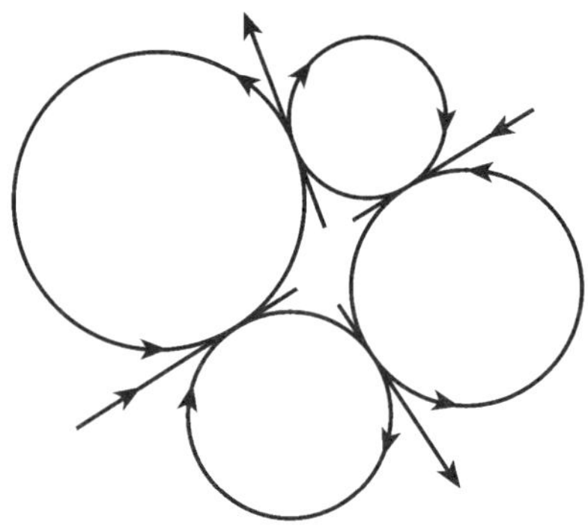

그림 6.6

이들 유향원에 점 O_a, O_b, O_c가 대응된다고 가정하자. 그러면, 점 O_a, O_b, P는 한 직선에 속하며, 점 O_b, O_c, Q도 한 직선에 속한다. 결국, 이들 모든 점은 한 평면에 속한다. 그러므로, 직선 O_aQ, O_cP는 어떤 점 O_d에서 교차한다(일반적으로, 이들 직선은 평행할 수도 있을 것이다. 그러한 가능성을 배제시키려면, 예를 들어 점 B가 점 A와 P사이에 놓여있으면, 점 O_b는 O_a와 P사이에 놓여 있다는 것을 이용해야 한다). 점 꼭지점 D에 인접한 사각형의 내접원은 O_d에 대응된다.

(b) 반지름 r_a, r_b, r_c, r_d는 점 O_a, O_b, O_c, O_d에서 PQ까지의 거리에 비례한다. 그러므로, 문제 1.3(b)의 결과를 이용하면 된다.

6.13. 원들과 접선들에 방향을 잡을 수 있다(그림 6.6). 원 S_i에 대한 접선들의 교점을 A_i라 하자. 접선들의 방향이 사각형 $A_1A_2A_3A_4$의 방향을 결정한다(이 사각형은 오목일 수도 있음). 점 A_i에서 원 S_i에 그은 접선들의 길이의 등식으로부터, 다음이 유도된다.

$$A_1A_2 + A_3A_4 = A_2A_3 + A_1A_4 \qquad (1)$$

문제 6.9의 결과를 이용하면, 사각형 $A_1A_2A_3A_4$이 퇴화되지 않았다면, 이 사각형의 변들은 한 원에 접한다는 것을 알 수 있다. 만약, 세 접선이 한 점에서 교차하면, 등식 (1)로부터 사각형 $A_1A_2A_3A_4$이 한 선분으로 또는 한 점으로 퇴화된다는 것이 유도된다. 사각형은 선분으로 퇴화될 수가 없다. 왜냐 하면, 두 접선이 한 직선 l로 합쳐지면, 이들은 사각형의 대변들에 대응되어야 하며, 이 경우에 모든 접선들은 한 점(직선 l에서 접점들에 의해 만들어진 선분의 중점)에서 교차한다.

6.14. 사각형 $ABCD$의 변 AB, BC, CD, DA가 내접원과 점 E, F, G, H에서 접한다고 하자. 우선, 직선 FH, EG, AC는 한 점에서 교차한다는 것을 보이자. 직선 FH, EG가 직선 AC와 교차하는 점을 각각 M, M'이라 하자. 각 AHM과 BFM은 현 HF와 접선사이의 각이므로 $\angle AHM = \angle BFM$이고, $\sin AHM = \sin CFM$이다. 그러므로, $\frac{AM \cdot MH}{FM \cdot MC} = \frac{S_{AMH}}{S_{FMC}} = \frac{AH \cdot MH}{FC \cdot FM}$, 즉 $\frac{AM}{MC} = \frac{AH}{FC}$이다. 마찬가지로, $\frac{AM'}{M'C} = \frac{AE}{CG} = \frac{AH}{FC} = \frac{AM}{MC}$가 성립한다. 그러므로, $M = M'$이다. 즉, 직선 FH, EG, AC는 한 점에서 교차한다. 마찬가지 방법으로, 직선 FH, EG, BD가 한 점에서 교차한다는 것을 보일 수 있고, 결국 직선 AC, BD, FH, EG가 한 점에서 교차한다.

6.15. CH_d와 DH_c는 직선 BC에 직교하므로, 이들은 평행하다. 게다가, $\angle BCA = \angle BDA = \varphi$이므로, 이들 선분의 길이는 $AB|\cot\varphi|$이다(문제 5.47(b)).

6.16. O_a, O_b, O_c, O_d를 각각 삼각형 BCD, ACD, ABD, ABC의 내접원의 중심이라 하자. $\angle ADB = \angle ACB$이므로, $\angle AO_cB = 90° + (\angle ADB/2) = 90° + (\angle ACB/2) = \angle AO_dB$이다(문제 5.3). 그러므로, 사각형 ABO_dO_c는 내접도형이고, 즉 $\angle O_cO_dB = 180° - \angle O_cAB = 180° - (\angle A/2)$이다. 마찬가지로, $\angle O_aO_dB = 180° - (\angle C/2)$이다. $\angle A + \angle C = 180°$이므로, $\angle O_cO_dB + \angle O_aO_dB = 270°$, 즉 $\angle O_aO_dO_c = 90°$이다. 마찬가지 방법으로, 사각형 $O_aO_bO_cO_d$의 나머지 각들도 $90°$임이 증명된다.

6.17. (a) 반직선 AB, DC가 점 P에서 교차하고, 반직선 BC, AD가 점 Q에서 교차한다고 하자. 삼각형 CBP와 CDQ의 외접원의 교점인 점 M이 선분 PQ에 속함을 증명하자. 실제로, $\angle CMP + \angle CMQ = \angle ABC + \angle ADC = 180°$이다. 그러므로, $PM + QM = PQ$이다. 그리고 $PM \cdot PQ = PD \cdot PC = p^2 - R^2$, $QM \cdot PQ = QD \cdot QA = q^2 - R^2$이므로, $PQ^2 = PM \cdot PQ + QM \cdot PQ = p^2 + q^2 - 2R^2$이다. N을 삼각형 ACP와 ABS의 외접원의 교점이라 하자. 점 S가 선분 PN에 속함을 증명하자. 실제로, $\angle ANP = \angle ACP = 180° - \angle ACD = 180° - \angle ABD = \angle ANS$이다. 그러므로, $PN - SN = PS$이다. 그리고 $PN \cdot PS = PA \cdot PB = p^2 - R^2$, $SN \cdot PS = SA \cdot SC = R^2 - s^2$이므로, $PS^2 = PN \cdot PS - SN \cdot PS = p^2 + s^2 - 2R^2$이다. 마찬가지로, $QS^2 = q^2 + s^2 - 2R^2$이 성립한다.

(b) 문제 (a)에 의해, $PQ^2 - PS^2 = q^2 - s^2 = OQ^2 - OS^2$이다. 결국, $OP \perp QS$이다(문제 7.6). 마찬가지로, $OQ \perp PS$, $OS \perp PQ$가 증명된다.

6.18. 삼각형 ABC와 ACD의 내접원이 대각선 AC와 점 M, N에서 접한다고 하자.

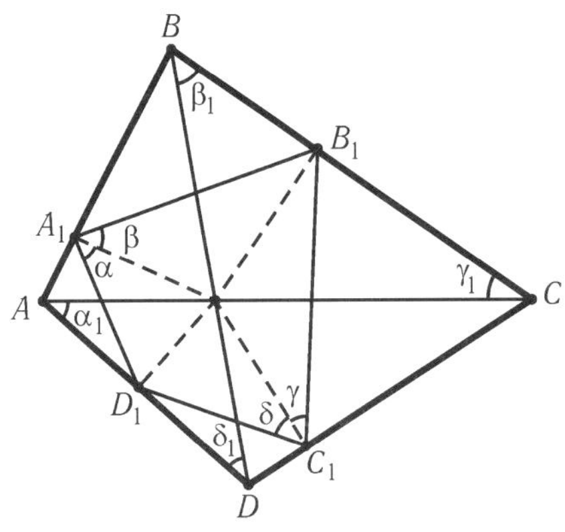

그림 6.7

그러면, $AM = (AC + AB - BC)/2$, $AN = (AC + AD - CD)/2$이다(문제 3.2). 점 M, N이 일치할 필요충분조건은 $AM = AN$, 즉 $AB + CD = BC + AD$이다. 결국, 점 M, N이 일치하면, 사각형 $ABCD$는 외접도형이고, 마찬가지 방법으로 삼각형 ABD와 BCD의 내접원과 대각선 BD의 접점들이 일치함을 보일 수 있다. 삼각형 ABC의 내접원이 변 AB, BC, CA와 점 P, Q, M에서 접하고, 삼각형 ACD의 내접원은 변 AC, CD, DA와 점 M, R, S에서 접한다고 하자. $AP = AM = AS, CQ = CM = CR$이므로, 삼각형 APS, BPQ, CQR, DRS는 이등변삼각형이다. $\alpha, \beta, \gamma, \delta$를 이들 이등변삼각형의 밑변에 놓인 각이라 하자. 이들 삼각형의 각들의 합은 $2(\alpha + \beta + \gamma + \delta) + \angle A + \angle B + \angle C + \angle D$이므로, $\alpha + \beta + \gamma + \delta = 180°$이다. 결국, $\angle SPQ + \angle SRQ = 360° - (\alpha + \beta + \gamma + \delta) = 180°$, 즉 사각형 $PQRS$는 내접도형이다.

6.19. 대각선 AC와 BD의 교점을 O, 변 AB, BC, CD, DA에 대해 점 O를 사영시켜 얻어진 점을 A_1, B_1, C_1, D_1이라 하자. 점 A_1, D_1은 지름이 AO인 원에 속하므로, $\angle OA_1D_1 = \angle OAD_1$이다. 마찬가지로, $\angle OA_1B_1 = \angle OBB_1$이 된다. $\angle CAD = \angle CBD$이므로, $\angle OA_1D_1 = \angle OA_1B_1$이다. 같은 방법으로, B_1O, C_1O, D_1O가 사각형 $A_1B_1C_1D_1$의 각들의 이등분선, 즉 O가 사각형의 내접원의 중심임을 증명할 수 있다.

6.20. 그림 6.7의 표기를 이용하자. 사각형 $A_1B_1C_1D_1$의 내접 조건은 $(\alpha + \beta) + (\gamma + \delta) = 180°$와 동치이며, 대각선 AC, BD의 직교성은 $(\alpha_1 + \delta_1) + (\beta_1 + \gamma_1) = 180°$와 동치이다. 그리고 $\alpha = \alpha_1, \beta = \beta_1, \gamma = \gamma_1$, $\delta = \delta_1$이다.

6.21. 코사인 정리에 의해, $AD^2 = AC^2 + CD^2 - 2AC \cdot CD \cdot \cos ACD$, $AC^2 = AB^2 + BC^2 - 2AB \cdot BC \cos B$이다. CD와 직교하는 직선 l에 대한 선분 AC의 사영의 길이는 직선 l에 대한 선분 AB, CD의 사영의 길이의 합과 같으므로, $AC \cos ACD = AB \cos\varphi + BC \cos C$이다.

6.22. $\angle AOD = 2\alpha$라 하자. 그러면, 각 AOD의 이등분선에 대각선 AC, BD의 중점들을 사영시켜 얻어진 점들로부터 점 O까지의 거리는 각각 $\cos\alpha(OA+OC)/2$, $\cos\alpha(OB+OD)/2$이다. $OA+OC = AB+OB+OC = CD+OB+OC = OB+OD$이므로, 대각선들의 중점들의 사영은 일치한다.

6.23. 삼각형 ABM, DCM에 보조선을 그어 평행사변형 $ABMM_1$, $DCMM_2$를 만들자. $AM_1 : DM_2 = BM : MC = AN : DN$이므로, $\triangle ANM_1 \sim \triangle DNM_2$이다. 그러므로, 점 N은 선분 M_1M_2에 속하고, $MM_1 : MM_2 = AB : CD = AN : ND = M_1N : M_2N$, 즉 MN은 각 M_1MM_2의 이등분선이다.

6.24. 꼭지점 A, B, C, D에서 각의 이등분선을 a, b, c, d라 하자. $\angle(a,b) + \angle(c,d) = 0°$임을 확인해야 한다. $\angle(a,b) = \angle(a,AB) + \angle(AB,b)$, $\angle(c,d) = \angle(c,CD) + \angle(CD,d)$가 성립한다. 한편 사각형 $ABCD$는 볼록도형이며, 등식 $\angle(a,AB) = \angle(AD,AB)/2$, $\angle(AB,b) = \angle(AB,BC)/2$, $\angle(c,CD) = \angle(CB,CD)/2$, 그리고 $\angle(CD,d) = \angle(CD,DA)/2$이 성립하므로 $\angle(a,b) + \angle(c,d) = (\angle(AD,AB) + \angle(AB,BC) + \angle(CB,CD) + \angle(CD,DA))/2$이며, $\angle(CD,d) = \angle(CD,DA)/2 = 360°/2 = 0°$이다(2장의 바탕 지식들 참조).

6.25. $AB > A_1B_1$이라 하자. $\overrightarrow{CB}$만큼의 평행이동에 의해, 삼각형 SD_1C_1은 $S'D_1'C_1'$으로 보내지고, 선분 CD는 BA로 보내진다. $QA_1 : QA = A_1B_1 : AB = S'D_1' : S'A$이므로, $QS' \parallel A_1D_1'$이다. 결국, $QS \parallel AD$가 성립한다. 같은 방법으로, $PR \parallel AB$가 됨을 알 수 있다.

6.26. 직선 AD, BC가 평행하지 않다고 가정하자. M_2, K, N_2를 변 AB, BC, CD의 중점이라 하자. $AM = MC$, $BN = ND$이므로, $MN \parallel BC$이면, $BC \parallel AD$가 성립한다. 그러므로, 직선 MN, BC는 평행하지 않다고, 즉 $M_1 \neq M_2$, $N_1 \neq N_2$라고 간주할 수 있다. $\overrightarrow{M_2M} = \overrightarrow{BC}/2 = \overrightarrow{NN_2}$, $\overrightarrow{M_1M} = \overrightarrow{NN_1}$이 성립한다. 그러므로, $M_1M_2 \parallel N_1N_2$이다. 결국, $KM \parallel AB \parallel CD \parallel KN$, 즉 $M = N$이다. 이로부터, 모순이 유도된다.

6.27. 닮음변환에 의해, 사각형들의 대응하는 변들의 한 쌍을 포갤 수 있으므로, 점

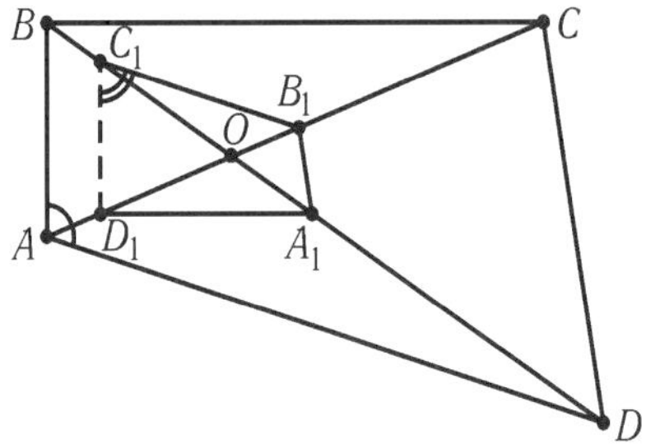

그림 6.8

C_1, D_1은 반직선 BC, AD에 속하고 $CD \parallel C_1D_1$인 사각형 $ABCD$와 ABC_1D_1을 생각하면 된다. 사각형 $ABCD$, ABC_1D_1의 대각선들의 교점을 O, O_1이라 하자. 점 C, D가 점 C_1, D_1보다 점 B, A에 더 가깝게 놓여있다고 가정하자. 이때, $\angle AOB > \angle AO_1B$임을 증명하자. 실제로, $\angle C_1BA > \angle CAB$, $\angle D_1BA > \angle DBA$이므로, $\angle AO_1B = 180° - \angle C_1AB - \angle D_1BA < 180° - \angle CAB - \angle DBA = \angle AOB$이다. 이로부터, 모순이 얻어지므로, $C_1 = C, D_1 = D$이다.

6.28. 닮음의 범위에서 임의의 사각형은 변들과 대각선들의 방향에 의해 정의되므로, 변들과 대각선들이 요구되는 방향을 가지는 사각형을 하나, 예를 들어 $A_1B_1C_1D_1$를 작도하면 된다. O를 대각선 AC와 BD의 교점이라 하자. 반직선 OA에 임의의 점 D_1을 잡고 $D_1A_1 \parallel BC, A_1B_1 \parallel CD$, $B_1C_1 \parallel DA$를 작도하자(그림 6.8). $OC_1 : OB_1 = OD : OA, OB_1 : OA_1 = OC : OD$, $OA_1 : OD_1 = OB : OC$이므로, $OC_1 : OD_1 = OB : OA$, 즉 $C_1D_1 \parallel AB$이다. 얻어진 그림으로부터, $\angle A + \angle C_1 = 180°$임을 알 수 있다.

6.29. O를 사각형 $ABCD$의 대각선의 교점이라 하자. 일반성을 잃지 않고, $\alpha = \angle AOB < 90°$라 할 수 있다. 사각형 $ABCD$의 대각선에 수선 AA_1, BB_1, CC_1, DD_1을 긋자. $OA_1 = OA\cos\alpha, OB_1 = OB\cos\alpha$, $OC_1 = OC\cos\alpha$, $OD_1 = OD\cos\alpha$이므로, 각 AOB의 이등분선에 대한 대칭에 의해, 사각형 $ABCD$는 사각형 $A_1B_1C_1D_1$와 중심닮음변환인(계수가 $1/\cos\alpha$) 사각형으로 보내진다.

6.30. 사각형 $ABCD$의 대각선이 점 O에서 교차한다고 하고, H_a, H_b를 삼각형 AOB, COD의 수심, K_a, K_b를 변 BC, AD의 중점, P를 대각선 AC의 중점이라 하자. 삼각형 AOD, BOC의 중선들의 교점은 선분 K_aO, K_bO를 $1:2$로 나누므로, $H_aH_b \perp K_aK_b$를 증명해야 한다. $OH_a = AB|\cot\varphi|$, $OH_b = CD|\cot\varphi|$이므

로(단, $\varphi = \angle AOB$, 문제 5.47(b)), $OH_a : OH_b = PK_aPK_b$이다. 각 H_aOH_b와 K_aPK_b의 상응하는 변들은 직교하고, $\overrightarrow{OH_a}$, $\overrightarrow{OH_b}$는 $\varphi < 90°$일 때 직선 AB, CD를 향하는 방향이 되며, $\varphi > 90°$일 때는 역으로 이들 직선으로부터 향하는 방향이 된다. 그러므로, $\angle H_aOH_b = \angle K_aPK_b$, $\Delta H_aOH_b \sim \Delta K_aPK_b$이다. 결국, $H_aH_b \perp K_aK_b$가 성립한다.

6.31. $S = S_{AOD}, x = AO, y = DO, a = AB, b = BC, c = CD, d = DA$라 하고, k를 삼각형 BOC와 AOD의 닮음비라 하자. 그러면, $S_{BOC} = k^2S$, $S_{AOB} = S_{COD} = kS$이므로, 다음이 성립한다.

$$2\left(\frac{1}{r_1} + \frac{1}{r_3}\right) = \frac{d+x+y}{S} + \frac{kd+kx+ky}{k^2S},$$
$$2\left(\frac{1}{r_2} + \frac{1}{r_4}\right) = \frac{a+x+ky}{kS} + \frac{c+kx+y}{kS}.$$

한편, 다음 등식이 성립하므로,

$$\frac{x+y}{S} + \frac{x+y}{k^2S} = \frac{x+ky}{kS} + \frac{kx+y}{kS}$$

$a+c = b+d = kd+d$를 생각하면 된다.

6.32. 쉽게 $AB = r_1(\cot(A/2) + \cot(B/2))$, $CD = r_3(\cot(C/2) + \cot(D/2))$를 확인할 수 있다. 그러므로, $AB/r_1 + CD/r_3 = \cot(A/2) + \cot(B/2) + \cot(C/2) + \cot(D/2) = BC/r_2 + AD/r_4$이다.

6.33. 삼각형 ABD, DBC에 보조선을 그어 평행사변형 $ABDA_1$, $DBCC_1$을 작도하자. 점 D와 평행사변형 ACC_1A_1의 꼭지점들을 연결하는 선분들은 평행사변형을 삼각형 DAB, CDA, BCD, ABC와 네 개의 합동인 삼각형으로 나누므로, 이들 삼각형들의 내접원의 반지름은 같다. 이제, 점 D가 평행사변형의 대각선의 교점 O와 일치함을 증명하자. 만약, $D \neq O$이면, 점 D는 삼각형 AOC의 내부에 속한다고 할 수 있다. 그러면, $r_{ADC} < r_{AOC} = r_{A_1OC_1} < r_{A_1DC_1} = r_{ABC}$가 성립한다(문제 10.87). 이로부터, 모순이 유도되고, 그러므로 $D = O$이다. $p = S/r$이고, 평행사변형 ACC_1A_1의 대각선들이 평행사변형을 분할하여 얻어진 삼각형들의 내접원의 넓이와 반지름은 같으므로, 이들의 둘레도 같다. 그러므로, ACC_1A_1은 마름모이고, $ABCD$는 직사각형이다.

6.34. 점 C_1, D_1은 선분 AB의 수직이등분선에 속하므로, $AB \perp C_1D_1$이다. 마찬가지로, $C_1D_1 \perp A_2B_2$, 즉 $AB \parallel A_2B_2$임을 알 수 있다. 마찬가지로, 사각형

$ABCD$와 $A_2B_2C_2D_2$의 나머지 대응하는 변들과 대각선들도 평행하다는 것이 증명된다. 결국, 이들 사각형은 닮음이다. M을 선분 AC의 중점이라 하자. 그러면, $B_1M = |AM \cot D|$, $D_1M = |AM \cot B|$이고, $B_1D_1 = |\cot B + \cot D| \cdot AC/2$이다. 사각형 $A_1B_1C_1D_1$을 $90°$만큼 회전시키자. 그러면, 문제 6.28의 결과를 이용하여, 이 사각형이 볼록도형이며 $\cot A = -\cot C_1$ 등을 얻을 수 있다. $A_2C_2 = |\cot A + \cot C| \cdot B_1D_1/2 = |(\cot A + \cot C)(\cot B + \cot D)/4| \cdot AC$이다.

6.35. M, N을 변 AB, CD의 중점이라 하자. 점 D로부터 직선 MN에 수선 DP를 긋고, 점 M으로부터 CD에 수선 MQ를 긋자. 그러면, Q는 지름이 AB인 원과 직선 CD의 접점이다. 직각삼각형 PDN, QMN은 닮음이므로, $DP = ND \cdot MQ/MN = ND \cdot MA/MN$이다. 마찬가지로, 점 A에서 직선 MN까지의 거리는 $ND \cdot MA/MN$이다. 결국, $AD \parallel MN$이 된다. 마찬가지로, $BC \parallel MN$이 된다.

6.36. 주어진 네 삼각형들 중에서 임의의 세 삼각형의 수심이 한 직선에 속함을 보이면 된다. 어떤 직선이 직선 B_1C_1, C_1A_1, A_1B_1와 점 A, B, C에서 교차한다고 하고, A_2, B_2, C_2는 삼각형 A_1BC, AB_1C, ABC_1의 수심이라 하자. 직선 AB_2, A_2B는 직선 A_1B_1과 직교하므로, 이들은 평행하다. 마찬가지로, $BC_2 \parallel B_2C$, $CA_2 \parallel C_2A$가 성립한다. 점 A, B, C는 한 직선에 속하므로, 점 A_2, B_2, C_2도 한 직선에 속한다(문제 1.12(b)).

6.37. 대각선 BD에 점 M을 잡아 $\angle MCD = \angle BCA$가 되도록 하자. 그러면, 각 BAC, BDC는 같은 호에 대응하는 각이므로, $\triangle ABC \sim \triangle DMC$가 성립한다. 그러므로, $AB \cdot CD = AC \cdot MD$이다. $\angle MCD = \angle BCA$이므로, $\angle BCM = \angle ACD$이고, CBD와 CAD가 같은 호에 대응하는 각이므로, $\triangle BCM \sim \triangle ACD$가 된다. 그러므로, $BC \cdot AD = AC \cdot BM$이다. 결국, $AB \cdot CD + AD \cdot BC = AC \cdot MD + AC \cdot BM = AC \cdot BD$가 성립한다.

6.38. S를 사각형 $ABCD$의 넓이라 하고, R을 사각형의 외접원의 반지름이라 하자. 그러면, $S = S_{ABC} + S_{ADC} = AC(AB \cdot BC + AD \cdot DC)/4R$이 성립한다(문제 12.1). 유사하게, $S = BD(AB \cdot AD + BC \cdot CD)/4R$임을 알 수 있다. S에 대해 이들 식을 비교하면, 구하는 것을 얻을 수 있다.

6.39. 정7각형 $A_1 \cdots A_7$이 원에 내접한다고 하자. 사각형 $A_1A_3A_4A_5$에 프톨레미의 정리를 사용하면, $A_1A_3 \cdot A_5A_4 + A_3A_4 \cdot A_1A_5 = A_1A_4 \cdot A_3A_5$, 즉 $\sin 2\alpha \sin \alpha +$

$\sin\alpha\sin 3\alpha = \sin 3\alpha \sin 2\alpha$를 얻을 수 있다.

6.40. A_1, B_1, C_1을 변 BC, CA, AB의 중점이라 하자. 프톨레미의 정리에 의해, $AC_1 \cdot OB_1 + AB_1 \cdot OC_1 = AO \cdot B_1C_1$이 된다(단, O는 외접원의 중심). 그러므로, $cd_b + bd_c = aR$이다. 마찬가지로, $ad_c + cd_a = bR$, $ad_b + bd_a = cR$이 된다. 게다가, $ad_a + bd_b + cd_c = 2S = (a+b+c)r$이 성립한다. 이들 등식을 더하고 $a+b+c$를 약분하면, 구하는 것을 얻을 수 있다.

6.41. 프톨레미의 정리에 의해, $AB \cdot CD + AC \cdot BD = AD \cdot BC$이다. $CD = BD \geq BC/2$임을 감안하면, 구하는 것을 얻을 수 있다.

6.42. 사각형 $ABCP$에 프톨레미의 정리를 사용하고 정사각형의 변의 길이로 약분하면, 구하는 것을 얻을 수 있다.

6.43. 사각형 $APQR$에 프톨레미의 정리를 사용하면, $AP \cdot RQ + AR \cdot QP = AQ \cdot PR$을 얻을 수 있다. $\angle ACB = \angle RAQ = \angle RPQ$, $\angle RQP = 180° - \angle PAR = \angle ABC$이므로, $\triangle RQP \sim \triangle ABC$, 즉 $RQ : QP : PR = AB : BC : CA$가 성립한다. 이제, $BC = AD$임을 생각하면 된다.

6.44. (a) 주어진 다각형의 연속하는 세 꼭지점과 점 A를 꼭지점으로 가지는 모든 사각형에 대해, 프톨레미의 정리를 사용한 다음에, 얻어진 등식들에서 짝수 첨자인 d_i를 포함하는 인수들을 우변으로 모으자. 이제, 이들 등식을 더하면, $(2a+b)(d_1 + \cdots + d_{2n+1}) = (2a+b)(d_2 + \cdots + d_{2n})$을 얻을 수 있다(단, a는 주어진 다각형의 변, b는 다각형의 최소인 대각선).

(b) R을 원 S의 반지름이라 하자. 그러면, $l_i = d_i\sqrt{(R \pm r)/R}$가 성립한다(문제 3.20). 이제, 문제 (a)의 결과를 이용하면 된다.

6.45. 두 접선 모두가 외접선이며, $x \leq y$라 하자. 반지름이 x인 원의 중심 O를 지나면서 접점들을 연결한 선분에 평행한 직선이 반지름이 $y-x$인 원(반지름이 y인 원과 중심이 같은)과 점 A, B에서 교차한다고 하자(그림 6.9). 그러면, $OA = a(R+x)/R$, $OB = OA + a(y-x)/R = a(R+y)/R$가 성립한다. 구하는 공통외접선 길이의 제곱은 $OA \cdot OB = (a/R)^2(R+x)(R+y)$이다. 같은 추론을 통해, 두 접선이 내접선이면, 외접선의 길이의 제곱은 $(a/R)^2(R-x)(R-y)$이며, 반지름이 x인 원이 외접원이고 반지름이 y인 원이 내접원이면, 내접선의 길이의 제곱은 $(a/R)^2(R-y)(R+x)$임을 보일 수 있다.

참고. 원들의 내접선인 경우에는 $R > x$, $R > y$을 가정한다.

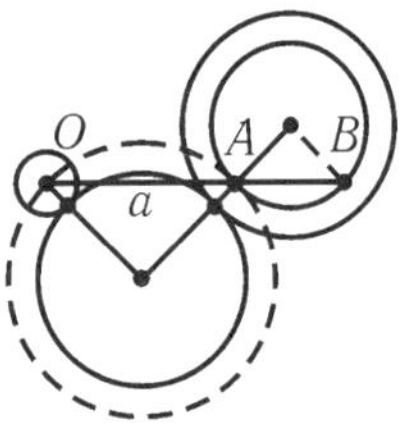

그림 6.9

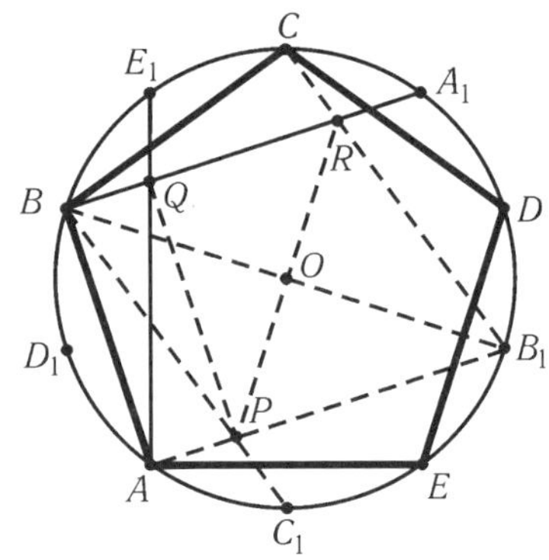

그림 6.10

6.46. R을 사각형 $ABCD$의 외접원의 반지름이라 하고, r_a, r_b, r_c, r_d를 원 $\alpha, \beta, \gamma, \delta$의 반지름이라 하자. 이제, $a = \sqrt{R \pm r_a}$라 하자. 이때, 플러스 부호는 외접선의 경우이고, 마이너스 부호는 내접선의 경우이며, 수 b, c, d도 유사하게 정의하자. 그러면, $t_{\alpha\beta} = abAB/R$ 등을 알 수 있다(문제 6.45). 그러므로, 등식 $AB \cdot CD + BC \cdot DA = AC \cdot BD$에 $abcd/R$를 곱하면, 구하는 것을 얻을 수 있다.

6.47. $\angle EBD = \angle ABE + \angle CBD$이므로, 변 ED에 $\angle EBP = \angle ABE = \angle AEB$인 점 P를 잡을 수 있다. 즉, $BP \parallel AE$가 된다. 그러면, $\angle PBD = \angle EBD - \angle EBP = \angle CBD = \angle BDC$, 즉 $BP \parallel CD$이다. 결국, $AE \parallel CD$이다. 그리고 $AE = CD$이므로, $CDEA$는 평행사변형이다. 그러므로, $AC = ED$, 즉 삼각형 ABC는 정삼각형이고, $\angle ABC = 60°$이다.

6.48. (a) O를 삼각형 CKE의 외접원의 중심이라 하자. $\angle COK = 2\angle KCB$임을 보이면 된다. 이들 두 각은 쉽게 계산할 수 있다: $\angle COK = 180° - 2\angle OKC = 180° - \angle EKC = 180° - \angle EDC = 72°$, $\angle KCB = (180° - \angle ABC)/2 = 36°$.
(b) BC는 삼각형 CKE의 외접원에 대한 접선이므로, $BE \cdot BK = BC^2$, 즉 $d(d-a) = a^2$이다.

6.49. 점 A, B에서 재생한 직선 AB에 대한 수선들이 변 DE, CD와 점 P, Q에서 교차한다고 하자. 선분 CQ의 임의의 점은 오각형 $ABCDE$에 내접하는 직사각형의 꼭지점이고(이 직사각형의 변들은 AB, AP에 평행함), 이 점이 Q에서 C로 이동할 때, 직사각형들의 변들의 길이의 비는 AP/AB에서 0까지 변한다.

각 AEP가 둔각이므로, $AP > AE = AB$가 된다. 그러므로, 선분 QC의 어떤 점에 대해, 직사각형의 변들의 길이의 비는 1이다.

6.50. 원 S의 중심에 대해 점 $A, \cdots, E$와 대칭인 점을 $A_1, \cdots, E_1$이라 하고, P, Q, R은 직선 BC_1과 AB_1, AE_1과 BA_1, BA_1과 CB_1의 교점이라 하자(그림 6.10). 그러면, $PQ = AB = a$, $QR = b$이다. $PQ \parallel AB$, $\angle ABA_1 = 90°$이므로, $PR^2 = PQ^2 + QR^2 = a^2 + b^2$이다. 직선 PR은 원 S의 중심을 지나며, $\angle AB_1C = 4 \cdot 18° = 72°$이므로, PR은 반지름 B_1O가 원 S의 반지름과 같고 중심이 B_1인 원에 내접하는 정오각형의 변이다.

6.51. 점 A, C, E를 지나 직선 BC, DE, FA에 평행한 직선 l_1, l_2, l_3를 작도하자. 직선 l_1과 l_2, l_2와 l_3, l_3와 l_1의 교점을 각각 P, Q, R이라 하자(그림 6.11). 그러면, $S_{ACE} = (S_{ABCDEF} - S_{PQR})/2 + S_{PQR} = (S_{ABCDEF} + S_{PQR})/2 \geq S_{ABCDEF}/2$가 된다. 마찬가지로, $S_{BDF} = (S_{ABCDEF} + S_{P'Q'R'})/2$임을 알 수 있다. 그리고 $PQ = |AB - DE|$, $QR = |CD - AF|$, $PR = |EF - BC|$이므로, 삼각형 PQR과 $P'Q'R'$은 합동이다. 결국, $S_{ACE} = S_{BDF}$가 된다.

6.52. 삼각형 PQR을 앞의 문제에서와 같이 작도하자. 이 삼각형은 정삼각형이고, $PQ = |AB - DE|$, $QR = |CD - AF|$, $PR = |EF - BC|$이다. 그러므로, $|AB - DE| = |CD - AF| = |EF - BC|$가 성립한다.

6.53. 꼭지점 A, C, E에서의 각들의 합이 $360°$이므로, 이등변삼각형 ABF, CBD, EDF로부터 AB를 CB에, ED와 EF를 CD, AF에 붙여서 삼각형을 만들 수 있다. 얻어진 삼각형의 변들은 삼각형 BDF의 변들과 같다. 결국, 직선 FB, BD, DF에 대해 점 A, C, E를 대칭시키면 삼각형 BDF의 외접원의 중심 O로 보내진다. 즉, $AB \parallel OF \parallel DE$가 된다.

6.54. 육각형의 대각선들이 삼각형 PQR을 만든다고 가정하자. 육각형의 꼭지점들을 다음과 같이 나타내자: 꼭지점 A는 반직선 QP에 속하고, B는 RP에, C는 RQ에 속하고 등등. 직선 AD와 BE는 육각형의 넓이를 이등분하므로, $S_{APEF} + S_{PED} = S_{PDCB} + S_{ABP}$, $S_{APEF} + S_{ABP} = S_{PDCB} + S_{PED}$가 성립한다. 그러므로, $S_{ABP} = S_{PED}$이다. 즉, $AP \cdot BP = EP \cdot DP = (ER + RP)(DQ + QP) > ER \cdot DQ$가 된다. 마찬가지로, $CQ \cdot DQ > AP \cdot FR$, $FR \cdot ER > BP \cdot CQ$가 성립한다. 이들 부등식을 서로 곱하면, $AB \cdot BP \cdot CQ \cdot DQ \cdot FR \cdot ER > ER \cdot DQ \cdot AP \cdot FR \cdot BP \cdot CQ$를 얻는데, 이것은 불가능하다. 그러므로, 육각형의 대각선들은 한 점에서 교차한다.

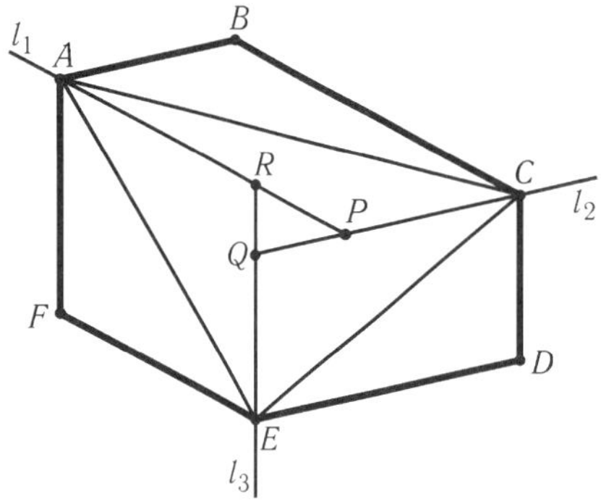

그림 6.11

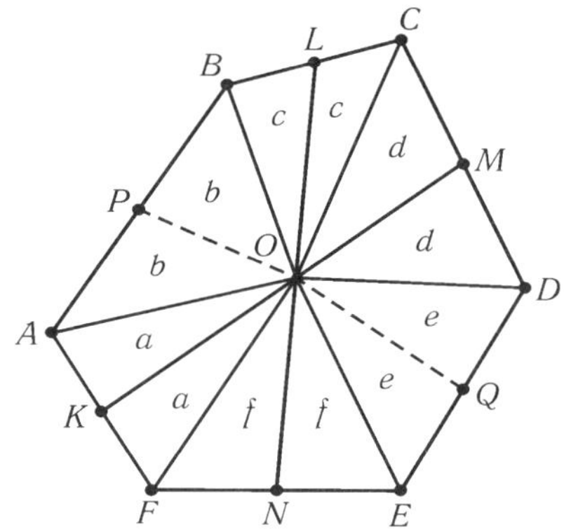

그림 6.12

6.55. 볼록육각형 $ABCDEF$의 변들의 중점을 그림 6.12와 같이 나타내자. 선분 KM, LN의 교점을 O라 하자. 육각형의 꼭지점들, 변들의 중점을 점 O와 선분으로 연결하여, 이때 얻어지는 삼각형들의 넓이를 그림 6.12와 같이 나타내자. 쉽게, $S_{KONF} = S_{LOMC}$임을, 즉 $a + f = c + d$임을 확인할 수 있다. 결국, 꺾인선 POQ는 육각형을 넓이가 같은 두 부분으로 나누며, 이것은 선분 PQ가 점 O를 지난다는 것을 의미한다.

6.56. (a) O를 외접원의 중심이라 하자. $\angle A_kOA_{k+2} = 360° - 2\angle A_kA_{k+1}A_{k+2} = \varphi$는 일정한 값이므로, O를 중심으로 φ만큼 회전시키면 점 A_k는 점 A_{k+2}로 보내진다. 이로부터, 홀수인 n에 대해, 다각형 $A_1 \cdots A_n$의 모든 변이 같다는 것이 유도된다.

(b) a는 주어진 다각형의 변의 길이라 하자. 만약, 변들 중의 하나가 내접원과의 접점에 의해 길이가 x, $a - x$인 선분으로 나뉘어지면, 이와 인접한 변 또한 길이가 x, $a - x$인 선분들(인접변들의 인접 선분들)로 나뉘고 등등. 이로부터, 홀수인 n에 대해, 다각형 $A_1 \cdots A_n$의 모든 변은 내접원과의 접점들에 의해 이등분된다는 것이 유도된다. 이것은 다각형의 모든 각들이 같음을 의미한다.

6.57. 다각형 $A_1 \cdots A_n$의 변이 정n각형의 변들과 평행하다. 반직선 $OA_1, \cdots, OA_n$에 합동인 선분들 $OB_1, \cdots, OB_n$을 잡자. 그러면, 다각형 $B_1 \cdots B_n$은 정다각형이고 다각형 $A_1 \cdots A_n$의 변들은 다각형 $OB_1, \cdots, OB_n$의 변들과 합동인 각들을 생성한다. 결국, $OA_1 : OA_2 = OA_2 : OA_3 = \cdots = OA_n : OA_1 = k$, 즉 $OA_1 = kOA_2 = k^2OA_3 = \cdots = k^nOA_1$이고, $k = 1$이다.

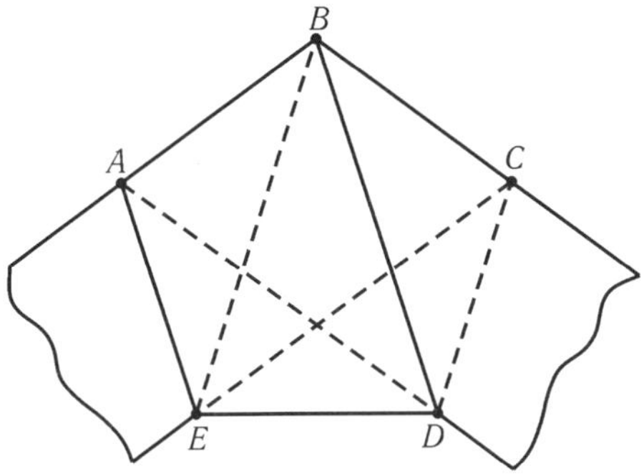

그림 6.13

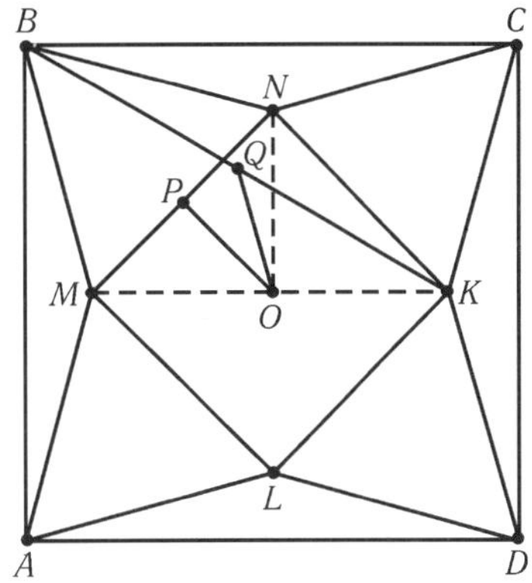

그림 6.14

6.58. 오각형의 꼭지점을 그림 6.13과 같이 나타내자. 만약, 삼각형에서 두 높이가 같으면, 이들 높이가 내려진 변들은 서로 같다. 삼각형 EAB, ABC, BCD를 생각하면, $EA = AB, AB = BC$, $BC = CD$가 성립한다. 그러므로, 사다리꼴 $EABC$, $ABCD$는 등변사다리꼴, 즉 $\angle A = \angle B = \angle C$가 된다. 삼각형 ABD, BCE를 생각하면, $AD = BD$, $BE = CE$가 성립한다. 삼각형 EAB, ABC, BCD는 합동이므로, $BE = AC = BD$이다. 그러므로, $AD = BE$, $BD = CE$이다. 즉, 사다리꼴 $ABDE$, $CDEB$는 등변사다리꼴, 즉 $ED = AB = BC = CD = AE$, $\angle E = \angle A = \angle B = \angle C = \angle D$이다. 그러므로, $ABCDE$는 정오각형이다.

6.59. 삼각형 BMC는 꼭지점에서의 각이 $30°$이고 밑변에서의 각이 $(180° - 30°)/2 = 75°$인 이등변삼각형이다. 그러므로, 삼각형 BAM, BCN은 밑변에서의 각이 $15°$인 이등변삼각형이다. 결국, 삼각형 BMN은 정삼각형이다. O를 정사각형의 중심, P, Q를 선분 MN, BK의 중점이라 하자(그림 6.14). OQ는 삼각형 MBK의 중간선이므로, $OQ = BM/2 = MP = OP$, $\angle QON = \angle MBA = 15°$, 즉 $\angle POQ = \angle PON - \angle QON = 30°$가 된다. 나머지 증명은 같은 방법으로 하면 된다.

6.60. 반지름이 R인 원에 내접하는 정12각형 $A_1 \cdots A_{12}$를 생각하자. 그러면, $A_1A_7 = 2R$, $A_1A_3 = A_1A_{11} = R$이다. 그러므로, $A_1A_7 = A_1A_3 + A_1A_{11}$가 된다.

6.61. $k = 3$에 대한 풀이는 그림 6.15에서 자명하다. 실제로, $A_3A_4 = OQ, KL = QP$, $MN = PA_{14}$이므로, $A_3A_4 + KL + MN = OQ + QP + PA_{14} = OA_{14} = R$이

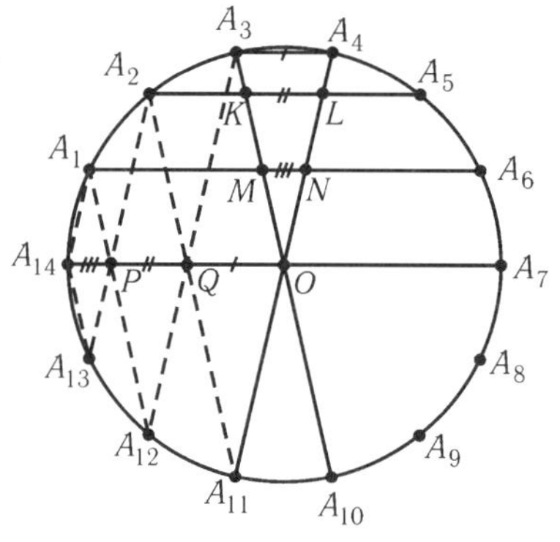

그림 6.15

다. k에 대한 증명도 마찬가지 방법으로 얻을 수 있다.

6.62. 문제 5.86과 5.77(b)의 결과를 삼각형 $A_aA_cA_e$와 직선 A_aA_d, A_cA_f, A_eA_b에 사용하면 된다. 문제 (b)의 풀이는 $\sin 20° \sin 70° = \sin 20° \cos 20° = (\sin 40°)/2 = \sin 30° \sin 40°$를 생각하고, 문제 (a)의 풀이는 $\sin 10° \sin 80° = \sin 30° \sin 20°$를 생각하면 된다.

6.63. 앞 문제에서와 같이, 등식 $\sin 2\alpha \sin 2\alpha \sin 8\alpha = \sin \alpha \sin 3\alpha \sin 14\alpha$를 보이면 된다(단, $\alpha = 180°/30 = 6°$. $\sin 14\alpha = \cos \alpha$이므로, $2 \sin \alpha \sin 3\alpha \sin 14\alpha = \sin 2\alpha \sin 3\alpha$이다. 이제, $\sin 3\alpha = 2 \sin 2\alpha \sin 8\alpha = \cos 6\alpha - \cos 10\alpha = 1 - 2\sin^2 3\alpha - 1/2$, 즉 $4\sin^2 18° + 2\sin 18° = 1$을 확인하면 된다(문제 5.48).

6.64. 우선, $n = 2m$이라 하자. 정$2m$각형의 대각선들과 변들은 m개의 서로 다른 길이를 가진다. 그러므로, 표시된 점들은 $m-1$개의 동심원에 놓여있거나(각 원에 n개씩) 이들 원의 공통의 중심에 놓여있다. 서로 다른 원들은 두 개이하의 공통점을 가지므로, 이 동심원 족에 속하지 않는 원은 $1 + 2(m-1) = 2m - 1 = n - 1$개보다 많지 않은 표시된 점들을 포함한다. 이제, $n = 2m + 1$이라 하자. 정$(2m+1)$각형의 대각선들과 변들은 m개의 서로 다른 길이를 가진다. 그러므로, 표시된 점들은 m개의 동심원에 속한다(각 원에 n개씩). 이 동심원 족에 속하지 않는 원은 $2m = n - 1$개보다 많지 않은 표시된 점들을 포함한다. 살펴본 두 가지 경우에서, 한 원에 속하는 표시된 점들의 최대 개수는 n이다.

6.65. 다각형의 중심을 O라 하고, 꼭지점을 $A_1, \cdots, A_n$이라 하자. 같은 색의 다각형들 중에는 합동인 것이 없다고 가정하자. 즉, 이들이 각각 $m = m_1 < m_2 <$

$m_3 < \cdots < m_k$개의 변을 가진다고 가정하자. n각형의 꼭지점들의 집합에서 정의되는 변환 f를 생각하여, 이 변환이 꼭지점 A_k를 꼭지점 A_{mk}로 보낸다고 하자. 즉, $f(A_k) = A_{mk}$이다($A_{p+qn} = A_p$라 함). 이 변환에 의해, 정m각형의 꼭지점들은 한 점 B로 보내지므로, 벡터들 $\overrightarrow{Of(A_i)}$의 합은 $m\overrightarrow{OB} \neq \overrightarrow{0}$과 같다(단, A_i는 m각형의 꼭지점들). $\angle A_{mi}OA_{mj} = m\angle A_iOA_j$이므로, 살펴본 변환에 의해, m보다 큰 짝수개의 변을 가지는 임의의 정다각형의 꼭지점들은 정다각형의 꼭지점들로 보내진다. 그러므로, n각형의 모든 꼭지점에 대한 벡터들 $\overrightarrow{Of(A_i)}$의 합, 그리고 $m_2, m_3, \cdots, m_k$각형의 꼭지점들에 대한 유사한 합들은 모두 0이 된다. 이것은 m각형의 꼭지점들에 대한 벡터들 $\overrightarrow{Of(A_i)}$의 합이 영이 아니라는 사실에 모순된다. 그러므로, 같은 색의 다각형들 중에서 서로 합동인 두 개를 찾을 수 있다.

6.66. 정$(n-1)$각형 $B_1 \cdots B_{n-1}$이 정n각형 $A_1 \cdots A_n$에 내접한다고 하자. A_1과 B_1은 이들 다각형에서 가장 가까운 꼭지점들이고, B_2, B_3, B_4, B_5는 변 A_2A_3, A_3A_4, A_4A_5, A_5A_6에 속한다고 취급할 수 있다. 이제, $\alpha_i = \angle A_{i+1}B_iB_{i+1}$, $\beta_i = \angle B_iB_{i+1}A_{i+1}$이라 하자(단, $i = 1, 2, 3, 4$). 사인 정리에 의해, $A_2B_2 : B_1B_2 = \sin\alpha_1 : \sin\varphi$, $B_2A_3 : B_2B_3 = \sin\beta_2 : \sin\varphi$가 성립한다(단, φ는 정 n각형의 꼭지점에서의 각). 결국, $\sin\alpha_1 + \sin\beta_2 = a_n \sin\varphi / a_{n-1}$이다(단, a_n, a_{n-1}은 주어진 다각형들의 변들). 유사한 추론을 통해, $\sin\alpha_1 + \sin\beta_2 = \sin\alpha_2 + \sin\beta_3 = \sin\alpha_3 + \sin\beta_4$임을 보일 수 있다.

이제, $\sin\alpha_i + \sin\beta_{i+1} = 2\sin((\alpha_i + \beta_{i+1})/2)\cos((\alpha_i - \beta_{i+1})/2)$임을 생각하고, 계산에 의해 $\alpha_i + \beta_{i+1}$, $\alpha_i - \beta_{i+1}$을 구하자. $\alpha_i + \beta_i = 2\pi/n$, $\alpha_{i+1} + \beta_i = 2\pi/(n-1)$이므로, $\alpha_{i+1} = \alpha_i + 2\pi/(n(n-1))$, $\beta_{i+1} = \beta_i - 2\pi/(n(n-1))$이다. 즉, $\alpha_i + \beta_{i+1} = \frac{2\pi}{n} - \frac{2\pi}{n(n-1)}$은 일정한 값이고, $\alpha_i - \beta_{i+1} = \alpha_{i-1} - \beta_i + 4\pi/(n(n-1))$이다. $\theta = (\alpha_1 - \beta_2)/2$에 대해, $\cos\theta = \cos(\theta + 2\pi/n(n-1)) = \cos(\theta + 4\pi/(n-1)n)$이다. 2π보다 작은 구간에서 코사인이 서로 다른 세 점에서 같은 값을 가질 수 없으므로, 모순이 유도된다.

참고. 정오각형에 정사각형은 내접시킬 수 있다(문제 6.49).

6.67. $\overrightarrow{a} = \overrightarrow{OA}_1 + \cdots + \overrightarrow{OA}_n$이라 하자. 점 O를 중심으로 $360°/n$만큼 회전시키면, 점 A_i는 점 A_{i+1}으로 보내진다. 즉, 벡터 $\overrightarrow{a}$는 자신으로 보내지며, $\overrightarrow{a} = \overrightarrow{0}$이다. $\overrightarrow{XA}_i = \overrightarrow{XO} + \overrightarrow{OA}_i$, $\overrightarrow{OA}_1 + \cdots + \overrightarrow{OA}_n = 0$이므로, $\overrightarrow{XA}_1 + \cdots + \overrightarrow{XA}_n = n\overrightarrow{XO}$이다.

6.68. 정다각형 $A_1 \cdots A_n$의 중심을 지나지만 꼭지점은 지나지 않는 직선 l을 작도하

자. x_i는 벡터 $\overrightarrow{OA_i}$를 직선 l에 직교하는 직선에 사영시켜 얻어진 것과 같다고 하자. 그러면, 모든 x_i는 영이 아니며, 정k각형의 꼭지점들에 있는 수들 x_i의 합은 영이 된다. 왜냐 하면, 벡터들 $\overrightarrow{OA_i}$의 상응하는 합이 영이 되기 때문이다(문제 6.67).

6.69. 6.67에 의해, $\overrightarrow{a} = 10\overrightarrow{AO}$, $\overrightarrow{b} = 10\overrightarrow{BO}$가 성립한다(단, O는 다각형 $X_1 \cdots X_{10}$의 중심). 만약, 점 A가 다각형의 꼭지점에 아주 가까이 놓여있고, 점 B는 변들의 중점에 아주 가까이 있으면, $AO > BO$가 된다.

6.70. 등식 $A_iX^2 = \left|\overrightarrow{A_iO} + \overrightarrow{OX}\right|^2 = A_iO^2 + OX^2 + 2(\overrightarrow{A_iO}, \overrightarrow{OX}) = R^2 + d^2 + 2(\overrightarrow{A_iO}, \overrightarrow{OX})$가 성립하므로, $\sum A_iX^2 = n(R^2+d^2) + 2\left(\sum \overrightarrow{A_iO}, \overrightarrow{OX}\right) = n(R^2 + d^2)$이 성립한다(문제 6.67).

6.71. 꼭지점 A_k에서 나머지 모든 꼭지점까지 거리의 제곱의 합을 S_k로 나타내자. 그러면, $\sum_{i=1}^{n} \overrightarrow{OA_i} = \overrightarrow{0}$이므로, $S_k = A_kA_1^2 + A_kA_2^2 + \cdots + A_kA_n^2 = A_kO^2 + 2(\overrightarrow{A_kO}, \overrightarrow{OA_1}) + A_1O^2 + \cdots + A_kO^2 + 2(\overrightarrow{A_kO}, \overrightarrow{OA_n}) + A_nO^2 = 2nR^2$이 된다. 그러므로, $\sum_{k=1}^{n} S_k = 2n^2R^2$이 성립한다. 변들과 대각선들 각각의 제곱이 이 합에 두 번씩 들어가므로, 구하는 합은 n^2R^2이 된다.

6.72. A_k를 A로 보내는 n각형의 중심 O에 대한 회전에서, 점 X의 상을 X_k라 하자. 이 회전에서 선분 A_kX는 A_1X_k로 보내진다. 결국, $A_1X + \cdots + A_nX = A_1X_1 + \cdots + A_1X_n$이다. n각형 $X_1 \cdots X_n$은 정다각형이므로, $\overrightarrow{A_1X}_1 + \cdots + \overrightarrow{A_1X}_n = n\overrightarrow{A_1O}$이 성립한다(문제 6.67). 이것은 $A_1X_1 + \cdots + A_nX_n \geq n\overrightarrow{A_1O}$를 의미한다.

6.73. B_i는 점 X의 직선 OA_i에 대한 사영이라 하자. 그러면, $(\overrightarrow{e_i}, \overrightarrow{x}) = (\overrightarrow{OA}_i, \overrightarrow{OB}_i + \overrightarrow{B_iX}) = (\overrightarrow{OA}_i, \overrightarrow{OB}_i) = \pm R \cdot OB_i$가 성립한다. 점들 $B_1, \cdots, B_n$은 지름이 OX인 원에 속하며, 홀수인 n에 대해 이들 점은 정n각형의 꼭지점이 되며, 짝수인 n에 대해 이들 점은 이중으로 된 $n/2$각형의 꼭지점이 된다(문제 2.9). 그러므로, $\sum OB_i^2 = nOX^2/2$가 성립한다(문제 6.70).

6.74. $\overrightarrow{e_1}, \cdots, \overrightarrow{e_n}$을 주어진 n각형의 중심에서 꼭지점들로 향하는 벡터라 하고, $\overrightarrow{x}$를 직선 l에 직교하는 단위벡터라 하자. 구하는 합은 $\sum(\overrightarrow{e_i}, \overrightarrow{x})^2 = nR^2/2$이다(문제 6.73).

6.75. $\overrightarrow{e_1}, \ldots, \overrightarrow{e_n}$을 정$n$각형의 중심에서 변들의 중점으로 향하는 단위벡터들이라 하

고, $\overrightarrow{x} = \overrightarrow{OX}$라 하자. 그러면, 점 X에서 i번째 변까지의 거리는 $|(\overrightarrow{x}, \overrightarrow{e_i}) - r|$이 된다. 그러므로, 구하는 합은 $\sum((\overrightarrow{x}, \overrightarrow{e_i})^2 - 2r(\overrightarrow{x}, \overrightarrow{e_i}) + r^2) = \sum(\overrightarrow{x}, \overrightarrow{e_i})^2 + nr^2$이 된다. 문제 6.73에 의해, $\sum(\overrightarrow{x}, \overrightarrow{e_i})^2 = nd^2/2$이다.

6.76. $\overrightarrow{x}$를 직선 l에 평행한 단위벡터라 하고, $\overrightarrow{e_i} = \overrightarrow{A_iA_{i+1}}$이라 하자. 그러면, 직선 l에 대한 변 A_iA_{i+1}의 사영의 길이의 제곱은 $(\overrightarrow{x}, \overrightarrow{e_i})^2$이 된다. 문제 6.73에 의해, $\sum(\overrightarrow{x}, \overrightarrow{e_i})^2 = na^2/2$이 성립한다.

6.77. $\overrightarrow{a} = \overrightarrow{XO}, \overrightarrow{e_i} = \overrightarrow{OA_i}$라 하자. 그러면, $XA_i^4 = |\overrightarrow{a} + \overrightarrow{e_i}|^4 = (|\overrightarrow{a}|^2 + 2(\overrightarrow{a}, \overrightarrow{e_i}) + |\overrightarrow{e_i}|^2)^2 = 4(R^2 + (\overrightarrow{a}, \overrightarrow{e_i}))^2 = 4(R^4 + 2R^2(\overrightarrow{a}, \overrightarrow{e_i}) + (\overrightarrow{a}, \overrightarrow{e_i})^2)$이 성립한다. 그리고, $\sum(\overrightarrow{a}, \overrightarrow{e_i}) = (\overrightarrow{a}, \sum \overrightarrow{e_i}) = \overrightarrow{0}$가 성립한다. 문제 6.73에 의해, $\sum(\overrightarrow{a}, \overrightarrow{e_i})^2 = nR^4/2$이므로, 구하는 합은 $4(nR^4 + nR^4/2) = 6nR^4$이 된다.

6.78. (a) 우선 $\overrightarrow{u} = \overrightarrow{e_1}$에 대해 구하는 관계식을 증명하자. $\overrightarrow{e_i} = (\sin\varphi_i, \cos\varphi_i)$, $\cos\varphi_1 = 1$이라 하면, $\sum(\overrightarrow{e_1}, \overrightarrow{e_i})\overrightarrow{e_i} = \sum\cos\varphi_i\overrightarrow{e_i} = \sum(\sin\varphi_i\cos\varphi_i, \cos^2\varphi_i) = \sum((\sin 2\varphi_i)/2, (1+\cos 2\varphi_i)/2) = (0, n/2) = n\overrightarrow{e_1}/2$이 성립한다. $\overrightarrow{u} = \overrightarrow{e_2}$에 대해서는 유사하게 증명할 수 있다. 이제, 임의의 벡터 $\overrightarrow{u}$를 $\overrightarrow{u} = \lambda\overrightarrow{e_1} + \mu\overrightarrow{e_2}$의 형태로 나타낼 수 있다.
(b) $B_1 \cdots B_n$을 주어진 다각형의 변들의 중점이라 하고, $\overrightarrow{e}_i = \overrightarrow{OB}_i/OB_i$, $\overrightarrow{u} = \overrightarrow{XO}$라 하자. 그러면, $\overrightarrow{XA_i} = \overrightarrow{OB}_i + (\overrightarrow{u}, \overrightarrow{e_i})\overrightarrow{e_i}$가 성립한다. $\sum\overrightarrow{OB}_i = \overrightarrow{0}$이므로, $\sum\overrightarrow{XA_i} = \sum(\overrightarrow{u}, \overrightarrow{e_i})\overrightarrow{e_i} = n\overrightarrow{u}/2 = n\overrightarrow{XO}/2$가 된다.

6.79. $\overrightarrow{e_0}, \ldots, \overrightarrow{e_{n-1}}$을 정$n$각형의 변들의 벡터라 하자. 이들 벡터의 순서를 조정해서 $\sum\limits_{k=1}^{n} k\overrightarrow{a_k} = \overrightarrow{0}$을 만족시키는 벡터들의 모임 $\{\overrightarrow{a_1}, \cdots, \overrightarrow{a_n}\}$을 얻을 수 있음을 증명하면 된다. 소수의 거듭제곱이 아닌 수 n은 $n = pq$와 같이 쓸 수 있다(단, p, q는 서로소). 이제, 모임 $\{\overrightarrow{e_0}, \overrightarrow{e_p}, \cdots, \overrightarrow{e_{(q-1)p}}; \overrightarrow{e_q}, \overrightarrow{e_{q+p}}, \cdots, \overrightarrow{e_{q+(q-1)p}}, \cdots; \overrightarrow{e_{(p-1)q+p}}, \cdots, \overrightarrow{e_{(p-1)q+(q-1)p}}\}$이 구하는 모임임을 증명하자. 우선, $x_1q + y_1p \equiv x_2q + y_2p \pmod{pq}$이면, $x_1 \equiv x_2 \pmod{p}$, $y_1 \equiv y_2 \pmod{q}$가 성립한다. 그러므로, 모임에서 벡터들 $\overrightarrow{e_0}, \cdots, \overrightarrow{e_{n-1}}$ 각각은 한 번씩만 만날 수 있다. 공통의 시작점을 가지는 벡터 $\overrightarrow{e_q}, \overrightarrow{e_{q+p}}, \cdots, \overrightarrow{e_{q+(q-1)p}}$의 끝점들은 정$q$각형을 만들며, 이들의 합은 영이 된다. 게다가, $\varphi = 2\pi/p$만큼의 회전에서 벡터 $\overrightarrow{e_0}, \overrightarrow{e_p}, \ldots, \overrightarrow{e_{(q-1)p}}$은 $\overrightarrow{e_q}, \overrightarrow{e_{q+p}}, \ldots, \overrightarrow{e_{q+(p-1)q}}$으로 보내진다. 그러므로, $\overrightarrow{e_0} + 2\overrightarrow{e_p} + \cdots + q\overrightarrow{e_{(q-1)p}} = \overrightarrow{b}$이면, $(q+1)\overrightarrow{e_q} + (q+2)\overrightarrow{e_{q+n}} + \cdots + 2q\overrightarrow{e_{q+(q-1)p}} = q(\overrightarrow{e_q} + \cdots + \overrightarrow{e_{q+(q-1)p}}) + \overrightarrow{e_q} + 2\overrightarrow{e_{q+p}} + \cdots + q\overrightarrow{e_{q+(q-1)p}} = R^\varphi\overrightarrow{b}$가 성립한다(단, $R^\varphi\overrightarrow{b}$는 벡터 $\overrightarrow{b}$를 $\varphi = 2\pi/p$만큼 회전시켜 얻어진 벡터임). 같은 방법으로, 살펴본 벡터들의 모임에 대해

$\sum_{k=1}^{n} k\overrightarrow{a_k} = \overrightarrow{b} + R^{\varphi}\overrightarrow{b} + \cdots + R^{(p-1)\varphi}\overrightarrow{b} = \overrightarrow{0}$이 증명된다.

6.80. 삼각형 ABC의 변에 바깥쪽으로 정사각형 ABB_1A_1, BCC_2B_2, ACC_3A_3을 작도하고, 꼭지점 A_1, B_1, B_2, C_2, C_3, A_3이 한 원 S에 속한다고 가정하자. 선분 A_1B_1, B_2C_2, A_3C_3의 수직이등분선들은 원 S의 중심을 지난다. 그리고, 선분 A_1B_1, B_2C_2, A_3C_3의 수직이등분선들은 삼각형 ABC의 변들의 수직이등분선들과 일치하므로, 원 S의 중심은 삼각형의 외접원의 중심과 일치한다. 삼각형 ABC의 외접원의 중심을 O라 하자. 점 O에서 직선 B_2C_2까지의 거리는 $R\cos A + 2R\sin A$이다(단, R은 삼각형 ABC의 외접원의 반지름). 그러므로, $OB_2^2 = (R\sin A)^2 + (R\cos A + 2R\sin A)^2 = R^2(3+2(\sin 2A - \cos 2A)) = R^2(3-2\sqrt{2}\cos(45^\circ + 2A))$가 된다. 삼각형이 요구된 성질을 가질 필요충분조건은 $OB_2^2 = OC_3^2 = OA_1^2$, 즉 $\cos(45^\circ + 2\angle A) = \cos(45^\circ + 2\angle B) = \cos(45^\circ + 2\angle C)$이다. 이 등식은 $\angle A = \angle B = \angle C = 60^\circ$일 때 성립한다. 만약, $\angle A \neq \angle B$이면, $(45^\circ + 2\angle A) + (45^\circ + 2\angle B) = 360^\circ$, 즉 $\angle A + \angle B = 135^\circ$이다. 그러면, $\angle C = 45^\circ$, $\angle A = \angle C = 45^\circ$, $\angle B = 90^\circ$(또는 $\angle B = 45^\circ, \angle A = 90^\circ$)이다. 이로부터, 삼각형은 정삼각형이거나 이등변삼각형이어야 함을 알 수 있다.

6.81. 삼각형에서 $h_c = ab/2R$가 성립하므로(문제 12.33), $p_k = MA_k \cdot MA_{k+1}/2R$이다. 결국, $p_1p_3 \ldots p_{2n-1} = MA_1 \cdot MA_2 \ldots MA_{2n}/(2R)^n = p_2p_4 \ldots p_{2n}$이다.

6.82. ABC를 원 S에 내접한 삼각형이라 하자. 원의 중심 O에서 변 BC, CA, AB까지의 거리를 각각 a, b, c라 하자. 점 O가 삼각형 ABC의 내부에 속하면 $R+r = a+b+c$, 점 O, A가 직선 BC에 대해 다른쪽에 놓여있으면 $R+r = -a+b+c$이다(문제 12.38). 분할 대각선들 각각은 두 분할 삼각형에 속한다. 이 삼각형들 중에서 하나에 대해 점 O와 나머지 꼭지점은 대각선에 대해 같은쪽에 놓여있으며, 다른 삼각형에 대해서는 다른쪽에 놓여있다. 교차하지 않는 대각선들로 n각형을 삼각형들로 분할하면, $n-2$개의 삼각형을 얻게 된다. 그러므로, 합 $(n-2)R + r_1 + \cdots + r_{n-2}$는 점 O로부터 n각형의 변들까지 거리의 합과 같다(변들까지의 거리는 상응하는 부호와 함께 생각함). 이로부터, 합 $r_1 + \cdots + r_{n-2}$는 분할하는 방법에 종속되지 않음을 알 수 있다.

6.83. 다각형 $A_1 \cdots A_n$이 원에 내접한다고 하자. 선분 A_1A_3의 수직이등분선에 대한 점 A_2의 대칭점 A_2'을 생각하자. 그러면, 다각형 $A_1A_2'A_3 \cdots A_n$은 내접도형이고 이것의 넓이는 다각형 $A_1 \cdots A_n$의 넓이와 같다. 이처럼, 인접한 임의의 두 변의 자리를 바꿀 수 있다. 결국, 임의의 두 변의 자리를 바꿀 수 있다. 그러므

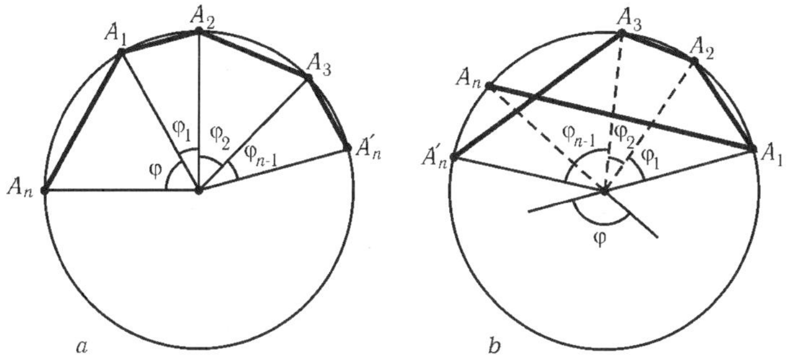

그림 6.16

로, 임의의 변에 임의의 다른 변을 맞출 수 있으며, 그리고 이 변에 나머지 변들 중에서 임의의 변을 맞출 수 있고 등등. 결국, 주어진 원에 내접하는 n각형의 넓이는 변들의 길이의 모임에는 종속되며, 이들의 순서에는 종속되지 않는다.

6.84. 일반성을 잃지 않고, a_n을 $a_1, \cdots, a_n$의 최대값이라 하자. n각형 $A_1 \cdots A_n$은 중심이 O인 원에 내접한다고 하자. 그러면, $A_iA_{i+1} : A_1A_n = \sin(\angle A_iOA_{i+1}/2) : \sin(\angle A_1OA_n/2)$이며, 다음과 같이 하자. 만약, $\varphi_i < \pi$이면, 식 $\sin(\varphi_i/2) : \sin(\varphi/2) = a_i : a_n$으로부터 각 φ_i는 φ로 유일하게 표현된다. 반지름이 1인 원에 점 A_n을 고정시키고 $\widehat{A_nA_1} = \varphi, \widehat{A_1A_2} = \varphi_1, \cdots, \widehat{A_{n-2}A_{n-1}} = \varphi_{n-2}$, $\widehat{A_{n-1}A'_n} = \varphi_{n-1}$인 변하는 점 $A_1, \cdots, A_{n-1}, A'_n$을 생각하자. 그리고, 이들 점을 그림 6.16에 나타난 것과 같이, 서로 다른 두 가지 방법으로 놓도록 하자(그림 6.16(a)에 제시된 첫 번째 방법은 원의 중심을 포함하는 n각형에 대응되며, 그림 6.16(b)에서는 중심을 포함하지 않는). 이제, φ를 0에서 π까지 변화시키면서 이들의 한 가지 경우에서 점 A'_n가 A_n과 일치함을 증명하면 된다(실제로, 그러면 닮음 범위에서 구하는 n각형을 얻게 된다).

$0 \le \varphi \le \pi$인 첫 번째 경우에서 점 A'_n와 A_n이 일치하지 않는다고, 즉 $\varphi = \pi$일 때 부등식 $\varphi_1 + \cdots + \varphi_{n-1} < \pi$이 성립한다고 가정하자. 그림 6.16(b)를 보면, 작은 각들에 대해 $\sin \alpha \approx \alpha$이므로, 문제의 조건으로부터 작은 각에서 점 A_n은 실제로 호 $A_1A'_n$에 속함이 유도된다. 왜냐 하면, $\varphi_1 + \cdots + \varphi_{n-1} > \varphi$이다. 결국, 작은 각들에서 $\varphi_1 + \cdots + \varphi_{n-1} > \varphi$이고, 만약 $\varphi = \pi$이면 앞의 가정에 의해 $\varphi_1 + \cdots + \varphi_{n-1} < \pi = \varphi$이다. 그러므로, 어떤 순간에 $\varphi = \varphi_1 + \cdots + \varphi_{n-1}$이고, 점 A_n과 A'_n은 일치한다.

6.85. $h_1, \cdots, h_n$은 주어진 점에서 대응하는 변들까지의 거리라 하고, $a_1, \cdots, a_n$은 다각형의 꼭지점에서 접점까지의 거리라 하자. 그러면, 붉은색 삼각형들과 파란색 삼각형들의 넓이의 곱은 $a_1 \cdots a_n h_1 \cdots h_n / 2^n$이 된다.

6.86. OH_i를 삼각형 OA_iA_{i+1}의 높이라 하자. 그러면, $\angle H_{i-1}OA_i = \angle H_iOA_i = \varphi_i$이다. 문제의 조건으로부터, $\varphi_1 + \varphi_2 = \varphi_{n+1} + \varphi_{n+2}, \varphi_{n+2} + \varphi_{n+3} = \varphi_2 + \varphi_3, \varphi_3 + \varphi_4 = \varphi_{n+3} + \varphi_{n+4}, \ldots, \varphi_{n-2} + \varphi_{n-1} = \varphi_{2n-2} + \varphi_{2n-1}$(마지막 등식에서 n이 홀수임을 고려했음), $\varphi_{n-1} + 2\varphi_n + \varphi_{n+1} = \varphi_{2n-1} + 2\varphi_{2n} + \varphi_1$이 성립한다. 이들 등식을 더하면, $\varphi_{n-1} + \varphi_n = \varphi_{2n-1} + \varphi_{2n}$이고, 구하는 것을 얻게 된다.

6.87. O를 주어진 원의 중심이라 하자. 그러면, $\overrightarrow{XA_i} = \overrightarrow{XO} + \overrightarrow{OA_i}$, 즉 $XA_i^2 = XO^2 + OA_i^2 + 2(\overrightarrow{XO}, \overrightarrow{OA_i}) = d^2 + r^2 + 2(\overrightarrow{XO}, \overrightarrow{OA_i})$가 성립한다. $a_1\overrightarrow{OA_1} + \cdots + a_n\overrightarrow{OA_n} = \overrightarrow{0}$이므로(문제 13.4), $a_1XA_1^2 + \cdots + a_nXA_n^2 = (a_1 + \cdots + a_n)(d^2 + r^2)$이 된다.

6.88. 문제 5.8에 의해, $b_{i-1}b_i/a_i^2 = \sin^2(A_i/2)$이다. 문제 (a)를 해결하기 위해, 그러한 모든 등식을 곱하면 되고, 문제 (b)의 해결을 위해서는 짝수인 첨자 i를 가지는 등식들의 곱을 홀수인 첨자 i를 가지는 등식들의 곱으로 나누면 된다.

6.89. BC는 푸른 변이고, AB와 CD는 BC와 인접한 변들이다. 조건에 의해, 변 AB, CD는 붉은 색이다. 다각형이 외접도형이고, P, Q, R은 내접원과 변 AB, BC, CD의 접점이라 하자. $BP = BQ, CR = CQ$이고, 선분 BP, CR은 오직 하나의 푸른 선분과만 경계를 가진다. 그러므로, 붉은 변들의 길이의 합은 푸른 변들의 길이의 합보다 작지 않다. 이것은 붉은 변들의 길이의 합이 둘레의 절반보다 작다는 것에 모순된다. 그러므로, 다각형에 원을 내접시킬 수 없다.

6.90. 볼록n각형이 t개의 예각을 가진다고 하자. 그러면, 이들 각의 합은 $k \cdot 90° + (n-k) \cdot 180°$보다 작다. n각형의 각들의 합은 $(n-2) \cdot 180°$이므로, $(n-2) \cdot 180° < k \cdot 90° + (n-k) \cdot 180°$, 즉 $k < 4$이다. k는 정수이므로, $k \leq 3$이다. 임의의 $n \geq 3$에 대해 세 개의 예각을 가지는 n각형이 존재한다(그림 6.17).

6.91. 인접하지 않은 변 AB, CD의 길이가 가장 긴 대각선과 같다고 가정하자. 그러면, $AB + CD \geq AC + BD$가 된다. 그러나, 문제 9.14에 의해, $AB + CD < AC + BD$이다. 이로부터, 모순이 유도된다. 그러므로, 가장 긴 대각선과 길이가 같은 변들은 서로 인접해야 한다. 결국, 그러한 변들은 두 개보다 많을 수 없다. 가장 긴 대각선과 길이가 같은 두 변을 가지는 다각형의 예는 그림 6.18에 있다. $n > 3$에 대해 그러한 n각형이 존재한다.

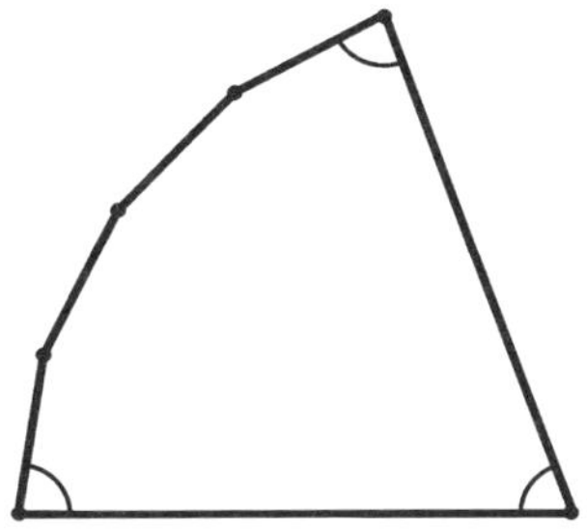

그림 6.17

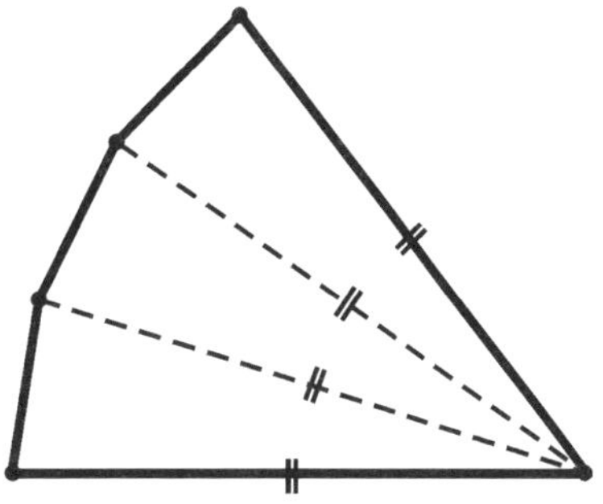

그림 6.18

6.92. $n \le 5$를 증명하자. $AB = 1$이고, C는 A와도 B와도 인접하지 않는 꼭지점이라 하자. 그러면, $|AC - BC| < AB = 1$이다. 그러므로, $AC = BC$이다. 결국, 점 C는 변 AB의 수직이등분선에 속한다. 이처럼, 꼭지점 A, B, C를 제외하면 다각형은 오직 두 개의 꼭지점을 가질 수 있다. 요구되는 성질을 가지는 오각형의 예가 그림 6.19에 있다. 오각형을 어떻게 만드는가를 살펴보자. $ACDE$는 정사각형이고, $AC = ED = 1$, $\angle CAD = 60°$이다. 점 B는 조건 $BE = BD = 3$에 의해 주어진다. 요구된 성질을 가지는 사각형의 예는 그림 6.19에서 직사각형 $ACDE$이다.

6.93. 문제의 조건을 만족시키는 오각형의 예가 그림 6.20에 있다. 어떻게 만드는가를 살펴보자. 직각이등변삼각형 EAB를 잡고, 변 EA, AB에 수직이등분선을 작도하고, 수직이등분선에 $ED = BC = AB$를 만족하는 점 C, D를 작도한다(즉, 직선 BC, ED는 상응하는 수직이등분선들과 각 $30°$를 이룬다). 그리고, $DE = BC = AB = EA < EB < DC$, $DB = DA = CA = CE > EB$가 성립한다. 이제, 다섯 번째 꼭지점과 다섯 번째 대각선이 공통점을 가질 수 없음을 증명하자. 다섯 번째 변 AB가 다섯 번째 대각선과 공통점 A를 가진다고 가정하자. 그러면, 다섯 번째 대각선은 AC이거나 AD이다. 이들 두 가지 경우에 대해 살펴보자. 첫 번째 경우에서 $\triangle AED \equiv \triangle CDE$이므로, 선분 ED의 수직이등분선에 대한 대칭에서 점 A는 점 C로 보내진다. $BE = BD$이므로, 점 B는 이 대칭에서 이동되지 않는다. 그러므로, 선분 AB는 CB로 보내진다. 즉, $AB = CB$이다. 이로부터, 모순이 얻어진다. 두 번째 경우에서는 $\triangle ACE \equiv \triangle EBD$이므로, 각 AED의 이등분선에 대한 대칭에 의해 선분 AB는 DC로 보내진다. 즉, $AB = CD$이다. 이로부터, 모순이 얻어진다.

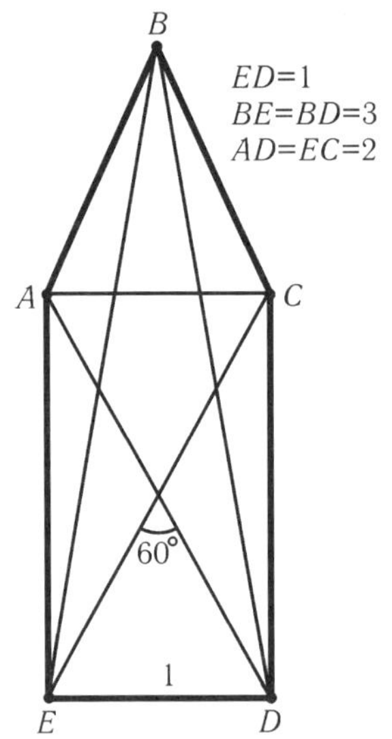

그림 6.19

6.94. 인접하는 두 꼭지점 A_1, A_2를 생각하자. 만약, $\angle A_1OA_2 \geq 90°$이면, $OA_1 = OA_2$이다. 왜냐 하면, 이등변삼각형의 밑변에는 직각이나 둔각이 놓여있을 수 없다. 이제, $\angle A_1OA_2 < 90°$라 하자. 점 O를 지나 직선 OA_1, OA_2에 평행한 직선 l_1, l_2를 작도하자. 이들 직선이 평면을 분할하여 얻어진 영역을 그림 6.21과 같이 나타내자. 만약, 영역 (3)에 꼭지점 A_k가 있으면, $\angle A_1OA_k \geq 90°$, $\angle A_2OA_k \geq 90°$이므로, $A_1O = A_kO = A_2O$이다. 만약, 영역 (3)에 다각형의 꼭지점이 없으면, 영역 (1)에 꼭지점 A_p가 있고, 영역 (2)에 꼭지점 A_q가 있다(만약, 영역 (1), (2)의 하나에 다각형의 꼭지점이 없었다면, 점 O는 다각형 밖에 있었을 것이다). $\angle A_1OA_q \geq 90°, \angle A_2OA_p \geq 90°$, $\angle A_pOA_q \geq 90°$이므로, $A_1O = A_qO = A_pO = A_2O$이다. 이제, 만약 점 O에서 다각형의 인접한 꼭지점들의 임의의 쌍까지의 거리가 같다면, 점 O에서 다각형의 꼭지점들까지의 모든 거리가 같다는 것을 생각하면 된다.

6.95. 직선 AB와 DE가 점 G에서 교차하고, BC와 EF는 점 H에서 교차하고, CD와 FA는 점 K에서 교차한다고 하자. 그리고, X, Y는 삼각형 EBH의 외접원과 직선 AB, DE의 교점이라 하자. 삼각형 ADK, XYH의 상응하는 변들이 평행함을 보이자(이로부터, 직선 KH가 점 G를 지난다는 것이 유도된다). $\angle(YX, AB) = \angle(YX, XB) = \angle(YE, EB) = \angle(DE, EB) = \angle(DA, AB)$로부터, $AD \parallel XY$가 유도된다. 그리고, 등식 $\angle(XY, YH) = \angle(XB, BH) =$

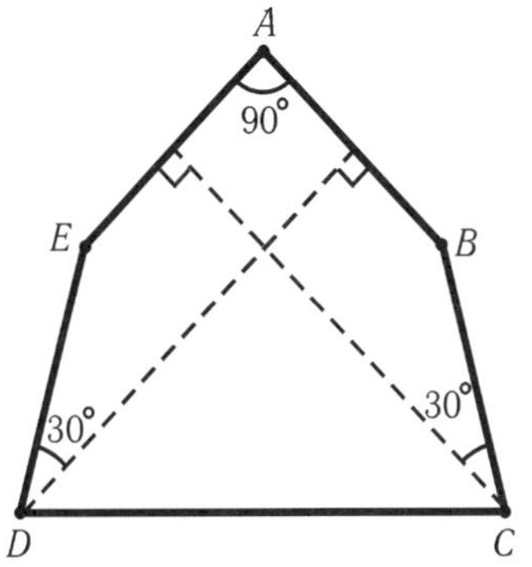

그림 6.20

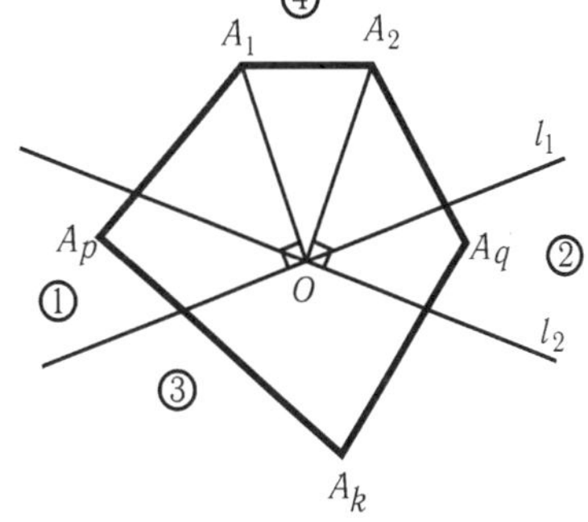

그림 6.21

$\angle(AB, BC) = \angle(AD, DC) = \angle(AD, DK)$로부터, $DK \parallel YH$가 유도되고, 등식 $\angle(YH, XH) = \angle(YE, EH) = \angle(DE, EF) = \angle(DA, AF) = \angle(DA, AK)$로부터, $AK \parallel XH$가 유도된다. 우리는 어디에서도 육각형 $ABCDEF$가 볼록도형이라는 것을 이용하지 않았음에 주목하자. 육각형 대신에 원에 꼭지점들이 놓인 여섯 개의 선분으로 구성된 자기교차하는 꺾인선을 잡을 수 있다.

6.96. A_2, B_2, C_2를 직선들의 교점이라 하자. 점 M, A_1, A, C, B, B_1에 파스칼의 정리를 사용하면, 점 A_2, B_2, R이 한 직선에 속함을 알 수 있다. 마찬가지로, A_2, C_2, R도 한 직선에 속한다. 결국, 점 A_2, B_2, C_2, R은 한 직선에 속한다.

6.97. 각 APT, ART, AST, AQT가 직각이므로, 점 A, P, R, T, S, Q는 선분 AT를 지름으로 하는 한 원에 속한다. 결국, 파스칼의 정리에 의해(문제 30.50), 점 B, C, X는 한 직선에 속한다.

6.98. 점 A_1, B_1은 지름이 AB인 원 S에 속한다. A_4, B_4를 직선 AA_2, BB_2와 직선 A_3B_3의 교점이라 하자. 문제 2.42(a)에 의해, 이들 점은 원 S에 속한다. 직선 A_1B, A_4A는 점 A_2에서 교차하고, 직선 BB_4, AB_1은 점 B_2에서 교차한다. 점 B_1, A_1, B, B_4, A_4, A에 파스칼의 정리를 사용하면, 직선 B_1A_1과 B_4A_4의 교점(마지막 직선은 A_3B_3와 일치함)은 직선 A_2B_2에 속한다.

6.99. K를 직선 BC와 MN의 교점이라 하자. 점 A, M, N, D, C, B에 파스칼의 정리를 사용하면, 점 E, K, F가 한 직선에 속함을 알 수 있고, 이것은 점 K가 직선 MN와 EF의 교점임을 의미한다.

6.100. 점 O에 대해 점 B, C와 대칭인 점을 B_1, C_1이라 하자. 그러면, 점 X는 직선

AB_1과 C_1D에 속한다. 육각형 AB_1BDC_1C에 파스칼의 정리를 사용하자. 직선 AB_1과 DC_1은 점 X에서 교차하며, 직선 BB_1과 CC_1은 점 O에서 교차하고, 직선 BD와 AC는 사각형의 대각선이다.

6.101. 반직선 PA와 QA가 원과 점 P_2, Q_2에서 교차한다고 하자. 즉, P_1P_2, Q_1Q_2는 주어진 원의 지름이다. 육각형 $PP_2P_1QQ_2Q_1$에 파스칼의 정리를 사용하자. 직선 PP_2와 QQ_2는 점 A에서 교차하고, 직선 P_1P_2와 Q_1Q_2는 점 O에서 교차한다. 그러므로, 직선 P_1Q와 Q_1P의 교점은 직선 AO에 속한다.

6.102. B_1, C_1을 호 AC, AB의 중점이라 하자(이들 호는 각각 점 B, C를 포함하지 않음). 문제 3.42(a)에 의해, 점 M, N은 선분 KC_1, KB_1에 속한다. 육각형 C_1CABB_1K에 파스칼의 정리를 사용하자. 직선 CC_1과 BB_1은 각의 이등분선이고, 직선 CA와 B_1K는 점 N에서 교차하고, 직선 AB와 C_1K는 점 M에서 교차한다. 그리고, 문제 3.46은 이 문제의 부분적인 경우임에 주목하자.

6.103. 주어진 점 A, B, C, D, E가 한 원에 속한다고 가정하자. 이 원에 점 F를 작도하였다고 가정하자. 점 K, L, M을 각각 직선 AB와 DE, BC와 EF, CD와 FA의 교점이라 하자. 그러면, 파스칼의 정리에 의해 점 K, L, M은 한 직선에 속한다. 이로부터, 다음과 같은 작도를 얻을 수 있다: 점 E를 지나는 임의의 직선 a를 작도하고, 이 직선과 직선 BC의 교점을 L이라 하자. 그리고 나서, 직선 AB, DE의 교점 K를 작도하고, 직선 KL, CD의 교점 M을 작도하자. 결국, F는 직선 AM과 a의 교점이다. 이제, F가 우리의 원에 속함을 증명하자. F_1을 원과 직선 a의 교점이라 하자. 파스칼의 정리로부터, F_1이 직선 AM에 속함이, 즉 F_1이 a와 AM의 교점임이 유도된다. 그러므로, $F_1 = F$이다.

6.104. P, Q를 직선 A_3A_4와 A_1A_2, A_1A_6의 교점이라 하고, R, S를 직선 A_4A_5와 A_1A_6, A_1A_2의 교점이라 하자. 그러면, $A_2K : A_3L = A_2P : A_3P, A_3L : A_6M = A_3Q : A_6Q$, $A_6M : A_5N = A_6R : A_5R$이 성립한다. 그러므로, 구하는 비 $A_2K : A_5N = A_2S : A_5S$를 다음과 같이 쓸 수 있다:$\frac{A_2P}{A_3P} \cdot \frac{A_3Q}{A_6Q} \cdot \frac{A_6R}{A_5R} \cdot \frac{A_5S}{A_2S} = 1.$ T를 직선 A_2A_3와 A_5A_6의 교점이라 하자. 파스칼의 정리에 의해, 점 S, Q, T는 한 직선에 속한다. 삼각형 PQS와 점 T, A_2, A_3에, 그리고 삼각형 RQS와 점 T, A_5, A_6에 메넬라우스의 정리를 사용하면, 다음을 알 수 있다.

$$\frac{A_2P}{A_2S} \cdot \frac{A_3Q}{A_3P} \cdot \frac{TS}{TQ} = 1 \text{ 이고 } \quad \frac{TQ}{TS} \cdot \frac{A_5S}{A_5R} \cdot \frac{A_6R}{A_6Q} = 1.$$

이들 등식을 서로 곱하면, 구하는 것을 얻게 된다.

제 7 장

점들의 기하학적 위치

바탕 지식들

1. 어떤 성질을 가지는 모든 점들로 구성된 도형을, 이 성질을 가지는 점들의 기하학적 위치(Geometric Locus of Points; GLP)라 부른다.

2. GLP를 찾는 문제의 풀이는 다음에 대한 증명을 포함해야 한다:
   (a) 요구되는 성질을 만족시키는 점들이 문제의 답인 도형 Φ에 속한다;
   (b) 도형 Φ의 모든 점은 요구되는 성질을 가진다.

3. 두 가지 성질을 가지는 GLP는 첫 번째 성질을 가지는 도형과 두 번째 성질을 가지는 도형의 교집합(공통부분)이다.

4. 세 가지 중요한 GLP:
   (a) 점 A, B에서 같은 거리만큼 떨어진 GLP는 선분 AB에 대한 수직이등분선이다;
   (b) 주어진 점 O로부터 R만큼 떨어진 GLP는 중심이 O이고 반지름이 R인 원이다;
   (c) 주어진 선분 AB와 주어진 각을 이루는 GLP는 직선 AB에 대해 대칭인 원들의 두 호의 합집합이다(점 A, B는 GLP에 속하지 않음).

도입 문제들

1. (a) 평행인 두 직선으로부터 같은 거리만큼 떨어진 GLP를 구하여라;
   (b) 교차하는 두 직선에서 같은 거리만큼 떨어진 GLP를 구하여라.

2. 주어진 평행한 두 직선에 끝점이 놓인 선분들의 중점들의 기하학적 위치를 구하여라.

3. 삼각형 ABC가 주어졌다. 부등식 $AX \le BX \le CX$를 만족시키는 X의 GLP를 구하여라.

4. X에서 주어진 원에 그은 접선들이 주어진 길이를 가지는 X의 GLP를 구하여라.

5. 원에 정점 A가 주어졌다. A를 끝점으로 하는 현을 A로부터 $1:2$로 분할하는 점 X의 GLP를 구하여라.

제 1 절 GLP – 직선 또는 선분

7.1. 반지름이 r_1, r_2인 두 바퀴가 직선 l을 따라 굴러간다. 이들의 공통내접선들의 교점 M의 집합을 구하여라.

7.2. 넓이가 S인 사각형 $ABCD$의 변 AB, CD는 평행하지 않다. 이때, $S_{ABX} + S_{CDX} = S/2$인 사각형 $ABCD$의 내부점 X의 GLP를 구하여라.

7.3. 점 O에서 교차하는 두 직선이 주어졌다. 선분 OX를 이들 직선에 사영시켜 얻어진 선분들의 길이의 합이 일정한 점 X의 GLP를 구하여라.

7.4. 직사각형 $ABCD$가 주어졌다. 이때, $AX + BX = CX + DX$인 점 X의 GLP를 구하여라.

7.5. $\angle AMD + \angle BMC = 180°$를 만족시키는 마름모 $ABCD$의 내부점 M의 GLP를 구하여라.

7.6. 평면에 점 A, B가 주어졌다. 선분 AM과 BM의 길이의 제곱의 차가 일정한 점 M의 GLP를 구하여라.

7.7. 원 S와 원 밖의 점 M이 주어졌다. M을 지나 원 S와 교차하는 모든 가능한 원들 S_1을 작도하고, 점 M에서 S_1에 대한 접선과 원 S, S_1의 공통현의 연장선의 교점을 X라 하자. X의 GLP를 구하여라.

7.8. 교차하지 않는 두 원주가 주어졌다. 주어진 원주들을 이등분하는 원주들(즉, 주어진 원주들의 지름의 끝점에서 교차하는)의 중심의 GLP를 구하여라.

7.9. 원의 내부점 A를 잡았다. 점 A를 포함하는 모든 가능한 현들의 끝점들을 지나는 원의 접선들을 생각하자. 이들 접선의 교점의 GLP를 구하여라.

7.10. (a) 평행사변형 $ABCD$가 주어졌다. $AX^2 + CX^2 - BX^2 - DX^2$의 값은 점 X의 선택에 종속되지 않음을 증명하여라;

(b) 사각형 $ABCD$가 평행사변형은 아니다. $AX^2 + CX^2 = BX^2 + DX^2$을 만족하는 모든 점 X는 사각형의 대각선들의 중점들을 연결한 선분과 직교하는 직선에 속함을 증명하여라.

참고. 문제 6.17, 15.15를 보시오.

제 2 절 GLP - 원 또는 호

7.11. 평면에서 일정한 길이의 선분이 끝점들이 직각 ABC의 변을 따라 미끄러지면서 이동하고 있다. 이때, 선분의 중점은 어떤 자취를 따라 움직이는가?

7.12. 주어진 점을 지나는 주어진 원의 현들의 중점의 GLP를 구하여라.

7.13. 두 점 A, B가 주어졌다. 두 원이 직선 AB와 접하며(하나는 A, 다른 것은 B에서), 두 원은 점 M에서 서로 접한다. 이때, M의 GLP를 구하여

라.

7.14. 평면에 두 점 A, B가 주어졌다. $AM : BM = k$인 점 M의 GLP를 구하여라(아폴로니우스의 원).

7.15. S를 점 A, B에 대한 아폴로니우스의 원이라 하고, 점 A는 원 S의 밖에 놓여있다고 하자. 점 A로부터 원 S에 접선 AP, AQ를 작도하였다. 점 B는 선분 PQ의 중점임을 증명하여라.

7.16. AD, AE를 삼각형 ABC의 내각 및 외각의 이등분선이라 하고, S_a를 지름이 DE인 원이라 하고, S_b, S_c도 마찬가지 방법으로 정의하자. 다음을 증명하여라.
(a) 원 S_a, S_b, S_c는 두 개의 공통점 M, N을 가지며, 직선 MN은 삼각형 ABC의 외심을 지난다;
(b) 점 M(그리고 점 N)을 삼각형 ABC의 변들에 사영시켜 얻은 점들은 정삼각형을 이룬다.

7.17. 삼각형 ABC는 정삼각형이고, M은 어떤 점이다. AM, BM, CM의 길이가 등비수열을 이루면, 수열의 공비는 2보다 작다는 것을 증명하여라.

참고. 문제 14.21(a), 18.15를 보시오.

제 3 절 원주각

7.18. A, B는 원의 고정된 점이고, 점 C는 원을 따라 이동한다. (a) 삼각형 ABC의 높이들; (b) 삼각형 ABC의 각의 이등분선들의 교점의 집합을 각각 구하여라.

7.19. 점 P는 정사각형 $ABCD$의 외접원을 따라 이동한다. 직선 AP, BD는 점 Q에서 교차하고, 점 Q를 지나 AC에 평행한 직선은 직선 BP와 점 X에서 교차한다. X의 GLP를 구하여라.

7.20. (a) A, B는 원의 고정된 점이고, 점 A_1, B_1은 원을 따라 호 A_1B_1의 크기가 일정하도록 이동하며, M은 직선 AA_1과 BB_1의 교점이다. M의 GLP를 구하여라;

(b) 원에 삼각형 ABC와 $A_1B_1C_1$이 내접하며, 삼각형 ABC는 움직이지 않고 삼각형 $A_1B_1C_1$은 회전한다. 삼각형 $A_1B_1C_1$의 각 위치에서 직선 AA_1, BB_1, CC_1은 한 점에서 교차한다는 것을 증명하여라.

7.21. 평면에 네 점이 주어졌다. 각각 주어진 점들을 지나는 네 직선에 의해 만들어진 직사각형들의 중심의 집합을 구하여라.

7.22. 정삼각형 ABC의 내부에서 $\angle XAB + \angle XBC + \angle XCA = 90°$를 만족시키는 X의 GLP를 구하여라.

참고. 문제 2.5, 2.38을 보시오.

제 4 절 합동인 보조 삼각형들

7.23. 중심이 O인 반원이 주어졌다. 반원의 지름의 연장선에 속하는 각각의 점 X로부터 반원에 접하는 반직선을 작도한 다음, 이 반직선에 선분 XO와 같은 선분 XM을 작도하였다. 이때, 얻어진 점 M의 GLP를 구하여라.

7.24. A, B는 평면의 고정된 점이다. 삼각형 ABC의 높이 h_b가 b와 같게 되는 점 C의 GLP를 구하여라.

7.25. 원과 내부점 P가 주어졌다. 원의 각 점 Q를 지나는 접선을 작도했다. 원의 중심으로부터 직선 PQ에 그은 수선과 접선이 점 M에서 교차한다. M의 GLP를 구하여라.

제 5 절 중심닮음변환

7.26. A, B는 원의 고정된 점이고, 점 C는 원을 따라 이동한다. 삼각형 ABC의 중선들의 교점의 집합을 구하여라.

7.27. 삼각형 ABC가 주어졌다. 꼭지점 P, Q는 변 AC에, 꼭지점 R, S는 변 AB, BC에 각각 속하는 직사각형 $PQRS$의 중심들의 집합을 구하여라.

7.28. 두 원이 점 A, B에서 교차한다. 점 A를 지나 원들과 점 P, Q에서 교차하는 할선을 작도하였다. 할선이 점 A를 중심으로 회전하면, 선분 PQ의 중점은 어떤 선을 이루는가?

7.29. 점 A, B, C가 한 직선에 속하고, B는 점 A와 C사이에 놓여있다. 삼각형 AMB와 CMB의 외접원의 반지름이 같도록 하는 점 M의 GLP를 구하여라.

참고. 문제 19.10, 19.22, 19.39를 보시오.

제 6 절 GLP방법

7.30. 점 O에서 교차하는 두 직선을 따라, 점 P와 Q가 일정한 속도 v로 이동한다. 임의의 순간에 점 P, Q까지의 거리가 같은 부동점 A가 평면에 존재한다는 것을 증명하여라.

7.31. 볼록사각형의 각 대각선의 중점을 지나 다른 대각선에 평행한 직선을 그었다. 이들 직선은 점 O에서 교차한다. 점 O를 사각형의 변들의 중점과 연결한 선분들은 사각형의 넓이를 등분한다는 것을 증명하여라.

7.32. D, E는 예각삼각형 ABC의 변 AB, BC의 중점이고, M은 변 AC에 속한다. $MD < AD$이면, $ME > EC$임을 증명하여라.

7.33. 볼록다각형의 내부점 P, Q를 잡았다. 이 다각형에 점 Q로부터의 거리가 점 P로부터의 거리보다 작은 꼭지점이 존재한다는 것을 증명하여라.

7.34. 점 A, B, C는 임의의 네 번째 점 M에 대해 $MA \le MB$ 또는 $MA \le MC$가 성립한다. 점 A는 선분 BC에 속함을 증명하여라.

7.35. 사각형 $ABCD$가 주어졌고, $AB < BC$, $AD < DC$이다. 점 M은 대각선 BD에 속한다. 이때, $AM < MC$임을 증명하여라.

제 7 절 넓이가 0이 아닌 GLP

7.36. O를 직사각형 $ABCD$의 중심이라 하자. $AM \ge OM, BM \ge OM, CM \ge OM$, $DM \ge OM$인 점 M의 GLP를 구하여라.

7.37. 원의 주어진 호 AB에 접선들을 그을 수 있는 점 X의 GLP를 구하여라.

7.38. O는 정삼각형 ABC의 중심이다. 점 M을 지나는 임의의 직선이 선분 AB 또는 선분 CO와 교차하게 되는 점 M의 GLP를 구하여라.

7.39. 평면에 교차하지 않는 두 원이 주어졌다. 점 M을 지나는 직선이 이들 중의 적어도 한 원과 교차하게 되는 원의 외부점 M이 존재하는가? 그러한 조건을 만족시키는 M의 GLP를 구하여라.

참고. 문제 18.12를 보시오.

제 8 절 카르노의 정리

7.40. 점 A_1, B_1, C_1으로부터 삼각형 ABC의 변 BC, CA, AB에 각각 그은 수선들이 한 점에서 교차할 필요충분조건은 $A_1B^2 + C_1A^2 + B_1C^2 = B_1A^2 + A_1C^2 + C_1B^2$임을 증명하여라(카르노(Carnot)의 정리).

7.41. 삼각형의 높이들은 한 점에 교차한다는 것을 증명하여라.

7.42. 점 A_1, B_1, C_1는 $AB_1 = AC_1, BC_1 = BA_1, CA_1 = CB_1$을 만족한다. 점 A_1, B_1, C_1으로부터 직선 BC, CA, AB에 그은 수선들이 한 점에서 교차한다는 것을 증명하여라.

7.43. (a) 삼각형 ABC의 꼭지점들로부터 삼각형 $A_1B_1C_1$의 대응하는 변들에 그은 수선들이 한 점에서 교차한다. 삼각형 $A_1B_1C_1$의 꼭지점들로부터 삼각형 ABC의 대응하는 변들에 그은 수선들은 한 점에서 교차한다는 것을 증명하여라;

(b) 삼각형 ABC의 꼭지점들을 지나며 삼각형 $A_1B_1C_1$의 대응하는 변들에 평행한 직선들은 한 점에서 교차한다. 삼각형 $A_1B_1C_1$의 꼭지점들을 지나며 삼각형 ABC의 대응하는 변들에 평행한 직선들은 한 점에서 교차한다는 것을 증명하여라.

7.44. 직선 l에 점 A_1, B_1, C_1을 잡았고, 삼각형 ABC의 꼭지점들로부터 직선 l에 수선 AA_2, BB_2, CC_2를 작도하였다. 점 A_1, B_1, C_1로부터 직선 BC, CA, AB에 그은 수선들이 한 점에서 교차할 필요충분조건은 $\overline{A_1B_1} : \overline{B_1C_1} = \overline{A_2B_2} : \overline{B_2C_2}$임을 증명하여라(선분들의 비는 유향비임).

7.45. 삼각형 ABC는 정삼각형이고, P는 임의의 점이다. 삼각형 PAB, PBC, PCA의 내심들로부터 직선 AB, BC, CA에 그은 수선들은 한 점에서 교차한다는 것을 증명하여라.

7.46. 삼각형의 각의 이등분선들의 밑으로부터 재생된 수선들이 한 점에서 교차하면, 삼각형은 이등변삼각형임을 증명하여라.

제 9 절　페르마–아폴로니우스의 원

7.47. (a) $k_1 + \cdots + k_n \neq 0$, $k_1A_1X^2 + \cdots + k_nA_nX^2 = c$를 만족시키는 점 X의 집합은 원이거나 또는 공집합임을 증명하여라;

(b) $k_1 + \cdots + k_n = 0$, $k_1A_1X^2 + \cdots + k_nA_nX^2 = c$를 만족시키는 점 X의 집합은 평면이거나 또는 공집합임을 증명하여라.

7.48. 직선 l은 두 원과 네 점에서 교차한다. 이들 점에서의 접선에 의해 만들어진 사각형은 내접도형이며, 이 외접원의 중심은 주어진 원들의 중심을 연결한 직선에 속한다는 것을 증명하여라.

7.49. 점 M, N은 $AM : BM : CM = AN : BN : CN$을 만족한다. 직선 MN은 삼각형 ABC의 외심 O를 지난다는 것을 증명하여라.

참고. 문제 7.6, 7.14, 8.59–8.63을 보시오.

힌트 및 증명

7.1. O_1, O_2를 각각 반지름이 r_1, r_2인 바퀴의 중심이라 하자. M을 내접선들의 교점이라 하면, $O_1M : O_2M = r_1 : r_2$가 성립한다. 조건으로부터 쉽게, M으로부터 직선 l까지의 거리는 $2r_1r_2/(r_1 + r_2)$임을 알 수 있다. 그러므로, 공통내접선의 모든 교점들은 l과 평행하며 l로부터 $2r_1r_2/(r_1 + r_2)$만큼 떨어진 한 직선에 속한다.

7.2. O를 직선 AB, CD의 교점이라 하자. 반직선 OA, OD에 선분 AB, CD와 각각 같은 선분 OK, OL을 작도하자. 그러면, $S_{ABX} + S_{CDX} = S_{KOX} + S_{LOX} \pm S_{KXL}$이 된다. 그러므로, 삼각형 KXL의 넓이는 일정하다. 즉, 점 X는 KL과 평행한 직선에 속한다.

7.3. $\overrightarrow{a}$, $\overrightarrow{b}$를 주어진 직선들과 평행한 단위벡터라 하고, $\overrightarrow{x} = \overrightarrow{OX}$라 하자. $\overrightarrow{x}$를 주어진 직선들에 사영시켜 얻어진 벡터들의 길이의 합은 $|(\overrightarrow{a}, \overrightarrow{x})| + |(\overrightarrow{b}, \overrightarrow{x})| = |(\overrightarrow{a} \pm \overrightarrow{b}, \overrightarrow{x})|$이고, 부호의 교체는 점 O으로부터 주어진 직선들에 대해 재생한 수선들에서 발생한다. 그러므로, 구하는 GLP는 변들이 주어진 직선들 사이의 각의 이등분선들에 평행하고, 꼭지점들이 위에서 기술한 수선들에 속하는 직사각형이다.

7.4. l을 변 BC, AD의 중점을 지나는 직선이라 하자. 점 X가 직선 l에 속하지 않는다고, 가령 점 A, X가 l의 같은쪽에 놓여있다고 가정하자. 그러면, $AX < DX$, $BX < CX$이고, $AX + BX < CX + DX$가 된다. 그러므로, 직선 l이 구하는 GLP이다.

7.5. N을 $\overrightarrow{MN} = \overrightarrow{DA}$인 점이라 하자. 그러면, $\angle NAM = \angle DMA$, $\angle NBM = \angle BMC$이므로, 사각형 $AMBN$은 내접도형이다. 내접사각형 $AMBN$의 대각선들은 같으므로, $AM \parallel BN$ 또는 $BM \parallel AN$이 된다. 첫 번째 경우에서 $\angle AMD = \angle MAN = \angle AMB$이고, 두 번째 경우에서 $\angle BMC = \angle MBN = \angle BMA$가 성립한다. 만약, $\angle AMB = \angle AMD$이면, $\angle AMB + \angle BMC = 180°$이고, 점 M은 대각선 AC에 속한다. 만약, $\angle BMA = \angle BMC$이면, 점 M은 대

각선 BD에 속한다. 마찬가지로, 만약 점 M이 대각선 중의 하나에 속하면, $\angle AMD + \angle BMC = 180°$가 됨을 알 수 있다.

7.6. 점 A를 원점으로 하여 반직선 AB를 Ox축으로 삼아 좌표계를 도입하자. 점 M의 좌표를 (x, y)라 하자. 그러면, $AM^2 = x^2 + y^2$이고, $a = AB$라 하면 $BM^2 = (x - a)^2 + y^2$이다. 그러므로, $AM^2 - BM^2 = 2ax - a^2$이다. 좌표가 $((a^2 + k)/2a, y)$인 점 M에 대해, 이 값은 k가 되며, 그러한 모든 점은 AB에 직교하는 직선에 속한다.

7.7. A, B를 원 S와 S_1의 교점이라 하자. 그러면, O를 원 S의 중심, R을 반지름이라 하면, $XM^2 = XA \cdot XB = XO^2 - R^2$이 된다. 그러므로, $XO^2 - XM^2 = R^2$이고, 점 X는 직선 OM에 대한 수선에 속한다(문제 7.6).

7.8. O_1, O_2를 주어진 원들의 중심, R_1, R_2를 이들의 반지름이라 하자. 반지름이 r이고 중심이 X인 원이 첫 번째 원과 지름의 양 끝점에서 교차할 필요충분조건은 $r^2 = XO_1^2 + R_1^2$이므로, 구하는 GLP는 $XO_1^2 + R_1^2 = XO_2^2 + R_2^2$이며, 그러한 모든 점 X는 O_1O_2와 직교하는 직선에 속한다(문제 7.6).

7.9. O를 원의 중심, R을 반지름이라 하자. 점 A를 포함하는 현의 끝점들을 지나는 접선들의 교점을 M이라 하고, P를 이 현의 중점이라 하자. 그러면, $OP \cdot OM = R^2$이고, $\varphi = \angle AOP$라 하면 $OP = OA \cos\varphi$가 된다. 그러므로, $AM^2 = OM^2 + OA^2 - 2OM \cdot OA \cos\varphi = OM^2 + OA^2 - 2R^2$이고, 이로부터 $OM^2 - AM^2 = 2R^2 - OA^2$의 값은 일정하다. 그러므로, 모든 점 M은 OA에 직교하는 직선에 속한다(문제 7.6).

7.10. P, Q를 대각선 AC, BD의 중점이라 하자. 그러면, $AX^2 + CX^2 = 2PX^2 + AC^2/2$이고, $BX^2 + DX^2 = 2QX^2 + BD^2/2$이 된다(문제 12.11(a)). 그러므로, 문제 (b)에서 구하는 GLP는 $PX^2 - QX^2 = (BD^2 - AC^2)/4$이고, 문제 (a)에서는 $P = Q$이므로 이 값은 $(BD^2 - AC^2)/2$가 된다.

7.11. M, N을 주어진 선분의 끝점이라 하고, O를 선분의 중점이라 하자. 점 B는 지름이 MN인 원에 속하므로, $OB = MN/2$이 된다. 점 O의 자취는 중심이 B이고 반지름이 $MN/2$인 원에서 각 ABC의 내부에 속한 부분이 된다.

7.12. M을 주어진 점, O를 주어진 원의 중심이라 하자. 만약, X가 현 AB의 중점이면, $XO \perp AB$가 된다. 결국, 구하는 GLP는 지름이 MO인 원이다.

7.13. 점 M을 지나 원들에 공통접선을 긋자. 이 접선과 직선 AB의 교점을 O라 하자. 그러면, $AO = MO = BO$이고, 점 O는 선분 AB의 중점이다. 점 M은 중심이 O이고 반지름이 $AB/2$인 원에 속한다. 점 M의 집합은 지름이 AB인 원이다(점 A, B는 제외됨).

7.14. $k = 1$일 때 선분 AB에 대한 수직이등분선을 얻는다. 이제, $k \neq 1$이라 가정하자. 평면에 점 A, B의 좌표가 각각 $(-a, 0)$, $(a, 0)$이 되도록 좌표계를 도입하자. 만약, 점 M이 좌표 (x, y)를 가지면, 등식 $\frac{AM^2}{BM^2} = \frac{(x+a)^2+y^2}{(x-a)^2+y^2}$가 성립한다. 방정식 $\frac{AM^2}{BM^2} = k^2$은 다음과 같은 꼴이 된다.

$$\left(x + \frac{1+k^2}{1-k^2}a\right)^2 + y^2 = \left(\frac{2ka}{1-k^2}\right)^2$$

이 방정식은 중심이 $\left(-\frac{1+k^2}{1-k^2}a, 0\right)$이고 반지름이 $\frac{2ka}{|1-k^2|}$인 원이다.

7.15. 직선 AB가 원 S와 점 E, F에서 교차하며, 점 E는 선분 AB에 속한다고 하자. 그러면, PE는 삼각형 APB의 각의 이등분선이므로, $\angle EPB = \angle EPA = \angle EFP$가 된다. $\angle EPF = 90°$이므로, $PB \perp EF$이다.

7.16. (a) 살펴본 원들은 삼각형 ABC의 꼭지점들의 쌍들에 대한 아폴로니우스의 원이므로, X를 원 S_a, S_b의 공통점이라 하면, $XB : XC = AB : AC$, $XC : XA = BC : BA$, 즉 $XB : XA = CB : CA$이고, 점 X는 원 S_c에 속한다. 마찬가지로, $AB > BC$이면, 점 D는 원 S_b의 내부에 속하고 점 A는 외부에 속한다. 결국, 원 S_a와 S_b는 서로 다른 두 점에서 교차한다. 증명을 완성하기 위해, 문제 7.49의 결과를 이용하면 된다.

(b) 문제 (a)에 의해, $MA = \lambda/a, MB = \lambda/b$, $MC = \lambda/c$가 성립한다. 점 M을 직선 AC, AB에 사영시켜 얻어진 점을 B_1, C_1이라 하자. 점 B_1, C_1은 지름이 MA인 원에 속하므로, R을 삼각형 ABC의 외접원의 반지름이라 하면 $B_1C_1 = MA \sin B_1AC_1 = (\lambda/a)(a/2R) = \lambda/2R$가 성립한다. 마찬가지로, $A_1C_1 = A_1B_1 = \lambda/(2R)$가 성립한다.

7.17. O_1, O_2를 $\overrightarrow{BO}_1 = 4\overrightarrow{BA}/3$, $\overrightarrow{CO}_2 = 4\overrightarrow{CB}/3$인 점들이라 하자. 쉽게, $BM > 2AM$이면 점 M은 반지름이 $2AB/3$이고 중심이 O_1인 원 S_1의 내부에 속함을 확인할 수 있다(문제 7.14). 그리고, 만약 $CM > 2BM$이면, 점 M은 반지름이 $2AB/3$이고 중심이 O_2인 원 S_2의 내부에 속한다. $O_1O_2 > BO_1 = 4AB/3$이므로, 원 S_1과 S_2의 반지름의 합은 $4AB/3$이고, 이들 원은 교차하지 않는다. 결국, $BM = qAM$, $CM = qBM$이면, $q < 2$이다.

7.18. (a) O를 높이 AA_1과 BB_1의 교점이라 하자. 점 A_1, B_1은 지름이 CO인 원에 속한다. 결국, $\angle AOB = 180° - \angle C$이다. 그러므로, 구하는 GLP는 직선 AB에 대해 주어진 원과 대칭인 원이다(점 A, B로 사영되는 점은 제외됨).
(b) O를 삼각형 ABC의 각의 이등분선들의 교점이라 하면, $\angle AOB = 90° + \angle C/2$가 성립한다. 두 호 AB 각각에서 각 C는 일정하므로, 구하는 GLP는 선분 AB와 각 $90° + \angle C/2$를 이루는 두 호가 된다(점 A, B는 제외됨).

7.19. P, Q는 지름이 DX인 원에 속하며, $\angle(QD, DX) = \angle(QP, PX) = \angle(AP, PB) = 45°$이고, 이로부터 점 X는 직선 CD에 속한다.

7.20. (a) 만약, 점 A_1이 원을 따라 중심각의 크기가 2φ인 호를 지나면, 점 B_1도 중심각이 2φ인 호를 지난다. 즉, 직선 AA_1, BB_1은 각 φ만큼 회전하며, 이들 사이의 각은 변화되지 않았다. 그러므로, 점 M은 점 A, B를 포함하는 원을 따라 이동한다.
(b) 직선 AA_1, BB_1, CC_1이 어떤 순간에 점 P에서 교차한다고 하자. 이때, 예를 들어 직선 AA_1, BB_1의 교점은 삼각형 ABC의 외접원을 따라 이동한다. 마찬가지로, 삼각형 ABP, BCP, CAP이 유일한 공통점 P를 가진다는 것을 알 수 있다.

7.21. 점 A, C가 직사각형의 대변에 속한다고 가정하자. M, N을 각각 선분 AC, BD의 중점이라 하자. 점 M을 지나 점 A, C가 속한 직각삼각형의 변들에 평행한 직선 l_1을 작도하고, 점 N을 지나 점 B, D를 포함하는 직사각형의 변들에 평행한 직선 l_2를 작도하자. O를 직선 l_1과 l_2의 교점이라 하자. 그러면, 점 O는 선분 MN을 지름으로 하여 작도된 원 S에 속한다. 한편, 점 O는 직사각형의 중심이다. 이로부터, 원 S에 속하는 임의의 점 O에 대해 직사각형을 작도할 수 있음을 알 수 있다. 이제, 직사각형의 대변들에 점 A와 B, A와 D가 속할 수 있다는 것을 생각하자. 결국, 구하는 GLP는 세 원의 합집합이다.

7.22. 삼각형 ABC의 높이들의 점들이 요구되는 성질을 가지고 있음을 확인할 수 있다. 삼각형 ABC의 어떤 높이에도 속하지 않는 점 X가 요구되는 성질을 가지고 있다고 가정하자. 그러면, 직선 BX는 높이 AA_1, CC_1과 점 X_1, X_2에서 교차한다. $\angle XAB + \angle XBC + \angle XCA = 90° = \angle X_1AB + \angle X_1BC + \angle X_1CA$이므로, $\angle XAB - \angle X_1AB = \angle X_1CA - \angle XCA$이고, $\angle(XA, AX_1) = \angle(X_1C, CX)$이다. 결국, 직선 BX에 대한 점 C의 대칭점을 C'이라 하면, 점 X는 삼각형 AXC'의 외접원에 속한다. 마찬가지로, 점 X_2가 이 원에 속한다는 것을 증명할 수 있

다. 이로부터, 직선 BX는 이 원과 서로 다른 세 점에서 교차한다는 것을 알 수 있다. 그러므로, 모순이 유도된다.

7.23. 직선 MX와 주어진 반원의 교점을 K라 하고, 점 M을 지름에 사영시킨 점을 P라 하자. 직각삼각형 MPX와 OKX에서 빗변들이 같고, $\angle PXM = \angle OXK$이므로, 이들은 합동이다. 특히, R을 주어진 반원의 반지름이라 하면, $MP = KO = R$이 된다. 결국, 점 M은 반원의 지름과 평행하고 반원에 접하는 직선 l에 속한다. l로 사영시켜 반원의 지름이 되는 선분을 AB라 하자. 선분 AB의 바깥에 놓여있는 직선 l의 점으로부터 주어진 반원에 접선을 긋는 것은 불가능하다. 왜냐 하면, 원에 그은 접선은 다른 반원에도 접하게 되기 때문이다. 구하는 GLP는 선분 AB에서 점 A, B, 중점을 제외한 나머지 부분이다.

7.24. H를 삼각형 ABC의 높이 h_b의 발이라 하고, $h_b = b$라 하자. 점 A를 지나 직선 AB에 그은 수선과 점 C를 지나 직선 AH에 그은 수선의 교점을 B'이라 하자. 직각삼각형 $AB'C$와 BAH는 $\angle AB'C = \angle BAH$, $AC = BH$이므로 합동이 된다. 그러므로, $AB' = AB$이고, 점 C는 지름이 선분 AB'인 원에 속한다. 이제, 점 A를 중심으로 지름이 AB인 원 S를 $\pm 90°$만큼 회전시켜 얻은 상을 S_1, S_2라 하자(그림 7.1). 우리는 점 $C \neq A$가 원 S_1 또는 S_2에 속한다는 것을 증명하였다. 역으로, 점 $C \neq A$가 원 S_1 또는 S_2에 속하고, AB'이 상응하는 원의 반지름이라 하자. 그러면, $\angle AB'C = \angle HAB$이고 $A'B = AB$이므로, $AC = HB$가 된다.

7.25. O를 원의 중심, N을 직선 OM, QP의 교점이라 하자. 점 M으로부터 직선 OP에 수선 MS를 긋자. 삼각형 ONQ와 OQM, OPN과 OMS의 닮음으로부터 $ON : OQ = OQ : OM$, $OP : ON = OM : OS$가 얻어진다. 이들 등식을 서로 곱하면, $OP : OQ = OQ : OS$를 얻을 수 있다. 그러므로, $OS = OQ^2 : OP$는 일정한 값이 된다. 점 S가 직선 OP에 속하므로, 점의 위치는 점 Q의 선택에 종속되지 않는다. 구하는 GLP는 점 S를 지나며 직선 OP와 직교하는 직선이다.

7.26. O를 선분 AB의 중점, M을 삼각형 ABC의 중선들의 교점이라 하자. 중심이 O이고 계수가 $1/3$인 중심닮음변환에 의해 점 C는 점 M으로 보내진다. 그러므로, 삼각형 ABC의 중선들의 교점은 중심이 O이고 계수가 $1/3$인 중심닮음변환에 의한 처음 원의 상인 원 S에 속한다. 구하는 GLP를 얻기 위해, 원 S로부터 점 A, B의 상을 버려야 한다.

7.27. O를 높이 BH의 중점, M을 선분 AC의 중점, D와 E를 각각 변 RQ, PS의 중

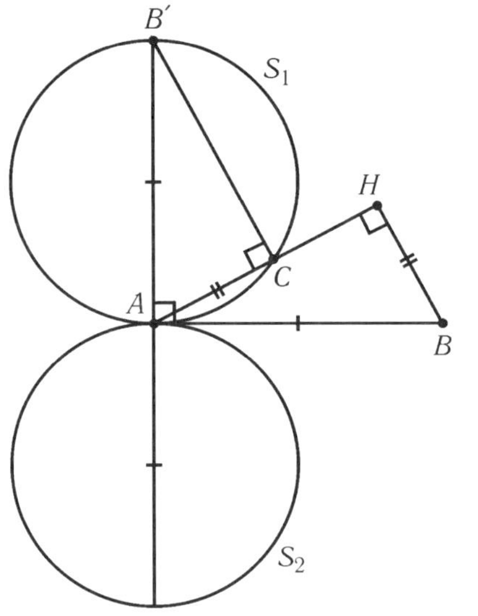

그림 7.1

점이라 하자(그림 7.2). 점 D, E는 각각 직선 AO, CO에 속한다. 선분 DE의 중점은 직사각형 $PQRS$의 중심이다. 그리고, 이 점은 선분 OM에 속한다. 구하는 GLP는 선분 OM에서 끝점들을 제외한 부분이다.

7.28. O_1, O_2를 주어진 원들의 중심이라 하고(점 P는 중심이 O_1인 원에 속함), O를 선분 O_1O_2의 중점, P', Q', O'는 각각 점 O_1, O_2, O를 직선 PQ에 사영시켜 얻어진 점이라 하자. 직선 PQ를 회전시키면 점 O'은 지름이 AO인 원 S를 회전한다. 이때, 중심이 A이고 계수가 2인 중심닮음변환에 대해 선분 $P'Q'$은 선

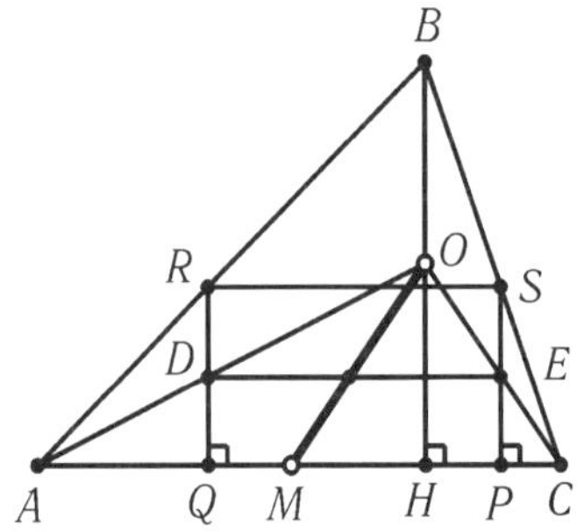

그림 7.2

분 PQ로 이동하며, 점 O'은 선분 PQ의 중점으로 보내진다. 그러므로, 구하는 GLP는 이 중심닮음변환에 대한 원 S의 상이다.

7.29. P, Q를 삼각형 AMB, CMB의 외접원의 중심이라 하자. 만약, $BPMQ$가 마름모이면, 즉 중심이 B이고 계수가 2인 중심닮음변환에 의한 선분 PQ의 중점의 상을 점 M이라 하면, 점 M은 구하는 GLP에 속한다. 그리고, 점 P, Q를 직선 AC에 사영시킨 점들은 선분 AB, BC의 중점이며, 모든 선분 PQ의 중점들은 한 직선에 속한다(얻어진 GLP에서 직선 AC의 점은 제외함).

7.30. 점 P는 t_1에서 점 O를 지나며, t_2에서 점 Q는 점 O를 지난다. $(t_1 + t_2)/2$에서 점 P, Q는 점 O로부터 같은 거리 $|t_1 - t_2|v/2$만큼 떨어진 곳에 위치한다. 이 순간에 점 P, Q에서 직선들과 직교하는 수선들을 작도하자. 쉽게 이들 수선의 교점이 구하는 점이라는 것을 확인할 수 있다.

7.31. 사각형 $ABCD$의 대각선 AC, BD의 중점을 각각 M, N이라 하자. $S_{AMB} = S_{BMC}$, $S_{AMD} = S_{DMC}$, 즉 $S_{DABM} = S_{BCDM}$이 성립한다. 점 M을 BD에 평행하게 이동시키면 사각형 $DABM$, $BCDM$의 넓이는 변하지 않으므로, $S_{DABO} = S_{BCDO}$가 된다. 마찬가지 주장을 점 N에 대해 생각할 수 있으므로, $S_{ABCO} = S_{CDAO}$이다. $S_{ADO} + S_{ABO} = S_{BCO} + S_{CDO}$, $S_{ABO} + S_{BCO} = S_{CDO} + S_{ADO}$이고, $S_{ADO} = S_{BCO} = S_1$, $S_{ABO} = S_{CDO} = S_2$이다. 즉, 점 O를 사각형의 변들의 중점들과 연결하여 얻어진 네 부분의 넓이는 각각 $(S_1 + S_2)/2$이다.

7.32. 점 B로부터 높이 BB_1을 긋자. 그러면, $AD = B_1D$, $CE = B_1E$이다. 만약, $MD < AD$이면, 점 M은 선분 AB_1에, 즉 선분 B_1C의 밖에 속한다. 그러므로, $ME > EC$가 성립한다.

7.33. 점 Q에서 다각형의 각 꼭지점까지의 거리가 점 P로부터의 거리보다 작지 않다고 하자. 그러면, 다각형의 모든 꼭지점은 선분 PQ의 수직이등분선과 점 P에 의해 결정되는 반평면에 속하며, 점 Q는 다른 반평면에 속한다. 결국, 점 Q는 다각형의 바깥쪽에 속하며, 모순이 유도된다.

7.34. $MA > MB$, $MA > MC$인 점 M의 GLP를 구하자. 선분 AB, AC에 대한 수직이등분선 l_1, l_2를 작도하자. 직선 l_1이 경계선이며 점 A를 포함하지 않는 반평면의 내부점에 대해 $MA > MB$가 성립한다. 그러므로, 구하는 GLP는 경계선이 각각 l_1, l_2이며 점 A를 포함하지 않는 반평면들(경계는 제외)의 교집합이

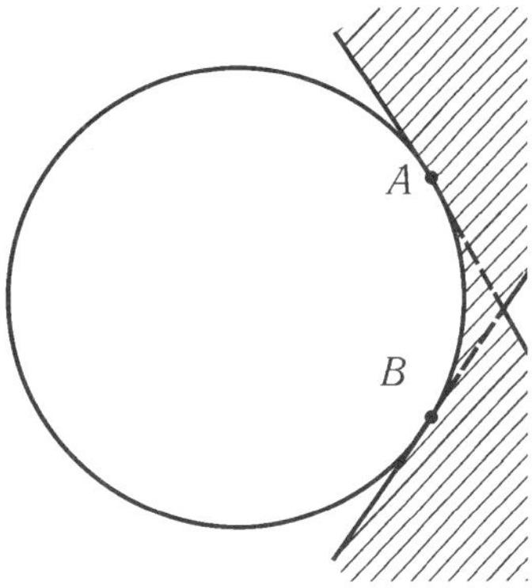

그림 7.3

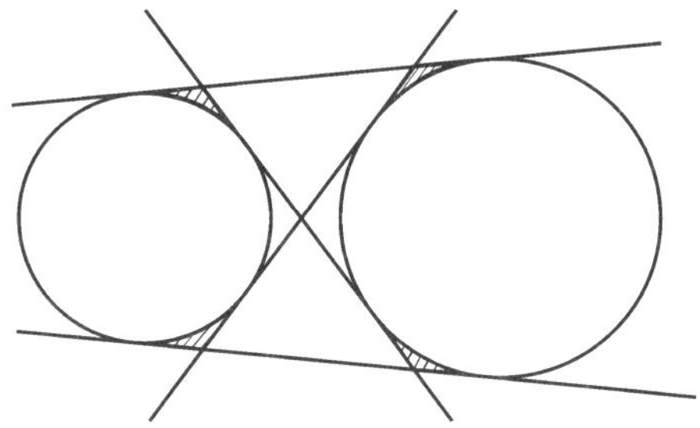

그림 7.4

다. 만약, 점 A, B, C가 한 직선에 속하지 않으면, GLP는 항상 공집합이 아니다. 만약, 점 A, B, C가 한 직선에 속하면, A는 선분 BC에 속하지 않으며, 이 GLP 또한 공집합이 아니다. 만약, A가 선분 BC에 속하면, GLP는 공집합이 된다. 즉, 임의의 점 M에 대해 $MA \le MB$이거나 $MA \le MC$가 성립한다.

7.35. O를 대각선 AC의 중점이라 하자. 점 B, D를 직선 AC에 사영시켜 얻어진 점들은 선분 AO에 속하므로, 점 M의 사영은 선분 AO에 속한다.

7.36. 선분 AO에 대한 수직이등분선 l을 작도하자. 그러면, $AM \ge OM$일 필요충분조건은 점 M이 직선 l에 대해 점 O와 같은쪽에(또는 직선 l에) 놓여있는 것이다. 그러므로, 구하는 GLP는 선분 OA, OB, OC, OD의 수직이등분선들에 의해 만들어진 마름모이다.

7.37. 구하는 GLP는 그림 7.3에 빗금으로 표시되어 있다(경계도 GLP에 포함됨).

7.38. A_1, B_1을 변 CB, AC의 중점이라 하자. 구하는 GLP는 사각형 OA_1CB_1의 내부영역이다.

7.39. 주어진 원들에 대한 공통접선들을 작도하자(그림 7.4). 빗금 친 부분의 점들이 문제의 조건을 만족시키고, 이들 영역에 속하지 않는 점들은 조건을 만족시키지 않음을 확인할 수 있다.

7.40. 점 A_1, B_1, C_1에서 직선 BC, CA, AB에 그은 수선들이 점 M에서 교차한다고 하자. 점 B_1과 M은 직선 AC에 대한 한 수선에 속하므로, $B_1A^2 - B_1C^2 = MA^2 - MC^2$이 성립한다. 마찬가지로, $C_1B^2 - C_1A^2 = MB^2 - MA^2$이고,

$A_1C^2 - A_1B^2 = MC^2 - MB^2$이다. 이들 등식을 더하면, $A_1B^2 + C_1A^2 + B_1C^2 = B_1A^2 + A_1C^2 + C_1B^2$이 성립한다. 역으로, $A_1B^2 + C_1A^2 + B_1C^2 = B_1A^2 + A_1C^2 + C_1B^2$이라 하자. 점 A_1, B_1에서 직선 BC, AC에 그은 수선들의 교점을 M이라 하자. 점 M을 지나 직선 AB와 직교하는 직선 l을 작도하자. 만약, C_1'을 직선 l의 점이라 하면, 살펴본 바와 같이 $A_1B^2 + C_1'A^2 + B_1C^2 = B_1A^2 + A_1C^2 + C_1'B^2$이 성립한다. 그러므로, $C_1'A^2 - C_1'B^2 = C_1A^2 - C_1B^2$이다. 문제 7.6에 의해, $XA^2 - XB^2 = k$를 만족시키는 점 X의 GLP는 선분 AB에 직교하는 직선이다. 그러므로, 점 C_1으로부터 직선 AB에 그은 수선은 점 M을 지나며, 이로부터 구하는 것이 얻어진다.

7.41. $A_1 = A, B_1 = B$, $C_1 = C$라 하자. 등식 $AB^2 + CA^2 + BC^2 = BA^2 + AC^2 + CB^2$로부터, 점 A, B, C에서 변 BC, CA, AB에 그은 높이는 한 점에서 교차한다는 것을 알 수 있다.

7.42. 문제 7.40을 이용하면 된다.

7.43. (a) 문제 7.40에서 쉽게 얻어진다.
(b) 어떤 점을 중심으로 90°만큼 회전시켜 삼각형 $A_1B_1C_1$이 삼각형 $A_2B_2C_2$로 보내졌다고 하자. 삼각형 $A_2B_2C_2$의 변들에 대한 수선들은 삼각형 $A_1B_1C_1$의 상응하는 변들에 평행하므로, 삼각형 ABC의 꼭지점들에서 삼각형 $A_2B_2C_2$의 변들에 그은 수선들은 한 점에서 교차한다. 그러므로, 삼각형 $A_2B_2C_2$의 꼭지점들에서 삼각형 ABC의 변들에 그은 수선들은 한 점에서 교차한다. 이제, 삼각형 $A_2B_2C_2$를 삼각형 $A_1B_1C_1$으로 보내는 90°만큼의 회전에 의해, 이들 수선은 삼각형 $A_1B_1C_1$의 변들을 지나 삼각형 ABC의 상응하는 변들과 평행한 직선들로 보내진다는 것을 보이면 된다.

7.44. 어떤 경우에 $AB_1^2 + BC_1^2 + CA_1^2 = BA_1^2 + CB_1^2 + AC_1^2$이 성립하는가를 생각해야 한다. 등식의 양변에서 $AA_2^2 + BB_2^2 + CC_2^2$을 빼면, $A_2B_1^2 + B_2C_1^2 + C_2A_1^2 = B_2A_1^2 + C_2B_1^2 + A_2C_1^2$이 얻어진다. 직선 l에서 점 A_i, B_i, C_i의 좌표를 a_i, b_i, c_i라 하면, $(b_1 - a_2)^2 + (c_1 - b_2)^2 + (a_1 - c_2)^2 = (a_1 - b_2)^2 + (b_1 - c_2)^2 + (c_1 - a_2)^2$이 성립한다. 얻어진 식을 정리하면, $a_2b_1 + b_2c_1 + c_2a_1 = a_1b_2 + b_1c_2 + c_1a_2$이고, $(b_2 - a_2)(c_1 - b_1) = (b_1 - a_1)(c_2 - b_2)$, 즉 $\overline{A_2B_2} : \overline{B_2C_2} = \overline{A_1B_1} : \overline{B_1C_1}$이 성립한다.

7.45. 주어진 정삼각형의 변의 길이를 2라 하자. $PA = 2a, PB = 2b$, $PC = 2c$, 삼각형 PBC, PCA, PAB의 내접원들의 중심을 직선 BC, CA, AB에 사영시켜 얻은

점을 A_1, B_1, C_1이라 하자. 문제 3.2에 의해, $AB_1^2+BC_1^2+CA_1^2 = (1+a-c)^2+(1+b-a)^2+(1+c-b)^2 = 3+(a-c)^2+(b-a)^2+(c-b)^2 = BA_1^2+CB_1^2+AC_1^2$이 성립한다.

7.46. 각의 이등분선이 삼각형의 변을 분할하여 얻어진 선분들의 길이는 쉽게 계산될 수 있다. 결국, 각의 이등분선들의 발로부터 재생된 수선들이 교차하면, 다음이 성립한다.

$$\left(\frac{ac}{b+c}\right)^2+\left(\frac{ab}{a+c}\right)^2+\left(\frac{bc}{a+b}\right)^2=\left(\frac{ab}{b+c}\right)^2+\left(\frac{bc}{a+c}\right)^2+\left(\frac{ac}{a+b}\right)^2.$$

이로부터, 다음을 알 수 있다.

$$0=\frac{a^2(c-b)}{b+c}+\frac{b^2(a-c)}{a+c}+\frac{c^2(b-a)}{a+b}=-\frac{(b-a)(a-c)(c-b)(a^2+b^2+c^2)}{(a+b)(a+c)(b+c)}.$$

7.47. (a_i, b_i)를 점 A_i의 좌표, (x, y)를 점 X의 좌표라 하자. 그러면, 점 X는 방정식 $c=\sum k_i((x-a_i)^2+(x-b_i)^2)=\left(\sum k_i\right)(x^2+y^2)-\left(2\sum k_i a_i\right)x-\left(2\sum k_i b_i\right)y+\sum k_i(a_i^2+b_i^2)$을 만족시킨다. 만약, x^2+y^2의 계수가 0이 아니면, 방정식은 원이거나 공집합이 되며, 0이면 방정식은 직선, 평면 또는 공집합이 된다.

참고. 만약, (a)의 경우에서 점 $A_1, \cdots, A_n$이 한 직선 l에 속하면, 이 직선을 Ox축으로 잡을 수 있다. 그러면, $b_i=0$이고 y에서의 계수는 0이 된다. 즉, 원의 중심이 직선 l에 속하게 된다.

7.48. 직선 l이 주어진 원들로부터 중심각의 크기가 각각 $2\alpha_1, 2\alpha_2$인 호 A_1B_1, A_2B_2를 만들었으며, O_1과 O_2를 원의 중심, R_1과 R_2를 반지름이라 하자. K를 점 A_1, A_2에서의 접선의 교점이라 하자. 사인 정리에 의해, $KA_1 : KA_2 = \sin\alpha_2 : \sin\alpha_1$, 즉 $KA_1\sin\alpha_1 = KA_2\sin\alpha_2$가 된다. $KO_1^2 = KA_1^2+R_1^2$, $KO_2^2 = KA_2^2+R_2^2$이므로, $(\sin^2\alpha_1)KO_1^2-(\sin^2\alpha_2)KO_2^2 = (R_1\sin\alpha_1)^2-(R_2\sin\alpha_2)^2 = q$가 성립한다. 마찬가지 방법으로, 접선들의 나머지 교점들이 $(\sin^2\alpha_1)XO_1^2-(\sin^2\alpha_2)XO_2^2 = q$를 만족시키는 점 X의 기하학적 위치에 속한다는 것을 증명할 수 있다. 이 GLP는 중심이 직선 O_1O_2에 속하는 원이다(문제 7.47).

7.49. $AM : BM : CM = p : q : r$이라 하자. $(q^2-r^2)AX^2+(r^2-p^2)BX^2+(p^2-q^2)CX^2=0$을 만족시키는 모든 점 X는 한 직선에 속하고(문제 7.47), 점 M, N, O는 이 관계식을 만족시킨다.

제 8 장

작도

바탕 지식들

1. 작도문제는 일정한 단계에 따라 해결된다. 작도문제의 해결을 위해, 먼저 분석을 수행한다. 분석에서는 구하는 도형이 작도되었다고 가정하고, 도형의 성질을 탐구하여 처음에 주어진 것들을 이용하여 구하는 도형의 작도 방법을 찾는다. 이러한 논의를 근거로 하여 작도 순서를 순차적으로 기술한다(작도). 그리고 나서, 순차적으로 기술된 작도가 원하는 결과로 귀착된다는 것을 증명하고, 어떠한 경우에 몇 개의 해를 가지게 되는가를 밝혀야 한다(탐구).

   이 장에서는 작도문제의 해결의 기술에 있어, 이 틀에서 약간 벗어날 것이다. 대부분의 경우에 있어, 분석을 수행하고 나면, 증명 자체는 자명해진다. 그러한 경우에 이 장에서는 증명을 생략하였다. 그러나, 독자들은 자신의 작도에 대한 증명을 수행해야 한다. 한편, 증명이 자명하지 않은 경우에는, 어떻게 그 어려움을 극복할 수 있는가를 제시하였다. 작도 문제의 해의 개수에 대한 탐구는 생략하였다.

2. 풀이를 위해 기하학적 변환을 이용하는 작도문제들은 이 장에서 다루지 않고 후에 다룰 것이다.

3. A, B가 정해진 점이면, $AX : BX = k \neq 1$을 만족시키는 점 X의 GLP

는 원이다(문제 7.14). 이 GLP는 작도 문제의 해결에도 종종 사용된다.

도입 문제들

1. 변 a, 높이 h_a, 각 A가 주어진 삼각형 ABC를 작도하여라.

2. 한 밑변과 빗변이 주어진 직각삼각형을 작도하여라.

3. 주어진 원과 접하며, 주어진 중심을 가지는 원을 작도하여라.

4. 주어진 원과 접하고, 주어진 점을 지나는 직선을 작도하여라.

5. 길이가 a, b, c인 선분들이 주어졌다. 길이가 (a) ab/c; (b) $\sqrt{ab}$인 선분을 작도하여라.

제 1 절 점들의 기하학적 위치 방법

8.1. a, h_a, R이 주어진 삼각형 ABC를 작도하여라.

8.2. 주어진 삼각형의 내부에 $S_{ABM} : S_{BCM} : S_{ACM} = 1 : 2 : 3$을 만족시키는 점 M을 작도하여라.

8.3. 주어진 원의 내부점 P가 주어졌다. 점 P가 어떤 현을 나누어 얻어진 선분들의 차가 주어진 값 a가 되어야 한다. 점 P를 지나는 그러한 현을 작도하여라.

8.4. 직선과 원이 주어졌다. 이들과 접하고 반지름이 r인 원을 작도하여라.

8.5. 점 A와 원 S가 주어졌다. 점 A를 지나며, 원과 만나 생긴 현의 길이가 d인 직선을 작도하여라.

8.6. 사각형 $ABCD$가 주어졌다. 사각형의 내부에 변들이 주어진 방향을 가지는 평행사변형을 내접시켜라.

제 2 절 원주각

8.7. a, m_c, 각 A가 주어진 삼각형을 작도하여라.

8.8. 원과 원의 내부점 A, B가 주어졌다. 밑변들이 주어진 점을 각각 지나도록 직각삼각형을 원에 내접시켜라.

8.9. 직사각형 $ABCD$의 변 AB, CD의 연장선은 어떤 직선과 점 M, N에서 교차하고, 변 AD와 BC의 연장선은 그 직선과 점 P, Q에서 교차한다. M, N, P, Q와 변 AB의 길이 a가 주어졌다. 이때, 직사각형 $ABCD$를 작도하여라.

8.10. 한 꼭지점에서 그은 각의 이등분선, 중선, 높이가 주어진 삼각형을 작도하여라.

8.11. a, 각 A, 내접원의 반지름 r이 주어진 삼각형 ABC를 작도하여라.

제 3 절 닮음인 삼각형과 중심닮음변환

8.12. 각 A, B, 둘레 P가 주어진 삼각형을 작도하여라.

8.13. m_a, m_b, m_c가 주어진 삼각형 ABC를 작도하여라.

8.14. h_a, h_b, h_c가 주어진 삼각형 ABC를 작도하여라.

8.15. 정사각형 $KLMN$의 꼭지점 K, N은 주어진 예각삼각형 ABC의 변 AB, AC에, 꼭지점 L, M은 변 BC에 속하도록 정사각형을 주어진 예각삼각형 ABC에 내접시켜라.

8.16. $h_a, b-c$, r이 주어진 삼각형 ABC를 작도하여라.

참고. 문제 19.16–19.21, 19.40, 19.41을 보시오.

제 4 절　다양한 요소에 의한 삼각형 작도

이 절에서는 제시된 요소들을 이용하여 삼각형을 작도하는 문제를 해결하자.

8.17. c, m_a, m_b.

8.18. a, b, h_a.

8.19. h_b, h_c, m_a.

8.20. $\angle A, h_b, h_c$.

8.21. a, h_b, m_b.

8.22. h_a, m_a, h_b.

8.23. a, b, m_c.

8.24. $h_a, m_a, \angle A$.

8.25. a, b, l_c.

8.26. $\angle A, h_a, p$.

참고. 문제 17.6–17.8을 보시오.

제 5 절　다양한 점에 의한 삼각형 작도

8.27. 변 AB를 포함하는 직선 l이 주어졌고, 변 BC, AC에 각각 그은 수선의 발 A_1, B_1이 주어진 삼각형 ABC를 작도하여라.

8.28. 각의 이등분선들의 발이 주어진 이등변삼각형을 작도하여라.

8.29. (a) 각의 이등분선들과 외접원의 교점 A', B', C'이 주어진 삼각형 ABC를 작도하여라(예각삼각형만).

(b) 높이들과 외접원의 교점 A', B', C'이 주어진 삼각형 ABC를 작도하여라(예각삼각형만).

8.30. 변 BC, CA, AB에 대한 삼각형의 외심 O의 대칭점 A', B', C'이 주어진 삼각형 ABC를 작도하여라.

8.31. 변 BC, CA, AB에 대한 삼각형의 수심의 대칭점 A', B', C'이 주어진 삼각형 ABC를 작도하여라(예각삼각형만).

8.32. 점 C에서 그은 높이, 각의 이등분선, 중선과 외접원의 교점 P, Q, R이 주어진 삼각형 ABC를 작도하여라.

8.33. 삼각형의 방심 A_1, B_1, C_1이 주어진 삼각형 ABC를 작도하여라.

8.34. 외심 O, 중선들의 교점 M, 높이 CH의 발 H가 주어진 삼각형 ABC를 작도하여라.

8.35. 외심, 내심, 방심이 주어진 삼각형 ABC를 작도하여라.

제 6 절 삼각형

8.36. 삼각형 ABC의 변 AB, BC에 $AX = BY$, $XY \parallel AC$인 점 X, Y를 각각 작도하여라.

8.37. 삼각형의 두 변의 길이 a, b가 주어졌고, 이들 변의 하나의 대각이 나머지 변의 대각보다 세 배가 큰 삼각형을 작도하여라.

8.38. 주어진 삼각형 ABC에 주어진 대각선을 가지는 직사각형 $PRQS$를 내접시켜라(꼭지점 R, S는 변 AB, BC에, P와 S는 변 AC에 속함).

8.39. 주어진 점 M을 지나는 직선이 각 A에 둘레가 $2p$인 삼각형 ABC를 만들도록, 직선을 작도하여라.

8.40. 중선 m_c, 각의 이등분선 l_c, $\angle C = 90°$가 주어진 삼각형 ABC를 작도하여라.

8.41. 삼각형 ABC가 주어졌고, $AB < BC$이다. 삼각형 ABD의 둘레가 변 BC의 길이와 같게 되도록 변 AC에 점 D를 작도하여라.

8.42. 각 B와 각 C의 차가 $90°$인 삼각형에서 외접원의 반지름과 각 A의 이등분선이 주어졌다. 이때, 삼각형 ABC를 작도하여라.

8.43. 삼각형 ABC의 변 AB에 점 P가 주어졌다. 점 P를 지나 반직선 CA, CB와 점 M, N에서 교차하고 $AM = BN$이 성립하도록 직선(직선 AB가 아닌)을 작도하여라.

8.44. 내접원의 중심은 O이고, 수심을 H라 하자. 선분 AO, AH의 길이(0이 아님)와 외접원의 반지름 r이 주어진 삼각형 ABC를 작도하여라.

참고. 문제 15.13(b), 17.12–17.15, 18.11, 18.31을 보시오.

제 7 절 사각형

8.45. 두 변이 주어진 평행한 두 직선에 속하고, 나머지 두 변은 주어진 두 점을 지나는 마름모를 작도하여라.

8.46. 네 변과 변 AB, CD사이의 각이 주어진 사각형 $ABCD$를 작도하여라.

8.47. 볼록사각형 $ABCD$를 넓이가 같은 두 부분으로 분할하며 꼭지점 A를 지나는 직선을 작도하여라.

8.48. 볼록사각형에서 합동인 세 변의 중점이 주어졌다. 그러한 볼록사각형을 작도하여라.

8.49. 내접하고 외접하는 사각형의 세 꼭지점이 주어졌다. 사각형의 네 번째 꼭지점을 작도하여라.

8.50. $AD \parallel BC$인 등변외접사다리꼴 $ABCD$의 꼭지점 A, C가 주어졌고, 밑변의 방향이 알려졌다. 꼭지점 B, D를 작도하여라.

8.51. 칠판에 $AD \parallel BC$인 사다리꼴 $ABCD$를 작도하고, 대각선의 교점 O에서 밑변 AD에 수선 OK를 작도하고, 중간선 EF를 작도했다. 그리고 나서 사다리꼴의 지웠다. 선분 OK, EF를 이용해서 사다리꼴을 재생하여라.

8.52. 볼록사각형의 모든 꼭지점과 한 중간선이 주어진 볼록사각형을 작도하여라.

8.53. 네 변이 주어진 내접사각형을 작도하여라(브라마굽타).

참고. 문제 15.11, 15.14, 16.17, 17.4, 17.5를 보시오.

제 8 절 원

8.54. 각의 내부에 두 점 A, B가 주어졌다. 이들 점을 지나며 각의 변에 합동인 선분을 생성하는 원을 작도하여라.

8.55. 원 S, 원의 점 A, 직선 l이 주어졌다. 주어진 원과 점 A에서 접하고, 주어진 직선과 접하는 원을 작도하여라.

8.56. (a) 두 점 A, B와 직선 l이 주어졌다. 점 A, B를 지나 직선 l과 접하는 원을 작도하여라.

(b) 두 점 A, B와 원 S가 주어졌다. 점 A, B를 지나며 원 S와 접하는 원을 작도하여라.

8.57. 세 점 A, B, C가 주어졌다. 이들 점에서 쌍으로 접하는 세 원을 작도하여라.

8.58. 주어진 세 점 A, B, C에서 원에 그은 접선의 길이가 각각 a, b, c가 되도록 원을 작도하여라.

참고. 문제 15.9, 15.10, 15.12, 15.13(a), 16.13, 16.14, 16.18−16.20, 18.26을 보시오.

제 9 절 아폴로니우스의 원

8.59. $a, h_a, b/c$가 주어진 삼각형을 작도하여라.

8.60. 각의 이등분선 CD의 길이, 각의 이등분선이 변 AB를 분할하여 얻어진 선분 AD, BD의 길이가 주어진 삼각형 ABC를 작도하여라.

8.61. 직선에 네 점 A, B, C, D가 순서대로 주어졌다. 선분 AB, BC, CD와 각각 같은 각을 이루는 점 M을 작도하여라.

8.62. 평면에 두 선분 AB, $A'B'$이 주어졌다. 삼각형 AOB와 $A'OB'$이 닮음이 되도록 하는 점 O를 작도하여라.

8.63. 점 A, B는 주어진 원의 지름에 속한다. 이들을 지나며, 공통인 끝점을 가지는 합동인 두 현을 작도하여라.

제 10 절 다양한 문제들

8.64. (a) 평행한 직선 a, b에 점 A와 B가 주어졌다. 주어진 점 C를 지나며 직선 a, b와 점 A_1, B_1에서 $AA_1 = BB_1$이 되도록 교차하는 직선 l을 작도하여라.

(b) 점 C를 지나며 주어진 점 A, B에서 같은 거리만큼 떨어진 직선을 작도하여라.

8.65. 정10각형을 작도하여라.

8.66. 각 변에 속한 점이 하나씩 주어졌으며, 변들 사이의 비가 주어진 직사각형을 작도하여라.

8.67. 원의 지름 AB와 지름에 속한 점 C가 주어졌다. 직선 AB에 대해 대칭이며, 직선 AX, YC가 직교하도록 하는 원의 점 X, Y를 작도하여라.

참고. 문제 15.8, 16.15, 16.16, 16.21, 17.9–17.11, 17.27–17.29, 18.43을 보시오.

제 11 절 특이한 작도

8.68. 자와 컴퍼스를 이용하여 각 $19°$를 19등분하여라.

8.69. 3으로 나누어 떨어지지 않는 자연수 n에 대해, 크기가 $n°$인 각을 자와 컴퍼스를 이용하여 n등분할 수 있음을 증명하여라.

8.70. 종이에 각의 변들인 두 직선을 작도하였는데, 각의 꼭지점은 종이의 밖에 놓여있다. 자와 컴퍼스를 이용하여 종이에 속한 각의 이등분선 부분을 작도하여라.

8.71. 양면자를 이용하여, 지름이 자의 폭보다 큰 주어진 원의 중심을 작도하여라.

8.72. $1m$보다 멀리 떨어진 점 A, B가 주어졌다. 길이가 $10cm$인 자 하나만을 이용하여 선분 AB를 작도하여라(자는 직선을 긋기 위해서만 사용됨).

8.73. 반지름이 a인 원에 점이 주어졌다. 반지름이 a인 동전을 이용하여 주어진 점의 반대쪽 지름에 놓인 점을 작도하여라.

제 12 절 자만을 이용한 작도

이 절에 제시된 작도문제들은 컴퍼스를 사용하지 않고 자만을 이용하여 해결한다. 자 하나만을 이용하여 작도할 수 있는 것은 많지 않다. 예를 들어, 선분의 중점조차 작도할 수 없다(문제 30.58). 그러나, 평면에 어떤 보조선들이 작도되었다면, 많은 작도를 수행할 수 있다. 평면에 보조원과 이 원의 중심이 주어진다면, 자와 컴퍼스를 이용하여 해결할 수 있는 모든 작도문제를 자만을 이용하여 해결할 수 있다. 이때, 원의 중심과 원에 속하는 한 점을 찾으면, 원이 작도된 것으로 간주된다.

참고. 만약, 평면에 원이 주어졌지만 중심이 표시되어 있지 않으면, 자만을 이용하여 원의 중심을 찾는 것은 불가능하다(문제 30.59).

8.74. 평행한 두 직선이 주어졌다. 자 하나를 이용하여, 주어진 직선들 중의 하나에 속하는 선분을 이등분하여라.

8.75. 평행한 두 직선과 이들 중 하나에 속하는 선분이 주어졌다. 이 선분의 두 배를 작도하여라.

8.76. 평행한 두 직선이 주어졌다. 이들 중 한 직선에 속하는 선분을 n등분하여라.

8.77. 평행한 두 직선과 점 P가 주어졌다. 점 P를 지나 주어진 직선들과 평행인 직선을 작도하여라.

8.78. 원, 원의 지름 AB, 점 P가 주어졌다. 점 P를 지나는 직선 AB에 대한 수선을 작도하여라.

8.79. 평면에 어떤 원 S와 중심 O가 주어지면, 자 하나를 이용하여 다음 작도가 가능하다는 것을 증명하여라.
(a) 임의의 점으로부터 주어진 직선과 평행한 직선을 긋고, 그 점으로부터 주어진 직선에 수선을 긋는다.
(b) 주어진 직선의 주어진 점으로부터 주어진 선분과 합동인 선분을 작도한다.
(c) a, b, c를 주어진 선분의 길이라 할 때, 길이가 ab/c인 선분을 작도한다.
(d) 주어진 점 A가 중심이고 주어진 선분의 길이를 반지름으로 하는 원

과 주어진 직선 l의 교점을 작도한다.

(e) 중심이 각각 주어진 점들이고, 반지름이 각각 주어진 선분들인 두 원의 교점을 작도한다.

참고. 문제 6.103을 보시오.

제 13 절 양면자를 이용한 작도

이 절에서는 평행한 두 면을 가진 자를 이용하여 작도문제를 해결한다. 양면자를 이용하면, 자와 컴퍼스를 이용하여 해결하는 모든 작도 문제를 해결할 수 있다.

a를 양면자의 폭이라 하자. 양면자를 이용하여 다음의 기본적인 작도를 수행할 수 있다:

(1) 주어진 두 점을 지나는 직선을 작도하기;

(2) 주어진 직선과 평행하고 주어진 직선으로부터 a만큼 떨어진 직선을 작도하기;

(3) $AB \geq a$인 주어진 점 A, B를 각각 지나며, 직선들 사이의 거리가 a인 평행한 직선들의 쌍을 작도하기(그러한 직선의 쌍은 두 개임).

8.80. (a) 주어진 각 AOB의 이등분선을 작도하여라.

(b) 예각 AOB가 주어졌다. 각의 이등분선이 반직선 OA인 각 BOC를 작도하여라.

8.81. 주어진 점 A로부터 주어진 직선 l에 대한 수선을 재생하여라.

8.82. (a) 주어진 점을 지나 주어진 직선에 평행인 직선을 작도하여라;

(b) 주어진 선분의 중점을 작도하여라.

8.83. 각 AOB, 직선 l, l에 속한 점 P가 주어졌다. 점 P를 지나며 직선 l과 각 AOB와 같은 각을 이루는 직선들을 작도하여라.

8.84. 선분 AB, 선분 AB와 평행하지 않는 직선 l, l에 속하는 점 M이 주어졌다. 중심이 M이고 반지름이 AB인 원과 직선 l의 교점을 작도하여라.

8.85. 직선 l, l과 평행한 선분 OA가 주어졌다. 중심이 O이고 반지름이 OA인 원과 직선 l의 교점을 작도하여라.

8.86. 선분 O_1A_1, O_2A_2가 주어졌다. 중심이 각각 O_1, O_2이고 반지름이 O_1A_1, O_2A_2인 원들의 근축을 작도하여라.

제 14 절 직각을 이용한 작도

이 절에서는 직각을 이용하여 작도 문제를 해결한다. 직각을 이용하여, 다음과 같은 기본 작도를 수행할 수 있다:
(a) 직각의 한 변은 주어진 직선에 속하고, 다른 변은 주어진 점을 지나도록 직각을 놓을 수 있다;
(b) 직각의 꼭지점이 주어진 직선에 속하고, 변들이 주어진 두 점을 지나도록 직각을 놓을 수 있다(만약, 주어진 직선과 점들에 대해 그러한 직각의 위치가 존재한다면).

기술한 두 가지 방법 중의 하나로 직각의 위치를 결정하면, 직각의 변들에 대응하는 반직선을 작도할 수 있다.

8.87. 주어진 점 A를 지나며 주어진 직선 l에 평행한 직선을 작도하여라.

8.88. 선분 AB가 주어졌다. 다음을 작도하여라.
(a) 선분 AB의 중점;
(b) 중점이 점 B인 선분 AC.

8.89. 각 AOB가 주어졌다. 다음을 작도하여라.
(a) 각 AOB보다 두 배가 큰 각;
(b) 각 AOB보다 두 배가 작은 각.

8.90. 각 AOB와 직선 l이 주어졌다. 직선 l과 l_1사이의 각이 AOB가 되도록 직선 l_1을 작도하여라.

8.91. 선분 AB, 직선 l, l에 속한 점 O가 주어졌다. 직선 l에 $OX = AB$인 점 X를 작도하여라.

8.92. 직선 l에 평행한 선분 OA가 주어졌다. 중심이 O이고 반지름이 OA인 원과 직선 l의 교점들을 작도하여라.

힌트 및 증명

8.1. 길이가 a인 선분 BC를 작도하자. 삼각형 ABC의 외접원의 중심 O는 중심이 각각 B, C이고 반지름이 R인 원들의 교점이다. 이들 교점 중의 하나를 잡아 삼각형 ABC의 외접원 S를 작도하자. 점 A는 직선 BC와 평행하며 h_a만큼 떨어져 있는 직선(그러한 직선은 두 개가 있음)과 원 S와의 교점이다.

8.2. 변 BC, AC에 각각 $BA_1 : A_1C = 1:3$, $AB_1 : B_1C = 1:2$인 점 A_1, B_1을 작도하자. 점 X는 삼각형 ABC의 내부에 속한다고 하자. $S_{ABX} : S_{BCX} = 1:2$일 필요충분조건은 점 X가 선분 BB_1에 속하는 것이고, $S_{ABX} : S_{ACX} = 1:3$일 필요충분조건은 점 X가 선분 AA_1에 속하는 것이다. 그러므로, 구하는 점 M은 선분 AA_1와 BB_1의 교점이다.

8.3. O를 주어진 원의 중심, AB는 P를 지나는 현, M은 AB의 중점이라 하자. 그러면, $|AP - BP| = 2PM$이 성립한다. $\angle PMO = 90°$이므로, M은 지름이 OP인 원 S에 속한다. $PM = a/2$를 만족시키는 원 S의 현 PM을 작도하자(그러한 현은 두 개임). 구하는 현은 직선 PM에 의해 주어진다.

8.4. R을 주어진 원의 반지름, O를 중심이라 하자. 구하는 원의 중심은 반지름이 $|R \pm r|$이고 중심이 O인 원 S에 속한다. 한편, 이 원의 중심은 주어진 직선과 평행하며 r만큼 떨어진 직선 l에 속한다(그러한 직선은 두 개임). 원 S와 직선 l의 임의의 교점이 구하는 원의 중심이 될 수 있다.

8.5. R을 원 S의 반지름, O를 원의 중심이라 하자. 만약, 원 S가 점 A를 지나는 직선과 현 PQ를 만들고, M을 PQ의 중점이라 하면, $OM^2 = OQ^2 - MQ^2 = R^2 - d^2/4$이 성립한다. 구하는 직선은 중심이 O이고 반지름이 $\sqrt{R^2 - d^2/4}$인 원과 접한다.

8.6. 직선 AB, CD에 점 E, F를, 직선 BF, CE가 주어진 방향을 가지도록 잡자. 꼭

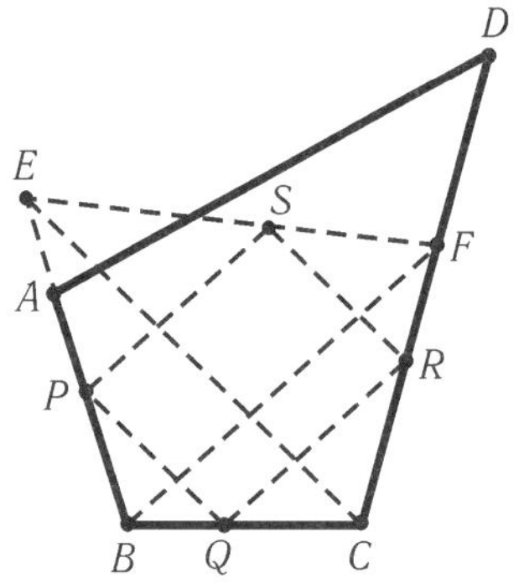

그림 8.1

지점 P, R이 반직선 BA, CD에 속하며, 꼭지점 Q는 변 BC에 속하고, 변들이 주어진 방향을 가지는 모든 가능한 평행사변형 $PQRS$를 생각하자(그림 8.1). 선분 EF가 꼭지점 S의 기하학적 위치임을 증명하자. 실제로, $\frac{SR}{EC} = \frac{PQ}{EC} = \frac{BQ}{BC} = \frac{FR}{FC}$, 즉 점 S는 선분 EF에 속한다. 역으로, 만약 점 S'이 선분 EF에 속하면, $S'P' \parallel BF, P'Q' \parallel EC$, $Q'R' \parallel BF$가 된다(P', Q', R'은 직선 AB, BC, CD의 점들). 이때, $\frac{S'P'}{BF} = \frac{P'E}{BE} = \frac{Q'C}{BC} = \frac{Q'R'}{BF}$, 즉 $S'P' = Q'R'$, $P'Q'R'S'$은 평행사변형이다. 이로부터, 다음 작도를 얻을 수 있다. 우선, 점 E, F를 작도한다. 꼭지점 S는 선분 AD, EF의 교점이다. 그 이후의 작도는 자명하다.

8.7. 삼각형 ABC가 작도되었다고 가정하자. A_1, C_1을 변 CB, AB의 중점이라 하자. $C_1A_1 \parallel AC$이므로, $\angle A_1C_1B = \angle A$가 성립한다. 이로부터, 다음 작도를 얻을 수 있다. 우선 길이가 a인 선분 CB를 작도하고, 선분의 중점 A_1을 잡자. 점 C_1은 선분 A_1B와 각 A를 이루는 원들의 호와 반지름이 m_c이고 중심이 C인 원과의 교점이다. 점 C_1을 작도하고, 반직선 BC_1에 선분 $BA = 2BC_1$을 작도하자. 그러면, A가 구하는 삼각형의 꼭지점이다.

8.8. 구하는 삼각형이 작도되었고, C는 삼각형의 직각인 꼭지점이라 하자. $\angle ACB = 90°$이므로, 점 C는 지름이 AB인 원 S에 속한다. 그러므로, 점 C는 원 S와 주어진 원의 교점이다. 점 C를 작도한 후에, 직선 CA, AB를 작도하고, 구하는 삼각형의 나머지 꼭지점들을 찾는다.

8.9. 직사각형 $ABCD$가 작도되었다고 가정하자. 점 P에서 직선 BC에 수선 PR을 긋자. 점 R은 지름이 PQ인 원에 속하며, $PR = AB = a$이므로, 작도 가능하다. 점 R을 작도한 후에, 직선 BC, AD를 작도하고, 이들 직선에 점 M, N으

로부터 수선을 긋는다.

8.10. 삼각형 ABC가 작도되었고, AH는 높이, AD는 각의 이등분선, AM은 중선이라 하자. 문제 2.68에 의해, 점 D는 M과 H사이에 놓여있다. 점 M에서 변 BC에 그은 수선과 직선 AD의 교점인 E는 삼각형 ABC의 외접원에 속한다. 그러므로, 외접원의 중심 O는 변 BC에 직교하며 점 M을 지나는 직선과 선분 AE에 대한 수직이등분선의 교집합에 속한다. 작도의 순서는 다음과 같다: 임의의 직선에(직선 BC라 함) 점 H를 잡고, 차례로 점 A, D, M, E, O를 작도한다. 삼각형 ABC의 구하는 꼭지점 B, C는 처음 직선과 반지름이 OA이고 중심이 O인 원의 교점이다.

8.11. 삼각형 ABC가 작도되었고, O를 내접원의 중심이라 하자. 그러면, $\angle BOC = 90° + \angle A/2$가 성립한다(문제 5.3). 점 O는 선분 BC와 각 $90° + \angle A/2$를 이루며, 이 점은 직선 BC로부터 r만큼 떨어져있다. 그러므로, 이 점은 작도 가능하다. 그리고 나서, 내접원을 작도하고, 내접원에 점 B, C로부터 접선을 작도한다.

8.12. 각이 A, B인 임의의 삼각형을 작도하고, 둘레 P_1을 구하자. 구하는 삼각형은 작도된 삼각형과 닮음계수가 P/P_1인 닮음인 삼각형이다.

8.13. 삼각형 ABC가 작도되었다고 가정하자. AA_1, BB_1, CC_1을 중선이라 하고, M을 중선들의 교점, M'을 A_1에 대한 점 M의 대칭점이라 하자. 그러면, $MM' = 2m_a/3, MC = 2m_c/3$, $M'C = 2m_b/3$가 성립한다. 그러므로, 삼각형 $MM'C$는 작도 가능하다. 점 A는 점 M에 대해 점 M'과 대칭이고, 점 B는 선분 MM'의 중점에 대해 점 C와 대칭이다.

8.14. $BC : AC : AB = \frac{S}{h_a} : \frac{S}{h_b} : \frac{S}{h_c} = \frac{1}{h_a} : \frac{1}{h_b} : \frac{1}{h_c}$가 성립한다. 임의의 선분 $B'C'$을 잡고, 삼각형 $A'B'C'$을 $B'C' : A'C' = h_b : h_a$, $B'C' : A'B' = h_c : h_a$를 만족하도록 작도하자. h'_a은 꼭지점 A'에서 그은 삼각형 $A'B'C'$의 높이라 하자. 구하는 삼각형은 $A'B'C'$과 닮음이며, 닮음계수가 h_a/h'_a이다.

8.15. 변 AB에 임의의 점 K'을 잡고, 이로부터 변 BC에 수선 $K'L'$을 긋고, 그리고 나서 각 ABC의 내부에 속한 정사각형 $K'L'M'N'$을 작도하자. 직선 BN'은 변 AC와 점 N에서 교차한다고 하자. 구하는 정사각형은 중심이 B이고 계수가 $BN : BN'$인 중심닮음변환에 의한 정사각형 $K'L'M'N'$의 상이다.

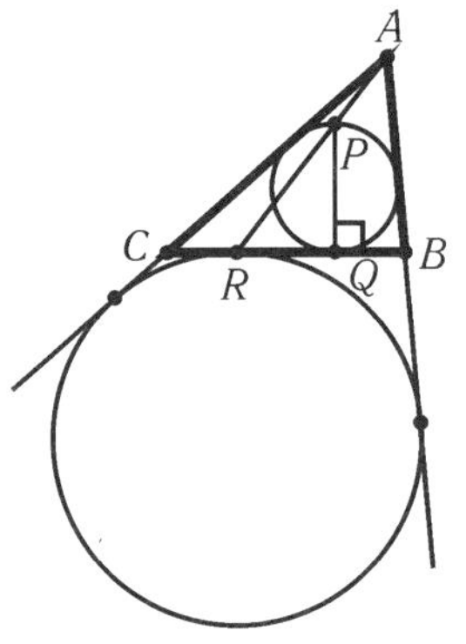

그림 8.2

8.16. 구하는 삼각형 ABC가 작도되었다고 가정하자. Q는 내접원과 변 BC의 교점, PQ는 이 원의 지름, R은 방접원과 변 BC의 접점이라 하자. 그러면, $BR = (a+b+c)/2 - c = (a+b-c)/2$, $BQ = (a+c-b)/2$가 성립한다. 그러므로, $RQ = |BR - BQ| = |b-c|$이다. 삼각형 ABC의 내접원과 변 BC에 접한 방접원은 중심이 A인 중심닮음의 위치에 있다. 그러므로, 점 A는 직선 PR에 속한다(그림 8.2). 이로부터, 다음 작도를 얻을 수 있다: $PQ = 2r$, $RQ = |b-c|$에 의해 직각삼각형 PQR을 작도한다. 그리고 나서, 직선 RQ와 평행하고 h_a만큼 떨어진 두 직선을 작도한다. 꼭지점 A는 이들 직선과 반직선 RP의 교점들 중의 하나이다. 내접원의 지름 PQ의 길이는 알려졌으므로, 이것은 작도 가능하다. 점 A에서 이 원에 그은 접선들과 직선 RQ의 교점들이 삼각형의 꼭지점 B, C이다.

8.17. 삼각형 ABC가 작도되었다고 가정하자. M을 중선 AA_1과 BB_1의 교점이라 하자. 그러면, $AM = 2m_a/3$, $BM = 2m_b/3$가 성립한다. 삼각형 ABM은 변의 길이 $AB = c, AM$, BM에 의해 작도 가능하다. 그리고 나서, 반직선 AM, BM에 선분 $AA_1 = m_a$, $BB_1 = m_b$를 작도한다. 꼭지점 C는 직선 AB_1와 A_1B의 교점이다.

8.18. 삼각형 ABC가 작도되었다고 가정하자. 꼭지점 A에서 그은 수선의 발을 H라 하자. 직각삼각형 ACH는 빗변 $AC = b$, 밑변 $AH = h_a$에 의해 작도 가능하다. 그리고 나서, 직선 CH에 점 B를 $CB = a$가 성립하도록 작도한다.

8.19. 삼각형 ABC가 작도되었다고 가정하자. 변 BC의 중점 A_1에서 직선 AC, AB에

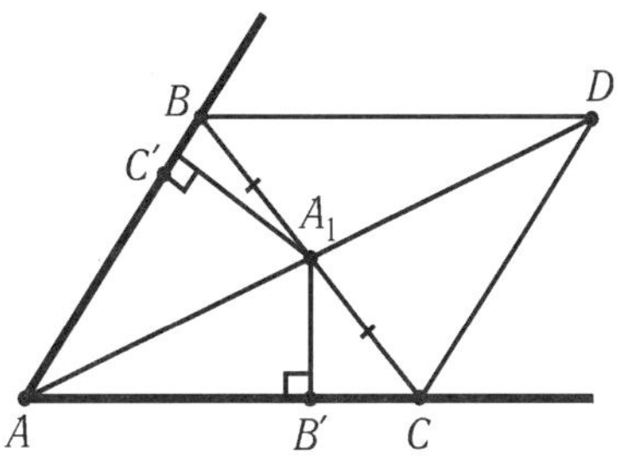

그림 8.3

수선 A_1B', A_1C'을 각각 긋자. 그러면, $AA_1 = m_a, A_1B' = h_b/2$, $A_1C' = h_c/2$가 성립한다. 이로부터 다음 작도를 얻을 수 있다. 길이가 m_a인 선분 AA_1을 작도한다. 그리고 나서, 알려진 밑변과 빗변에 의해 직각삼각형 AA_1B', AA_1C'을 직선 AA_1의 서로 다른쪽에 작도한다. 이제, 각 $C'AB'$의 변 AC', AB'에 점 B, C를 선분 BC가 점 A_1에 의해 이등분되도록 작도하면 된다. 이를 위해, 반직선 AA_1에 선분 $AD = 2AA_1$을 작도하고, 점 D를 지나 각 $C'AB'$의 변들에 평행한 직선을 작도한다. 이들 직선과 각 $C'AB'$의 변들의 교점이 구하는 삼각형의 꼭지점들이다(그림 8.3).

8.20. $\angle A$와 같은 각 $B'AC'$을 작도하자. 점 B는 반직선 AC'과 평행하고 h_b만큼 떨어진 직선과 반직선 AB'의 교점으로써 작도된다. 같은 방법으로 점 C도 작도된다.

8.21. 삼각형 ABC가 작도되었다고 가정하자. 점 B에서 높이 BH를 긋고, 중선 BB_1을 작도하자. 직각삼각형 CBH, B_1BH에서 밑변 BH와 빗변 CB, BB_1이 알려졌으므로, 이들은 작도 가능하다. 그리고 나서, 반직선 CB_1에 선분 $CA = 2CB_1$을 작도한다. 삼각형 CBH와 B_1BH를 직선 BH의 다른쪽에 또는 같은쪽에 작도할 수 있으므로, 문제는 두 개의 해를 가진다.

8.22. 삼각형 ABC가 작도되었다고 가정하자. M을 선분 BC의 중점이라 하자. 점 A에서 높이 AH를 작도하고, 점 M에서 변 AC에 수선 MD를 작도하자. 그러면, $MD = h_b/2$가 된다. 그러므로, 삼각형 AMD와 AMH는 작도 가능하다. 꼭지점 C는 직선 AD와 MH의 교점이다. 반직선 CM에 선분 $CB = 2CM$을 작도한다. 삼각형 AMD와 AMH를 직선 AM의 다른쪽에 혹은 같은쪽에 작도할 수 있으므로, 문제는 두 개의 해를 가진다.

8.23. 삼각형 ABC가 작도되었다고 가정하자. A_1, B_1, C_1을 각각 변 BC, CA, AB의 중점이라 하자. 삼각형 CC_1B_1에서 모든 변들 $CC_1 = m_c, C_1B_1 = a/2, CB_1 = b/2$가 알려졌으므로, 이것을 작도할 수 있다. 점 A는 점 B_1에 대해 점 C와 대칭이고, 점 B는 점 C_1에 대해 점 A와 대칭이다.

8.24. 삼각형 ABC가 작도되었고, AM은 중선, AH는 높이라 하자. 점 A'이 점 M에 대해 점 A와 대칭이라 하자. 선분 $AA' = 2m_a$를 작도하고, 선분의 중점을 M이라 하자. 빗변 AM, 밑변 $AH = h_a$에 의해 직각삼각형 AMH를 작도하자. $\angle ACA' = 180° - \angle CAB$이므로, 점 C는 선분 AA'과 각 $180° - \angle A$를 이루는 호에 속한다. 그러므로, 점 C는 이 호와 직선 MH의 교점이다. 점 B는 점 M에 대한 점 C의 대칭점이다.

8.25. 삼각형 ABC가 작도되었다고 가정하자. CD를 각의 이등분선이라 하자. 변 BC에 평행한 직선 MD를 작도하자(M은 변 AC에 속함). $\angle MCD = \angle DCB = \angle MDC$이므로, 삼각형 CMD는 이등변삼각형이다. $MC : AM = DB : AD = CB : AC = a : b$, $AM + MC = b$이므로, $MC = ab/(a+b)$가 성립한다. 밑변 $CD = l_c$와 옆변 $MD = MC = ab/(a+b)$에 따라 이등변삼각형 CMD를 작도하자. 그리고 나서, 반직선 CM에 선분 $CA = b$를, 반직선 CD에 대해 반직선 CM과 대칭인 반직선에 선분 $CB = a$를 작도하자.

8.26. 삼각형 ABC가 작도되었다고 가정하자. S_1은 변 BC와 접하는 방접원이다. 변 AB, AC의 연장선과 원 S_1과의 접점을 K, L이라 하고, S_1과 변 BC의 접점을 M이라 하자. $AK = AL, AL = AC + CM$, $AK = AB + BM$이므로, $AK = AL = p$가 성립한다. S_2를 반지름이 h_a이고 중심이 A인 원이라 하자. 직선 BC는 원 S_1과 S_2에 대한 공통내접선이다. 이로부터 다음 작도를 얻을 수 있다. 크기가 각 A와 같으며, $KA = LA = p$인 각 KAL을 작도한다. 각 KAL의 변들과 점 K, L에서 접하는 원 S_1을 작도하고, 반지름이 h_a이고 중심이 A인 원 S_2를 작도한다. 그리고 나서, 원 S_1, S_2에 공통내접선을 작도한다. 이 접선과 각 KAL의 변들의 교점이 구하는 삼각형의 꼭지점 B, C이다.

8.27. 점 A_1, B_1은 지름이 AB인 원 S에 속한다. 이 원의 중심 O는 현 A_1B_1의 수직이등분선에 속한다. 이로부터 다음 작도를 얻을 수 있다. 우선, 선분 A_1B_1에 대한 수직이등분선과 직선 l의 교점 O를 작도한다. 그리고 나서, 반지름이 $OA_1 = OB_1$이고 중심이 O인 원을 작도한다. 꼭지점 A, B는 원 S와 직선 l의 교점이다. 꼭지점 C는 직선 AB_1과 직선 BA_1의 교점이다.

8.28. $AB = BC$이고, 삼각형 ABC의 각의 이등분선의 발을 A_1, B_1, C_1이라 하자. 그러면, $\angle A_1C_1C = \angle C_1CA = \angle C_1CA_1$, 즉 삼각형 CA_1C_1은 이등변삼각형이고 $A_1C = A_1C_1$이 성립한다. 이로부터 다음 작도를 얻을 수 있다. 점 B_1을 지나 직선 A_1C_1과 평행한 직선 l을 작도한다. 직선 l에 $CA_1 = C_1A_1$, $\angle C_1A_1C > 90°$인 점 C를 작도한다. 점 A는 점 B_1에 대해 점 C와 대칭이며, 꼭지점 B는 직선 AC_1과 A_1C의 교점이다.

8.29. (a) 문제 2.19(a)에 의해, 점 A, B, C는 삼각형 $A'B'C'$의 높이들의 연장선과 외접원의 교점이다.
(b) 문제 2.19(b)에 의해, 점 A, B, C는 삼각형 $A'B'C'$의 각의 이등분선들의 연장선과 외접원의 교점이다.

8.30. 삼각형의 변 BC, CA, AB의 중점을 각각 A_1, B_1, C_1이라 하자. $BC \parallel B_1C_1 \parallel B'C'$, $OA_1 \perp BC$이므로, $OA' \perp B'C'$이 성립한다. 같은 방법으로, $OB' \perp A'C'$, $OC' \perp A'B'$, 즉 O는 삼각형 $A'B'C'$의 높이들의 교점이다. 점 O를 작도한 후에, 선분 OA', OB', OC'의 수직이등분선들을 작도한다. 이들 직선이 삼각형 ABC를 만든다.

8.31. 문제 5.10에 의해, 이 문제는 문제 8.29(b)와 동일하다.

8.32. O를 외접원의 중심, M을 변 AB의 중점, H를 점 C에서 그은 높이의 발이라 하자. 점 Q는 호 AB의 중점이므로, $OQ \perp AB$가 성립한다. 이로부터 다음 작도를 얻을 수 있다. 주어진 세 점에 의해 삼각형 PQR의 외접원 S를 작도한다. 점 P를 지나 OQ에 평행한 직선과 원 S의 교점이 점 C이다. 점 M은 직선 OQ와 RC의 교점이다. 직선 AB는 점 M을 지나며 OQ와 직교한다.

8.33. 문제 5.2에 의해 점 A, B, C는 삼각형 $A_1B_1C_1$의 수선들의 발이다.

8.34. H_1을 삼각형 ABC의 높이들의 교점이라 하자. 문제 5.116에 의해 $OM : MH_1 = 1 : 2$이고 점 M은 선분 OH_1에 속한다. 그러므로, 점 H_1을 작도할 수 있다. 그리고 나서, 직선 H_1H를 작도하고, 점 H에서 이 직선에 대한 수선 l을 재생한다. 점 O로부터 직선 l에 수선을 내리면 점 C_1을 얻는다(선분 AB의 중점). 반직선 C_1M에 점 C를 $CC_1 : MC_1 = 3 : 1$이 성립하도록 작도한다. 점 A, B는 직선 l과 반지름이 CO이고 중심이 O인 원의 교점이다.

8.35. O, I를 외접원과 내접원의 중심, I_c를 변 AB와 접하는 방접원의 중심이라 하

자. 삼각형 ABC의 외접원은 선분 II_c를 이등분하고(문제 5.120(b)), 선분 II_c는 호 AB를 이등분한다. 또한 점 A, B는 지름이 II_c인 원에 속한다. 이로부터 다음 작도를 얻을 수 있다. 지름이 II_c인 원 S와 반지름이 OD이고 중심이 O인 원 S_1을 작도하자(D는 선분 II_c의 중점). 원 S와 S_1은 점 A, B에서 교차한다. 이제, 삼각형 ABC의 내접원을 작도할 수 있고, 이 원에 점 A, B에서 접선을 그을 수 있다.

8.36. 삼각형 ABC의 변 AB, BC에 $AX = BY$, $XY \parallel AC$를 만족시키는 점 X, Y를 작도하였다고 가정하자. $YY_1 \parallel AB$, $Y_1C_1 \parallel BC$를 작도하자(Y_1, C_1은 변 AC, AB에 속함). 그러면, $Y_1Y = AX = BY$, 즉 BYY_1C는 마름모이고, BY_1은 각 B의 이등분선이다. 이로부터 다음 작도를 얻을 수 있다. 각의 이등분선 BY_1을 작도하고, 직선 AB에 평행한 직선 Y_1Y를 작도하자(Y는 BC에 속함). 이제, 점 X를 쉽게 작도할 수 있다.

8.37. $a < b$라고 하자. 이제, 삼각형 ABC가 작도되었다고 가정하자. 변 AC에 점 D를 $\angle ABD = \angle BAC$가 되도록 잡자. 그러면, $\angle BDC = 2\angle BAC$, $\angle CBD = 3\angle BAC - \angle BAC = 2\angle BAC$, 즉 $CD = CB = a$가 된다. 삼각형 BCD에서 모든 변들이 알려졌다: $CD = CB = a$, $DB = AD = b - a$. 삼각형 BCD를 작도하고, 변 CD와 교차하지 않는 반직선 BA를 $\angle DBA = \angle DBC/2$가 성립하도록 작도한다. 구하는 꼭지점 A는 직선 CD와 이 반직선의 교점이다.

8.38. 점 B'이 점 B를 지나 AC에 평행한 직선 l에 속한다고 하자. 삼각형 ABC, $AB'C$의 변들은 AC에 평행한 직선에서 합동인 선분들을 만든다. 그러므로, 점 R, Q, R', Q'이 한 직선에 속하면, 삼각형 ABC, $AB'C$에 각각 내접한 직사각형 $P'R'Q'S'$, $PRQS$는 합동이다. 직선 l에 점 B'을 $\angle B'AC = 90°$가 성립하도록 잡자. 삼각형 $AB'C$에 주어진 대각선 $P'Q'$을 가지는 직사각형 $P'R'Q'S'$은 쉽게 내접시킬 수 있다 ($P' = A$). 직선 $R'Q'$을 작도하여 구하는 삼각형의 꼭지점 R, Q를 찾는다.

8.39. 삼각형 ABC가 작도되었다고 가정하자. K, L은 변 BC에 접한 방접원이 변 AB, AC의 연장선과 접하는 점이라 하자. $AK = AL = p$이므로, 이 방접원은 작도 가능하다. 이제, 작도된 원에 주어진 점 M을 지나는 접선만 작도하면 된다.

8.40. 각의 이등분선 CD의 연장선이 삼각형 ABC(C가 직각인)의 외접원과 점 P에서 교차하며, PQ는 외접원의 지름, O는 중심이라 하자. 그러면, $PD : PO =$

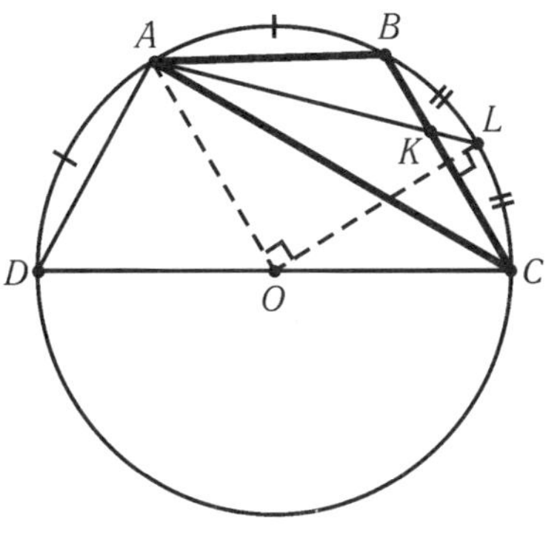

그림 8.4

$PQ : PC$, 즉 $PD \cdot PC = 2R^2 = m_c^2$이 성립한다. 그러므로, 지름이 CD인 원에 길이가 $\sqrt{2}m_c$인 접선을 그으면, 길이가 PC인 선분을 쉽게 작도할 수 있다. 이제, 삼각형 OPC에서 모든 변의 길이가 알려졌다.

8.41. 변 AC에 점 K를 $AK = BC - AB$가 성립하도록 작도하자. 점 D는 선분 AC에 속한다고 하자. 등식 $AD + BD + AB = BC$는 등식 $AD + BD = AK$와 동치이다. 선분 AK에 속한 점 D에 대해, 등식을 $AD + BD = AD + DK$와 같이 쓸 수 있으며, 선분 AK에 속하지 않은 점 D에 대해서는 $AD + BD = AD - DK$와 같이 쓸 수 있다. 첫 번째 경우에서 $BD = DK$이고, 두 번째 경우는 불가능하다. 그러므로, 점 D는 선분 BK에 대한 수직이등분선과 선분 AC의 교점이다.

8.42. 삼각형 ABC가 작도되었다고 가정하자. 외접원의 지름 CD를 작도하자. O를 외접원의 중심, L을 각의 이등분선 AK의 연장선과 외접원의 교점이라 하자(그림 8.4). $\angle ABC - \angle ACB = 90°$이므로, $\angle ABD = \angle ACB$가 성립한다. 그러므로, $\widehat{DA} = \widehat{AB}$이다. 그리고, $\widehat{BL} = \widehat{LC}$가 성립한다. 결국, $\angle AOL = 90°$가 된다. 이로부터, 다음 작도를 얻을 수 있다. 중심이 O이고 주어진 반지름을 가진 원 S를 작도하자. 원 S에 임의의 점 A를 잡자. 원 S에 점 L을 $\angle AOL = 90°$가 성립하도록 작도하자. 선분 AL에 주어진 각의 이등분선과 같은 선분 AK를 작도한다. 점 K를 지나 OL과 직교하는 직선 l을 작도한다. 직선 l과 원 S의 교점이 구하는 삼각형 ABC의 꼭지점 B, C이다.

8.43. 변 BC, AC에 점 A_1, B_1을 $PA_1 \parallel AC$, $PB_1 \parallel BC$가 성립하도록 잡자. 그리고 나서, 반직선 A_1B, B_1A에 선분 $A_1B_2 = AB_1$, $B_1A_2 = BA_1$을 작도하자. 이제, 직선 A_2B_2가 구하는 직선임을 증명하자. 실제로, $k = AP/AB$라 하자. 그러면,

다음이 성립한다.

$$\frac{B_1A_2}{B_1P} = \frac{(1-k)a}{ka} = \frac{(1-k)a+(1-k)b}{ka+kb} = \frac{CA_2}{CB_2}.$$

즉, $\triangle A_2B_1P \sim \triangle A_2CB_2$이고, 직선 A_2B_2는 점 P를 지난다. 게다가, $AA_2 = |(1-k)a - kb| = BB_2$이다.

8.44. 삼각형 ABC가 작도되었다고 가정하자. B_1을 내접원과 변 AC의 접점이라 하자. 직각삼각형 AOB_1에서 밑변 $OB_1 = r$, 빗변 AO가 알려졌으므로, 각 OAB_1, 즉 각 BAC를 작도할 수 있다. O_1을 삼각형 ABC의 외접원의 중심이라 하고, M을 변 BC의 중점이라 하자. 직각삼각형 BO_1M에서 밑변 $O_1M = AH/2$(문제 5.116의 풀이), 각 BO_1M($\angle A$ 또는 $180° - \angle A$와 같음)이 알려졌으므로, 직각삼각형을 작도할 수 있다. 그리고 나서, 선분 $OO_1 = \sqrt{R(R-2r)}$의 길이를 결정할 수 있다(문제 5.12(a)). 결국, 길이가 R, $OO_1 = d$인 선분을 작도할 수 있다. 그리고 나서, 선분 AO를 잡고, $AO_1 = R$, $OO_1 = d$인 점 O_1을 작도한다(그러한 점은 두 개가 가능함). 점 A로부터 반지름이 r이고 중심이 O인 원에 접선들을 긋는다. 구하는 점 B, C는 이들 접선에 속하며, 점 O_1에서 R만큼 떨어져 있고, 점 A가 아닌 점이다.

8.45. 주어진 평행인 직선들 사이의 거리를 a라 하자. 점 A, B를 지나며 두 직선사이의 거리가 a인 평행한 직선들을 작도하자. 이를 위해, 선분 AB를 지름으로 하는 원을 작도하고, 이 원과 반지름이 a이고 중심이 B인 원의 교점 C_1, C_2를 구한다. 구하는 마름모의 변은 직선 AC_1에 속한다(두 번째 해는 직선 AC_2에 속함). 그리고 나서, 점 B를 지나 AC_1(두 번째 해는 AC_2)에 평행한 직선을 작도하면 된다.

8.46. 사각형 $ABCD$가 작도되었다고 가정하자. 변 AB, BC, CD, DA의 중점을 각각 P, Q, R, S라 하고, 대각선 AC, BD의 중점을 K, L이라 하자. 삼각형 KSL에서 $KS = CD/2, LS = AB/2$, 변 AB와 CD사이의 각과 같은 각 KSL이 알려져 있다. 삼각형 KSL을 작도한 후에, 변들의 길이가 모두 알려진 삼각형 KRL을 작도할 수 있다. 그리고 나서, 삼각형 KSL, KRL에 보조선을 작도하여 평행사변형 $KSLQ$, $KRLP$를 작도한다. 꼭지점 A, B, C, D가 평행사변형 $PLSA, QKPB, RLQC, SKRD$의 꼭지점이다(그림 8.5).

8.47. 꼭지점 B, D에서 대각선 AC에 수선 BB_1, DD_1을 작도하자. 이제, $DD_1 > BB_1$이라 가정하자. 길이가 $a = DD_1 - BB_1$인 선분을 작도하고, 직선 AC로

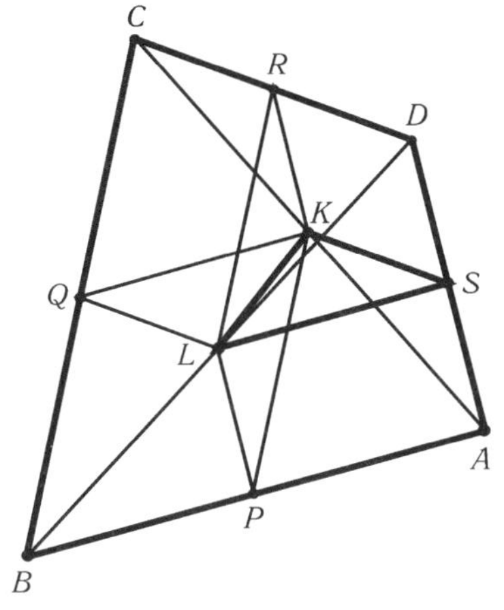

그림 8.5

부터 a만큼 떨어져 있고 평행하며 변 CD와 점 E에서 교차하는 직선을 작도하자. 그러면, $S_{AED} = (ED/CD)S_{ACD} = (BB_1/DD_1)S_{ACD} = S_{ABC}$가 성립한다. 그러므로, 삼각형 AEC의 중선이 구하는 직선에 속한다.

8.48. 사각형 $ABCD$의 합동인 변 AB, BC, CD의 중점을 P, Q, R이라 하자. 선분 PQ, QR에 수직이등분선 l_1, l_2를 작도하자. $AB = BC = CD$이므로, 점 B, C는 직선 l_1, l_2에 속하며, $BQ = QC$이다. 이로부터, 다음 작도를 얻을 수 있다. 선분 PQ, QR에 수직이등분선 l_1, l_2를 작도하자. 그리고 나서, 점 Q를 지나며 끝점이 직선 l_1, l_2에 속하고 점 Q가 중점이 되도록 선분을 작도한다(문제 16.15).

8.49. 내접하며 외접하는 사각형 $ABCD$의 꼭지점 A, B, C가 주어졌고, $AB \geq BC$라 하자. 그러면, $AD - CD = AB - BC \geq 0$이므로, 선분 AD에 DC와 같은 선분 DC_1을 작도할 수 있다. 삼각형 AC_1C에서 변 AC, $AC_1 = AB - BC$의 길이, $\angle AC_1C = 90° + \angle D/2 = 180° - \angle B/2$가 알려졌다. 각 AC_1C는 둔각이므로, 이들 요소에 의해 삼각형 AC_1C는 유일하게 작도된다. 나머지 작도는 자명하다.

8.50. $ABCD$를 밑변이 AD, BC이고 $AD > BC$인 내접등변사다리꼴이라 하고, C_1을 직선 AD에 대한 점 C의 사영이라 하자. $AB = AC_1$을 증명하자. 실제로, P, Q가 변 AB, AD와 내접원의 접점이라 하면, $AB = AP + PB = AQ + BC/2 = AQ + QC_1 = AC_1$이 성립한다. 이로부터, 다음 작도를 얻을 수 있다. C_1을 직선 AD에 대한 점 C의 사영이라 하자. 이때, 점 B는 반지름이 AC_1이고 중심

이 A인 원과 직선 BC의 교점이다. $AD < BC$인 사다리꼴도 유사한 방법으로 작도된다.

8.51. 변 AD, BC의 중점을 L, N, 선분 EF의 중점을 M이라 하자. 점 L, O, N은 한 직선에 속한다(문제 19.2). 점 M은 이 직선에 속한다. 이로부터, 다음 작도를 얻을 수 있다. 점 K를 지나며 직선 OK에 평행한 직선 l을 작도한다. 점 L은 직선 l과 직선 OM의 교점이다. 점 N은 점 M에 대한 점 L의 대칭점이다. 점 O를 지나며 직선 EN, FN에 평행한 직선들을 작도한다. 이들 직선과 직선 l의 교점이 사다리꼴의 꼭지점 A, D이다. 꼭지점 B, C는 점 E, F에 대해 점 A, D와 대칭이다.

8.52. 주어진 길이의 변들과 주어진 중간선 KP(K, P는 변 AB, CD의 중점임)를 가지는 사각형 $ABCD$를 작도했다고 가정하자. A_1, B_1은 점 P에 대해 점 A, B와 대칭인 점이다. 삼각형 A_1BC에서 변 $BC, CA_1 = AD$, $BA_1 = 2KP$가 알려졌으므로, 이 삼각형은 작도할 수 있다. 삼각형 A_1BC에 보조선을 그어 평행사변형 A_1EBC를 작도하자. 이제, CD, $ED = BA$를 알고 있으므로, 점 D를 작도할 수 있다. $\overrightarrow{DA} = \overrightarrow{A_1C}$를 이용하여, 점 A를 작도한다.

8.53. 문제 6.37, 6.38의 식을 이용하면, 쉽게 내접사각형의 대각선들을 변들을 이용하여 나타낼 수 있다. 얻어진 식을 대각선의 작도를 위해 이용할 수 있다(편의상 임의의 선분 e를 단위 길이로 잡고, $pq/e, pe/q$, $\sqrt{pe}$로 길이가 $pq, p/q$, $\sqrt{p}$인 선분을 작도한다).

8.54. 원이 각의 변들과 합동인 선분을 만들 필요충분조건은 원의 중심이 각의 이등분선에 속하는 것이다. 그러므로, 구하는 원의 중심은 선분 AB의 수직이등분선과 주어진 각의 이등분선의 교점이다.

8.55. 주어진 원 S와 점 A에서 접하고, 주어진 직선 l과 어떤 점 B에서 접하는 원 S'을 작도했다고 가정하자. O, O'을 각각 원 S, S'의 중심이라 하자(그림 8.6). 그러면, 점 O, O', A는 한 직선에 속하고, $O'B = O'A$가 된다. 그러므로, B를 점 O'에서 직선 l에 그은 수선의 발이라 하면, $O'A = O'B$를 만족하도록 직선 OA에 점 O'을 작도해야 한다. 이를 위해, 직선 l에 수선 OB'을 내린다. 그리고 나서, 직선 AB에 길이가 OB'인 선분 OA'을 작도한다. 점 A를 지나 $A'B'$에 평행한 직선 AB를 작도한다(점 B는 직선 l에 속함). 점 O'은 점 B를 지나는 직선 l에 대한 수선과 직선 OA의 교점이다.

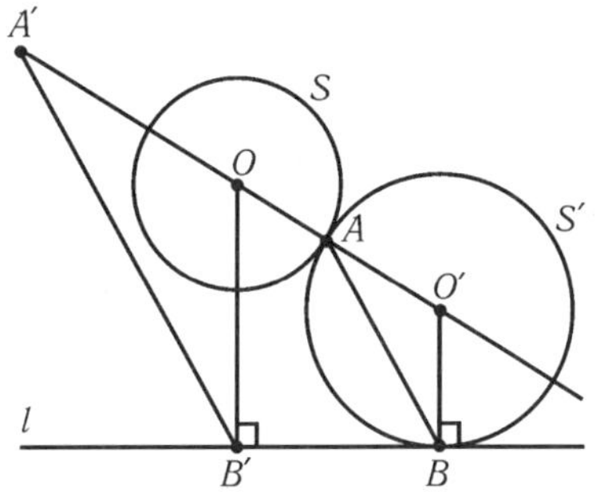

그림 8.6

8.56. (a) l_1을 선분 AB에 대한 수직이등분선, C를 직선 l_1와 l의 교점, l'을 직선 l_1에 대해 l과 대칭인 직선이라 하자. 문제는 점 A를 지나 직선 l, l'과 접하는 원을 작도하는 것으로 귀착된다(문제 19.16).
(b) 원 S의 중심이 선분 AB의 수직이등분선에 속하지 않는다고 가정할 수 있다(그렇지 않으면 작도가 자명해짐). 원 S의 임의의 점 C를 잡고, 삼각형 ABC의 외접원을 작도하면, 이것은 원 S와 어떤 점 D에서 교차한다. M을 직선 AB, CD의 교점이라 하자. 원 S에 접선 MP, MQ를 작도하자. 그러면, $MP^2 = MQ^2 = MA \cdot MB$이므로, 삼각형 ABP, ABQ의 외접원이 구하는 것들이다.

8.57. 원 S_1과 S_2는 점 C에서 접하며, S_1과 S_3는 점 B에서, S_2와 S_3는 점 A에서 서로 접하도록 원 S_1, S_2, S_3를 작도했다고 가정하자. O_1, O_2, O_3를 원 S_1, S_2, S_3의 중심이라 하자. 그러면, 점 A, B, C는 삼각형 $O_1O_2O_3$의 변에 속하며, $O_1B = O_1C, O_2C = O_2A$, $O_3A = O_3B$가 성립한다. 그러므로, 점 A, B, C는 삼각형 $O_1O_2O_3$의 내접원 또는 방접원과 변들의 접점이다. 이로부터, 다음 작도를 얻을 수 있다. 삼각형 ABC의 외접원을 작도하고, 점 A, B, C에서 이 원에 접선을 작도한다. 이들 접선의 교점이 구하는 원들의 중심이다.

8.58. 원 S, 길이가 a, b, c인 원에 대한 접선 AA_1, BB_1, CC_1을 작도했다고 가정하자(A_1, B_1, C_1은 접점). 중심이 A, B, C이고 반지름이 a, b, c인 원 S_a, S_b, S_c를 작도하자(그림 8.7). 만약, O가 원 S의 중심이면, 선분 OA_1, OB_1, OC_1은 원 S의 반지름들이며, 원 S_a, S_b, S_c에 대한 접선이 된다. 그러므로, 점 O는 원 S_a, S_b, S_c의 근심이다(10장의 3절).

8.59. 길이가 a인 선분 BC를 작도하자. 그리고 나서, $CX : BX = b : c$를 만족시키

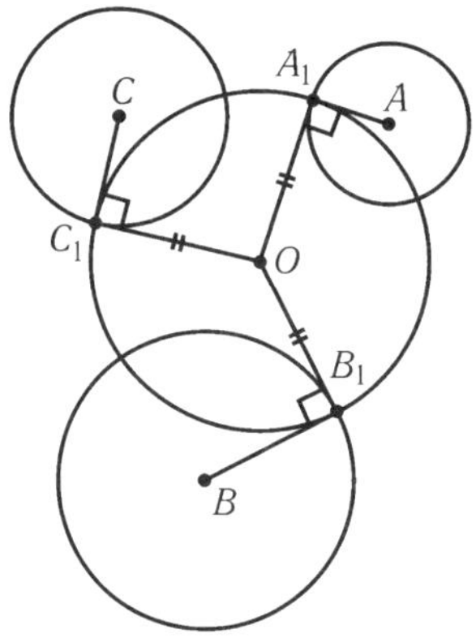

그림 8.7

는 점 X의 GLP를 작도한다(문제 7.14). 이 GLP와 직선 BC에서 h_a만큼 떨어진 직선의 교점들 중에서 임의의 점을 꼭지점 A로 삼을 수 있다.

8.60. 선분 AD', BD의 길이에 따라, 선분 AB와 이 선분의 점 D를 작도할 수 있다. 점 C는 반지름이 CD이고 중심이 D인 원과 $AX : BX = AD : BD$를 만족시키는 X의 GLP의 교점이다.

8.61. X를 직선 AB에 속하지 않는 점이라 하자. $\angle AXB = \angle BCX$일 필요충분조건은 $AX : CX = AB : CB$이다. 그러므로, 점 M은 $AX : CX = AB : CB$를 만족시키는 X의 GLP와 $BY : DY = BC : DC$를 만족시키는 Y의 GLP의 교점이다(이들 GLP는 교차하지 않을 수도 있음).

8.62. $AO : A'O = AB : A'B'$, $BO : B'O = AB : A'B'$을 만족시키는 점 O를 작도해야 한다. 점 O는 $AX : A'X = AB : A'B'$인 X의 GLP와 $BY : B'Y = AB : A'B'$인 Y의 GLP의 교점이다.

8.63. O를 주어진 원의 중심이라 하자. 점 A, B를 지나는 현 XP와 XQ가 합동일 필요충분조건은 XO가 각 PXQ의 이등분선, 즉 $AX : BX = AO : BO$가 성립하는 것이다. 구하는 점 X는 상응하는 아폴로니우스 원과 주어진 원의 교점이다.

8.64. (a) 직선 l이 선분 AB와 교차하지 않으면, ABB_1A_1은 평행사변형이고 $l \parallel AB$가 성립한다. 만약, 직선 l이 선분 AB와 교차하면, AA_1BB_1은 평행사변형

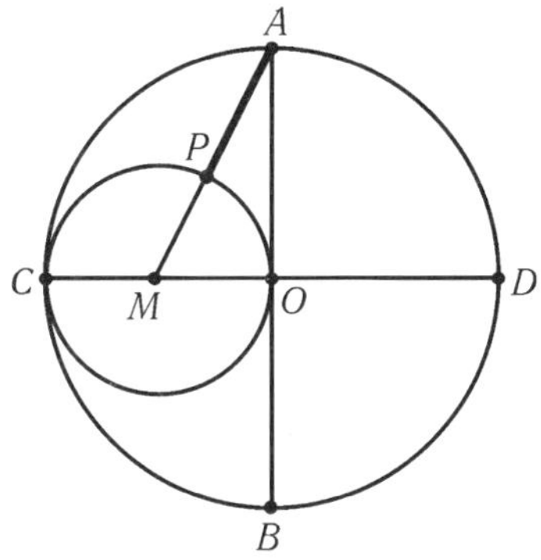

그림 8.8

이며 l은 선분 AB의 중점을 지난다.
(b) 구하는 직선들 중의 하나는 직선 AB와 평행하고, 다른 하나는 AB의 중점을 지난다.

8.65. 반지름이 1인 원을 작도하고, 원에 직교하는 두 지름 AB, CD를 작도한다. O를 원의 중심, M을 선분 OC의 중점, P를 직선 AM과 지름이 OC인 원의 교점이라 하자(그림 8.8). 그러면, $AM^2 = 1 + \frac{1}{4} = \frac{5}{4}$이고, $AP = AM - PM = (\sqrt{5} - 1)/2 = 2\sin 18°$가 성립한다(문제 5.48). 즉, AP는 주어진 원에 내접하는 정십각형의 변의 길이이다.

8.66. 주어진 점 A, B, C, D가 각각 변 PQ, QR, RS, SP에 속하고, $PQ : QR = a$(a는 주어진 변들의 비)가 되도록 직사각형 $PQRS$를 작도하였다고 가정하자. 점 D를 지나 직선 AC와 직교하는 직선과 직선 QR의 교점을 F라 하자. 그러면, $DF : AC = a$가 성립한다. 이로부터, 다음 작도를 얻을 수 있다. 점 D에서 선분 AC와 직교하는 반직선을 작도하고, 이 반직선에 $DF = a \cdot AC$인 점 F를 작도하자. 변 QR은 직선 BF에 속한다. 나머지 작도는 자명하다.

8.67. 요구된 성질을 만족하는 점 X, Y가 작도되었다고 가정하자. 직선 AX와 YC의 교점을 M, 직선 AB와 XY의 교점을 K라 하자. 직각삼각형 AXK와 YXM은 공통의 예각 X를 가지므로, $\angle XAK = \angle XYM$이 성립한다. 각 XAB와 XYB는 한 호에 대응하므로, $\angle XAB = \angle XYB$가 된다. 결국, $\angle XYM = \angle XYB$이다. $XY \perp AB$이므로, A는 선분 CB의 중점이다. 역으로, K가 선분 CB의 중점이면, $\angle MYX = \angle BYX = \angle XAB$가 된다. 삼각형 AXK와 YXM은 공통각 X를 가지며, $\angle XAK = \angle XYM$이다. 그러므로, $\angle YMX = \angle AKX = 90°$이다.

이로부터, 다음 작도를 얻을 수 있다. 선분 CB의 중점 K를 지나 직선 AB와 직교하는 직선 l을 작도한다. 점 X, Y는 직선 l과 주어진 원의 교점이다.

8.68. 만약, 크기가 α인 각이 있으면, 크기가 $2\alpha, 3\alpha$ 등과 같은 각을 작도할 수 있다. $19 \cdot 19^\circ = 361$이므로, 각 1°와 포개지는 각 361°를 작도할 수 있다.

8.69. 각 36°를 작도하자(문제 8.65). 그리고 나서, 각 $(36^\circ - 30^\circ)/2 = 3^\circ$를 작도할 수 있다. 만약, n이 3으로 나누어 떨어지지 않으면, n°와 3°를 이용하여 각 1°를 작도할 수 있다. 실제로, $n = 3k + 1$이면, $1^\circ = n^\circ - k \cdot 3^\circ$가 된다. 만약, $n = 3k + 2$이면, $1^\circ = 2n^\circ - (2k + 1) \cdot 3^\circ$이다.

8.70. 종이 조각에 임의의 점 O를 잡고, 중심닮음변환의 중심을 O로 하고 계수 k를 아주 작게 하여, 중심닮음변환에 의한 주어진 직선들의 교점의 상이 종이 조각에 놓이도록 하자. 그러면, 직선들의 상들사이의 각에 대한 이등분선을 작도할 수 있다. 그리고 나서, 중심이 O이고 계수가 $1/k$인 중심닮음변환을 생각하여, 각의 이등분선의 구하는 선분을 얻을 수 있다.

8.71. 양면자를 이용하여 평행한 두 현 AB, CD를 작도하자. P, Q를 직선 AC와 BD, AD와 BC의 교점이라 하자. 그러면, 직선 PQ는 주어진 원의 중심을 지난다. 유사한 방법으로, 그러한 직선을 하나 더 작도하여, 원의 중심을 찾으면 된다.

8.72. 점 A를 지나는 두 반직선 p, q를 작도하여 점 B를 포함하는 작은 크기의 각을 만들도록 하자(반직선들은 자를 옮기며 작도할 수 있음). 점 B를 지나는 선분 PQ_1, P_1Q를 작도하자(그림 8.9). 만약, $PQ < 10cm$, $P_1Q_1 < 10cm$이면, 직선 PQ와 P_1Q_1의 교점 O를 작도할 수 있다. 점 O를 지나는 직선 P_2Q_2를 작도하자. 만약, $PQ_2 < 10cm$, $P_2Q < 10cm$이면, 직선 PQ_2와 P_2Q의 교점 B'을 작도할 수 있다. 만약, $BB' < 10cm$이면, 직선 BB'을 작도할 수 있고, 이 직선은 점 A를 지난다.

8.73. 작도는 다음 사실에 근거한다: A, B가 중심이 P, Q인 합동인 원들의 교점이면, $\overrightarrow{PA} = \overrightarrow{BQ}$이다. S_1을 처음 원이라 하고, A_1을 주어진 점이라 하자. 점 A_1을 지나는 원 S_2를 작도하고, 원 S_1과 S_2의 교점 A_2를 지나는 원 S_3를 작도하고, 원 S_2와 S_3의 교점 A_3를 지나는 원 S_4를 작도하고, 마지막으로 원 S_1과 S_3의 교점 A_4과 B_1을 지나는 원 S_5를 작도한다. 이제, S_5와 S_1의 교점 B_2가 구하는 점임을 증명하자. O_i를 원 S_i의 중심이라 하자. 그러면, $\overrightarrow{A_1O_1} = \overrightarrow{O_2A_2} = \overrightarrow{A_3O_3} =$

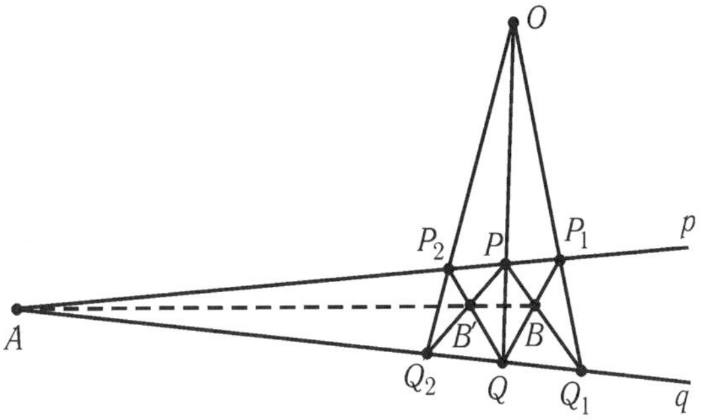

그림 8.9

$\overrightarrow{O_4A_4} = \overrightarrow{B_1O_5} = \overrightarrow{O_1B_2}$가 성립한다.

참고. 원 S_1과 S_2의 교점은 두 개이며, 이들 중의 임의의 점을 점 B_1으로 잡을 수 있다.

8.74. AB를 주어진 선분, P를 주어진 직선들에 속하지 않는 임의의 점이라 하자. 주어진 직선들 중에서 두 번째 직선과 직선 PA, PB의 교점을 각각 C, D라 하고, 직선 AD, BC의 교점을 Q라 하자. 문제 19.2에 의해, 직선 PQ는 선분 AB의 중점을 지난다.

8.75. AB를 주어진 선분, C, D를 두 번째 주어진 직선의 임의의 점이라 하자. 앞 문제에 의해, 선분 CD의 중점인 점 M을 작도할 수 있다. P를 직선 AM, BD의 교점이라 하고, E를 직선 PC, AB의 교점이라 하자. 이제, EB가 구하는 선분임을 증명하자. $\triangle PMC \sim \triangle PAE$, $\triangle PMD \sim \triangle PAB$이므로, 다음이 성립한다.

$$\frac{AB}{AE} = \frac{AB}{AP} : \frac{AE}{AP} = \frac{MD}{MP} : \frac{MC}{MP} = \frac{MD}{MC} = 1.$$

8.76. AB를 주어진 선분, C, D를 두 번째 주어진 직선의 임의의 점이라 하자. 앞 문제에 의해, 모든 선분 D_iD_{i+1}이 CD와 같게 되는 점 $D_1 = D, D_2, \cdots, D_n$을 작도할 수 있다. P를 직선 AC와 BD_n의 교점, $B_1, \cdots, B_{n-1}$을 각각 직선 AB와 직선 $PD_1, \cdots, PD_{n-1}$의 교점이라 하자. 이때, 점 $B_1, \cdots, B_{n-1}$은 선분 AB를 n등분한다.

8.77. 주어진 직선들 중의 하나에 선분 AB를 잡고, 선분의 중점 M을 작도하자(문제 8.74). A_1, M_1은 직선 PA, PM과 두 번째 주어진 직선의 교점이며, Q는 직

선 BM_1과 MA_1의 교점이라 하자. 쉽게, 직선 PQ가 주어진 직선들과 평행함을 증명할 수 있다.

8.78. 점 P가 직선 AB에 속하지 않는 경우에는 문제 3.36의 풀이를 이용할 수 있다. 만약, 점 P가 직선 AB에 속하면, 다른 임의의 점으로부터 수선 l_1, l_2를 작도하고, 문제 8.77에 의해 직선 l_1, l_2에 평행하며 점 P를 지나는 직선을 작도한다.

8.79. (a) A를 주어진 점, l을 주어진 직선이라 하자. 우선, 점 O가 직선 l에 속하지 않는 경우를 살펴보자. 점 O를 지나 직선 l과 점 B, C에서 교차하는 임의의 두 직선을 작도하자. 문제 8.78에 의해, 삼각형 OBC에서 변 OB, OC에 높이를 그을 수 있다. H를 이들의 교점이라 하자. 그러면, l에 직교하는 직선 OH를 작도할 수 있다. 문제 8.78에 의해 점 A로부터 OH에 수선을 그을 수 있다. 이것이 점 A를 지나며 l에 평행한 구하는 직선이다. A로부터 l에 수선을 그으려면, 점 O로부터 OH에 대한 수선 l'을 재생하고, 점 A로부터 l'에 수선을 그어야 한다. 점 O가 직선 l에 속하면, 문제 8.78에 의해 점 A로부터 직선 l에 수선 l'을 그을 수 있으며, 그리고 나서 점 A로부터 직선 l'에 수선을 재생할 수 있다.

(b) l을 주어진 직선, A를 직선에 속하는 주어진 점, BC를 주어진 선분이라 하자. 점 O를 지나 직선 l, BC에 각각 평행한 직선 OD, OE를 작도하자(D, E는 이들 직선과 원 S의 교점임). 점 C를 지나 OB와 평행한 직선을 직선 OE와 점 F에서 만날 때까지 작도하고, F를 지나 ED에 평행한 직선을 OD와 점 G에서 만날 때까지 작도하고, 마지막으로 G를 지나 OA와 평행한 직선을 I와 점 H에서 만날 때까지 작도한다. 그러면, $AH = OG = OF = BC$, 즉 AH가 구하는 선분이다.

(c) 점 P에서 교차하는 임의의 두 직선을 잡자. 이들 중 하나에 선분 $PA = a$를 놓고, 다른 직선에 선분 $PB = b$, $PC = c$를 작도하자. D는 점 B를 지나 AC와 평행인 직선과 직선 PA의 교점이라 하자. 그러면, $PD = ab/c$가 된다.

(d) 중심이 A이고 반지름이 r인 원을 원 S(즉, 중심이 O인 주어진 원)로 보내는 중심닮음변환(또는 평행이동)을 H라 하자. 두 원의 반지름을 알고 있으므로, 변환 H에 대한 임의의 점 X의 상을 작도할 수 있다. 이를 위해, 점 O를 지나며 직선 AX에 평행한 직선을 작도하고, 이 직선에 $r_S \cdot AX/r$와 같은 선분을 작도한다(단, r_S는 원 S의 반지름). 같은 방법으로, 변환 H^{-1}에 대한 임의의 점의 상을 작도할 수 있다. 그러므로, 직선 $l' = H(l)$을 작도할 수 있으며, 이 직선과 원 S의 교점을 구하고, 변환 H^{-1}에 대한 이들 점의 상을 작도할 수 있다.

(e) A, B를 주어진 원들의 중심, C를 작도해야 하는 점들 중의 하나, CH를 삼

각형 ABC의 높이라 하자. 삼각형 ACH, BCH에 피타고라스의 정리를 사용하면, $AH = (b^2 + c^2 - a^2)/2c$을 얻을 수 있다. a, b, c를 알고 있으므로, 점 H, 직선 CH와 주어진 원들 중의 하나의 교점을 작도할 수 있다.

8.80. (a) 직선 OA, OB와 평행하고 이들 직선으로부터 a만큼 떨어져 있으며, 각의 변들과 교차하는 직선들을 작도하자. 이들 직선의 교점은 구하는 각의 이등분선에 속한다.

(b) OB에 평행하고, 이로부터 a만큼 떨어져 있으며, 반직선 OA와 어떤 점 M에서 교차하는 직선을 작도하자. 점 O, M을 지나며 거리가 a만큼 떨어진 평행인 직선들의 쌍을 작도하자. 점 O를 지나는 직선은 각의 구하는 변을 포함한다.

8.81. 점 A를 지나는 임의의 직선을 작도하고, 이 직선에 평행하며 a만큼 떨어진 직선 l_1, l_2를 작도하자. 이들 직선과 직선 l은 점 M_1, M_2에서 교차한다. 점 A, M_1을 지나며 서로 a만큼 떨어진 평행한 직선들의 쌍 l_a, l_m을 작도하자. 직선 l_2와 l_m의 교점은 구하는 수선에 속한다.

8.82. 주어진 직선과 평행하고 a만큼 떨어진 직선을 작도하자. 이제, 문제 8.77과 8.74의 결과를 이용할 수 있다.

8.83. 점 P를 지나는 $PA_1 \parallel OA$, $PB_1 \parallel OB$를 작도하자. 직선 PM은 직선 l과 PA_1사이의 각을 이등분한다고 하자. 직선 PM에 대한 대칭에서 직선 PA_1은 직선 l로 보내지므로, 직선 PB_1은 이 대칭에서 구하는 직선들 중의 하나로 보내진다.

8.84. 삼각형 ABM에 보조선을 그어 평행사변형 $ABMN$을 작도하자. 점 N을 지나 직선 l, MN사이의 각의 이등분선에 평행한 직선들을 작도하자. 이들 직선과 직선 l의 교점이 구하는 점들이다.

8.85. 직선 OA와 평행하고 이로부터 a만큼 떨어진 직선 l_1을 작도하자. 직선 l에 임의의 점 B를 잡자. B_1을 직선 OB와 l_1의 교점이라 하자. 점 B_1을 지나 AB와 평행인 직선을 작도하여, 이 직선과 직선 OA이 A_1에서 교차한다고 하자. 이제, 점 O, A_1을 지나 서로 a만큼 떨어진 평행인 직선들의 쌍을 작도하고(그러한 쌍은 두 개가 있음), X, X_1을 점 O를 지나는 직선과 직선 l, l_1의 교점이라 하자. $OA_1 = OX_1$, $\triangle OA_1X_1 \sim \triangle OAX$이므로, 점 X가 구하는 점이다.

8.86. 점 O_1, O_2에서 직선 O_1O_2에 대한 수선을 재생하고, 이들에 선분 $O_1B_1 = O_2A_2$, $O_2B_2 = O_1A_1$을 작도하자. 선분 B_1B_2의 중점 M을 작도하고, 점 M에 B_1B_2에 대한 수선을 재생하자. 이 수선은 직선 O_1O_2와 점 N에서 교차한다. 이때, $O_1N^2 + O_1B_1^2 = O_2N^2 + O_2B_2^2$, 즉 $O_1N^2 - O_1A_1^2 = O_2N^2 - O_2A_2^2$이 성립한다. 이로부터, 점 N은 근축임을 알 수 있다. 이제, 점 N에서 O_1O_2에 대한 수선을 재생하면 된다.

8.87. 직선 l과 직교하는 임의의 직선 l_1을 작도하고, 점 A를 지나며 직선 l_1과 직교하는 직선을 작도한다.

8.88. (a) 점 A, B를 지나 직선 AB에 직교하는 직선 AP, BQ를 작도하고, 직선 AP에 대한 임의의 수선을 작도하여, 직사각형을 얻을 수 있다. 이제, 직사각형의 대각선의 교점에서 직선 AB로 수선을 그으면 된다.

(b) 점 B로부터 직선 AB에 수선 l을 재생하고, 점 A를 지나며 직교하는 두 직선을 작도한다. 이들은 직선 l과 점 M, N에서 교차한다. 직각삼각형 MAN에 보조선을 그어 직사각형 $MANR$을 작도한다. 점 R에서 직선 AB에 그은 수선의 발이 구하는 점 C이다.

8.89. (a) 점 A에서 직선 OB에 수선 AP를 긋고, 중점이 P인 선분 AC를 작도하자. 그러면, 각 AOC가 구하는 것이 된다.

(b) 직선 OB에 $OB = OB_1$인 점 B, B_1을 잡자. 직각의 변들이 점 B, B_1을 지나며 꼭지점이 반직선 OA에 속하도록 직각을 작도하자. 만약, A를 직각의 꼭지점이라 하면, 각 AB_1B가 구하는 각이다.

8.90. 점 O를 지나 직선 l에 평행한 직선 l'을 작도하자. 점 B로부터 직선 l', OA에 수선 BP, BQ를 긋고, 점 O에서 직선 PQ에 수선 OX를 작도하자. 그러면, 직선 XO가 구하는 것이다(문제 2.3). 만약, 점 Y가 직선 l'에 대해 점 X와 대칭이면, 직선 YO 또한 구하는 것이다.

8.91. 삼각형 OAB에 보조선을 그어 평행사변형 $OABC$를 작도하고, 중점이 O인 선분 CC_1을 작도하자. 직각의 변들이 점 C, C_1을 지나며, 꼭지점이 직선 l에 속하도록 직각을 작도하자. 그러면, 직각의 꼭지점이 구하는 점 X와 일치한다.

8.92. 중점이 점 O인 선분 AB를 작도하고, 직각의 변들이 점 A, B를 지나며 꼭지점이 직선 l에 속하도록 직각을 작도하자. 그러면, 직각의 꼭지점이 구하는 점과 일치한다.

제 9 장

기하학적 부등식

바탕 지식들

1. 삼각형의 요소들에 대해 다음 표기를 사용하자:
   · a, b, c는 변 BC, CA, AB의 길이;
   · α, β, γ는 꼭지점 A, B, C에서 각의 크기;
   · m_a, m_b, m_c는 꼭지점 A, B, C에서 그은 중선의 길이;
   · h_a, h_b, h_c는 꼭지점 A, B, C에서 그은 높이의 길이;
   · l_a, l_b, l_c는 꼭지점 A, B, C에서 그은 각의 이등분선의 길이;
   · r, R은 내접원과 외접원의 반지름.

2. A, B, C를 임의의 점이라 하면, $AB \leq AC + CB$이고, 등호는 C가 선분 AB에 속하는 경우에 성립한다(삼각부등식).

3. 삼각형의 중선은 중선과 한 끝점을 공유하는 삼각형의 변들의 합의 절반보다 작다: $m_a < (b + c)/2$(문제 9.1).

4. 한 볼록다각형이 다른 볼록다각형의 내부에 속하면, 바깥쪽 다각형의 둘레는 안쪽의 다각형의 둘레보다 크다(문제 9.27(b)).

5. 볼록사각형의 대각선의 합은 사각형의 대변들의 임의의 쌍의 길이의 합보다 크다(문제 9.14).

6. 삼각형에서 긴 변의 맞은 편에 큰 각이 놓여있다(문제 10.59).

7. 볼록다각형의 내부에 속하는 선분의 길이는 가장 긴 변 또는 가장 긴 대각선보다 크지 않다(문제 10.64).

8. 이 장의 몇몇 문제의 해결을 위해, 대수적인 부등식들이 필요하다. 이러한 부등식들을 이 장의 부록에서 다루었다. 이들은 상당히 어려운 문제의 풀이를 위해서 필요하며, 평이한 문제들에 대해서는 $\sqrt{ab} \le (a+b)/2$, 이로부터 얻어지는 성질들을 이용하면 충분하다.

도입 문제들

1. $S_{ABC} \le AB \cdot BC/2$임을 증명하여라.

2. $S_{ABCD} \le (AB \cdot BC + AD \cdot DC)/2$임을 증명하여라.

3. $\angle ABC > 90^\circ$일 필요충분조건은 점 B가 지름이 AC인 원의 내부에 속하는 것임을 증명하여라.

4. 두 원의 반지름은 R, r이고, 이들의 중심사이의 거리는 d이다. 이들 원이 교차할 필요충분조건은 $|R-r| < d < R+r$임을 증명하여라.

5. 사각형의 임의의 대각선은 둘레의 절반보다 작다는 것을 증명하여라.

제 1 절 삼각형의 중선

9.1. $(a+b-c)/2 < m_c < (a+b)/2$임을 증명하여라.

9.2. 임의의 삼각형에서 중선들의 합은 둘레의 3/4보다 크고 둘레보다는 작다는 것을 증명하여라.

9.3. n개의 점 $A_1, \cdots, A_n$과 반지름이 1인 원이 주어졌다. 원에 $MA_1 + \cdots + MA_n \ge n$인 점 M을 잡을 수 있다는 것을 증명하여라.

9.4. 점 $A_1, \cdots, A_n$은 한 직선에 속하지 않는다. 두 개의 서로 다른 점 P, Q에 대해 $A_1P + \cdots + A_nP = A_1Q + \cdots + A_nQ = s$가 성립한다. 어떤 점 K에 대해 $A_1K + \cdots + A_nK < s$임을 증명하여라.

9.5. 책상에 정확하게 가는 시계 50개가 있다. 어떤 순간에 책상의 중심에서 분침들의 끝점까지의 거리의 합이 책상의 중심에서 시계들의 중심까지의 거리의 합보다 크게 된다는 것을 증명하여라.

제 2 절　삼각부등식에 관련된 대수적 문제들

이 절에서 a, b, c는 임의의 삼각형에서 변들의 길이이다.

9.6. x, y, z를 양의 실수라 할 때, $a = y + z, b = x + z, c = x + y$임을 증명하여라.

9.7. $a^2 + b^2 + c^2 < 2(ab + bc + ca)$임을 증명하여라.

9.8. 임의의 자연수 n에 대해 a^n, b^n, c^n으로 삼각형을 만들 수 있다. 이때, 수 a, b, c중에 같은 것이 두 개가 있음을 증명하여라.

9.9. 다음을 증명하여라.

$$a(b-c)^2 + b(c-a)^2 + c(a-b)^2 + 4abc > a^3 + b^3 + c^3.$$

9.10. $p = \frac{a}{b} + \frac{b}{c} + \frac{c}{a}, q = \frac{a}{c} + \frac{c}{b} + \frac{b}{a}$라 하자. 이때, $|p - q| < 1$임을 증명하여라.

9.11. 다섯 개의 선분이 주어졌는데, 이들 중 임의의 세 선분으로 삼각형을 만들 수 있다. 이들 삼각형 중에서 적어도 하나는 예각삼각형임을 증명하여라.

9.12. 다음을 증명하여라.

$$(a + b - c)(a - b + c)(-a + b + c) \le abc.$$

9.13. 다음을 증명하여라.

$$a^2b(a-b)+b^2c(b-c)+c^2a(c-a)\geq 0.$$

제 3 절 사각형의 대각선들의 합

9.14. $ABCD$는 볼록사각형이다. 이때, $AB+CD<AC+BD$임을 증명하여라.

9.15. $ABCD$는 볼록사각형이고 $AB+BD\leq AC+CD$이다. 이때, $AB<AC$임을 증명하여라.

9.16. 대각선들 길이의 합이 d인 볼록사각형의 내부에 대각선들 길이의 합이 d'인 볼록사각형이 놓여있다. 이때, $d'<2d$임을 증명하여라.

9.17. 닫힌 꺾인선이 주어졌다. 주어진 꺾인선과 같은 꼭지점을 가지는 다른 임의의 꺾인선은 주어진 꺾인선보다 길이가 더 크다. 주어진 꺾인선은 자기교차하지 않음을 증명하여라.

9.18. 모든 대각선의 길이가 같은 볼록다각형은 몇 개의 변을 가질 수 있는가?

9.19. 평면에 n개의 붉은 점과 n개의 푸른 점이 주어졌는데, 이들 중 어느 세 점도 한 직선에 속하지 않는다. 공통점을 가지지 않으며 서로 다른 색의 끝점을 가지는 n개의 선분을 작도할 수 있음을 증명하여라.

9.20. 임의의 볼록다각형의 변들의 길이에 대한 산술평균은 볼록다각형의 모든 대각선 길이의 산술평균보다 작다는 것을 증명하여라.

9.21. 볼록$(2n+1)$각형 $A_1A_3A_5\cdots A_{2n+1}A_2\cdots A_{2n}$이 주어졌다. 꼭지점이 볼록$(2n+1)$각형의 꼭지점에 놓인 모든 닫힌 꺾인선들 중에서 최대의 길이를 가지는 것은 꺾인선 $A_1A_2A_3\cdots A_{2n+1}A_1$임을 증명하여라.

제 4 절 삼각부등식 문제들

9.22. 삼각형의 두 변의 길이가 $3.14, 0.67$이다. 세 번째 변의 길이가 정수일 때, 세 번째 변의 길이를 구하여라.

9.23. 볼록오각형 $ABCDE$의 대각선들 길이의 합은 둘레보다 크고 둘레의 두 배보다는 작다는 것을 증명하여라.

9.24. 삼각형의 변들의 길이에 대해 $a^2 + b^2 > 5c^2$이 성립하면, c는 가장 작은 변임을 증명하여라.

9.25. 삼각형의 두 높이는 $12, 20$이다. 세 번째 높이의 길이가 30보다 작다는 것을 증명하여라.

9.26. 점 C_1, A_1, B_1을 삼각형 ABC의 변 AB, BC, CA에 $BA_1 = \lambda \cdot BC, CB_1 = \lambda \cdot CA, AC_1 = \lambda \cdot AB$가 성립하도록 잡았으며, $1/2 < \lambda < 1$이 성립한다. 삼각형 ABC의 둘레 P와 삼각형 $A_1B_1C_1$의 둘레 P_1사이에는 $(2\lambda - 1)P < P_1 < \lambda P$가 성립함을 증명하여라.

9.27. (a) 오목다각형을 볼록덮개로 덮을 때 둘레는 감소한다는 것을 증명하여라(오목다각형을 포함하는 최소의 볼록다각형을 볼록덮개라 부름).
(b) 볼록다각형의 내부에 다른 볼록다각형이 놓여있다. 바깥쪽의 볼록다각형의 둘레는 안쪽의 볼록다각형의 둘레보다 작지 않다는 것을 증명하여라.

9.28. 둘레가 P인 삼각형 ABC의 내부에 점 O를 잡았다. 이때, $P/2 < AO + BO + CO < P$임을 증명하여라.

9.29. 사다리꼴 $ABCD$의 밑변 AD에 삼각형 ABE, BCE, CDE가 합동이 되도록 하는 점 E를 잡았다. 이때, $BC = AD/2$임을 증명하여라.

참고. 문제 13.40, 20.11을 보시오.

제 5 절 삼각형 넓이와 두 변의 곱

9.30. 변이 $a \le b \le c$이고 넓이가 1인 삼각형이 주어졌다. 이때, $b \ge \sqrt{2}$임을 증명하여라.

9.31. 사각형 $ABCD$의 변 AB, BC, CD, DA의 중점을 E, F, G, H라 하자. 이때, $S_{ABCD} \le EG \cdot HF \le (AB + CD)(AD + BC)/4$임을 증명하여라.

9.32. 볼록사각형의 둘레가 4이다. 사각형의 넓이는 1을 넘지 않는다는 것을 증명하여라.

9.33. 삼각형 ABC의 내부점 M을 잡았다. S를 삼각형 ABC의 넓이라 할 때, $4S \le AM \cdot BC + BM \cdot AC + CM \cdot AB$임을 증명하여라.

9.34. 반지름이 R인 원에 대해, 원의 중심을 포함하며 넓이가 S인 다각형이 내접한다. 다각형의 변들에서 한 점씩을 각각 잡으면, 이들 점을 꼭지점으로 하는 볼록다각형의 둘레는 $2S/R$보다 작지 않다는 것을 증명하여라.

9.35. 넓이가 S인 볼록사각형 $ABCD$의 내부에 점 O를 잡았으며, $AO^2 + BO^2 + CO^2 + DO^2 = 2S$가 성립한다. 이때, $ABCD$는 정사각형이며, O는 정사각형의 중심임을 증명하여라.

제 6 절 넓이에 관련된 부등식들

9.36. 점 M, N은 삼각형 ABC의 변 AB, AC에 속하며, $AM = CN$, $AN = BM$이다. 사각형 $BMNC$의 넓이는 삼각형 AMN의 넓이보다 적어도 세 배가 크다는 것을 증명하여라.

9.37. 삼각형 ABC, $A_1B_1C_1$, $A_2B_2C_2$의 넓이는 각각 S, S_1, S_2이고, $AB = A_1B_1 + A_2B_2$, $AC = A_1C_1 + A_2C_2$, $BC = B_1C_1 + B_2C_2$가 성립한다. 이때, $S \le 4\sqrt{S_1S_2}$임을 증명하여라.

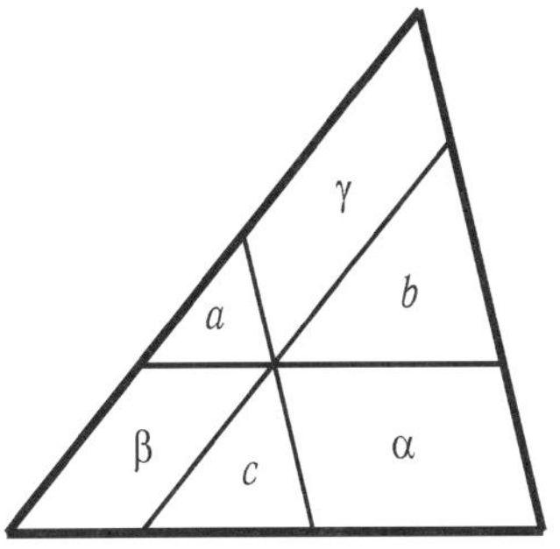

그림 9.1

9.38. $ABCD$는 넓이가 S인 볼록사각형이다. 직선 AB와 CD사이의 각은 α이고, AD와 BC사이의 각은 β이다. 이때, 다음을 증명하여라.

$$AB \cdot CD \sin\alpha + AD \cdot BC \sin\beta \leq 2S \leq AB \cdot CD + AD \cdot BC.$$

9.39. 삼각형의 내부점을 지나 삼각형의 변들에 평행한 세 직선을 그었다. 이들 직선이 삼각형을 분할하여 얻어진 조각들의 넓이를 그림 9.1과 같이 나타냈다. 이때, $a/\alpha + b/\beta + c/\gamma \geq 3/2$임을 증명하여라.

9.40. 삼각형 ABC, $A_1B_1C_1$의 넓이는 각각 S, S_1이고, 삼각형 ABC는 둔각삼각형은 아니다. 비 $a_1/a, b_1/b$, c_1/c에서 가장 큰 값은 k와 같다. 이때, $S_1 \leq k^2 S$임을 증명하여라.

9.41. (a) 점 B, C, D는 원의 호 AE(작은쪽)를 네 개의 같은 부분으로 나눈다. 이때, $S_{ACE} < 8S_{BCD}$임을 증명하여라.
(b) 점 A로부터 원에 접선 AB, AC를 그었다. 호 BC(작은쪽)의 중점 D를 지나 선분 AB, AC와 점 M, N에서 각각 교차하는 접선을 그었다. 이때, $S_{BCD} < 2S_{MAN}$임을 증명하여라.

9.42. 볼록다각형의 모든 변을 바깥쪽으로 h만큼 이동하였다. P를 처음 볼록다각형의 둘레라 하면, 다각형의 넓이는 $Ph + \pi h^2$만큼 증가된다는 것을 증명하여라.

9.43. 정사각형을 직사각형들로 분할하였다. 모든 직사각형의 외접원의 넓이

의 합은 처음 정사각형의 외접원의 넓이보다 작지 않다는 것을 증명하여라.

9.44. 볼록오각형의 인접변의 쌍들과 상응하는 대각선들에 의해 만들어진 다섯 개의 삼각형의 넓이의 합은 전체 오각형의 넓이보다 크다는 것을 증명하여라.

9.45. (a) 넓이가 S인 임의의 볼록육각형으로부터 넓이가 $S/6$보다 크지 않은 삼각형을 잘라내는 대각선을 찾을 수 있음을 증명하여라.
(b) 넓이가 S인 임의의 볼록팔각형으로부터 넓이가 $S/8$보다 크지 않은 삼각형을 잘라내는 대각선을 찾을 수 있음을 증명하여라.

제 7 절 도형 내부의 다른 도형

9.46. 넓이가 0.5보다 큰 볼록다각형이 변의 길이가 1인 정사각형의 안쪽에 놓여있다. 다각형의 내부에 길이가 0.5이고 정사각형의 변에 평행인 선분을 넣을 수 있음을 증명하여라.

9.47. 변의 길이가 1인 정사각형의 내부에 n개의 점이 주어졌다. 다음을 증명하여라.
(a) 이들 점 또는 정사각형의 꼭지점들을 꼭지점으로 하는 삼각형들 중에서 한 삼각형의 넓이는 $1/(2(n+1))$을 넘지 않는다;
(b) 이들 점을 꼭지점으로 하는 삼각형들 중의 한 삼각형의 넓이는 $1/(n-2)$을 넘지 않는다.

9.48. (a) 넓이가 S인 원에 넓이가 S_1인 정n각형이 내접하고, 이 원에 대해 넓이가 S_2인 정n각형이 외접한다. 이때, $S^2 > S_1S_2$임을 증명하여라.
(b) 둘레가 L인 원에 둘레가 P_1인 정n각형이 내접하고, 이 원에 둘레가 P_2인 정n각형이 외접한다. 이때, $L^2 < P_1P_2$임을 증명하여라.

9.49. 넓이가 B인 다각형은 넓이가 A인 원에 내접하고, 넓이가 C인 원에 외접한다. 이때, $2B \leq A + C$임을 증명하여라.

9.50. 반지름이 1인 원에 넓이가 각각 1보다 큰 두 삼각형이 놓여있다. 이들 삼각형은 서로 교차한다는 것을 증명하여라.

9.51. (a) 넓이가 S이고 둘레가 P인 볼록다각형에 반지름이 S/P인 원을 넣을 수 있음을 증명하여라;
(b) 넓이가 S_1이고 둘레가 P_1인 볼록다각형에 넓이가 S_2이고 둘레가 P_2인 볼록다각형이 놓여있다. 이때, $2S_1/P_1 > S_2/P_2$임을 증명하여라.

9.52. 삼각형의 내부에 놓인 평행사변형의 넓이는 삼각형 넓이의 절반보다 크지 않음을 증명하여라.

9.53. 평행사변형의 변들에 꼭지점이 놓인 삼각형의 넓이는 평행사변형 넓이의 절반을 넘지 못한다는 것을 증명하여라.

9.54. 넓이가 1인 임의의 예각삼각형을 넓이가 $\sqrt{3}$인 직각삼각형에 넣을 수 있음을 증명하여라.

9.55. (a) 넓이가 S인 볼록다각형을 넓이가 $2S$보다 크지 않은 직사각형에 넣을 수 있음을 증명하여라;
(b) 넓이가 S인 볼록다각형에 넓이가 $S/2$보다 작지 않은 평행사변형을 내접시킬 수 있음을 증명하여라.

9.56. 넓이가 1인 임의의 볼록다각형에 넓이가 (a) 1/4; (b) 3/8보다 작지 않은 삼각형을 넣을 수 있음을 증명하여라.

9.57. 볼록n각형이 한 변이 1인 정사각형 안에 놓여있다. n각형의 꼭지점들 중에서 삼각형 ABC의 넓이가 (a) $8/n^2$; (b) $16\pi/n^3$을 넘지 않는 A, B, C가 존재함을 증명하여라.

참고. 문제 15.7을 보시오.

제 8 절 정사각형 내부의 꺾인선들

9.58. 한 변의 길이가 1인 정사각형의 내부에 길이가 1000인 자기교차하지 않는 꺾인선이 놓여있다. 정사각형의 한 변과 평행하고 꺾인선과 적어도 500개의 점에서 교차하는 직선을 찾을 수 있음을 증명하여라.

9.59. 한 변이 1인 정사각형 안에 길이가 L인 꺾인선이 놓여있다. 정사각형의 각 점은 꺾인선의 어떤 점으로부터 ϵ보다 적게 떨어져 있다고 한다. 이때, $L \geq \frac{1}{2\epsilon} - \frac{\pi\epsilon}{2}$임을 증명하여라.

9.60. 한 변이 1인 정사각형의 내부에 n^2개의 점이 놓여있다. 모든 점들을 포함하며 길이가 $2n$을 넘지 않는 꺾인선이 존재함을 증명하여라.

9.61. 한 변이 100인 정사각형의 내부에 정사각형의 임의의 점에서 꺾인선 L까지의 거리가 0.5보다 크지 않은 꺾인선 L이 놓여있다. 꺾인선 L에는 두 점사이의 거리가 1보다 크지 않지만 꺾인선을 따라 측정하면 거리가 198보다 작지 않은, 그러한 두 점이 존재함을 증명하여라.

제 9 절 사각형

9.62. 사각형 $ABCD$에서 각 A와 B는 같고, $\angle D > \angle C$가 성립한다. 이때, $AD < BC$임을 증명하여라.

9.63. 사다리꼴 $ABCD$의 밑변 AD에 놓인 각들은 $\angle A < \angle D < 90°$를 만족시킨다. 이때, $AC > BD$임을 증명하여라.

9.64. 사각형의 두 대각이 둔각이면, 이들 각의 꼭지점을 연결한 대각선은 다른 대각선보다 짧다는 것을 증명하여라.

9.65. 임의의 점에서 등변사다리꼴의 세 꼭지점까지 거리의 합은 이 점에서 네 번째 꼭지점까지의 거리보다 크다는 것을 증명하여라.

9.66. 사각형 $ABCD$의 각 A는 둔각이고, F는 변 BC의 중점이다. 이때, $2FA < BD + CD$임을 증명하여라.

9.67. 사각형 $ABCD$가 주어졌다. 이때, $AC \cdot BD \leq AB \cdot CD + BC \cdot AD$임을 증명하여라(프톨레미의 부등식).

9.68. M, N은 각각 볼록사각형 $ABCD$의 변 BC, CD의 중점이다. $S_{ABCD} < 4S_{AMN}$임을 증명하여라.

9.69. 점 P는 볼록사각형 $ABCD$의 내부에 속한다. 점 P에서 사각형의 꼭지점들까지 거리의 합은 사각형의 꼭지점의 쌍들 사이의 거리의 합보다 작다는 것을 증명하여라.

9.70. 대각선들이 볼록사각형 $ABCD$를 네 개의 삼각형으로 나누었다. P는 사각형 $ABCD$의 둘레, Q는 얻어진 삼각형들의 내심으로 만들어진 사각형의 둘레이다. 이때, $PQ > 4S_{ABCD}$임을 증명하여라.

9.71. 볼록사각형의 꼭지점들 중의 한 꼭지점에서 이 꼭지점을 포함하지 않는 대각선까지의 거리는 그 대각선 길이의 절반을 넘지 않는다는 것을 증명하여라.

9.72. 선분 KL은 사각형 $ABCD$의 대각선들의 교점을 지나며, KL의 끝점들은 각각 변 AB, CD에 속한다. 선분 KL의 길이는 대각선들 중의 하나의 길이보다 크지 않다는 것을 증명하여라.

9.73. 평행사변형 P_1에 평행사변형 P_2가 내접하고, 변들이 P_1의 변들과 평행한 평행사변형 P_3가 평행사변형 P_2에 내접한다. P_1에서 적어도 한 변의 길이는 이 변과 평행한 P_3의 변의 길이의 두 배를 넘지 않는다는 것을 증명하여라.

참고. 문제 13.19, 15.3(a)를 보시오.

제 10 절 다각형

9.74. 볼록오각형의 각들이 등차수열을 이루면, 이들 각각은 $36°$보다 크다는 것을 증명하여라.

9.75. $ABCDE$는 반지름이 1인 원에 내접하는 볼록오각형이며, $AB = a$, $BC = b$, $CD = c$, $DE = d$, $AE = 2$이다. 다음을 증명하여라.

$$a^2 + b^2 + c^2 + d^2 + abc + bcd < 4.$$

9.76. 한 변이 1인 정육각형의 내부에 점 P를 잡았다. 점 P에서 육각형의 어떤 세 꼭지점까지 거리는 각각 1보다 작지 않다는 것을 증명하여라.

9.77. 볼록육각형 $ABCDEF$의 변들이 1이면, 삼각형 ACE, BDF 중의 하나의 외접원의 반지름은 1을 넘지 않는다는 것을 증명하여라.

9.78. 볼록육각형 $ABCDEF$의 변들의 길이가 1보다 작다. 대각선 AD, BE, CF 중의 하나의 길이가 2보다 작다는 것을 증명하여라.

9.79. 칠각형 $A_1 \cdots A_7$이 원에 내접한다. 만약, 이 원의 중심이 칠각형의 내부에 속하면, 꼭지점 A_1, A_3, A_5에서 각들의 합은 $450°$보다 작다는 것을 증명하여라.

9.80. (a) 어떤 선분을 서로 직교하는 두 직선에 사영시켜 얻은 선분의 길이가 a, b이면, 처음 선분의 길이는 $(a+b)/\sqrt{2}$보다 작지 않음을 증명하여라; (b) 다각형을 좌표축에 사영시켜 얻은 선분들의 길이가 a, b이다. 다각형의 둘레는 $\sqrt{2}(a+b)$보다 작지 않음을 증명하여라.

9.81. 둘레가 P인 볼록다각형의 변들로 길이의 차가 $P/3$보다 크지 않은 두 선분을 만들 수 있음을 증명하여라.

9.82. 볼록다각형 $A_1 \cdots A_n$의 내부에 점 O를 잡았다. α_k는 꼭지점 A_k에서의 각의 크기이고, $x_k = OA_k$, d_k는 점 O에서 직선 A_kA_{k+1}까지의 거

리이다. p를 다각형 둘레의 절반이라 할 때, $\sum x_k \sin(\alpha_k/2) \geq \sum d_k$, $\sum x_k \cos(\alpha_k/2) \geq p$임을 증명하여라.

9.83. 한 변이 a인 정$2n$각형 M_1은 한 변이 $2a$인 정$2n$각형 M_2의 내부에 속한다. 다각형 M_1은 다각형 M_2의 중심을 포함한다는 것을 증명하여라.

9.84. 정다각형 $A_1 \cdots A_n$의 내부에 점 O를 잡았다. 각들 A_iOA_j 중의 적어도 하나는 부등식 $\pi(1-1/n) \leq \angle A_iOA_j \leq \pi$를 만족시킴을 증명하여라.

9.85. $n \geq 7$에 대해 볼록n각형의 내부에 꼭지점들까지의 거리의 합이 둘레보다 큰 점이 존재함을 증명하여라.

9.86. (a) 볼록다각형 $A_1 \cdots A_n$, $B_1 \cdots B_n$에서 변 A_1A_n과 B_1B_n을 제외한 모든 대응하는 변들은 같고, $\angle A_2 \geq \angle B_2, \cdots, \angle A_{n-1} \geq \angle B_{n-1}$이며, 이들 부등식 중 적어도 하나는 등호가 성립하지 않는다. 이때, $A_1A_n > B_1B_n$임을 증명하여라;

(b) 합동이 아닌 다각형 $A_1 \cdots A_n$, $B_1 \cdots B_n$의 대응하는 변들이 서로 같다. 다각형 $A_1 \cdots A_n$의 각 꼭지점 옆에 차 $\angle A_i - \angle B_i$의 부호를 적었다. $n \geq 4$에 대해 서로 다른 부호를 가지는 인접 꼭지점들이 적어도 네 쌍이 존재한다는 것을 증명하여라(차이가 0인 꼭지점들은 제외시킨다: 두 꼭지점 사이에 차가 0인 꼭지점들이 존재하여도, 처음 두 꼭지점은 인접 꼭지점으로 간주한다).

참고. 문제 4.37, 4.53, 13.42를 보시오.

제 11 절 다양한 문제들

9.87. 길이가 1인 선분에 n개의 점이 주어졌다. 선분의 어떤 점에서 이들 점까지의 거리의 합은 $n/2$보다 작지 않음을 증명하여라.

9.88. 숲에는 원기둥 모양의 나무들이 자라고 있다. 거리가 l만큼 떨어진 A지점과 B지점에 통신선을 숲의 바닥을 통해 가설하려 한다. 이를 위해, 길이가 $1.6l$인 통신선이면 충분하다는 것을 증명하여라.

9.89. 어떤 숲에 있는 임의의 두 나무 사이의 거리가 이들 높이의 차를 넘지 않는다. 모든 나무의 높이는 $100m$보다는 작다. 이 숲을 길이가 $200m$인 울타리로 둘러쌀 수 있음을 증명하여라.

9.90. 종이로 만든 다각형(반드시 볼록일 필요는 없음)을 직선을 따라 접어 양쪽을 풀로 붙였다. 얻어진 다각형의 둘레가 처음 다각형의 둘레보다 클 수 있는가?

9.91. 길이가 1인 닫힌 꺾인선을 반지름이 0.25인 원에 넣을 수 있다는 것을 증명하여라.

9.92. 예각삼각형이 원의 내부에 놓여있다. 원의 반지름은 삼각형의 외접원의 반지름보다 작지 않음을 증명하여라.

9.93. 예각삼각형의 둘레는 $4R$보다 작지 않음을 증명하여라.

참고. 문제 14.25, 20.4를 보시오.

부록: 부등식들

1. 두 수의 산술평균과 기하평균에 대한 부등식이 문제해결에 자주 사용된다: $\sqrt{ab} \le (a+b)/2$, 여기서 a, b는 양수. 이 부등식은 $a - 2\sqrt{ab} + b = (\sqrt{a} - \sqrt{b})^2 \ge 0$으로부터 유도되며, 등호는 $a = b$인 경우에만 성립한다. 이 부등식으로부터, 몇몇 유익한 부등식을 얻을 수 있는데, 예를 들어, 다음 부등식이 성립한다.

$$x(a-x) \le ((x+a-x)/2)^2 = a^2/4;$$
$$a + \frac{1}{a} \ge 2\sqrt{a(1/a)} = 2 \qquad \text{단, } a > 0.$$

2. 몇몇 문제의 해결에서 n개의 양수에 대한 산술평균과 기하평균 부등식이 사용된다: $(a_1 a_2 \cdots a_n)^{1/n} \le (a_1 + \cdots + a_n)/n$, 이때 등호는 $a_1 = \cdots = a_n$인 경우에만 성립한다. 우선, 이 부등식을 $n = 2^m$인 형태의 수들에

대해, m에 대한 수학적 귀납법으로 증명하자. $m = 1$에 대해서는 이미 위에서 증명했다. 부등식이 m에 대해서 성립한다고 가정하고, $m+1$인 경우에 대해 증명하자. $a_k a_{k+2^m} \le ((a_k + a_{k+2^m})/2)^2$이 성립한다. 그러므로, 다음이 성립한다.

$$(a_1 a_2 \cdots a_{2^{m+1}})^{1/2^{m+1}} \le (b_1 b_2 \cdots b_{2^m})^{1/2^m}.$$

여기서 $b_k = (a_k + a_{k+2^m})/2$이다. 그리고, 수학적 귀납법의 가정에 의해, 다음을 알 수 있다.

$$(b_1 \cdots b_{2^m})^{1/2^m} \le \frac{1}{2^m}(b_1 + \cdots + b_{2^m}) = \frac{1}{2^{m+1}}(a_1 + \cdots + a_{2^{m+1}}).$$

이제, n을 임의의 수라 하자. 그러면, 어떤 m에 대해 $n < 2^m$이 성립한다. $a_{n+1} = \cdots = a_{2^m} = (a_1 + \cdots + a_n)/n = A$라 가정하자. 이때, $(a_1 + \cdots + a_n) + (a_{n+1} + \cdots + a_{2^m}) = nA + (2^m - n)A = 2^m A$, $a_1 \cdots a_{2^m} = a_1 \cdots a_n \cdot A^{2^m - n}$이 성립한다. 그러므로, $a_1 \cdots a_n \cdot A^{2^m-n} \le (2^m A/2^m)^{2^m} = A^{2^m}$, 즉 $a_1 \cdots a_n \le A^n$이 성립한다. 등호는 $a_1 = \cdots = a_n$인 경우에만 성립한다.

3. 임의의 수 $a_1, \cdots, a_n$에 대해 부등식 $(a_1 + \cdots + a_n)^2 \le n(a_1^2 + \cdots + a_n^2)$이 성립한다. 실제로, 다음이 성립한다.

$$(a_1 + \cdots + a_n)^2 = \sum a_i^2 + 2\sum_{i<j} a_i a_j \le \sum a_i^2 + \sum_{i<j}(a_i^2 + a_j^2) = n\sum a_i^2.$$

4. $\int_0^\alpha \cos t\,dt = \sin\alpha$, $\int_0^\alpha \sin t\,dt = 1 - \cos\alpha$이므로, 부등식 $\cos t \le 1$으로부터 $\sin\alpha \le \alpha$를 얻고, 그리고 나서 $1 - \cos\alpha \le \alpha^2/2$, $\left(\text{즉}, \cos\alpha \ge 1 - \frac{\alpha^2}{2}\right)$, $\sin\alpha \ge \alpha - \frac{\alpha^3}{6}$, $\cos\alpha \le 1 - \frac{\alpha^2}{2} + \frac{\alpha^4}{24}$ 등을 얻을 수 있다(부등호는 모든 $\alpha \ge 0$에 대해 성립함).

5. $0 \le \alpha < \pi/2$에 대해 $\tan\alpha \ge \alpha$임을 증명하자. AB를 반지름이 1이고 중심이 O인 원에 대한 접선이라 하고, B를 접점, C를 반직선 OA와 원의 교점, S를 활꼴 BOC의 넓이라 하자. 그러면, $\alpha = 2S < 2S_{AOB} = \tan\alpha$가 성립한다.

6. 0에서 $\pi/2$의 구간에서 $f'(x) = (\tan x - x)/(\cos x \sin^2 x) > 0$이므로, 함수 $f(x) = x/\sin x$는 단조증가한다. 특히, $f(\alpha) \le f(\pi/2)$, 즉 $0 < \alpha < \pi/2$에서 $\alpha/\sin\alpha \le \pi/2$가 성립한다.

7. $f(x) = a\cos x + b\sin x$이면, $f(x) \le \sqrt{a^2+b^2}$이 성립한다. 좀 더 자세히 살펴보면, $\cos\varphi = a/\sqrt{a^2+b^2}$, $\sin\varphi = b/\sqrt{a^2+b^2}$인 각 φ가 존재하므로, $f(x) = \sqrt{a^2+b^2}\cos(\varphi - x) \le \sqrt{a^2+b^2}$이다. 등호는 $\varphi = x + 2k\pi$인 경우, 즉 $\cos x = a/\sqrt{a^2+b^2}$, $\sin x = b/\sqrt{a^2+b^2}$일 때, 성립한다.

힌트 및 증명

9.1. C_1을 변 AB의 중점이라 하자. 그러면, $CC_1 + C_1A > CA$, $BC_1 + C_1C > BC$가 성립한다. 그러므로, $2CC_1 + BA > CA + BC$, 즉 $m_c > (a+b-c)/2$가 성립한다. 점 C_1에 대해 점 C와 대칭인 점을 C'이라 하자. 그러면, $CC_1 = C_1C'$, $BC' = CA$이다. 그러므로, $2m_c = CC' < CB + BC' = CB + CA$, 즉 $m_c < (a+b)/2$가 성립한다.

9.2. 앞 문제로부터 $m_a < (b+c)/2, m_b < (a+c)/2$, $m_c < (a+b)/2$임을 알 수 있다. 그러므로, 중선들의 길이의 합은 둘레보다 작다. O를 삼각형 ABC의 중선들의 교점이라 하자. 그러면, $BO + OA > BA, AO + OC > AC, CO + OB > CB$가 성립한다. 이들 부등식을 더하고, $AO = 2m_a/3, BO = 2m_b/3, CO = 2m_c/3$임을 감안하면, $m_a + m_b + m_c > 3(a+b+c)/4$를 얻게 된다.

9.3. M_1, M_2를 원의 지름의 양끝에 놓인 점이라 하자. 그러면, $M_1A_k + M_2A_k \ge M_1M_2 = 2$가 성립한다. $k = 1, \cdots, n$에 대해 이들 부등식을 서로 더하면, $(M_1A_1 + \cdots + M_1A_n) + (M_2A_1 + \cdots + M_2A_n) \ge 2n$을 얻는다. 그러므로, $M_1A_1 + \cdots + M_1A_n \ge n$이거나 $M_2A_1 + \cdots + M_2A_n \ge n$이 성립한다. 첫 번째 경우에서는 $M = M_1$이고 두 번째 경우에는 $M = M_2$이다.

9.4. K로 선분 PQ의 중점을 잡을 수 있다. 실제로, 그러한 경우에 $A_iK \le (A_iP + A_iQ)/2$(문제 9.1)이고, 모든 A_i가 직선 PQ에 속하지는 않으므로, 위의 부등식에서 적어도 하나는 등호없는 부등식이 성립한다.

9.5. A_i, B_i를 i번째 시계의 t분과 $t+30$분에서 분침의 끝점의 위치라 하고, O_i를 i번째 시계의 중심, O를 책상의 중심이라 하자. 그러면, 임의의 i에 대해, $OO_i \le$

$(OA_i + OB_i)/2$가 성립한다(문제 9.1). 그리고 어떤 순간에 점 A_i와 B_i는 직선 O_iO에 속하지 않는다. 즉, n개의 부등식들 중에서 적어도 하나는 등호가 없는 부등식이 성립한다. 그러면, $OO_1 + \cdots + OO_n < OA_1 + \cdots + OA_n$이거나 또는 $OO_1 + \cdots + OO_n < OB_1 + \cdots + OB_n$이 성립한다.

9.6. 연립부등식 $x + y = c, x + z = b, y + z = a$를 풀면, $x = (-a + b + c)/2, y = (a - b + c)/2, z = (a + b - c)/2$를 얻는다. 삼각부등식으로부터, 수 x, y, z가 양수임을 알 수 있다.

9.7. 삼각부등식에 의해, $a^2 > (b - c)^2 = b^2 - 2bc + c^2, b^2 > a^2 - 2ac + c^2$, $c^2 > a^2 - 2ab + b^2$이 성립한다. 이들 부등식을 더하면, 구하는 식을 얻는다.

9.8. $a \geq b \geq c$라고 할 수 있다. 이제, $a = b$를 증명하자. 실제로, $b < a$이면, $b \leq \lambda a$, $c \leq \lambda a$가 성립한다(단, $\lambda < 1$). 그러므로, $b^n + c^n \leq 2\lambda^n a^n$이 된다. 충분히 큰 n에 대해 $2\lambda^n < 1$이고, 이것은 삼각부등식에 모순된다.

9.9. $c(a - b)^2 + 4abc = c(a + b)^2$이므로, $a(b - c)^2 + b(c - a)^2 + c(a - b)^2 + 4abc - a^3 - b^3 - c^3 = a((b - c)^2 - a^2) + b((c - a)^2 - b^2) + c((a + b)^2 - c^2) = (a + b - c)(a - b + c)(-a + b + c)$가 성립한다(마지막 등식은 간단한 계산으로 확인할 수 있음). 삼각부등식에 의해 모든 세 인수는 양의 값이다.

9.10. 쉽게 $abc|p-q| = |(b-c)(c-a)(a-b)|$임을 확인할 수 있다. $|b-c| < a, |c-a| < b$, $|a - b| < c$이므로, $|(b - c)(c - a)(a - b)| < abc$가 성립한다.

9.11. 선분들의 길이를 $a_1 \leq a_2 \leq a_3 \leq a_4 \leq a_5$와 같이 표시하자. 만약, 이들 선분으로 만들어지는 모든 삼각형이 예각삼각형이 아니라면, $a_3^2 \geq a_1^2 + a_2^2, a_4^2 \geq a_2^2 + a_3^2$, $a_5^2 \geq a_3^2 + a_4^2$이 성립한다. 그러므로, $a_5^2 \geq a_3^2 + a_4^2 \geq (a_1^2 + a_2^2) + (a_2^2 + a_3^2) \geq 2a_1^2 + 3a_2^2$가 된다. $a_1^2 + a_2^2 \geq 2a_1a_2$이므로, $2a_1^2 + 3a_2^2 > a_1^2 + 2a_1a_2 + a_2^2 = (a_1 + a_2)^2$이다. 부등식 $a_5^2 > (a_1 + a_2)^2$로 귀착되며, 이것은 삼각부등식에 모순된다.

9.12. **첫 번째 풀이**. 새로운 변수 $x = -a + b + c, y = a - b + c, z = a + b - c$를 도입하자. 그러면, $a = (y + z)/2, b = (x + z)/2, c = (x + y)/2$, 즉 부등식 $xyz \leq (x+y)(y+z)(x+z)/8$ 또는 $6xyz \leq x(y^2+z^2)+y(x^2+z^2)+z(x^2+y^2)$을 증명하면 된다. x, y, z는 양수이므로, 마지막 부등식은$2xyz \leq x(y^2 + z^2), 2xyz \leq y(x^2 + z^2), 2xyz \leq z(x^2 + y^2)$에서 유도된다.

두 번째 풀이. $2S = ab\sin\gamma$, $\sin\gamma = c/2R$이므로, $abc = 4SR$이 된다. 헤론의 공식에 의해, $(a+b-c)(a-b+c)(-a+b+c) = 8S^2/p$가 성립한다. 그러므로, $8S^2/p \le 4SR$, 즉 $2S \le pR$을 증명하면 된다. $S = pr$이므로, 부등식 $2r \le R$로 귀착된다(문제 10.26).

9.13. 새로운 변수 $x = (-a+b+c)/2, y = (a-b+c)/2$, $z = (a+b-c)/2$를 도입하자. 그러면, x, y, z는 양수이고, $a = y+z, b = x+z, c = x+y$가 된다. 몇 번의 계산을 하면, $a^2b(a-b) + b^2c(b-c) + c^2a(c-a) = 2(x^3z + y^3x + z^3y - xyz(x+y+z)) = 2xyz\left(\frac{x^2}{y} + \frac{y^2}{z} + \frac{z^2}{x} - x - y - z\right)$를 얻을 수 있다. $2 \le \frac{x}{y} + \frac{y}{x}$이므로, $2x \le x\left(\frac{x}{y} + \frac{y}{x}\right) = \frac{x^2}{y} + y$가 성립한다. 같은 방법으로, $2y \le y\left(\frac{y}{z} + \frac{z}{y}\right) = \frac{y^2}{z} + z$, $2z \le z\left(\frac{z}{x} + \frac{x}{z}\right) = \frac{z^2}{x} + x$가 성립한다. 이들 부등식을 더하면, $\frac{x^2}{y} + \frac{y^2}{z} + \frac{z^2}{x} \ge x + y + z$를 얻는다.

9.14. O를 사각형 $ABCD$의 대각선들의 교점이라 하자. 그러면, $AC + BD = (AO + OC) + (BO + OD) = (AO + OB) + (OC + OD) > AB + CD$를 얻을 수 있다.

9.15. 앞 문제에 의해, $AB + CD < AC + BD$가 성립한다. 이 부등식과 부등식 $AB + BD \le AC + CD$를 더하면, $2AB < 2AC$를 얻는다.

9.16. 우선, P가 볼록사각형 $ABCD$의 둘레이고 d_1, d_2가 대각선의 길이이면, $P > d_1 + d_2 > P/2$임을 증명하자. $AC < AB + BC$, $AC < AD + DC$이므로, $AC < (AB + BC + CD + AD)/2 = P/2$가 성립한다. 같은 이유로, $BD < P/2$가 된다. 결국, $AC + BD < P$이다. 한편, 부등식 $AB + CD < AC + BD$와 $BC + AD < AC + BD$를 더하면(문제 9.14), $P < 2(AC + BD)$를 얻는다. P를 바깥쪽의 사각형의 둘레라 하고, P'을 안쪽의 사각형의 둘레라 하자. 그러면, $d > P/2$이고, $P' < P$이므로(문제 9.27(b)), $d' < P' < P < 2d$가 성립한다.

9.17. 가장 짧은 길이의 꺾인선이 자기교차한다고 하자. 교차하는 두 선분을 생각하자. 이들 선분의 꼭지점들은 세 가지 방법들 중의 하나로 연결될 수 있다(그림 9.2). 이때, 다시금 닫힌 꺾인선이 얻어지고, 볼록사각형의 대변들의 길이의 합은 대각선들 길이의 합보다 작으므로, 새로운 꺾인선의 길이는 처음 꺾인선보다 더 작다. 이로부터, 모순이 얻어지고, 가장 짧은 길이의 닫힌 꺾인선은 교차하는 선분을 가질 수 없다는 것을 알 수 있다.

9.18. 그러한 다각형의 변들의 개수가 5보다 크지 않다는 것을 증명하자. 다각형

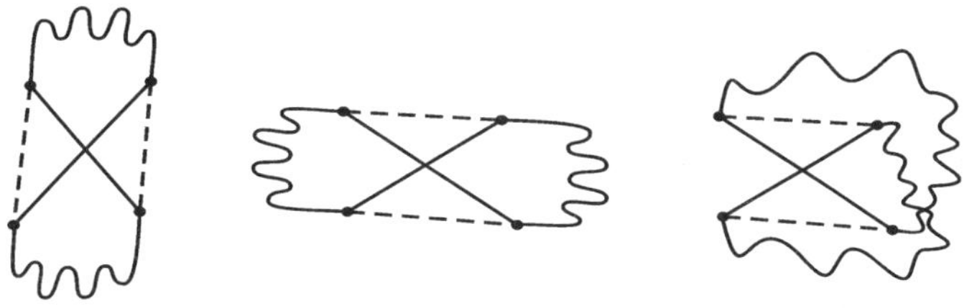

그림 9.2

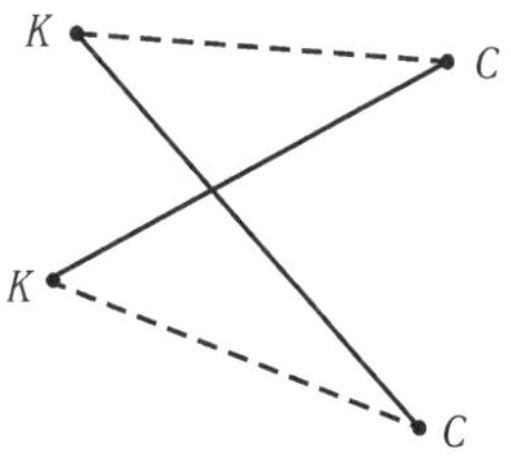

그림 9.3

$A_1 \cdots A_n$의 모든 대각선은 길이가 같으며, $n \geq 6$이라 가정하자. 그러면, 선분 $A_1A_4, A_1A_5, A_2A_4, A_2A_5$는 다각형의 대각선들이므로, 같은 길이를 가진다. 볼록사각형 $A_1A_2A_4A_5$에서 선분 A_1A_5와 A_2A_4는 대변이고, A_1A_4, A_2A_5는 대각선이다. 그러므로, $A_1A_5 + A_2A_4 < A_1A_4 + A_2A_5$가 성립한다. 이로부터 모순이 유도된다. 정오각형과 정사각형은 요구되는 조건을 만족함을 알 수 있다.

9.19. 주어진 점들을 다른 색의 점들의 쌍으로 나누는 모든 분할을 생각하자. 이들 분할의 개수는 유한이므로, 분할에 의한 점들의 쌍으로 만들어지는 선분들의 길이의 합이 최소가 되는 그러한 분할을 찾을 수 있다. 이들 선분은 서로 교차하지 않는다는 것을 보이자. 실제로, 두 선분이 교차하면, 볼록사각형의 대각선들을 대변들로 바꾸어 선분들의 길이의 합이 더 작은 분할을 얻을 수 있다(그림 9.3).

9.20. A_pA_{p+1}, A_qA_{q+1}을 n각형 $A_1 \cdots A_n$의 인접하지 않는 변들이라 하자(즉, $|p - q| \geq 2$). 그러면, $A_pA_{p+1} + A_qA_{q+1} < A_pA_q + A_{p+1}A_{q+1}$이 성립한다. 그러한 모든 부등식을 쓰고, 이들을 더하자. 각각의 변에 대해 정확히 $n-3$개의 인접하지 않는 변들을 찾을 수 있으므로, 임의의 변은 $n-3$개의 부등식에 포함된다. 즉, 얻어진 합의 좌변에는 $(n-3)p$가 있다(단, p는 n각형의 변들의 합). 대각선 A_mA_n은 $p = n, q = m$인 부등식과 $p = n-1, q = m-1$인 부등식에 포함

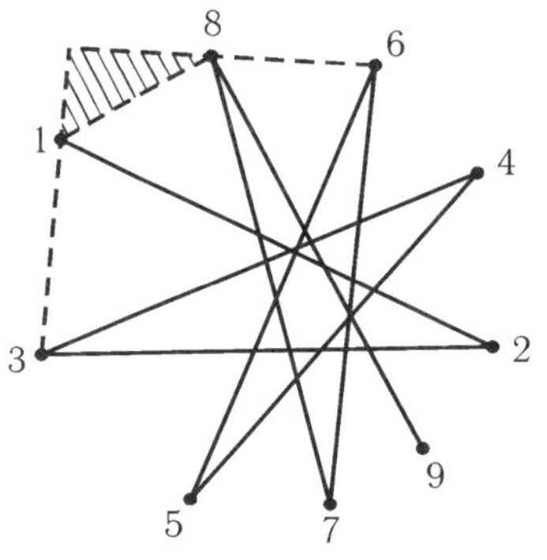

그림 9.4

되므로, 우변은 $2d$가 된다(단, d는 대각선의 합). 결국, $(n-3)p < 2d$가 성립한다. 그러므로, $p/n < d/(n(n-3)/2)$이 된다.

9.21. 주어진 다각형의 꼭지점들을 꼭지점으로 하는 임의의 닫힌 꺾인선을 생각하자. 만약, 이것이 교차하지 않는 두 선분을 가지면, 이들 선분을 이들에 의해 만들어진 사각형의 대각선으로 바꾸어 선분들의 길이의 합을 증가시킬 수 있지만, 이때 한 개의 닫힌 꺾인선이 두 개로 분해될 수 있다. 선분의 개수가 홀수인 경우에는 그러한 조작을 몇 번 반복한 후, 결국에 모든 닫힌 꺾인선이 얻어진다는 것을 증명하자(매번 선분의 길이의 합이 증가되므로, 그러한 조작은 유한번만 가능하다). 얻어진 닫힌 꺾인선들 중의 하나는 홀수 개의 선분을 가져야 하며, 이때 나머지 선분들 각각은 이 꺾인선의 선분들 중의 적어도 하나와는 교차하지 않게 된다(문제 23.1(a)). 즉, 결국 하나의 닫힌 꺾인선이 얻어진다. 이제, 순차적으로 쌍으로 교차하는 선분들을 가지는 꺾인선을 만들자(그림 9.4). 예를 들어, 10번째 꼭지점은 빗금 친 삼각형의 내부에 속해야 하므로, 꼭지점들의 위치는 그림 9.4와 같아야 한다. 결국, 꺾인선 $A_1A_2A_3\cdots A_{2n+1}A_1$은 볼록다각형 $A_1A_3A_5\cdots A_{2n+1}A_2\cdots A_{2n}$에 대응된다.

9.22. 세 번째 변의 길이를 n이라 하자. 삼각부등식에 의해, $3.14-0.67 < n < 3.14+0.67$이 성립한다. n은 정수이므로, $n=3$이다.

9.23. $AB+BC > AC, BC+CD > BD, CD+DE > CE, DE+EA > DA, EA+AB > EB$가 성립한다. 이들 부등식을 더하면, 오각형의 대각선의 합은 둘레의 절반보다 작다는 것을 얻을 수 있다. 대각선들의 합은 별다각형의 변들의 길이의 합보다 크고, 별다각형의 변들의 합은 오각형의 둘레보다는 크다(그림

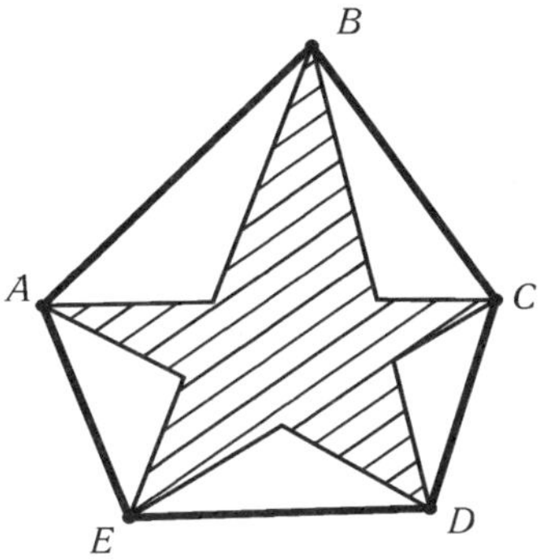

그림 9.5

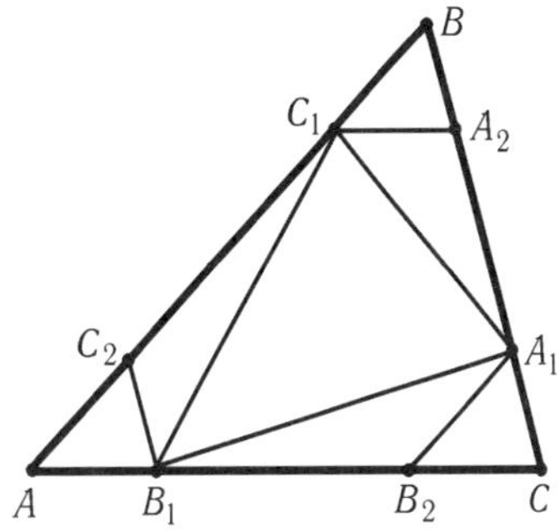

그림 9.6

9.5).

9.24. c가 가장 작은 변은 아니라고 하자. 가령, $a \leq c$라 가정하자. 그러면, $a^2 \leq c^2$, $b^2 < (a+c)^2 \leq 4c^2$이 성립한다. 그러므로, $a^2 + b^2 < 5c^2$이다. 모순이 얻어진다.

9.25. $c > |b-a|$, $a = 2S/h_a, b = 2S/h_b, c = 2S/h_c$이므로, $\frac{1}{h_c} > \left|\frac{1}{h_a} - \frac{1}{h_b}\right|$가 성립한다. 그러므로, 우리의 경우에서는 $h_c < 20 \cdot 12/8 = 30$이다.

9.26. 변 AB, BC, CA에 점 C_2, A_2, B_2를 $A_1B_2 \parallel AB$, $B_1C_2 \parallel BC$, $C_1A_2 \parallel CA$가 되도록 잡자(그림 9.6). 그러면, $A_1B_1 < A_1B_2 + B_2B_1 = (1-\lambda)AB + (2\lambda - 1)CA$가 성립한다. 같은 이유로, $B_1C_1 < (1-\lambda)BC + (2\lambda - 1)AB$, $C_1A_1 < (1-\lambda)CA + (2\lambda - 1)BC$가 성립한다. 이들 부등식을 더하면, $P_1 < \lambda P$가 얻어진다. $A_1B_1 + A_1C > B_1C$, 즉 $A_1B_1 + (1-\lambda)BC > \lambda \cdot CA$가 성립한다. 마찬가지로, $B_1C_1 + (1-\lambda)CA > \lambda \cdot AB$, $C_1A_1 + (1-\lambda)AB > \lambda \cdot BC$가 성립한다. 이들 부등식을 더하면, $P_1 > (2\lambda - 1)P$가 얻어진다.

9.27. (a) 오목다각형을 볼록덮개로 덮을 때에 변들에 의해 만들어지는 몇몇 꺾인선들은 직선의 선분들로 대치된다(그림 9.7). 이제, 꺾인선의 길이가 같은 끝점을 가지는 선분의 길이보다 크다는 것을 생각하면 된다.

(b) 그림 9.8과 같이 안쪽 다각형의 변들에 바깥쪽으로 향하는 띠를 작도하자. 이때, 띠의 한 끝 모서리는 다각형의 변에 직교한다. 이 띠의 내부에 속하게 되는 바깥쪽 다각형의 둘레를 P라 하자. 그러면, 안쪽 다각형의 둘레는 P를 넘

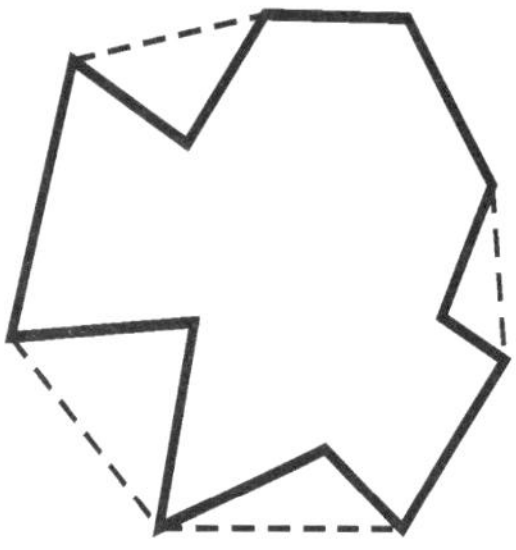

그림 9.7

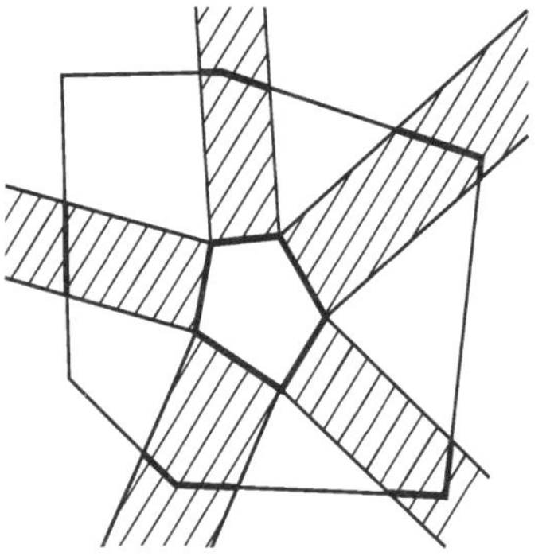

그림 9.8

지 못하고, 바깥쪽 다각형의 둘레는 P보다 크다.

9.28. $AO + BO > AB, BO + OC > BC, CO + OA > AC$이므로, $AO + BO + CO > (AB + BC + CA)/2$가 성립한다. 삼각형 ABC가 삼각형 ABO를 포함하므로, $AB+BO+OA < AB+BC+CA$가 된다(문제 9.27(b)). 즉, $BO+OA < BC+CA$가 성립한다. 같은 이유로, $AO+OC < AB+BC$, $CO+OB < CA+AB$가 성립한다. 이들 부등식을 더하면, $AO + BO + CO < AB + BC + CA$가 된다.

9.29. $ABCE$와 $BCDE$가 평행사변형이라는 것을 증명하면 된다. 삼각형 ABE가 평행사변형 ABC_1E가 되도록 보조선을 작도하자. 그러면, 삼각형 BC_1E와 ABE의 둘레는 같고, 삼각형 BC_1E와 BCE의 둘레는 같다. 결국, $C_1 = C$가 된다. 왜냐 하면, 그렇지 않은 경우에는 삼각형 BC_1E, BCE 중의 하나가 다른 삼각형의 내부에 속하게 되며 이들의 둘레가 같게 될 수 없다. 그러므로, $ABCE$는 평행사변형이다. 같은 방법으로, $BCDE$가 평행사변형임이 증명된다.

9.30. $2 = 2S = ab\sin\gamma \leq ab \leq b^2$, 즉 $b \geq \sqrt{2}$가 성립한다.

9.31. EH가 삼각형 ABD의 중간선이므로, $S_{AEH} = S_{ABD}/4$가 된다. 마찬가지로, $S_{CFG} = S_{CBD}/4$가 성립한다. 그러므로, $S_{AEH} + S_{CFG} = S_{ABCD}/4$이다. 마찬가지로, $S_{BFE} + S_{DGH} = S_{ABCD}/4$가 된다. 결국, $S_{ABCD} = 2S_{EFGH} = EG \cdot HF\sin\alpha$이다(단, α는 직선 EG와 HF사이의 각). $\sin\alpha \leq 1$이므로, $S_{ABCD} \leq EG\cdot HF$가 성립한다. 등식 $\overrightarrow{EG} = \overrightarrow{EB} + \overrightarrow{BC} + \overrightarrow{CG}$와 $\overrightarrow{EG} = \overrightarrow{EA} + \overrightarrow{AD} + \overrightarrow{DG}$를

더하면, $2\overrightarrow{EG} = (\overrightarrow{EB} + \overrightarrow{EA}) + (\overrightarrow{BC} + \overrightarrow{AD}) + (\overrightarrow{DG} + \overrightarrow{CG}) = \overrightarrow{BC} + \overrightarrow{AD}$가 얻어진다. 그러므로, $EG \le (BC + AD)/2$이다. 마찬가지로, $HF \le (AB + CD)/2$이다. 결국, $S_{ABCD} \le EG \cdot HF \le (AB + CD)(BC + AD)/4$가 성립한다.

9.32. 문제 9.31에 의해, $S_{ABCD} \le (AB + CD)(BC + AD)/4$가 성립한다. $ab \le (a + b)^2/4$이므로, $S_{ABCD} \le (AB + CD + AD + BC)^2/16 = 1$이다.

9.33. 점 B, C에서 직선 AM에 수선 BB_1, CC_1을 긋자. 그러면, $BB_1 + CC_1 \le BC$이므로, $2S_{AMB} + 2S_{AMC} = AM \cdot BB_1 + AM \cdot CC_1 \le AM \cdot BC$가 성립한다. 마찬가지로, $2S_{BMC} + 2S_{BMA} \le BM \cdot AC$, $2S_{CMA} + 2S_{CMB} \le CM \cdot AB$가 성립한다. 이들 부등식을 더하면, 구하는 것을 얻을 수 있다.

9.34. 변 $A_1A_2, A_2A_3, \cdots, A_nA_1$에 점 $B_1, \cdots, B_n$을 잡고, O는 원의 중심이라 하자. $S_k = S_{OB_kA_{k+1}B_{k+1}} = (OA_{k+1} \cdot B_kB_{k+1} \sin\varphi)/2$라 하자(단, φ는 OA_{k+1}와 B_kB_{k+1}사이의 각). $OA_{k+1} = R$, $\sin\varphi \le 1$이며, $S_k \le (R \cdot B_kB_{k+1})/2$이다. 그러므로, $S = S_1 + \cdots + S_n \le R(B_1B_2 + \cdots + B_nB_1)/2$, 즉 다각형 $B_1B_2\cdots B_n$의 둘레는 $2S/R$보다 작지 않다.

9.35. $2S_{AOB} \le AO \cdot OB \le (AO^2 + BO^2)/2$이 성립하고, 등호는 $\angle AOB = 90°$, $AO = BO$인 경우에만 가능하다. 마찬가지로, $2S_{BOC} \le (BO^2 + CO^2)/2, 2S_{COD} \le (CO^2 + DO^2)/2$, $2S_{DOA} \le (DO^2 + AO^2)/2$이 성립한다. 이들 부등식을 더하면, $2S = 2(S_{AOB} + S_{BOC} + S_{COD} + S_{DOA}) \le AO^2 + BO^2 + CO^2 + DO^2$을 얻을 수 있다. 이때, 등호는 $AO = BO = CO = DO$이고, $\angle AOB = \angle BOC = \angle COD = \angle DOA = 90°$인 경우, 즉 $ABCD$가 정사각형이며, 점 O가 정사각형의 중심인 경우에만 성립한다.

9.36. $S_{ABC}/S_{AMN} \ge 4$를 증명해야 한다. $AB = AM + MB = AM + AN = AN + NC = AC$이므로, 다음이 성립한다.

$$\frac{S_{ABC}}{S_{AMN}} = \frac{AB \cdot AC}{AM \cdot AN} = \frac{(AM + AN)^2}{AM \cdot AN} \ge 4.$$

9.37. 헤론의 공식에 의해, $S^2 = p(p-a)(p-b)(p-c)$가 성립한다. $p - a = (p_1 - a_1) + (p_2 - a_2)$, $(x+y)^2 \ge 4xy$이므로, $(p-a)^2 \ge 4(p_1 - a_1)(p_2 - a_2)$이다. 마찬가지로, $(p-b)^2 \ge 4(p_1 - b_1)(p_2 - b_2)$, $(p-c)^2 \ge 4(p_1 - c_1)(p_2 - c_2)$, $p^2 \ge 4p_1p_2$이다. 이들 부등식을 서로 곱하면, 구하는 것을 얻을 수 있다.

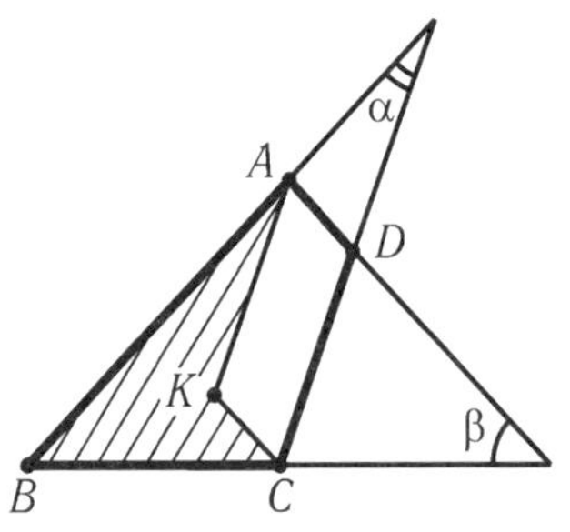

그림 9.9

9.38. 반직선 BA와 CD, BC와 AD가 교차한다고 간주할 수 있다(그림 9.9). 이때, 삼각형 ADC에 보조선을 그어 평행사변형 $ADCK$를 만들면, 점 K는 사각형 $ABCD$의 내부에 속하게 된다. 그러므로, $2S \geq 2S_{ABK} + 2S_{BCK} = AB \cdot AK \sin\alpha + BC \cdot CK \sin\beta = AB \cdot CD \sin\alpha + BC \cdot AD \sin\beta$가 성립한다. 등호는 점 D가 선분 AC에 속하는 경우에 성립한다. 점 D'이 점 D와 선분 AC의 수직이등분선에 대해 대칭이라 하자. 그러면, $2S = 2S_{ABCD'} = 2S_{ABD'} + 2S_{BCD'} \leq AB \cdot AD' + BC \cdot CD' = AB \cdot CD + BC \cdot AD$가 성립한다.

9.39. 산술평균과 기하평균 부등식에 의해, $\alpha = 2\sqrt{bc}, \beta = 2\sqrt{ca}$, $\gamma = 2\sqrt{ab}$이므로, $\frac{a}{\alpha} + \frac{b}{\beta} + \frac{c}{\gamma} \geq 3\sqrt[3]{abc/(\alpha\beta\gamma)} = 3/2$가 성립한다(문제 1.34).

9.40. $\alpha < \alpha_1, \beta < \beta_1$, $\gamma < \gamma_1$은 동시에 성립할 수 없다. 그러므로, 예를 들어 $\alpha_1 \leq \alpha \leq 90°$, 즉 $\sin\alpha_1 \leq \sin\alpha$이다. 결국, $2S_1 = a_1 b_1 \sin\alpha_1 \leq k^2 ab \sin\alpha = 2k^2 S$가 성립한다.

9.41. (a) 현 AE, BD가 지름 CM과 점 K, L에서 교차한다고 하자. 그러면, $AC^2 = CK \cdot CM$, $BC^2 = CL \cdot CM$이 된다. 즉, $CK/CL = AC^2/BC^2 < 4$이다. 게다가, $AE/BD = AE/AC < 2$이다. 결국, $S_{ACE}/S_{BCD} = AE \cdot CK/(BD \cdot CL) < 8$이 성립한다.

(b) H는 선분 BC의 중점이라 하자. $\angle CBD = \angle BCD = \angle ABD$이므로, D는 삼각형 ABC의 각의 이등분선들의 교점이다. 그러므로, $AD/DH = AB/BH > 1$이다. 결국, $S_{MAN} > S_{ABC}/4$, $S_{BCD} = BC \cdot DH/2 < BC \cdot AH/4 = S_{ABC}/2$가 된다.

9.42. 얻어진 다각형으로부터 처음 다각형의 변들에 바깥쪽으로 작도된 한 변이 h인 직사각형들을 잘라내자(그림 9.10). 이때, 처음 다각형 이외에도 반지름이 h인

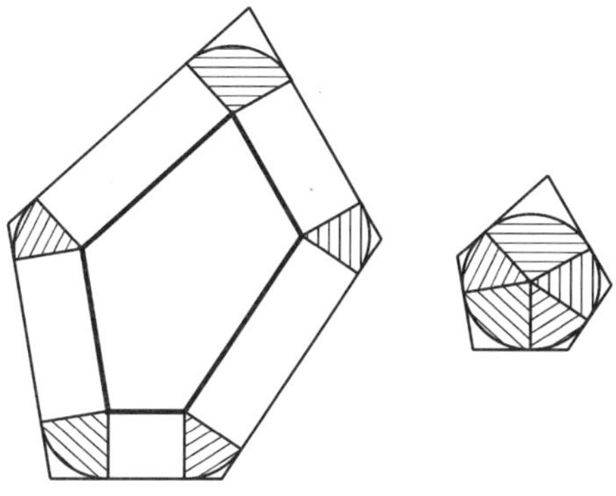

그림 9.10

원에 외접하는 다각형을 만들 수 있는 몇몇 사각형들도 남게 된다. 이들 사각형의 넓이의 합은 반지름이 h인 원의 넓이, 즉 πh^2보다 크다. 그리고, 잘려진 직사각형들의 넓이의 합은 Ph이다.

9.43. $s, s_1, \cdots, s_n$을 정사각형, 정사각형을 만드는 직사각형의 넓이, $S, S_1, \cdots, S_n$은 이들에 외접하는 원의 넓이라 하자. 이제, $s_k \leq 2S_k/\pi$임을 증명하자. 실제로, 직사각형의 변들이 a, b이면, $s_k = ab$, $S_k = \pi R^2$이다(단, $R^2 = \frac{a^2}{4} + \frac{b^2}{4}$). 그러므로, $s_k = ab \leq (a^2 + b^2)/2 = 2\pi R^2/\pi = 2S_k/\pi$이다. 결국, $2S/\pi = s = s_1 + \cdots + s_n \leq 2(S_1 + \cdots + S_n)/\pi$가 된다.

9.44. 편의상, 가장 작은 넓이를 가지는 삼각형을 ABC라 하자. 대각선 AD와 EC의 교점을 F라 하자. 그러면, $S_{ABCDE} < S_{AED} + S_{EDC} + S_{ABCF}$가 성립한다. 점 F가 선분 EC에 속하고 $S_{EAB} \geq S_{CAB}$이므로, $S_{EAB} \geq S_{FAB}$가 된다. 같은 이유로, $S_{DCB} \geq S_{FCB}$이다. 그러므로, $S_{ABCF} = S_{FAB} + S_{FCB} \leq S_{EAB} + S_{DCB}$이다. 결국, $S_{ABCDE} < S_{AED} + S_{EDC} + S_{EAB} + S_{DCB}$가 성립한다.

9.45. (a) 대각선 AD와 CF, CF와 BE, BE와 AD의 교점을 각각 P, Q, R이라 하자(그림 9.11). 변 CP와 QC가 직선 CF에 속하며 선분 AB와 DE는 직선에 대해 다른쪽에 놓여있으므로, 사각형 $ABCP$와 $CDEQ$는 공통의 내부점을 가지지 않는다. 같은 이유로, 사각형 $ABCP, CDEQ$, $EFAR$도 쌍으로 공통의 내부점을 가지지 않는다. 그러므로, 이들의 넓이의 합은 S를 넘지 않는다. 결국, 삼각형 ABP, BCP, CDQ, DEQ, EFR, FAR의 넓이의 합은 S를 넘지 않는다. 즉, 이들 삼각형에서 하나, 예를 들어 삼각형 ABP의 넓이는 $S/6$를 넘지 않는다. 점 P가 선분 CF에 속하므로 점 C 또는 점 F는 직선 AB로부터 점 P보다 멀

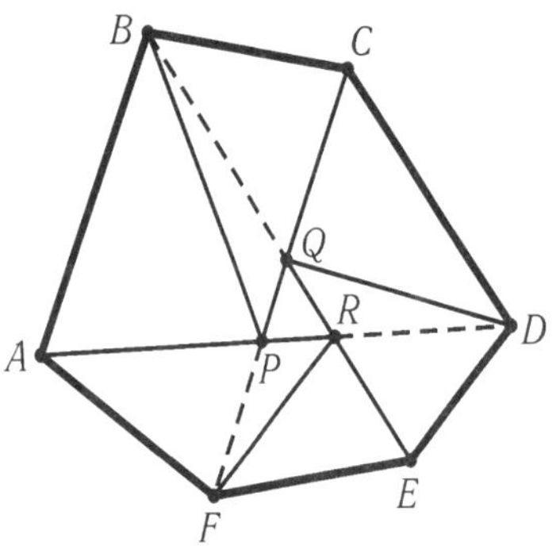

그림 9.11

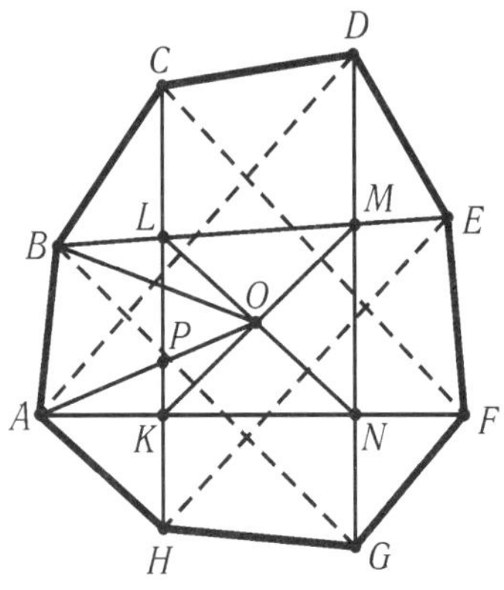

그림 9.12

리 떨어져 있지 않다. 결국, $S_{ABC} \leq S_{ABP} \leq S/6$ 또는 $S_{ABF} \leq S_{ABP} \leq S/6$가 성립한다.

(b) $ABCDEFGH$를 볼록팔각형이라 하자(그림 9.12). 우선, 사각형 $ABEF$, $BCFG$, $CDGH$, $DEHA$가 공통점을 가짐을 증명하자. $ABEF$와 $CDGH$의 교집합은 어떤 볼록사각형 $KLMN$이다. 선분 AF와 HC는 각각 각 DAH와 AHE의 내부에 속하므로, 점 K는 사각형 $DEHA$의 내부에 속한다. 같은 방법으로, 점 M이 사각형 $DEHA$의 내부에 속한다는 것, 즉 모든 선분 KM이 사각형의 내부에 속한다는 것이 증명된다. 같은 이유로, 선분 LN은 사각형 $BCFG$의 내부에 속하게 된다. 대각선 KM과 LN의 교점은 우리의 모든 사각형에 속하게 되는데, 이를 점 O라 하자. 점 O를 팔각형의 꼭지점들과 연결하여, 팔각형을 삼각형들로 분할하자. 이들 삼각형 중에서 하나, 예를 들어 삼각형 ABO의 넓이는 $S/8$를 넘지 않는다. 선분 AO는 변 KL과 어떤 점 P에서 교차하므로, $S_{ABP} \leq S_{ABO} \leq S/8$이다. 점 P는 대각선 CH에 속하므로, $S_{ABC} \leq S_{ABP} \leq S/8$ 또는 $S_{ABH} \leq S_{ABP} \leq S/8$가 성립한다.

9.46. 다각형의 모든 꼭지점을 지나며 정사각형 변들의 한 쌍에 평행한 직선들을 작도하고, 이들로 정사각형을 띠들로 분할하자. 그러한 각각의 띠는 다각형으로부터 사다리꼴 또는 삼각형을 잘라낸다. 이들 사다리꼴의 밑변들 중의 하나의 길이가 0.5보다 크다는 것을 증명하면 된다. 모든 사다리꼴의 밑변의 길이가 0.5를 넘지 않는다고 가정하자. 그러면, 각각의 사다리꼴의 넓이는 사다리꼴을 포함하는 띠의 높이의 절반을 넘지 않는다. 그러므로, 분할되어 얻어진 삼각형들과 사각형들의 넓이의 합과 같은 다각형의 넓이는 띠들의 높이의 합의 절반, 즉 0.5를 넘지 못한다. 이로부터, 모순이 유도된다.

9.47. (a) $P_1, \cdots, P_n$을 주어진 점들이라 하자. 점 P_1을 정사각형의 꼭지점들과 연결하자. 그러면, 네 개의 삼각형이 얻어진다. 그리고 나서, $k = 2, \cdots, n$에 대해 다음 조작을 계속한다. 만약, 점 P_k가 이미 얻어진 삼각형들 중 하나의 내부에 속하면, 점을 그 삼각형의 꼭지점들과 연결하자. 만약, 점 P_k가 두 삼각형의 공통변에 속하면, 점을 이들 삼각형에서 공통변과 마주보는 꼭지점들과 연결하자. 두 가지 모든 경우에 대해, 그러한 조작을 각각 수행한 후에 삼각형의 개수는 두 배로 증가된다. 결국, $2(n+1)$개의 삼각형을 얻게 된다. 이들 삼각형의 넓이의 합은 1이고, 그러므로 이들 중에서 하나의 넓이는 $1/(2(n+1))$을 넘지 않는다.

(b) 주어진 점들을 포함하는 가장 작은 볼록다각형을 생각하자. 가령, 볼록다각형이 k개의 꼭지점을 가진다고 하자. 만약, $k = n$이면, 한 꼭지점에서 나오는 대각선들로 k각형을 $n-2$개의 삼각형으로 분할할 수 있다. 만약, $k < n$이면, k각형의 내부에 $n-k$개의 점이 속하며, 다각형을 앞 문제에 제시된 방법으로 삼각형들로 분할할 수 있다. 이때, $k+2(n-k-1) = 2n-k-2$개의 삼각형을 얻게 된다. $k < n$이므로, $2n-k-2 > n-2$가 된다. 분할 삼각형들의 넓이의 합은 1보다 작고, 이들의 개수는 $n-2$보다 작지 않으므로, 삼각형들 중에서 적어도 하나의 넓이는 $1/(n-2)$을 넘지 않는다.

9.48. (a) 직선들 A_iB_i가 주어진 원의 중심 O에서 교차하도록, 외접n각형 $A_1 \cdots A_n$과 내접n각형 $B_1 \cdots B_n$이 위치해 있다고 생각할 수 있다. C_i, D_i는 변 A_iA_{i+1}와 B_iB_{i+1}의 중점이라 하자. 그러면, $S_{OB_iC_i} = p \cdot OB_i \cdot OC_i, S_{OB_iD_i} = p \cdot OB_i \cdot OD_i$, $S_{OA_iC_i} = p \cdot OA_i \cdot OC_i$가 성립한다(단, $p = (\sin A_iOC_i)/2$). $OA_i : OC_i = OB_i : OD_i$이므로, $S^2_{OB_iC_i} = S_{OB_iD_i} S_{OA_iC_i}$가 된다. 이제, 각 A_iOC_i의 내부에 속한 원의 부분의 넓이는 $S_{OB_iC_i}$보다 크고, 이 각의 내부에 포함된 내접n각형, 외접n각형의 넓이는 $S_{OB_iD_i}$, $S_{OA_iC_i}$ 임을 생각하면 된다.

(b) 원의 반지름을 R이라 하자. 그러면, $P_1 = 2nR\sin(\pi/n), P_2 = 2nR\tan(\pi/n)$, $L = 2\pi R$이 성립한다. 이제, $\sin x \tan x > x^2$을 증명하면 된다(단, $0 < x \leq \pi/3$). $\left(\frac{\sin x}{x}\right)^2 \geq \left(1 - \frac{x^2}{6}\right)^2 = 1 - \frac{x^2}{3} + \frac{x^4}{36}$, $0 < \cos x \leq 1 - \frac{x^2}{2} + \frac{x^2}{24}$이므로(이 장의 부록 참조), $1 - \frac{x^2}{3} + \frac{x^4}{36} \geq 1 - \frac{x^2}{2} + \frac{x^4}{24}$, 즉 $12x^2 > x^4$을 확인하면 된다. $x \leq \pi/3$에 대해, 이 부등식은 성립한다.

9.49. O를 내접원을 외접원으로 보내는 중심닮음변환의 중심이라 하자. 점 O를 시작점으로 하며 다각형의 꼭지점들, 다각형과 내접원의 접점들을 지나는 반직선으로 평면을 분할하자(그림 9.13). 이제, 이들 반직선에 의해 만들어진 각들 각각의 내부에 속하는 다각형과 원들의 부분에 대해 구하는 부등식을

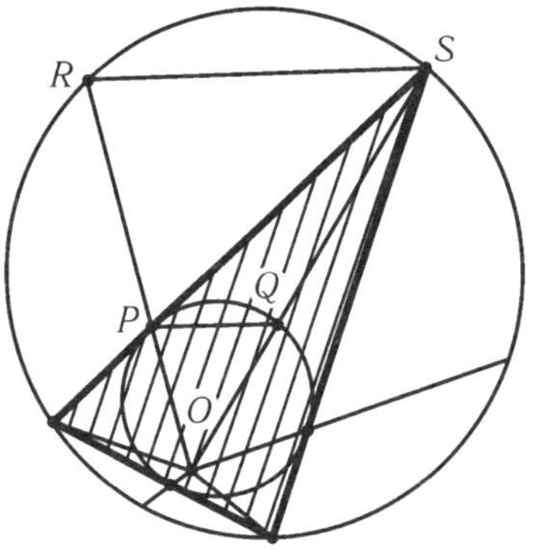

그림 9.13

증명하면 된다. 각의 변들이 내접원, 외접원과 각각 P, Q, R, S에서 교차한다고 하고, P는 접점, S는 다각형의 꼭지점이라 하자. 원들의 부분들의 넓이는 삼각형 OPQ, ORS의 넓이보다 크므로, $2S_{OPS} \leq S_{OPQ} + S_{ORS}$를 증명하면 된다. $2S_{OPS} = 2S_{OPQ} + 2S_{PQS}$, $S_{ORS} = S_{OPQ} + S_{PQS} + S_{PRS}$이므로, $S_{PQS} \leq S_{PRS}$를 증명하면 된다. PQ, RS에 그은 삼각형 PQS, PRS의 높이가 같고, $PQ < RS$이므로, 이 부등식은 자명하다.

9.50. 두 삼각형이 원의 중심 O를 포함한다는 것을 증명하면 된다. 만약, 반지름이 1인 원에 놓인 삼각형 ABC가 원의 중심을 포함하지 않으면, 삼각형의 넓이는 1보다 작다는 것을 증명하자. 실제로, 삼각형의 외부에 놓인 임의의 점에 대해, 두 꼭지점을 지나며 이 점을 세 번째 꼭지점과 분리시키는 직선을 찾을 수 있다. 가령, 직선 AB가 점 C와 O를 분리시킨다고 하자. 그러면, $h_c < 1$, $AB < 2$이므로, $S = h_c \cdot AB/2 < 1$이 성립한다.

9.51. (a) 다각형의 변들에 대해 안쪽으로 두 번째 변이 $R = S/P$인 직사각형들을 작도하자. 이들은 전체 다각형을 덮지는 못한다(이들 직사각형은 겹치게 되며 다각형의 경계 밖으로 나올 수 있지만, 이들의 넓이의 합은 다각형 넓이와 같다). 덮이지 않은 점은 다각형의 모든 변들로부터 R까지의 거리보다 더 멀리 떨어져 있으므로, 반지름이 R이고 이 점이 중심인 원은 완전히 다각형의 내부에 속하게 된다.

(b) 문제 (a)로부터, 내부다각형에 반지름이 S_2/P_2인 원을 넣을 수 있다는 것을 알 수 있다. 그리고, 이 원은 외부다각형의 안에 속한다. 이제, 다각형의 안쪽에 반지름이 R인 원이 속하면, $R \leq 2S/P$임을 증명하면 된다. 이를 위해, 원

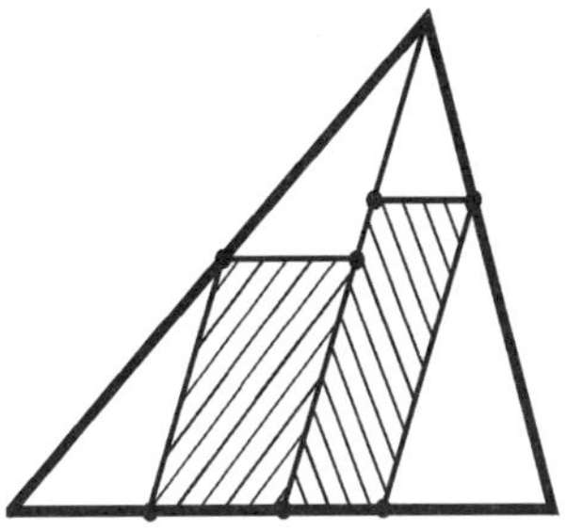

그림 9.14

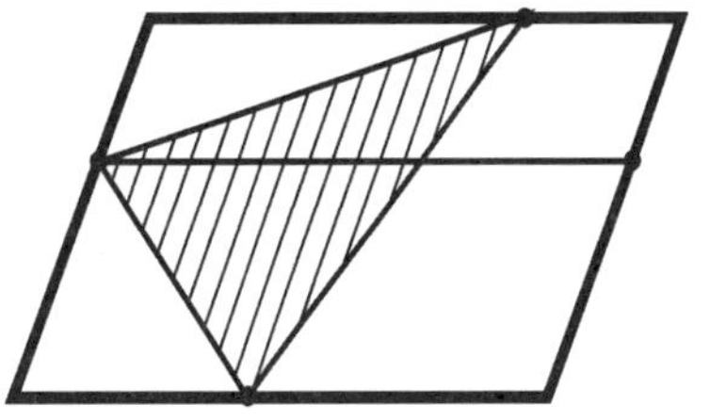

그림 9.15

의 중심 O와 꼭지점들을 연결하자. 그러면, 다각형은 넓이가 $h_i a_i/2$인 삼각형들로 분할된다(단, h_i는 점 O에서 i번째 변까지의 거리, a_i는 i번째 변의 길이). $h_i \geq R$이므로, $2S = \sum h_i a_i \geq \sum R a_i = RP$가 성립한다.

9.52. 우선, 평행사변형의 두 변이 직선 AB, AC에 속하고, 네 번째 꼭지점 X가 변 BC에 속하는 경우를 살펴보자. 만약, $BX : CX = x : (1-x)$이면, 평행사변형과 삼각형의 넓이의 비는 $2x(1-x) \leq 1/2$과 같다. 일반적인 경우로, 주어진 평행사변형의 변들의 쌍을 포함하는 평행한 직선들을 작도하자(그림 9.14). 주어진 평행사변형의 넓이는 빗금 친 평행사변형의 넓이의 합을 넘지 못하며, 이들은 위에서 살펴본 경우로 귀착된다. 만약, 주어진 평행사변형의 변들의 쌍을 포함하는 직선들이 삼각형의 두 변과 교차하면, 살펴본 경우로 귀착된다.

9.53. 우선 다음 경우를 살펴보자: 삼각형 ABC의 두 꼭지점 A, B가 평행사변형의 한 변 PQ에 속한다. 그러면, $AB \leq PQ$이고, 변 AB에 그은 높이는 평행사변형의 높이보다 크지 않다. 그러므로, 삼각형 ABC의 넓이는 평행사변형 넓이의 절반보다 크지 않다. 만약, 삼각형의 꼭지점들이 평행사변형의 다른 변에 속하면, 이들 중에서 두 개는 대변에 속하게 된다. 삼각형의 세 번째 꼭지점을 지나 이들 변에 평행한 직선을 작도하자(그림 9.15). 이 직선은 평행사변형을 두 개의 평행사변형으로, 삼각형을 두 개의 삼각형으로 분할하며, 이때 두 삼각형에서 두 꼭지점은 평행사변형의 변들에 속한다. 그러면, 살펴본 경우로 귀착되게 된다.

9.54. M을 주어진 예각삼각형 ABC의 가장 긴 변 BC의 중점이라 하자. 반지름이 MA이고 중심이 M인 원은 반직선 MB, MC와 점 B_1, C_1에서 교차한다. $\angle BAC < 90°$이므로, $MB < MB_1$이다. 편의상, $\angle AMB \leq \angle AMC$, 즉

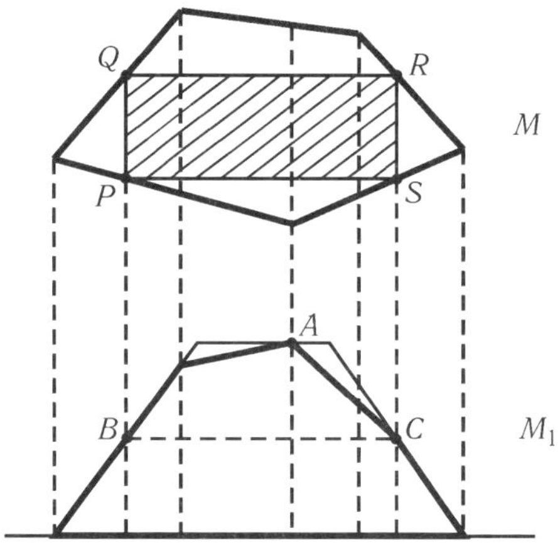

그림 9.16

$\angle AMB \le 90°$라고 하자. 그러면, $AM^2 + MB^2 \le AB^2 \le BC^2 = 4MB^2$, 즉 $AM \le \sqrt{3}BM$이 성립한다. 만약, AH가 삼각형 ABC의 높이라면, $AH \cdot BC = 2$, 즉 $S_{AB_1C_1} = B_1C_1 \cdot AH/2 = AM \cdot AH \le \sqrt{3}BM \cdot AH = \sqrt{3}$이 성립한다.

9.55. (a) AB를 주어진 다각형 M의 가장 긴 대각선 또는 변이라 하자. 다각형 M은 선분 AB에 직교하며 점 A, B를 지나는 수선들에 의해 만들어진 띠에 속한다. 다각형 M에 AB와 평행하는 두 받침선(supporting line)을 그어, 다각형 M과 점 C, D에서 교차하도록 하자. 그러면, 다각형 M은 넓이가 $2S_{ABC} + 2S_{ABD} \le 2S$인 직사각형에 포함되게 된다.

(b) M을 처음 다각형, l을 임의의 직선이라 하자. 다각형 M_1을 생각하여, M_1의 변들 중 하나는 직선 l에 대한 M의 사영이며, l에 직교하는 임의의 직선에 의한 다각형 M과 M_1의 절단이 같도록 하자(그림 9.16). 쉽게, 다각형 M_1이 볼록 도형이며, 넓이가 S임을 확인할 수 있다. A를 l에서 가장 멀리 떨어진 다각형 M_1의 점이라 하자. 점 A와 l로부터 같은 거리만큼 떨어진 직선이 다각형 M_1과 점 B, C에서 교차한다. 점 B, C를 지나는 받침선들을 작도하자. 그러면, 다각형 M_1의 둘레를 사다리꼴이 외접하게 되며(점 A를 지나는 받침선을 작도할 수 있음), 이 사다리꼴의 넓이는 S보다 작지 않다. 만약, 사다리꼴의 높이(점 A에서 직선 l까지의 거리)가 h라면, 사다리꼴의 넓이는 $h \cdot BC$, 즉 $h \cdot BC \ge S$가 된다. l에 직교하며 B,C를 지나는 직선들에 의한 다각형 M의 절단 PQ, RS를 생각하자. 이들 절단의 길이는 $h/2$이므로, $PQRS$는 평행사변형이고, 이것의 넓이는 $BC \cdot h/2 \ge S/2$이다.

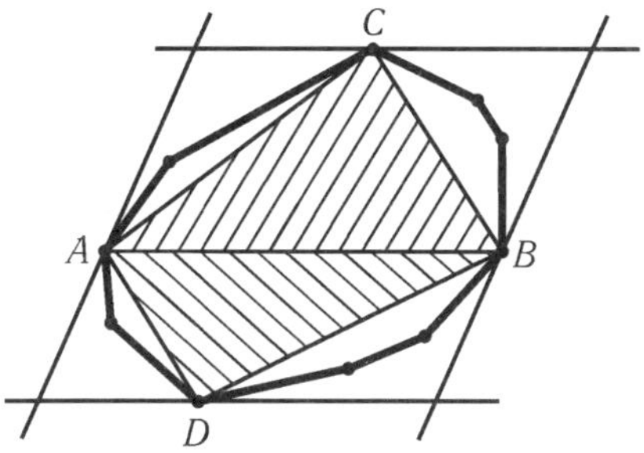

그림 9.17

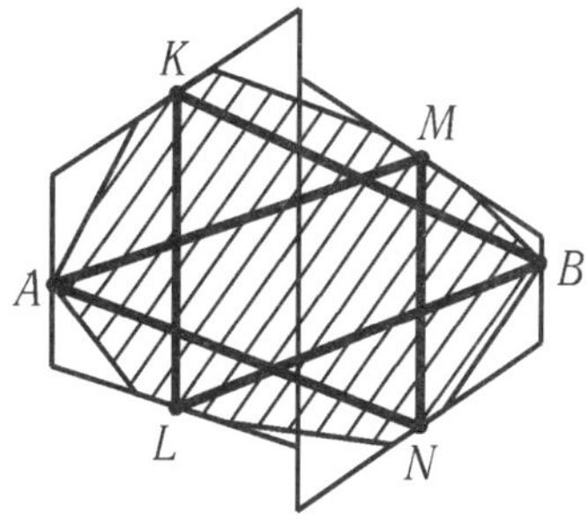

그림 9.18

9.56. (a) 다각형이 평행한 직선들에 의해 만들어진 띠에 포함되도록 하자. 이들 직선을 평행하게 계속 움직여 다각형의 어떤 꼭지점 A, B가 직선에 놓이도록 만들자. 그리고 나서, AB에 평행한 직선들로 만들어진 띠에 대해서도 같은 조작을 계속하자. 이들 직선에 어떤 꼭지점 C, D가 놓이게 하자(그림 9.17). 처음 다각형은 평행사변형 속에 둘러싸이게 되므로, 평행사변형의 넓이는 1보다 작지 않다. 한편, 삼각형 ACB, ADB의 넓이의 합은 평행사변형 넓이의 절반과 같으므로, 이들 삼각형 중 하나의 넓이는 1/4보다 작지 않다.

(b) 문제 (a)에서와 같이, 다각형을 평행한 직선들로 만들어진 띠에 포함되도록 하자. 이때, 꼭지점 A, B는 이들 직선에 속한다(그림 9.18). 이 띠의 폭을 d라 하자. 이 띠를 폭이 $d/4$인 같은 띠들로 분할하는 세 직선을 작도하자. 첫 번째와 세 번째 직선이 다각형의 변들과 각각 점 K, L, M, N에서 교차한다고 하자. 점 K, L, M, N이 속한 변들을 처음 띠의 변들, 띠를 이등분하는 직선과 각각 교차하도록 연장하자. 이때, 중간선이 KL, MN이고 높이가 $d/2$인 두 사다리꼴이 만들어진다. 이들 사다리꼴은 전체 다각형을 덮으므로, 이들의 넓이의 합은 다각형의 넓이, 즉 $(d \cdot KL + d \cdot MN)/2 \geq 1$보다 작지 않다. 처음 다각형에 포함되는 삼각형 AMN, BKL의 넓이의 합은 $(3d \cdot MN + 3d \cdot KL)/8 \geq 3/4$이다. 그러므로, 이들 삼각형 중 하나의 넓이는 3/8보다 작지 않다.

9.57. 문제의 조건을 만족시키는 연속하는 세 꼭지점을 찾을 수 있음을 증명하자. α_i를 i번째 변과 $(i+1)$번째 변들 사이의 각이라 하고, $\beta_i = \pi - \alpha_i$이고, a_i는 i번째 변의 길이라 하자.

(a) i와 $(i+1)$번째 변에 의해 만들어진 삼각형 넓이는 $S_i = (a_i a_{i+1} \sin \alpha_i)/2$이다. S를 이들 넓이의 최소값이라 하자. $2S \leq a_i a_{i+1} \sin \alpha_i$이므로, $(2S)^n \leq (a_1^2 \cdots a_n^2)(\sin \alpha_1 \cdots \sin \alpha_n) \leq a_1^2 \cdots a_n^2$가 된다. 산술평균과 기하평균 부등식에

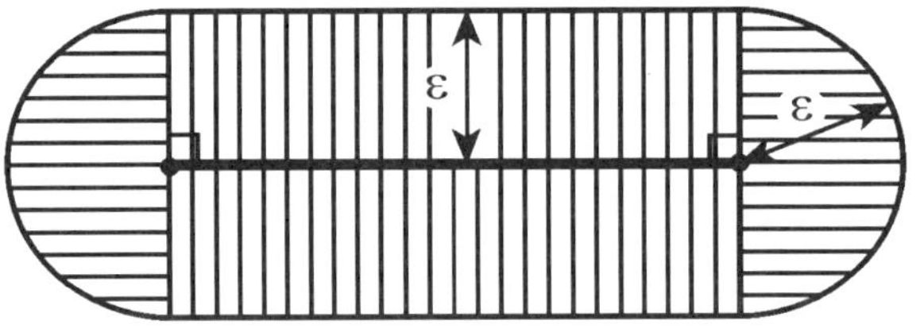

그림 9.19

의해, $(a_1 \cdots a_n)^{1/n} \le (a_1 + \cdots + a_n)/n$이므로, $2S \le (a_1 \cdots a_n)^{2/n} \le (a_1 + \cdots + a_n)^2/n^2$이다. $a_i \le p_i + q_i$이므로(단, p_i와 q_i는 i번째 변을 정사각형의 수평변과 수직변에 사영시킨 것임), $a_1 + \cdots + a_n \le (p_1 + \cdots + p_n) + (q_1 + \cdots + q_n) \le 4$가 된다. 그러므로, $2S \le 16n^2$, 즉 $S \le 8/n^2$이다.
(b) 부등식 $2S \le (a_1 \cdots a_n)^{2/n}(\sin\alpha_1 \cdots \sin\alpha_n)^{1/n} \le \frac{16}{n^2}(\sin\alpha_1 \cdots \sin\alpha_n)^{1/n}$을 이용하자. $\sin\alpha_i = \sin\beta_i$, $\beta_1 + \cdots + \beta_n = 2\pi$이므로, $(\sin\alpha_1 \cdots \sin\alpha_n)^{1/n} = (\sin\beta_1 \cdots \sin\beta_n)^{1/n} \le (\beta_1 + \cdots + \beta_n)/n = 2\pi/n$가 성립한다. 그러므로, $2S \le 32\pi/n^3$, 즉 $S \le 16\pi/n^3$이다.

9.58. l_i를 꺾인선의 i번째 선분의 길이라 하고, a_i와 b_i를 i번째 선분의 정사각형의 변들에 대한 사영이라 하자. 그러면, $l_i \le a_i + b_i$가 성립한다. 결국, $1000 = l_1 + \cdots + l_n \le (a_1 + \cdots + a_n) + (b_1 + \cdots + b_n)$, 즉 $a_1 + \cdots + a_n \ge 500$이거나 $b_1 + \cdots + b_n \ge 500$이 성립한다. 만약, 길이가 1인 선분들의 변에 대한 사영의 합이 500보다 작지 않으면, 변의 점들 중 하나로 꺾인선의 서로 다른 500개보다 적지 않은 선분들이 사영된다. 즉, 이 점을 지나는 변에 대한 수선은 꺾인선과 적어도 500개의 점에서 교차한다.

9.59. 주어진 선분에서 ϵ보다 멀지 않게 떨어진 점들의 기하학적 위치는 그림 9.19에 제시되어 있다. 이 도형의 넓이는 $\pi\epsilon^2 + 2\epsilon l$이다(단, l은 선분의 길이). 주어진 꺾인선의 모든 N개의 선분에 대해 그러한 도형들을 작도하자. 인접하는 도형들은 꺾인선의 끝점이 아닌 꼭지점들에서 중심을 가지며 반지름이 ϵ인 $N-1$개의 공통원을 가지므로, 이들 도형에 의해 덮힌 넓이는 $N\pi\epsilon^2 + 2\epsilon(l_1 + \cdots + l_n) - (N-1)\pi\epsilon^2 = 2\epsilon L + \pi\epsilon^2$을 넘지 않는다. 정사각형의 임의의 점은 꺾인선의 어떤 점으로부터 ϵ보다 작게 떨어져 있으므로, 이들 도형은 전체 정사각형을 덮는다. 그러므로, $1 \le 2\epsilon L + \pi\epsilon^2$, 즉 $L \ge \frac{1}{2\epsilon} - \frac{\pi\epsilon}{2}$이 성립한다.

9.60. 정사각형을 각각 n개의 점들을 포함하는 n개의 수평띠들로 분할하자. 각 띠의

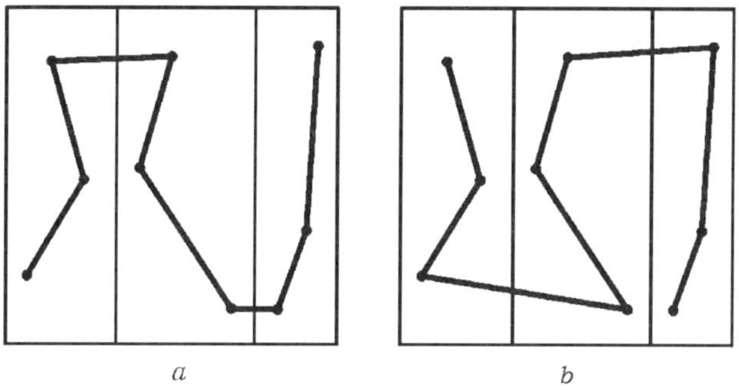

그림 9.20

내부점들을 위에서 아래로 연결하여 n개의 꺾인선을 얻을 수 있다. 이들 꺾인선은 두 가지 방법으로 하나의 꺾인선으로 연결시킬 수 있다(그림 9.20(a, b)). 다른 띠들을 연결하는 선분들을 살펴보자. 이들 두 방법으로부터 얻어진 그러한 모든 선분들의 합집합은 꺾인선들의 쌍이며, 이들 각 꺾인선의 선분들의 수평사영 길이의 합은 1을 넘지 않는다. 그러므로, 방법들 중 하나에 대해, 연결하는 선분들의 수평사영 길이의 합은 1을 넘지 않는다. 이 연결을 살펴보자. 연결하는 선분들에 대한 수평사영 길이의 합은 1을 넘지 않고, 모든 나머지 선분들에 대해서는 $(n-1)(h_1+\cdots+h_n)$을 넘지 않는다(단, h_i는 i번째 띠의 폭임). 그리고, $h_1+\cdots+h_n=1$이 성립한다. 꺾인선의 모든 선분들의 수직사영의 합은 n을 넘지 않는다. 결국, 모든 선분들의 수평사영과 수직사영의 합은 $1+(n-1)+n=2n$을 넘지 않으므로, 꺾인선의 길이는 $2n$을 넘지 않는다.

9.61. M, N을 꺾인선의 끝점이라 하자. M에서 N으로 꺾인선을 따라 이동하도록 하자. 꺾인선에서 정사각형의 어떤 꼭지점으로부터 0.5만큼 떨어진 우리와 마주친 첫 번째 점을 A_1이라 하자. 이 꼭지점과 인접한 정사각형의 꼭지점들을 생각하자. B_1을 이 점들 중의 하나로부터 0.5만큼 떨어진 꺾인선의 A_1 다음의 첫 번째 점이라 하자. 점 A_1, B_1에 가장 가까운 정사각형의 꼭지점들을 각각 A, B라 하자(그림 9.21). M에서 A_1까지의 꺾인선의 부분을 L_1, A_1에서 N까지를 L_2로 나타내자. X, Y를 AD에 속하며 L_1과 L_2에서 각각 0.5보다 멀지 않게 떨어진 점들의 집합이라 하자. 조건에 의해, X와 Y는 변 AD의 전체를 덮는다. 그리고, A는 X에 속하고, D는 X에 속하지 않으므로, D는 Y에 속한다. 즉, 두 집합 X, Y는 공집합이 아니다. 그리고, 이들 각각은 몇몇 개의 선분들로 구성되므로, 이들은 공통점 P를 가져야 한다. 결국, L_1과 L_2에 $PF_1 \le 0.5$와 $PF_2 \le 0.5$를 만족시키는 점 F_1, F_2가 존재한다. 이제, F_1, F_2가 구하는 점들임

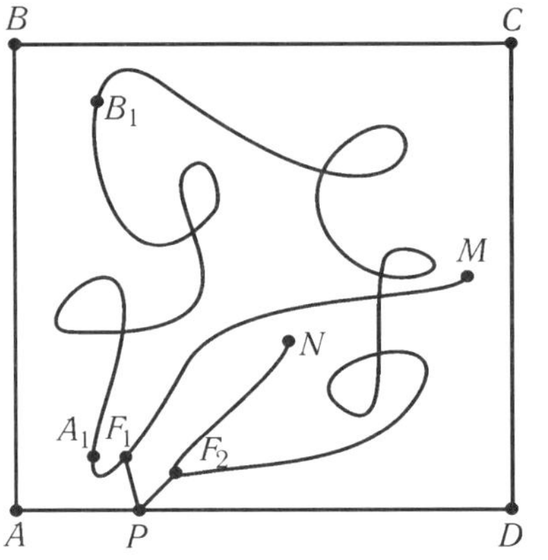

그림 9.21

을 증명하자. 실제로, $F_1F_2 \le F_1P + PF_2 \le 1$이다. 한편, F_2에서 F_1으로 가면, 점 B를 지나야 하고, $F_1B_1 \ge 99$, $F_2B_1 \ge 99$이다. 왜냐 하면, 점 B_1은 변 BC로부터 0.5보다 멀지 않게 떨어져 있고, F_1과 F_2는 변 AD로부터 0.5보다 멀지 않게 떨어져 있기 때문이다.

9.62. $\angle A = \angle B$라 하자. 만약, $AD < BC$이면, $\angle D > \angle C$임을 증명하면 된다. 변 BC에 점 D_1을 $BD_1 = AD$가 되도록 잡자. 그러면, ABD_1D는 등변사다리꼴이 된다. 그러므로, $\angle D > \angle D_1DA = \angle DD_1B > \angle C$가 된다.

9.63. B_1, C_1은 점 B, C를 밑변 AD에 사영시킨 점이라 하자. $\angle BAB_1 < \angle CDC_1$, $BB_1 = CC_1$이므로, $AB_1 > DC_1$이고, 그러므로 $B_1D < AC_1$이 성립한다. 결국, $BD^2 = B_1D^2 + B_1B^2 < AC_1^2 + CC_1^2 = AC^2$이다.

9.64. 사각형 $ABCD$의 각 B, D가 둔각이라고 하자. 그러면, 점 B와 D는 지름이 AC인 원의 내부에 놓여있다. 원의 내부에 속한 임의의 두 점 사이의 거리는 지름보다 작으므로, $BD < AC$이다.

9.65. 등변사다리꼴 $ABCD$에서 대각선 AC와 BD가 같다. 그러므로, $BM + (AM + CM) \ge BM + AC = BM + BD \ge DM$이 성립한다.

9.66. O를 선분 BD의 중점이라 하자. 점 A는 지름이 BD인 원의 내부에 놓여있으므로, $OA < BD/2$가 성립한다. 게다가, $FO = CD/2$이다. 결국, $2FA \le 2FO + 2OA < CD + BD$가 성립한다.

9.67. 반직선 AB, AC, AD에 길이가 각각 $1/AB, 1/AC$, $1/AD$인 선분 AB', AC', AD'을 잡자. 그러면, $AB : AC = AC' : AB'$, 즉 $\triangle ABC \sim \triangle AC'B'$이 성립한다. 이들 삼각형의 닮음비는 $1/(AB\cdot AC)$이므로, $B'C' = BC/(AB\cdot AC)$이다. 마찬가지 이유로, $C'D' = CD/(AC\cdot AD)$, $B'D' = BD/(AB\cdot AD)$가 성립한다. 이들 식을 부등식 $B'D' \le B'C' + C'D'$에 대입하고, 양변에 $AB\cdot AC\cdot AD$를 곱하면, 구하는 것을 얻게 된다.

9.68. $S_{ABCD} = S_{ABC} + S_{ACD} = 2S_{AMC} + 2S_{ANC} = 2(S_{AMN} + S_{CMN})$이 성립한다. 만약, 선분 AM이 대각선 BD와 점 A_1에서 교차하면, $S_{CMN} = S_{A_1MN} < S_{AMN}$이 된다. 즉, $S_{ABCD} < 4S_{AMN}$이 성립한다.

9.69. 대각선 AC와 BD가 점 O에서 교차한다. 편의상 점 P가 삼각형 AOB의 내부에 놓여있다고 하자. 그러면, $AP + BP \le AO + BO < AC + BD$(문제 9.28의 풀이), $CP + DP < CB + BA + AD$가 성립한다.

9.70. r_i, S_i, p_i를 얻어진 삼각형들의 내접원의 반지름, 넓이, 둘레라 하자. 그러면, $Q \ge 2\sum r_i = 2\sum(S_i/p_i) > 4\sum(S_i/P) = 4S/P$가 성립한다.

9.71. $AC \le BD$라 하자. 점 A, C로부터 대각선 BD에 수선 AA_1, CC_1을 긋자. 그러면, $AA_1 + CC_1 \le AC \le BD$, 즉 $AA_1 \le BD/2$ 또는 $CC_1 \le BD/2$가 성립한다.

9.72. 선분 KL의 끝점들을 지나 이 선분에 직교하는 직선들을 작도하고, 이들 직선에 대한 사각형의 꼭지점들의 사영, 이들 직선과 직선 AC, BD의 교점을 생각하자(그림 9.22). 편의상 점 A가 이들 직선에 의해 주어진 띠의 내부에 놓여있다고 하고, 점 B는 띠의 외부에 놓여있다고 하자. 그러면, 점 D는 $BD > KL$이므로, 띠의 내부에 놓여있다고 할 수 있으며, 증명이 완성된다.

$$\frac{AA'}{BB'} \le \frac{A_1K}{B_1K} = \frac{C_1L}{D_1L} \le \frac{CC'}{DD'}$$

이므로, $AA' \le CC'$(이때 $AC > KL$) 또는 $BB' \ge DD'$(이때 $BD > KL$)이 성립한다.

9.73. 그림 9.23과 같은 표기를 도입하자. 살펴본 모든 평행사변형들은 공통의 중심을 가진다(문제 1.7). 평행사변형 P_3의 변의 길이는 $a + a_1$, $b + b_1$이고, 평행사변형 P_1의 변의 길이는 $a + a_1 + 2x$, $b + b_1 + 2y$이므로, $a + a_1 + 2x \le 2(a + a_1)$ 또는 $b + b_1 + 2y \le 2(b + b_1)$, 즉 $2x \le a + a_1$ 또는 $2y \le b + b_1$을 확인해야 한다.

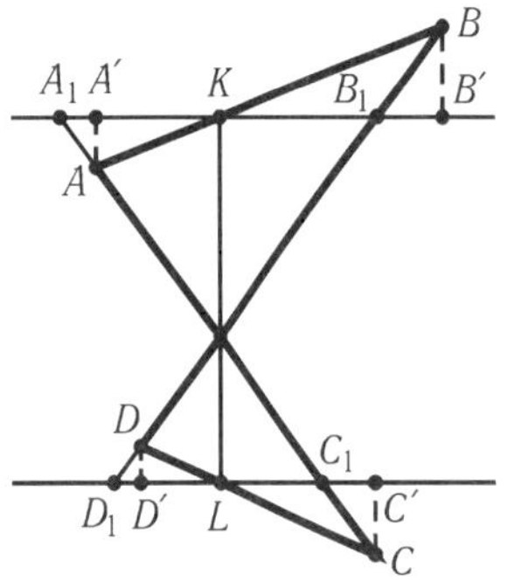

그림 9.22

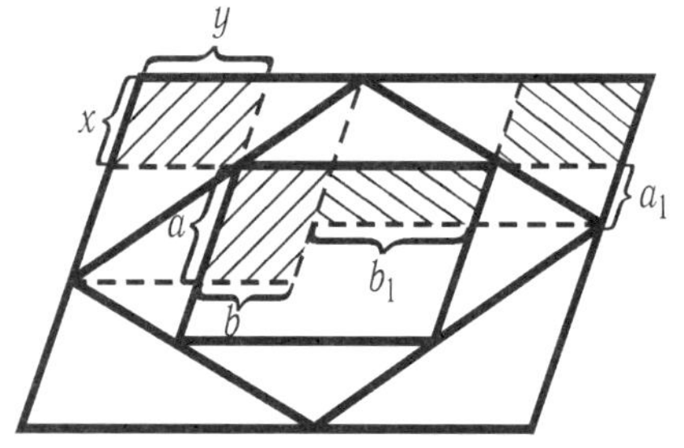

그림 9.23

$a + a_1 < 2x$이고 $b + b_1 < 2y$라고 가정하자. 그러면, $\sqrt{aa_1} \leq (a + a_1)/2 < x$, $\sqrt{bb_1} < y$가 성립한다. 한편, 빗금 친 평행사변형들의 넓이의 상등으로부터(문제 4.19), $ab = xy = a_1b_1$, 즉 $\sqrt{aa_1}\sqrt{bb_1} = xy$를 알 수 있다. 이로부터, 모순이 유도된다.

9.74. 오각형의 각들을 $\alpha, \alpha + \gamma, \alpha + 2\gamma, \alpha + 3\gamma, \alpha + 4\gamma$라 하자(단, $\alpha, \gamma \geq 0$). 오각형의 각들의 합은 3π이므로, $5\alpha + 10\gamma = 3\pi$가 성립한다. 오각형의 볼록성으로부터, 오각형의 모든 각들이 π보다 작다는 것이 유도된다. 즉, $\alpha + 4\gamma < \pi$ 또는 $-5\alpha/2 - 10\gamma > -5\pi/2$가 성립한다. 마지막 부등식을 등식 $5\alpha + 10\gamma = 3\pi$와 더하면, $5\alpha/2 > \pi/2$, 즉 $\alpha > \pi/5 = 36°$를 얻는다.

9.75. $4 = AE^2 = |\overrightarrow{AB} + \overrightarrow{BC} + \overrightarrow{CD} + \overrightarrow{DE}|^2 = |\overrightarrow{AB} + \overrightarrow{BC}|^2 + 2(\overrightarrow{AB} + \overrightarrow{BC}, \overrightarrow{CD} + \overrightarrow{DE}) + |\overrightarrow{CD} + \overrightarrow{DE}|^2$이 성립한다. $\angle ACE = 90°$이므로, $(\overrightarrow{AB} + \overrightarrow{BC}, \overrightarrow{CD} + \overrightarrow{DE}) = (\overrightarrow{AC}, \overrightarrow{CE}) = 0$이다. 그러므로, $4 = |\overrightarrow{AB} + \overrightarrow{BC}|^2 + |\overrightarrow{CD} + \overrightarrow{DE}|^2 = AB^2 + BC^2 + CD^2 + DE^2 + 2(\overrightarrow{AB}, \overrightarrow{BC}) + 2(\overrightarrow{CD}, \overrightarrow{DE})$, 즉 $abc < 2(\overrightarrow{AB}, \overrightarrow{BC})$와 $bcd < 2(\overrightarrow{CD}, \overrightarrow{DE})$를 증명하면 된다. $2(\overrightarrow{AB}, \overrightarrow{BC}) = 2ab\cos(180° - \angle ABC) = 2ab\cos AEC = ab \cdot CE$, $c < CE$이므로, $abc < 2(\overrightarrow{AB}, \overrightarrow{BC})$가 성립한다. 새로운 표기 $A_1 = E, B_1 = D, C_1 = C, a_1 = d, b_1 = c, c_1 = b$를 도입하면 부등식 $bcd < 2(\overrightarrow{CD}, \overrightarrow{DE})$를 $a_1b_1c_1 < 2(\overrightarrow{A_1B_1}, \overrightarrow{B_1C_1})$과 같은 꼴로 쓸 수 있다. 이와 같은 방법으로, 두 번째 부등식이 증명된다.

9.76. B는 주어진 육각형 $A_1 \cdots A_6$의 변 A_1A_2의 중점이라 하고, O는 육각형의 중심이라 하자. 점 P가 삼각형 A_1OB의 내부에 놓여있는 것으로 간주할 수 있다. 그러면, $PA_3 \geq 1$이 된다. 왜냐 하면, 점 A_3에서 직선 BO까지의 거리는 1이다. 그리고, 점 A_4, A_5에서 직선 A_3A_6까지의 거리가 1이므로, $PA_4 \geq 1$,

$PA_5 \geq 1$이 된다.

9.77. 삼각형 ACE, BDF의 내접원의 반지름이 1보다 크다고 가정하자. O를 삼각형 ACE의 외접원의 중심이라 하자. 그러면, $\angle ABC > \angle AOC, \angle CDE > \angle COE$, $\angle EFA > \angle EOA$, 즉 $\angle B + \angle D + \angle F > 2\pi$가 성립한다. 같은 이유로, $\angle A + \angle C + \angle E > 2\pi$, 즉 육각형 $ABCDEF$의 각들의 합은 4π가 된다. 이로부터, 모순이 얻어진다.

참고. 마찬가지 방법으로, 삼각형 ACE, BDF 중의 하나의 외접원의 반지름이 1보다 작지 않음을 증명할 수 있다.

9.78. $AE \leq AC \leq CE$라고 생각할 수 있다. 문제 9.67에 의해, $AD \cdot CE \leq AE \cdot CD + AC \cdot DE < AE + AC \leq 2CE$, 즉 $AD < 2$가 성립한다.

9.79. $\angle A_1 = 180° - \widehat{A_2A_7}/2, \angle A_3 = 180° - \widehat{A_4A_2}/2$, $\angle A_5 = 180° - \widehat{A_6A_4}/2$이므로, $\angle A_1 + \angle A_3 + \angle A_5 = 2 \cdot 180° + (360° - \widehat{A_2A_7} - \widehat{A_4A_2} - \widehat{A_6A_4})/2 = 2 \cdot 180° + \widehat{A_7A_6}/2$이 성립한다. 원의 중심이 칠각형의 내부에 놓여있으므로, $\widehat{A_7A_6} < 180°$이다. 그러므로, $\angle A_1 + \angle A_3 + \angle A_5 < 360° + 90° = 450°$이다.

9.80. (a) c가 직각삼각형의 빗변이고, a와 b가 직각삼각형의 밑변이면, $c \geq (a + b)/\sqrt{2}$, 즉 $(a+b)^2 \leq 2(a^2+b^2)$이 성립함을 증명해야 한다. $(a+b)^2 = (a^2 + b^2) + 2ab \leq (a^2+b^2) + (a^2+b^2) = 2(a^2+b^2)$이 성립한다.

(b) d_i를 다각형의 i번째 변의 길이라 하고, x_i, y_i를 이 변을 좌표축에 사영시켜 얻어진 길이라 하자. 그러면, $x_1 + \cdots + x_n \geq 2a, y_1 + \cdots + y_n \geq 2b$가 성립한다. 문제 (a)에 의해, $d_i \geq (x_i + y_i)/\sqrt{2}$이다. 그러므로, $d_1 + \cdots + d_n \geq (x_1 + \cdots + x_n + y_1 + \cdots + y_n)/\sqrt{2} \geq \sqrt{2}(a+b)$가 성립한다.

9.81. 길이가 P인 선분을 잡고, 이 선분에 다각형의 변을 다음과 같이 놓자: 선분의 한 끝에는 가장 긴 변을 놓고 다른 끝에는 그 다음으로 긴 변을 놓고, 모든 나머지 변들은 이들 사이에 놓자. 다각형의 임의의 변은 $P/2$보다 작고, 선분의 중점 O는 가장 긴 이 두 변의 사이에 놓일 수 없다. 점 O가 놓인 변의 길이는 $P/3$를 넘지 못한다(그렇지 않으면 처음 두 변 또한 $P/3$보다 크게 되며, 세 변의 합이 P보다 크게 된다). 그러므로, 꼭지점들 중의 하나는 점 O로부터 $P/6$보다 크지 않은 거리만큼 떨어져 있다. 이 꼭지점은 선분을 두 개의 구하는 선분들로 분할하게 된다. 왜냐 하면, 이들 길이의 차가 $2 \cdot P/6 = P/3$를 넘지 않는다.

9.82. $\beta_k = \angle OA_kA_{k+1}$이라 하자. 그러면, $x_k \sin\beta_k = d_k = x_{k+1}\sin(\alpha_{k+1} - \beta_{k+1})$이 성립한다. $2\sum d_k = \sum x_k(\sin(\alpha_k - \beta_k) + \sin\beta_k) = 2\sum x_k \sin(\alpha_k/2)\cos(\alpha_k/2 - \beta_k) \leq 2\sum x_k \sin(\alpha_k/2)$이다. 그리고, $A_kA_{k+1} = x_k\cos\beta_k + x_{k+1}\cos(\alpha_{k+1} - \beta_{k+1})$이 성립한다. 그러므로, $2p = \sum A_kA_{k+1} = \sum x_k(\cos(\alpha_k - \beta_k) + \cos\beta_k) = 2\sum x_k\cos(\alpha_k/2)\cos(\alpha_k/2 - \beta_k) \leq 2\sum x_k \cos(\alpha_k/2)$가 성립한다. 모든 경우에서 등호는 $\alpha_k = 2\beta_k$, 즉 O가 내접원의 중심인 경우에만 성립한다.

9.83. 다각형 M_2의 중심 O가 다각형 M_1의 외부에 놓여있다고 가정하자. 그러면, 다각형 M_1과 점 O가 직선 AB의 다른쪽에 놓이도록 하는 다각형 M_1의 변 AB가 존재한다. AB와 평행한 다각형 M_1의 변을 CD라 하자. 직선 AB, CD사이의 거리는 다각형 M_2의 내접원 S의 반지름과 같으므로, 직선 CD는 원 S의 외부에 놓여있다. 한편, 선분 CD는 다각형 M_2의 내부에 놓여있다. 결국, 선분 CD의 길이는 다각형 M_2의 변의 길이의 절반보다 작게 된다(문제 10.66). 이로부터, 모순이 얻어진다.

9.84. A_1을 다각형의 꼭지점 O에 가장 가까운 점이라 하자. 다각형을 꼭지점 A_1을 지나는 대각선들을 이용하여 삼각형들로 분할하자. 점 O는 이들 삼각형 중의 하나, 예를 들면 $A_1A_kA_{k+1}$에 속하게 된다. 만약, 점 O가 변 A_1A_k에 속하면, $\angle A_1OA_k = \pi$이고, 문제가 해결된다. 그러므로, 점 O가 삼각형 $A_1A_kA_{k+1}$의 내부영역에 속한다고 하자. $A_1O \leq A_kO$, $A_1O \leq A_{k+1}O$이므로, $\angle A_1A_kO \leq A_kA_1O$, $\angle A_1A_{k+1}O \leq \angle A_{k+1}A_1O$가 성립한다. 결국, $\angle A_kOA_1 + \angle A_{k+1}OA_1 = (\pi - \angle OA_1A_k - \angle OA_kA_1) + (\pi - \angle OA_1A_{k+1} - \angle OA_{k+1}A_1) \geq 2\pi - 2\angle OA_1A_k - 2\angle OA_1A_{k+1} = 2\pi - 2\angle A_kA_1A_{k+1} = 2\pi - \frac{2\pi}{n}$, 즉 각 A_kOA_1와 $A_{k+1}OA_1$ 중의 하나는 $\pi\left(1 - \frac{1}{n}\right)$보다 작지 않다.

9.85. 주어진 n각형의 가장 긴 대각선(또는 변) AB의 길이를 d라 하자. 그러면, 다각형의 둘레 P는 πd을 넘지 않는다(문제 13.42). 선분 AB에 대한 꼭지점 A_i의 사영을 A_i'이라 하자. 그러면, $\sum AA_i' \geq nd/2$ 또는 $\sum BA_i' \geq nd/2$(문제 9.87)가 성립한다. 편의상 첫 번째 부등식이 성립한다고 하자. 그러면, $n/2 \geq 3.5 > \pi$이므로, $\sum AA_i > \sum AA_i' \geq nd/2 > nd \geq P$가 된다. 꼭지점 A에 충분히 가까운 n각형의 임의의 점이 요구된 성질을 가진다.

9.86. (a) 우선 $\angle A_i > \angle B_i$라 가정하고, 모든 나머지 각들의 쌍에 대해서는 등식이 성립한다고 가정하자. 꼭지점 $A_1, \cdots, A_i$가 $B_1, \cdots, B_i$와 겹쳐지도록 다각형들을 놓자. 삼각형 $A_1A_iA_n$, $A_1A_iB_n$에서 변들 A_iA_n, A_iB_n은 서로 같고

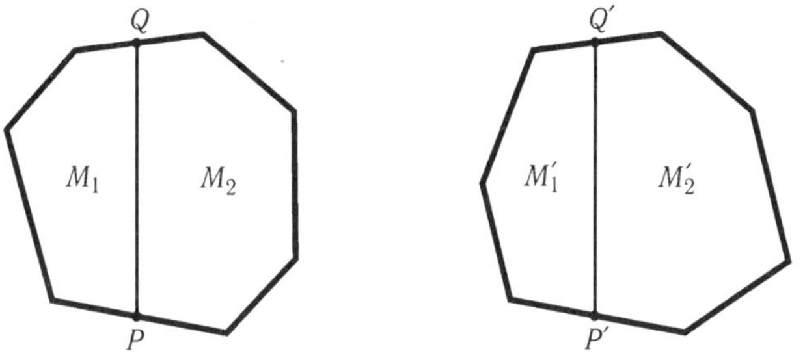

그림 9.24

$\angle A_1A_iA_n > \angle A_1A_iB_n$이므로, $A_1A_n > A_1B_n$이 된다. 만약, 몇몇 각들이 같지 않다면, 다각형 $A_1\cdots A_n$, $B_1\cdots B_n$을 연속하는 고리들이 위에서 살펴본 것과 같은, 다각형들의 사슬에 포함시킬 수 있다.
(b) 다각형을 따라 가면, 마이너스 부호가 플러스로 바뀌는 만큼 플러스 부호는 마이너스로 바뀐다. 그러므로, 서로 다른 부호를 가지는 인접 꼭지점들 쌍의 개수는 짝수이다. 이제, 부호의 변화의 개수가 정확히 두 번이 될 수 없음을 보이면 된다(부호 변화의 개수는 0이 될 수는 없다. 왜냐 하면, 두 다각형의 각의 합이 같기 때문에). 부호의 변화가 두 번 일어난다고 가정하자. P와 Q, P'과 Q'을 다각형 $A_1\cdots A_n$과 $B_1\cdots B_n$에서 부호 변화가 일어나는 변들의 중점이라 하자. 다각형 M_1과 M_1', M_2와 M_2'의 쌍에 문제 (a)의 결과를 사용할 수 있다(그림 9.24). 한 경우에서는 $PQ > P'Q'$을 얻고, 다른 경우에서는 $PQ < P'Q'$을 얻게 되므로, 이것은 불가능하다.

9.87. A, B를 선분의 끝점이라 하고, $X_1, \cdots, X_n$을 주어진 점이라 하자. $AX_i+BX_i = 1$이므로, $\sum AX_i+\sum BX_i = n$이 성립한다. 결국, $\sum AX_i \geq n/2$ 또는 $\sum BX_i \geq n/2$이 된다.

9.88. 나무를 만나면, 최단 거리의 호를 따라가면서 통신선을 구부려, 선분 AB를 따라 통신선을 쭉 펴기로 하자(그림 9.25). 호를 따라 간 경로는 직선 경로의 1.6배보다 길지 않음을 증명하면 된다. 중심각 2φ의 크기에 대한 상응하는 호와 현의 길이의 비는 $\varphi/\sin\varphi$이다. 그리고, $0 < \varphi \leq \pi/2$이므로, $\varphi/\sin\varphi \leq \pi/2 < 1.6$이 성립한다.

9.89. 높이가 $a_1 > a_2 > \cdots > a_n$인 나무들이 점 $A_1, \cdots, A_n$에서 자라고 있다고 하자. 그러면, 조건에 의해 $A_1A_2 \leq |a_1-a_2| = a_1-a_2, \cdots, A_{n-1}A_n \leq a_{n-1}-a_n$이 성립한다. 결국, 꺾인선 $A_1A_2\cdots A_n$의 길이는 $(a_1-a_2)+(a_2-a_3)+\cdots+(a_{n-1}-$

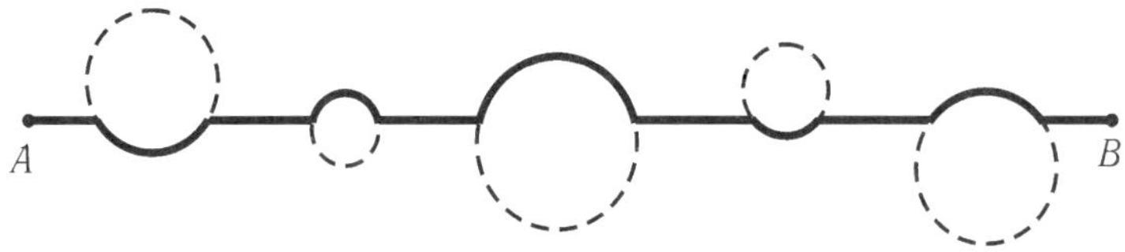

그림 9.25

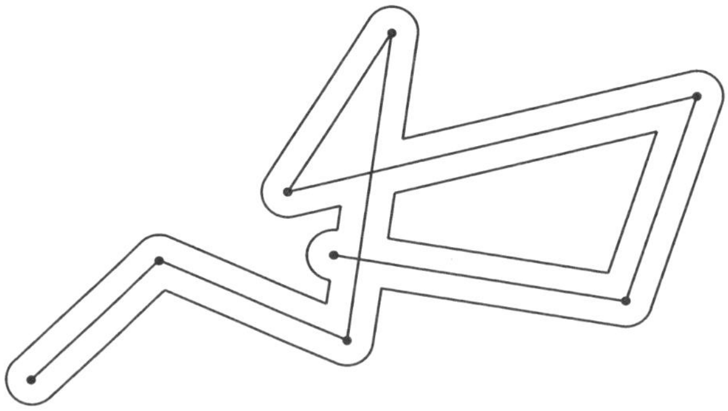

그림 9.26

$a_n) = a_1 - a_n < 100m$를 넘지 못한다. 이 꺾인선을 길이가 $200m$를 넘지 않는 울타리로 둘러쌀 수 있다(그림 9.26).

9.90. 얻어진 다각형에서 풀칠이 되는 부분을 분리시키자(그림 9.27에는 이 부분에 빗금이 쳐짐). 빗금 쳐진 다각형에 속하지 않는 모든 변들은 처음 다각형과 얻어진 다각형의 둘레에 포함된다. 이제, 빗금 친 다각형들에 대해서 생각해 보자. 빗금 친 다각형들에서 접힌선에 속하는 변들은 얻어진 다각형의 둘레에 포함되고, 나머지 모든 변들은 처음 다각형의 둘레에 포함된다. 임의의 다각형에서 어떤 직선에 속하는 변들의 합은 나머지 변들의 합보다 작기 때문에, 처음 다각형의 둘레는 얻어진 다각형의 둘레보다 항상 크다.

9.91. 꺾인선에 꺾인선의 둘레를 이등분하는 두 점 A, B를 잡자. 그러면, $AB \leq 1/2$이 된다. 이제, 꺾인선의 모든 점들이 반지름이 $1/4$이고 중심이 선분 AB의 중점 O인 원의 내부에 속한다는 것을 증명하자. M을 꺾인선의 임의의 점이라 하고, 점 M_1은 점 O에 대해 점 M과 대칭인 점이라 하자. 그러면, $MO = M_1M/2 \leq (M_1A + AM)/2 = (BM + AM)/2 \leq 1/4$이 성립한다. 왜냐 하면, $BM + AM$은 꺾인선 길이의 절반을 넘지 못한다.

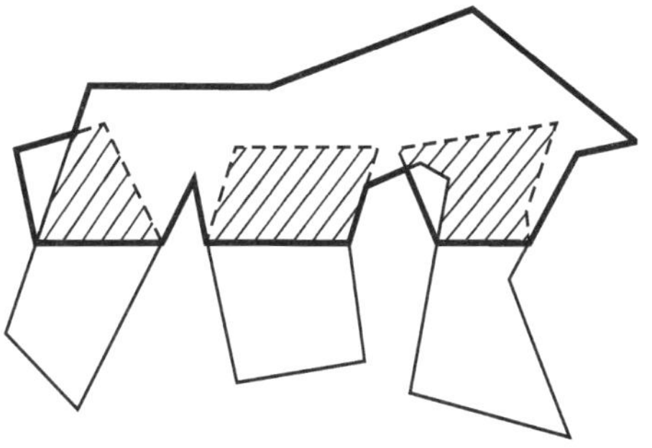

그림 9.27

9.92. 예각삼각형 ABC가 원 S의 내부에 놓여있다고 하자. 삼각형 ABC의 외접원 S_1을 작도하자. 삼각형 ABC는 예각삼각형이므로, S의 내부에 속한 원 S_1의 호의 중심각의 크기는 $180°$보다 크다. 그러므로, 이 호에서 지름의 양끝에 놓인 점들을 잡을 수 있다. 즉, 원 S의 내부에 원 S_1의 지름이 포함된다. 결국, 원 S의 반지름은 원 S_1의 반지름보다 작지 않다. 유사한 주장이 둔각삼각형에 대해서는 성립하지 않는다. 둔각삼각형의 가장 긴 변 a를 지름으로 하여 작도된 원의 내부에 둔각삼각형이 놓여있다. 이 원의 반지름은 $a/2$이고, 외접원의 반지름은 $a/(2\sin\alpha)$이다. 그리고, $a/2 < a/(2\sin\alpha)$이다.

9.93. 둘레가 P인 임의의 삼각형을 반지름이 $P/4$인 원에 넣을 수 있으며, 예각삼각형이 반지름이 R_1인 원 안에 놓여있으면, $R_1 \geq R$이 성립한다(문제 9.92). 그러므로, $P/4 = R_1 \geq R$가 된다.

찾아보기

프라소로프(prasolov V.V.) | 모스크바 국립대학교에서 수학을 전공하였으며, 현재 Independent University of Moscow의 교수로 재직하고 있다. 10여권의 책을 러시아어로 저술하였으며, 이들 중 「Elements of Homology Theory」「Elements of Combinatorial and Differential Topology」「Geometry」「Essays on Numbers and Figures」「Elliptic Functions and Elliptic Integrals」「Knots, Links, Braids and 3-Manifolds」「Intuitive Topology」「Problems and Theorems in Linear Algebra」을 미국수학회에서 영어로 번역하여 출판하였다.

한인기 | 한국교원대학교와 모스크바 국립사범대학교에서 수학교육학을 전공하였다. 현재 경상대학교에서 부교수로 재직하며 수학교육학을 강의하고 있다. 수학교수법, 수학영재교육, 수학사와 수학교육에 관련된 교수학적 문제들을 전문적으로 연구하면서 다수의 논문을 발표하였다. 주요 저서 및 역서로는 「뇌를 자극하는 수학 공부」「문제해결의 이론과 실제」「유추를 통한 수학탐구」「수학교육학의 기초와 실제」「대수·기초해석 · 조합의 탐구문제들(상·하)」「교사를 위한 수학사」 등이 있다.

수학교사 및 영재학생을 위한

평면기하학의 탐구문제들 제1권

1판 1쇄 펴냄 2009년 2월 2일
1판 2쇄 펴냄 2010년 9월 15일

지은이 | 프라소로프 V.V.
옮긴이 | 한인기
펴낸이 | 황승기
마케팅 | 송선경
표지디자인 | 권수진
펴낸곳 | 도서출판 승산
등록날짜 | 1998년 4월 2일
주소 | 서울특별시 강남구 역삼동 723번지 혜성빌딩 402호
전화번호 | 02-568-6111
팩시밀리 | 02-568-6118
이메일 | books@seungsan.com

ISBN 978-89-6139-021-7 93410

□이 도서의 국립중앙도서관 출판시도서목록(CIP)은 e-CIP 홈페이지(http://www.nl.go.kr/ecip)에서 이용하실 수 있습니다.
(CIP제어번호:CIP2009000029)